新工科建设·高等院校计算机类特色系列教材

# 计算机导论

潘海珠　主编

金　梅　杜　鹃　李长荣　彭丽霞　副主编

电子工业出版社

Publishing House of Electronics Industry

北京·BEIJING

## 内 容 简 介

本书是为计算机及相关专业学生编写的综述性入门级课程教材,针对入门级学生的学习需求,将计算机科学的有关概念、理论、技术及相关介绍作为本书的编写主线。本书涵盖计算机学科的各个方面,包括计算机概述、数据表示与编码、计算机系统组成、操作系统、算法与数据结构、计算机程序设计基础、数据库技术、软件工程与开发方法、多媒体与数字媒体技术、数据通信与计算机网络、云计算与大数据、人工智能。每章配备相应的习题以帮助学生巩固基本概念,加深学生对专业知识的认识和理解,同时编排具有思政特点的专业扩展阅读,以提升学生的学习兴趣,激发学生的学习热情。

为便于教师使用本书,本书配有电子教案等教学资料。本书可供普通高等院校、高等职业技术院校及相关专业院校计算机及相关专业教学使用,也可作为成人高等教育或其他培训机构的培训教材或自学参考书。

未经许可,不得以任何方式复制或抄袭本书之部分或全部内容。
版权所有,侵权必究。

图书在版编目(CIP)数据

计算机导论 / 潘海珠主编. —北京:电子工业出版社,2024.1
ISBN 978-7-121-47130-8

Ⅰ. ①计… Ⅱ. ①潘… Ⅲ. ①电子计算机-高等学校-教材 Ⅳ. ①TP3

中国国家版本馆 CIP 数据核字(2024)第 020908 号

责任编辑:戴晨辰
印　　刷:三河市良远印务有限公司
装　　订:三河市良远印务有限公司
出版发行:电子工业出版社
　　　　　北京市海淀区万寿路 173 信箱　　邮编:100036
开　　本:787×1 092　　1/16　　印张:21　　字数:538 千字
版　　次:2024 年 1 月第 1 版
印　　次:2025 年 8 月第 2 次印刷
定　　价:69.00 元

凡所购买电子工业出版社图书有缺损问题,请向购买书店调换。若书店售缺,请与本社发行部联系,联系及邮购电话:(010)88254888,88258888。
质量投诉请发邮件至 zlts@phei.com.cn,盗版侵权举报请发邮件至 dbqq@phei.com.cn。
本书咨询联系方式:dcc@phei.com.cn。

  计算机科学技术的发展极大地影响着人类社会的发展,大数据、云计算、物联网、人工智能等各类新技术让人目不暇接,而这些技术的发展都离不开计算机系统。作为一名计算机及相关专业的学生,迈入大学校门时对这门学科充满了无限向往,对未来专业课的学习充满了期待,迫切想要了解计算机学科的内涵和外延。学生在未来的专业课学习中需要学习哪些专业知识?掌握哪些基本技能?毕业后可以从事哪些工作?对于这些问题,通过对本书的学习都可以初步地找到答案。

  为了进一步贯彻党的二十大精神,实施科教兴国战略,强化现代化建设人才支撑,编者在专业课教学中积极摸索,不断深入进行教育教学改革,探索新的教学方法和教学手段。通过长期实践,我们发现,导论级课程可以很好地帮助学生构建专业课的整体框架,尽早明确后续专业课在计算机科学技术发展中所处的地位和重要性,有助于学生尽早做好专业学习规划。学习本书后,学生可以带着问题进入到后续专业课的学习中,做到对专业学习有方向、有目标,也能提升学生对专业课学习的兴趣和愿望。

  本书作为计算机及相关专业学生的第一门专业课程教材,将介绍有关计算机组成、程序设计语言、软件工程、计算机网络、人工智能等专业课程的入门知识点及与信息技术相关的社会人文知识,力求使学生对所学专业有比较深入的了解,并树立学习本专业的责任感和自豪感。与此同时,使学生对后续专业课的学习建立一个框架,为今后的学习打下基础。为了达到上述目的,本书在内容和形式上都力求实现以下目标。

  (1)引导学生对计算机及相关专业课设置的意义进行思考,构建计算机及相关专业课的框架,理解和掌握计算机科学的基本原理,了解待解决的根本问题,构建计算思维新模式,从专业层面上做好后续专业课学习的准备。

  (2)通过对各章基本内容的学习,使学生掌握信息在计算机中的表示、计算机系统组成、操作系统的作用、数据结构、算法与程序的关系、数据库技术的基本概念、计算机网络的基本概念、云计算与物联网的基本概念、人工智能的应用等,力求在大学学习的开始阶段就培养学生对计算机科学技术的学习和研究兴趣。

  (3)通过相关主题的扩展阅读,打开学生专业学习的视角,培养学生自主探究、理性思考和创新思维的能力。

  (4)通过了解中国在计算机科学与技术方面的发展,力图用领域大师的辉煌成果激励学生,使他们了解学科发展的现状与未来,开阔他们的视野,辅助课程思政的实施,帮助学生树立专业自信和文化自信。

　　本书可作为高等院校计算机及相关专业"计算机导论"（"计算机科学导论""计算机专业导论"）课程的主要教材。针对计算机及相关专业学生的发展需求，通过对计算机专业知识的入门学习，掌握与计算机科学技术相关的基本概念，理解浅层的原理，了解其应用场景，为学生后续各门专业课的学习做好引导和铺垫。本书所涉及的内容繁多，各个学校的教师和学生的情况也不一样，在学习本书时各个学校可以适当调整，对其中一些章节内容的学习也可以根据各个学校的实际情况进行裁剪处理。

　　本书包含的配套教学资料源，读者可登录华信教育资源网（www.hxedu.com.cn）下载。

　　本书由潘海珠教授担任主编，并且编写了第 7 章、第 10 章、第 11 章；金梅编写了第 1 章、第 2 章、第 3 章和第 4 章；李长荣编写了第 5 章和第 6 章，杜鹃编写了第 8 章、第 9 章和第 12 章。编者力图在教材层面突出校企合作的特色，以便开展教学型和应用型相结合的专业课程，使学生了解专业知识的企业级应用，特邀请杭州麦狐信息科技有限公司研发经理储善忠、陈怀，联想集团 IT 全球智能运维专家彭丽霞、李毅、王宇靖、杨岳，珠海虹桥高科产品研发中心副总经理井元勇，上海诺基亚贝尔股份有限公司研发经理郭晓辉，北京思图场景数据科技服务有限公司 COO 陈锐共同参与了本书相关工作，在此一并表示感谢。同时感谢刘彦忠副教授、硕士生赵晓玉、硕士生朱月霞，他们也参与了本书部分工作。本书的编写得到"黑龙江省高等教育教学改革项目重点委托项目（SJGZ20220112）"的支持，在此一并表示感谢。

　　由于计算机科学技术发展迅速，加上编者水平有限，对书中存在的不妥之处恳请读者批评指正。

编　者

## 第1章 计算机概述 …………… 1

### 1.1 计算机的诞生与发展 …………… 1
#### 1.1.1 计算机的诞生 …………… 1
#### 1.1.2 计算机的发展 …………… 2
### 1.2 计算机的分类 …………… 3
### 1.3 计算机的特点 …………… 5
### 1.4 计算机的应用 …………… 6
### 1.5 计算模式的发展 …………… 8
### 1.6 计算机的发展趋势 …………… 11
### 1.7 未来新型计算机 …………… 13
### 1.8 计算思维 …………… 17
#### 1.8.1 计算思维的定义 …………… 18
#### 1.8.2 计算思维的基本特征 …………… 18
#### 1.8.3 计算思维的发展 …………… 19
### 1.9 计算机学科体系 …………… 19
#### 1.9.1 计算学科领域的分化 …………… 20
#### 1.9.2 计算机科学专业的知识领域 …… 22
### 本章小结 …………… 26
### 习题 …………… 26

## 第2章 数据表示与编码 …………… 29

### 2.1 数制 …………… 29
#### 2.1.1 数制要素 …………… 29
#### 2.1.2 常用数制 …………… 30
#### 2.1.3 进制之间的转换 …………… 31
### 2.2 数据的存储 …………… 34
#### 2.2.1 数据的存储单位 …………… 34
#### 2.2.2 数据编址 …………… 35
### 2.3 数值在计算机中的表示 …………… 35
#### 2.3.1 数值的编码表示 …………… 35
#### 2.3.2 二进制数的基本运算 …………… 37
### 2.4 信息编码 …………… 39
#### 2.4.1 字符编码 …………… 40
#### 2.4.2 图形和图像编码 …………… 42
#### 2.4.3 颜色表示法 …………… 44
#### 2.4.4 音频信息 …………… 44
#### 2.4.5 视频信息 …………… 45
### 本章小结 …………… 47
### 习题 …………… 47

## 第3章 计算机系统组成 …………… 50

### 3.1 计算机系统 …………… 50
### 3.2 计算机硬件系统 …………… 51
### 3.3 计算机软件系统 …………… 52
#### 3.3.1 系统软件 …………… 52
#### 3.3.2 应用软件 …………… 53
#### 3.3.3 软件系统的维护 …………… 54
### 3.4 计算机指令系统 …………… 55
### 3.5 微型计算机的体系结构 …………… 57
#### 3.5.1 主板 …………… 57
#### 3.5.2 CPU …………… 62
#### 3.5.3 内存储器 …………… 66
#### 3.5.4 外存储器 …………… 69
#### 3.5.5 输入设备 …………… 72
#### 3.5.6 输出设备 …………… 75
### 本章小结 …………… 78
### 习题 …………… 78

## 第4章 操作系统 …………… 80

### 4.1 操作系统概述 …………… 80
### 4.2 操作系统分类 …………… 81
### 4.3 操作系统特征 …………… 83
### 4.4 操作系统功能 …………… 85
#### 4.4.1 处理机管理功能 …………… 85
#### 4.4.2 存储器管理功能 …………… 86
#### 4.4.3 设备管理功能 …………… 87
#### 4.4.4 文件管理功能 …………… 88

|   |   | 4.4.5 | 用户界面 ………………… 89 |
|---|---|---|---|
| 4.5 | 常用操作系统 ……………………… 89 |
|   | 4.5.1 | DOS …………………………… 90 |
|   | 4.5.2 | Windows 操作系统 ………… 90 |
|   | 4.5.3 | UNIX 操作系统 …………… 90 |
|   | 4.5.4 | Linux 操作系统 …………… 91 |
|   | 4.5.5 | Android 操作系统 ………… 93 |
|   | 4.5.6 | macOS 操作系统和 iOS 操作系统 ………………… 93 |
|   | 4.5.7 | Harmony OS ………………… 94 |
| 4.6 | Windows 10 操作系统 …………… 95 |
|   | 4.6.1 | Windows 10 操作系统的功能和特点 …………………… 95 |
|   | 4.6.2 | 文件和文件夹的概念 …… 96 |
|   | 4.6.3 | 文件资源管理器 …………… 98 |
|   | 4.6.4 | 文件和文件夹的基本操作 … 99 |
|   | 4.6.5 | 任务管理器 ……………… 103 |
|   | 4.6.6 | 控制面板与设置 ………… 105 |
| 本章小结 ………………………………… 106 |
| 习题 ……………………………………… 106 |

## 第 5 章 算法与数据结构 …………… 108

- 5.1 算法 …………………………………… 108
  - 5.1.1 算法的概念 ……………… 108
  - 5.1.2 算法的基本特性 ………… 109
  - 5.1.3 算法的描述 ……………… 109
  - 5.1.4 算法的设计要求 ………… 111
- 5.2 数据结构的概念 …………………… 111
  - 5.2.1 数据结构的发展 ………… 111
  - 5.2.2 数据结构的定义 ………… 112
  - 5.2.3 逻辑结构 ………………… 113
  - 5.2.4 存储结构 ………………… 114
  - 5.2.5 数据运算 ………………… 116
- 5.3 几种常见的数据结构 ……………… 117
  - 5.3.1 线性表 …………………… 117
  - 5.3.2 树型结构 ………………… 119
  - 5.3.3 图形结构 ………………… 122
- 5.4 查找和排序 ………………………… 126
  - 5.4.1 查找 ……………………… 126
  - 5.4.2 排序 ……………………… 127
- 本章小结 ………………………………… 131
- 习题 ……………………………………… 131

## 第 6 章 计算机程序设计基础 ……… 133

- 6.1 程序设计语言概述 ………………… 133
  - 6.1.1 机器语言 ………………… 133
  - 6.1.2 汇编语言 ………………… 134
  - 6.1.3 高级语言 ………………… 134
- 6.2 高级语言程序的编译执行和解释执行 …………………………… 135
- 6.3 结构化程序设计语言 C 语言 …… 136
  - 6.3.1 程序的基本框架 ………… 136
  - 6.3.2 数据存储与运算 ………… 138
  - 6.3.3 分支语句 ………………… 139
  - 6.3.4 循环语句 ………………… 141
  - 6.3.5 函数 ……………………… 144
  - 6.3.6 数组 ……………………… 146
  - 6.3.7 指针 ……………………… 148
  - 6.3.8 结构 ……………………… 148
- 6.4 面向对象的编程语言 Java …… 149
- 6.5 动态程序设计语言 Python …… 152
  - 6.5.1 Python 简介 …………… 152
  - 6.5.2 Python 基本元素 ……… 152
- 6.6 如何学习程序设计 ………………… 154
  - 6.6.1 理解程序运行过程 …… 154
  - 6.6.2 学习至少一种高级程序设计语言 …………………… 154
  - 6.6.3 掌握一些基本算法 …… 155
  - 6.6.4 学习完整的解决问题的过程 ……………………… 155
  - 6.6.5 多做练习 ……………… 155
- 本章小结 ………………………………… 155
- 习题 ……………………………………… 156

## 第 7 章 数据库技术 ………………… 158

- 7.1 数据库概述 ………………………… 158
- 7.2 数据模型 …………………………… 159
  - 7.2.1 概念模型 ……………… 159
  - 7.2.2 逻辑模型 ……………… 161
  - 7.2.3 物理模型 ……………… 161
  - 7.2.4 常见的逻辑模型 ……… 162
- 7.3 关系数据库 ………………………… 162
  - 7.3.1 关系数据库的基本概念 … 162
  - 7.3.2 关系模型的完整性 …… 164
  - 7.3.3 关系模式的规范化 …… 165
- 7.4 结构化查询语言 …………………… 165
  - 7.4.1 数据类型和运算符 …… 166
  - 7.4.2 数据定义 ……………… 167
  - 7.4.3 数据更新 ……………… 169

|   |   | 7.4.4 数据查询 …………………… 170 |
|---|---|---|

      7.4.4　数据查询 …………………… 170
      7.4.5　数据控制 …………………… 172
  7.5　数据库设计 ………………………… 172
  7.6　常用的数据库管理系统 …………… 175
  7.7　数据库技术的新发展 ……………… 178
      7.7.1　分布式数据库 ……………… 179
      7.7.2　并行数据库 ………………… 180
      7.7.3　面向对象数据库 …………… 180
      7.7.4　多媒体数据库 ……………… 181
      7.7.5　工程数据库 ………………… 182
      7.7.6　NoSQL 数据库 …………… 183
  7.8　数据仓库与数据挖掘 ……………… 183
      7.8.1　数据仓库 …………………… 183
      7.8.2　数据挖掘 …………………… 184
  本章小结 …………………………………… 186
  习题 ………………………………………… 186

## 第 8 章　软件工程与开发方法 ………… 191

  8.1　软件危机 …………………………… 191
      8.1.1　软件危机的表现 …………… 192
      8.1.2　软件危机产生的原因 ……… 192
      8.1.3　如何应对软件危机 ………… 193
  8.2　软件工程 …………………………… 193
      8.2.1　软件工程的定义及本质特性 … 194
      8.2.2　软件工程的基本原理 ……… 194
      8.2.3　软件工程方法学 …………… 196
  8.3　软件生命周期及其模型 …………… 197
      8.3.1　软件生命周期 ……………… 197
      8.3.2　软件生命周期模型 ………… 198
  8.4　分析阶段的开发方法 ……………… 200
      8.4.1　与用户沟通获取需求
           的方法 ………………… 200
      8.4.2　分析建模与规格说明 ……… 202
  8.5　设计阶段的开发方法 ……………… 202
      8.5.1　设计的基本原理 …………… 202
      8.5.2　设计的启发式规则 ………… 206
  8.6　实现阶段的开发方法 ……………… 207
      8.6.1　程序设计语言的选择 ……… 207
      8.6.2　软件测试的相关技术 ……… 208
      8.6.3　软件调试 …………………… 210
  8.7　维护阶段的相关技术 ……………… 211
      8.7.1　维护活动的分类 …………… 211
      8.7.2　非结构化维护与结构化维护 … 212
  本章小结 …………………………………… 214
  习题 ………………………………………… 214

## 第 9 章　多媒体与数字媒体技术 ……… 217

  9.1　媒体的基础知识 …………………… 217
      9.1.1　媒体的含义 ………………… 217
      9.1.2　媒体的分类 ………………… 218
      9.1.3　媒体间的关系 ……………… 221
  9.2　多媒体技术 ………………………… 221
      9.2.1　多媒体的构成要素 ………… 221
      9.2.2　计算机与多媒体 …………… 223
      9.2.3　多媒体技术的概念 ………… 224
      9.2.4　多媒体技术的特点 ………… 225
  9.3　多媒体计算机系统 ………………… 226
      9.3.1　多媒体硬件系统 …………… 226
      9.3.2　多媒体软件系统 …………… 227
      9.3.3　多媒体外围设备 …………… 228
  9.4　多媒体技术的研究内容 …………… 229
      9.4.1　多媒体数据压缩技术 ……… 230
      9.4.2　多媒体数据的组织与管理 … 230
      9.4.3　多媒体信息的展现与交互 … 231
      9.4.4　多媒体通信与分布处理 …… 231
      9.4.5　多媒体数据库和
           基于内容检索 ………… 231
      9.4.6　VR 技术 …………………… 231
  9.5　多媒体技术的应用领域 …………… 232
      9.5.1　教育与培训 ………………… 232
      9.5.2　过程模拟 …………………… 233
      9.5.3　商业广告 …………………… 233
      9.5.4　影视娱乐 …………………… 234
      9.5.5　旅游业 ……………………… 234
      9.5.6　通信领域 …………………… 235
  本章小结 …………………………………… 235
  习题 ………………………………………… 235

## 第 10 章　数据通信与计算机网络 …… 237

  10.1　数据通信基础 …………………… 237
      10.1.1　数据和信号 ……………… 237
      10.1.2　数据通信主要技术指标 … 238
      10.1.3　数据传输 ………………… 239
      10.1.4　数据交换技术 …………… 240
  10.2　计算机网络概述 ………………… 242
      10.2.1　计算机网络的产生与发展 … 242
      10.2.2　计算机网络的定义与功能 … 244
      10.2.3　计算机网络的拓扑结构 … 244
      10.2.4　计算机网络的分类 ……… 246
      10.2.5　网络系统的实体组成 …… 247

10.3 计算机网络体系结构 251
 10.3.1 网络体系结构 251
 10.3.2 OSI 模型 252
 10.3.3 TCP/IP 模型 253
 10.3.4 IP 地址 254
10.4 Internet 及应用 257
 10.4.1 Internet 在中国的发展 257
 10.4.2 Internet 提供的服务 258
10.5 下一代 Internet 及新技术 265
 10.5.1 下一代 Internet 265
 10.5.2 5G 技术 266
 10.5.3 物联网 269
 10.5.4 工业互联网 271
 10.5.5 无线车载网络和智能交通 273
本章小结 275
习题 275

## 第 11 章 云计算与大数据 278

11.1 云计算基础 278
 11.1.1 云计算简介 278
 11.1.2 云计算的发展历程 279
 11.1.3 云计算的服务类型 280
 11.1.4 云计算的部署 281
 11.1.5 云计算的特点 282
11.2 云计算的关键技术 284
11.3 云计算的应用 286
 11.3.1 云计算平台 286
 11.3.2 云计算衍生产品 288
11.4 云计算与其他集群计算比较 290
 11.4.1 云计算与网格计算 290
 11.4.2 云计算与分布式计算 291
 11.4.3 云计算与并行计算 291
 11.4.4 云计算与效用计算 292
11.5 大数据简介 292
 11.5.1 大数据的定义 292
 11.5.2 大数据的数据结构类型 293
 11.5.3 大数据的特征 293
 11.5.4 大数据处理技术 294
11.6 云计算与大数据系统 296
 11.6.1 大数据处理系统的功能 296
 11.6.2 大数据处理系统的特性 297
 11.6.3 云计算与大数据处理系统 297
11.7 大数据处理系统实例 298
 11.7.1 Google 大数据处理系统 298
 11.7.2 Hadoop 300
11.8 大数据应用 301
 11.8.1 精准广告投放 301
 11.8.2 精密医疗卫生体系 301
 11.8.3 个性化教育 302
 11.8.4 交通行为预测 302
 11.8.5 数据安全 302
本章小结 303
习题 303

## 第 12 章 人工智能 306

12.1 人工智能的起源与发展 306
 12.1.1 萌芽期 306
 12.1.2 形成期 307
 12.1.3 发展期 308
12.2 人工智能的定义与研究意义 309
 12.2.1 人工智能的定义 309
 12.2.2 研究人工智能的意义 311
12.3 人工智能的研究与应用领域 312
 12.3.1 专家系统 312
 12.3.2 机器学习 313
 12.3.3 模式识别 314
 12.3.4 自动定理证明 314
 12.3.5 自然语言理解 314
 12.3.6 人工神经网络 315
 12.3.7 智能决策支持系统 315
 12.3.8 博弈 316
 12.3.9 智能仿真 316
 12.3.10 智能设计与制造 317
 12.3.11 智能计算机辅助教学 317
 12.3.12 智能机器人 318
 12.3.13 数据挖掘与知识发现 318
 12.3.14 计算机辅助创新 319
 12.3.15 计算机文艺创作 320
 12.3.16 自动驾驶 322
 12.3.17 智能医疗 323
本章小结 325
习题 325

# 第1章　计算机概述

**本章学习目标**
- 了解计算机的发展历史
- 掌握计算机的分类、特点及应用
- 理解计算思维的定义、基本特征及应用
- 了解计算机学科体系结构

本章首先介绍计算机的诞生与发展，然后介绍计算机的分类、特点及应用，计算模式的发展，以及计算机的发展趋势，最后介绍未来新型计算机和计算思维，并对计算机学科体系做简单介绍。

## 1.1　计算机的诞生与发展

在漫长的人类历史发展过程中，人们一直在用新的思维逻辑来研究和探索自然，并解决社会生活中遇到的各种问题。自数字诞生以来，计算工具的演化发展经历了由简单到复杂、由低级到高级的不同阶段，从最初的手指、绳结到算筹、算盘、计算尺、机械计算机等，再到现在的电子计算机，人们一直在寻求高效的计算工具来解决各种计算问题。而随着计算机、网络、通信等技术的发展，现代计算机已应用到各个领域，促进了社会发展。

### 1.1.1　计算机的诞生

从机械式计算机到电子计算机的发展，经历了几百年的时间。20 世纪上半叶，随着艾伦·图灵提出图灵机模型，第一台通用电子计算机问世，以及冯·诺依曼体系结构的提出，为现代电子计算机的发展奠定了基础。

#### 1. 图灵机

艾伦·麦席森·图灵（Alan Mathison Turing，1912—1954，见图 1.1）是英国数学家、逻辑学家，被称为计算机科学之父、人工智能之父。在第二次世界大战期间，他帮助盟军破译德军密码而做出了巨大贡献。1936 年，艾伦·麦席森·图灵提出了图灵机的理论模型，图灵机由一个控制器、一条可无限延伸的带子和一个在带子上左右移动的读写头组成，其基本思想是用机器来模拟人们用纸笔进行数学运算的过程，图灵机虽然简单，但极其强大，它能模拟计算机的所有计算行为，现代电子计算机都是基于图灵机思想设计的，图灵机的出现为计算机的诞生奠定了理论基础。

#### 2. ENIAC

世界上第一台通用计算机 ENIAC（Electronic Numerical Integrator And Computer，电子数字

积分计算机）于 1946 年 2 月在美国宾夕法尼亚大学诞生，发明者是美国人莫克利和艾克特。当时正处于第二次世界大战期间，美国国防部用它来进行弹道计算，ENIAC 是一个庞然大物，如图 1.2 所示，它使用了 18800 个电子管，占地 170m$^2$，重达 30 吨（t），耗电功率约 150kW，每秒钟可进行 5000 次运算，它比当时已有的计算装置要快 1000 倍，而且能按事先编好的程序自动执行算术运算、逻辑运算，并有存储数据的功能。由于 ENIAC 以电子管作为元器件，所以又被称为电子管计算机，是第一代计算机。ENIAC 宣告了一个新时代的开始，从此科学计算的大门也被打开了。世界上真正的第一台计算机是阿塔纳索夫-贝瑞计算机（Atanasoff-Berry Computer，通常简称 ABC 计算机），ENIAC 是世界上第二台计算机和第一台通用计算机。

### 3. 冯·诺依曼体系结构

美籍匈牙利数学家约翰·冯·诺依曼（John Von Neumann，1903—1957，见图 1.3）于 1946 年提出存储程序原理，把程序本身当作数据来对待，程序和该程序处理的数据用同样的方式储存。冯·诺依曼型计算机的主要设计思想是：计算机的数制采用二进制；计算机应该按照程序顺序执行。冯·诺依曼型计算机由控制器、运算器、存储器、输入设备和输出设备五大部分组成。世界上第一台冯·诺依曼型计算机是 1949 年研制的 EDVAC（Electronic Discrete Variable Automatic Computer，离散变量自动电子计算机），与它的前任 ENIAC 不同，EDVAC 采用二进制，现在的绝大多数计算机都是基于冯·诺依曼机体系结构设计的。由于约翰·冯·诺依曼对现代计算机技术的突出贡献，他又被称为"现代计算机之父"。

图 1.1 艾伦·麦席森·图灵

图 1.2 ENIAC

图 1.3 约翰·冯·诺依曼

## 1.1.2 计算机的发展

自第一台电子计算机问世以来，计算机的发展经历了从电子管计算机、晶体管计算机、集成电路计算机到大规模集成电路计算机这几个发展阶段，计算机的体积在逐渐变小，而性能、速度在不断提高。根据电子器件的变化，将计算机的发展过程分成以下几个阶段。

### 1. 第一代电子管计算机

在电子管计算机时期（1946—1958 年），计算机主要用于军事、科学计算和工程设计等的数值应用，采用电子管作为逻辑元件，主存储器采用汞延迟线、阴极射线示波管静电存储器、磁鼓、磁芯；外存储器采用磁带。这个时期的计算机体积庞大、能耗高、存储容量小、运行速度慢、可靠性差、价格昂贵，为以后的计算机发展奠定了基础。

## 2. 第二代晶体管计算机

晶体管计算机时期（1958—1964年）的计算机，用晶体管代替了电子管，主存储器是磁芯和磁盘，使用的是一些高级语言，与第一代电子管计算机相比，体积和能耗降低，运算速度和可靠性提高，不仅能应用于科学计算和数据处理，而且开始应用于工业控制领域。

## 3. 第三代集成电路计算机

集成电路计算机时期（1964—1970年）的计算机，在硬件方面，逻辑元件采用中小规模集成电路，主存储器仍采用磁芯；在软件方面出现了分时操作系统及结构化、规模化程序设计方法。这个时期的计算机运算速度更快，可靠性显著提高，价格进一步下降，使产品走向了通用化、系列化和标准化，并开始应用于文字处理、图形和图像处理领域。

## 4. 第四代大规模集成电路计算机

从1970年以来，随着大规模集成电路的成功制作并用于计算机硬件的生产过程，使计算机的体积进一步缩小，性能进一步提高。集成度更高的大容量半导体存储器作为主存储器，发展了并行技术和多机系统，出现了软件系统工程化、程序设计自动化。微处理器和微型计算机在社会上的应用范围进一步扩大，几乎所有领域都应用了计算机。

## 5. 第五代新一代计算机

近些年，计算机逐渐向微型化、巨型化、网络化和智能化方向发展，与其他应用领域相结合是发展趋势。第五代新一代计算机是为适应未来社会信息化的要求而提出的，与前四代计算机有着本质的区别。第五代新一代计算机系统是把信息采集、存储、处理、通信和人工智能结合在一起的智能计算机系统，也称为第五代计算机系统。它不仅能进行数值计算和信息处理，而且能进行知识处理，具有形式化推理、联想、学习和解释的能力，能够帮助人们进行判断、决策、开拓未知的领域和获取新知识。人机之间可以直接通过自然语言（声音、文字）或图形和图像来交换信息。未来的计算机将是人工智能、微电子、光学技术、超导技术及电子仿生技术相结合的产物，是计算机发展史上的一次重大变革，将广泛应用于未来社会生活的各个方面。

# 1.2 计算机的分类

随着计算机技术的发展，尤其是微处理器的快速发展，使计算机在各个应用领域得到普及，计算机的类型也呈多样化，下面从不同角度对计算机进行分类。

## 1. 根据计算机使用的工作原理、运算方式及电信号分类

根据计算机使用的工作原理、运算方式及电信号分类，将计算机分为数字计算机、模拟计算机和数模混合计算机。

### 1）数字计算机

数字计算机是通过电信号的有无来表示数的，并利用算术和逻辑运算法则进行计算，参与计算的数值使用离散量表示。它具有计算速度快、精度高、灵活性大和便于存储等优点。数字计算机已被广泛应用于科学计算、数据处理等领域。

2）模拟计算机

模拟计算机是通过电压的大小来表示数的，即用一种连续变化的模拟量作为被运算的对象的计算机。模拟计算机由于受元器件质量的影响，其计算精度较低，应用范围较窄，已很少生产，一般仅作为专用仿真设备、教学与训练工具等。随着数字计算机的发展，模拟计算机已被数字计算机所取代。

3）数模混合计算机

数模混合计算机是指计算机的输入和输出既可以是数字信号，又可以是模拟信号。

**2. 根据计算机的规模、性能、用途等因素分类**

根据计算机的规模、性能、用途等因素分类，将计算机分为巨型机、大型机、小型机、微型机和嵌入式计算机。

1）巨型机

巨型机是指具有很强的计算和处理数据能力的超大型计算机，其运算速度快、容量大，主要应用于国防尖端技术、空间技术、大范围长期性天气预报、石油勘探等方面。目前，巨型机的运算速度可达每秒百亿次。中国先后推出了神威、银河、曙光、天河系列的巨型机，其中"天河一号"是中国首台千万亿次超级计算机，如图 1.4 所示，在支持国家科技创新及服务产业等方面都取得了突出成效。

图 1.4 "天河一号"千万亿次超级计算机

2）大型机

大型机一般用于大型事务处理，具有极强的综合处理能力和极大的性能覆盖面。在一台大型机中，多个处理器协同工作，可以同时运行多个操作系统来完成特定的操作，还可以同时支持上万个用户及几十个大型数据库。大型机主要应用于政府部门、银行及大型企业。

3）小型机

相对于大型机，小型机的硬件、软件系统规模比较小，但价格低、可靠性高、操作方便，便于维护和使用。近年来，一些高性能小型计算机的处理能力达到或超过了低档大型机的处理能力，它们已被广泛应用于工业自动控制、大型分析仪器、测量设备、企业管理、大学和科研机构等，也可以作为大型机与巨型机的辅助计算机。

4）微型机

微型机简称微机，也称个人计算机（Personal Computer，PC），是由大规模集成电路组成的、体积较小的电子计算机。它以微处理器为基础，配以内存储器及输入/输出（I/O）接口电路和相应的辅助电路。微型机的特点是体积小、灵活性大、价格便宜和使用方便。微型机包括台式机、笔记本电脑、平板电脑和各种移动设备。

5）嵌入式计算机

嵌入式计算机是一种以应用为中心、以微处理器为基础，软硬件可裁剪的，适用于应用系统对功能、可靠性、成本、体积、功耗等有严格要求的专用计算机系统。它一般由嵌入式微处理器、外围硬件设备、嵌入式操作系统及用户的应用程序四部分组成。它是计算机市场中增长最快的领域之一，而且种类繁多。嵌入式系统几乎应用于生活中的所有电器设备，如电视机顶盒、手机、数字电视、汽车、微波炉、电梯、空调、消费电子设备、工业自动化仪表与医疗仪器等。

### 3．根据计算机的用途分类

根据计算机的用途分类，将计算机分为专用计算机和通用计算机。

1）专用计算机

专用计算机是指专为解决某一特定问题而设计、制造的计算机，通常都配有解决特定问题的软件和硬件，在特定环境中能显示较有效、较快速和较经济的特性。专用计算机具有结构简单、功能单一、速度快、可靠性高、适应性差的特点，如控制生产过程用的专用机、军用计算机等。

2）通用计算机

通用计算机是指各行业、各种工作环境都能使用的计算机，这一类计算机功能全面、适应性强、应用面广，能够解决各种类型的问题，可实现日常办公、科学计算、数据处理等功能，目前普遍使用的微型机都属于通用计算机。

### 4．根据计算机的工作模式分类

根据计算机的工作模式分类，将计算机分为服务器和工作站。

1）服务器

服务器（Server）是一种可供网络用户共享的高性能计算机，一般具有大容量的存储设备和丰富的外部设备，其上运行的网络操作系统，具有较高的运行速度。

2）工作站

工作站（Workstation）是一种以 PC 和分布式网络计算为基础，主要面向专业应用领域，具备强大的数据运算与图形和图像处理能力，为满足工程设计、动画制作、科学研究、软件开发、金融管理、信息服务、模拟仿真等专业领域而设计开发的高性能计算机。通常，将连接到服务器的终端机也称为工作站。

服务器和工作站都是高性能计算机，相对而言，服务器专注于数据吞吐能力，所以支持的外设（如硬盘、I/O 插槽）较多；而工作站则专注于图形处理能力，所以支持的外设相对较少。服务器是给工作站提供各种服务的，如网络通信服务、文件共享服务、硬件共享服务及各种资源服务。工作站在获取服务器各种资源的同时，可以帮服务器进行分流计算等任务。

### 5．根据计算机的内部逻辑结构分类

根据计算机的内部逻辑结构分类，将计算机分为单处理机与多处理机，如 16 位机、32 位机和 64 位机等。

## 1.3 计算机的特点

随着计算机技术的发展，现代计算机主要具有以下特点。

### 1．运算速度快

运算速度是衡量计算机性能的一个重要指标，计算机的运算速度通常用每秒钟执行定点加法的次数或平均每秒钟执行指令的条数来衡量，运算速度快是计算机的一个突出特点。目

前，普通计算机的运算速度已达每秒万亿次，微型机可达每秒亿次以上，使大量复杂的科学计算问题得以解决。例如，人工计算卫星轨道需要几年甚至几十年的时间，而用计算机只需要几分钟就可以完成。

### 2. 计算精确度高

科学技术的发展特别是尖端科学技术的发展，需要高度精确的计算。例如，由计算机控制的导弹之所以能准确地击中预定目标，是与计算机的计算精确度分不开的。一般计算机可以有十几位甚至几十位有效数字，计算精确度可由千分之几到百万分之几，这是其他计算工具所达不到的。

### 3. 具有记忆和逻辑判断能力

计算机具有逻辑运算功能，能对信息进行逻辑判断，并能把参加运算的数据、程序及中间结果和最后结果保存起来，根据判断的结果自动执行下一条指令，以供用户随时调用。计算机的存储器包括内存和外存，具有记忆特性，可以存储海量信息，这些信息不仅包括各类数据信息，而且包括加工这些数据信息的程序。目前，计算机的存储容量越来越大，已高达千吉数量级的容量，这也是其他计算工具所不能比拟的。

### 4. 自动化程度高

人们可以将预先编好的程序输入到计算机内存中，计算机能在程序控制下自动、连续执行，无须人工干预，能够解决不同领域的应用问题。

### 5. 可靠性高

随着计算机技术的发展，计算机的硬件和软件系统的性能得到了很大提升。目前，计算机连续无故障运行的时间可达几个月甚至几年。

## 1.4  计算机的应用

随着计算机及相关技术的发展，计算机已深入到人们的日常生活、学习和工作中，在各个领域得到了广泛应用，推动了社会发展，归纳起来，计算机的应用主要包括以下几个方面。

### 1. 科学计算

科学计算是指利用计算机来完成科学研究和工程技术中数学问题的计算，是计算机应用的一个重要领域，早期的计算机就是为科学计算而研制的。利用计算机的高速计算、大存储容量、连续运算及逻辑判断能力，可以实现人工无法解决的各种科学计算问题。由于计算机广泛应用于工程设计、地震预测、气象预报、航天技术等领域，因此也促成了计算力学、计算物理、计算化学、生物控制论等新兴学科的发展。

### 2. 数据处理

数据处理即信息处理，是对各种数据进行收集、传输、存储、加工、整理、分类和统计等一系列活动的统称，是目前计算机应用最广泛的领域之一，如办公自动化、决策支持系统、管理信息系统等都属于数据处理的范畴。据统计，80%以上的计算机主要用于数据处理。

### 3. 过程控制

过程控制是指利用计算机及时采集检测数据，并按最优值迅速对控制对象进行自动调节或自动控制。采用计算机进行过程控制，不仅可以大大提高控制的自动化水平，而且可以提高控制的及时性和准确性，从而改善劳动条件、提高产品质量及合格率。计算机过程控制已在机械、冶金、石油、化工、纺织、水电、航天等领域得到广泛应用。例如，在汽车工业方面，利用计算机控制机床、控制整个装配流水线，不仅可以实现对精度要求高、形状复杂零件的自动化加工，而且可以使整个车间或工厂实现自动化管理。

### 4. 电子商务

电子商务（Electronic Commerce，EC），是以信息网络技术为手段，以商品交换为中心的商务活动，它是信息技术和现代贸易技术相结合的产物，是传统商业活动各环节的电子化、网络化和信息化，以 Internet 为媒介的商业行为均属于电子商务的范畴。

企业通常将产品进行网上销售与线下实体销售相结合，将传统渠道组织商品销售的功能转变为对商品的展示、体验服务，仓储、物流、售后服务，消费者可先通过线下实体对产品进行认知和体验，然后在网上销售终端订购产品，企业将订单分配给区域渠道商，完成商品销售的营销模式。根据交易对象的不同，电子商务可分为多种类型，常见的有企业对消费者（Business to Customer，B2C）、企业对企业（Business to Business，B2B）、消费者对消费者（Customer to Customer，C2C）3 种。通过网络，人们不再受时间、区域的限制，可以随时随地进行交易。目前，网上购物已经成为消费者主要的消费渠道之一。

### 5. 计算机辅助应用

计算机辅助技术是指以计算机为工具，辅助人们在特定应用领域内完成任务的理论、方法和技术，它包括计算机辅助设计、计算机辅助制造、计算机辅助教学等。

计算机辅助设计（Computer Aided Design，CAD），是利用计算机系统辅助设计人员进行工程或产品设计，以实现最佳设计效果的一种技术。它已广泛应用于飞机、汽车、机械、电子、建筑和轻工等领域。例如，在建筑设计过程中，利用 CAD 技术绘制建筑图纸，进行力学计算、结构计算等，能够提高设计速度和设计质量。目前，应用较广的 CAD 软件是 Autodesk 公司开发的 AutoCAD。

计算机辅助制造（Computer Aided Manufacturing，CAM），是利用计算机系统对生产设备进行管理、控制和操作的过程。例如，在产品的制造过程中，可以用计算机控制机器的运行，处理生产过程中所需的数据，控制和处理材料的流动及对产品进行检测等。使用 CAM 技术可以提高产品质量、降低成本、缩短生产周期、提高生产率和改善劳动条件。将 CAD 技术和 CAM 技术集成的系统，能实现设计生产自动化，这种系统被称为计算机集成制造系统（Computer Integrated Manufacturing Systems，CIMS），它的应用将真正实现无人化工厂（或车间）。

计算机辅助教学（Computer Aided Instruction，CAI），是指教师借助计算机的辅助功能进行的教学实践过程，采用多媒体、程序设计、动画模拟和知识库等计算机技术，能够有效解决传统教学手段单一和片面的不足。CAI 技术能够最大限度地缩短学生接受课程内容的时间，提高教学质量和教学效率，以达到最优化的教学目标。

6. 多媒体应用

多媒体技术是指通过计算机对文字、数据、图形和图像、动画、声音、视频等多种媒体信息进行综合处理和管理，使用户可以通过多种感官与计算机进行实时信息交互的技术。多媒体技术使人机交互界面和手段更加友好和方便，用户可以方便地使用和操作计算机。近些年，多媒体技术发展迅猛，多媒体系统的应用以极强的渗透力进入人们生活、学习和工作中的各个领域，如游戏、教育、娱乐、艺术、金融交易等，丰富了人们的生活。例如，商场、邮局里的电子导购触摸屏，它的出现极大地方便了人们的生活；教学类多媒体产品的出现，一对一专业级的教授，使莘莘学子受益匪浅。

7. 网络应用

计算机技术与现代通信技术的结合构成了计算机网络。计算机网络的建立，不仅解决了公司内部、城市之间、国家之间的计算机与计算机之间的通信，各种软硬件资源的共享，而且大大促进了国际间的文字、图像、视频和声音等各类数据的传输与处理。随着 Internet 技术的迅猛发展和普及，人们足不出户就可以在网上进行视频通信、收发电子邮件、购物、聊天等，网络给人们的生活带来了便捷，也逐渐改变了人们的生活方式。

8. 人工智能

人工智能（Artificial Intelligence，AI），简单来说就是利用计算机模拟人类的各种智能活动，如学习、推理、思考、规划等。人工智能研究的一个主要目标是使机器能够胜任一些通常需要人类智能才能完成的复杂工作。目前，人工智能的理论和技术日益成熟，应用领域不断扩大，该领域的研究包括机器人、语言识别、图像识别、自然语言处理和专家系统等。人工智能不是人的智能，但能像人那样思考，也可能超过人的智能。目前，人工智能逐渐渗透到人们的日常生活中，如人机博弈、智能家居设备、在线客服等。

## 1.5 计算模式的发展

计算机应用系统经历了 4 种计算模式，分别是单主机计算模式、客户/服务器（Client/Server，C/S）计算模式、浏览器/服务器（Browser/Server，B/S）计算模式和云计算（Cloud Computing）模式。这几种计算模式是随着计算机技术、网络技术的发展而产生的，因此决定了计算机应用系统中硬件结构和软件结构的特征。

1. 单主机计算模式

1985 年以前，计算机应用一般以单台计算机构成的单主机计算模式为主。单主机计算模式又可细分为两个阶段。

（1）早期的单主机计算模式阶段，计算机应用系统所用的操作系统为单用户操作系统，一般只有一个控制台，局限于单项应用，如劳资报表统计等。

（2）分时多用户操作系统的研制成功，以及计算机终端的普及，使计算模式由早期的单主机计算模式阶段进入单主机-多终端的计算模式阶段。

在单主机-多终端的计算模式中，用户通过终端使用计算机，每个用户都好像是在独自享用计算机的资源，但实际上主机是在分时轮流为每个终端用户服务。

当时在中国，单主机-多终端的计算模式被称为"计算中心"。在单主机计算模式阶段中，计算机应用系统已可实现多个应用（如物资管理和财务管理）的联系，但由于硬件结构的限制，只能将数据和应用（程序）集中放在主机上，因此单主机-多终端的计算模式有时也被称为集中式的企业计算模式。

**2. 客户/服务器计算模式**

20世纪80年代，PC的发展和局域网技术逐渐趋于成熟，使用户可以通过计算机网络共享计算机资源，计算机之间也可以通过网络协同完成对某些数据的处理工作，虽然PC的资源有限，但在网络技术的支持下，应用程序不仅可利用本机资源，而且可通过网络方便地共享其他计算机的资源，在这种背景下形成了C/S计算模式。

在C/S计算模式中，网络中的计算机被分为两大类：一类是用于向其他计算机提供各种服务（如数据库服务、打印服务）的计算机，统称为服务器；另一类是享受服务器提供服务的计算机，称为客户机。

客户机一般由微型机承担，负责运行客户的应用程序（应用程序被分散地安装在每台客户机上，这是C/S计算模式应用系统的重要特征）。部门级和企业级的计算机作为服务器来运行服务器系统（如数据库服务器系统、文件服务器系统）软件，向客户机提供相应的服务。

在C/S计算模式中，数据库服务是最主要的服务之一，客户机将用户的数据处理请求通过客户端的应用程序发送到数据库服务器，数据库服务器分析用户请求，实施对数据库的访问与控制，并将处理结果返回给客户机。在这种模式下，网络上传送的只是数据处理请求和少量的结果数据，网络负担较小。通过这种结构，将任务合理分配到客户端和服务器端，既充分利用了两端硬件环境的优势，又实现了网络上信息资源的共享。由于这种结构比较适于局域网运行环境，因此在企业内部逐渐得到了广泛应用。

对于较复杂C/S计算模式的应用系统，数据库服务器一般情况下不只有一个，而是按数据的逻辑归属和整个系统的地理安排可能有多个（如各子系统的数据库服务器、整个企业级数据库服务器），由于企业的数据分布在不同的数据库服务器上，因此C/S计算模式有时也被称为分布式C/S计算模式。

C/S计算模式是一种较为成熟且应用广泛的企业计算模式，其客户端应用程序的开发工具也较多，这些开发工具分为两类：一类为针对某一种数据库管理系统的开发工具（如针对Oracle的Developer2000）；另一类为对大部分数据库系统都适用的前端开发工具（如PowerBuilder、Visual Basic、Visual C++、Delphi、C++ Builder、Java）。

C/S结构的优点是能充分发挥客户端PC的处理能力，很多工作可以先在客户端处理再提交给服务器。对应的优点就是能实现客户端与服务器的直接相连，没有中间环节，因此响应速度快。而且，C/S结构的管理信息系统具有较强的事务处理能力，能实现复杂的业务流程。但C/S结构只适用于局域网，国内的大部分ERP软件产品都属于此类结构。随着Internet的飞速发展，移动办公和分布式办公越来越普及，这就需要系统具有扩展性。对这种系统的远程访问需要专门的技术，同时要对系统进行专门的设计来处理分布式的数据。而且，客户端需要安装专用的客户端软件，分布功能弱，针对点多面广且不具备网络条件的用户群体，不能实现快速部署安装和配置。C/S结构兼容性差，对于不同的开发工具，具有较大的局限性。若采用不同的开发工具，则需要重新改写程序。系统需要由专业的软件开发人员开发完成，开发成本较高。C/S计算模式是当时应用比较广泛的企业计算模式。

### 3. 浏览器/服务器计算模式

采用 C/S 计算模式的企业计算机应用系统中，每个客户机都必须安装并正确配置相应的数据库客户端驱动程序。这样，应用程序也必须安装在客户机上才能访问数据库。由于应用程序被分布在各个客户机上，因此使系统的维护变得困难，且容易造成不一致性。B/S 计算模式是在 C/S 计算模式的基础上发展而来的。B/S 计算模式产生的源动力是不断增加的业务规模和不断复杂化的业务处理请求，因此在传统 C/S 计算模式的基础上增加中间应用层，由原来的两层结构（客户/服务器）变成三层结构。

在软件体系架构设计中，分层式结构是较常见，也是较重要的一种结构。所谓三层体系结构，是在客户端与数据库之间加入了一个"中间层"，也叫作组件层。这里所说的三层体系结构，不是指物理上的三层体系结构，也不是简单地放置三台机器就是三层体系结构，更不是有 B/S 应用才是三层体系结构，三层是指逻辑上的三层，即这三个层放置到一台机器上。三层体系结构将整个业务应用划分为表现层（UI）、业务逻辑层（BLL）、数据访问层（DAL）。区分层次是为了"高内聚、低耦合"的思想。

（1）表现层：通俗地讲就是展现给用户的界面，即用户在使用一个系统时的所见所得。

（2）业务逻辑层：针对具体问题的操作，也可以说是对数据层的操作，对数据业务的逻辑处理。

（3）数据访问层：该层所做事务是直接操作数据库，针对数据的增添、删除、修改、更新、查找等。

在三层系统结构中，用户表现层（客户端）负责处理用户的输入和向客户的输出（出于效率考虑，它可能在向上传输用户的输入前进行合法性验证）。业务逻辑层负责建立数据库的连接，根据用户的请求生成访问数据库的 SQL 语句，并把结果返回给客户端。数据访问层实际是负责数据库的存储和检索，响应中间层的数据处理请求，并将结果返回给中间层。由于 Internet 及企业 Intranet 的应用采用的是 B/S 计算模式，因此 B/S 计算模式也被称为网络计算机模式。在 B/S 计算模式中除数据库服务器外，应用程序是以网页形式存放于 Web 服务器上的，用户在运行某个应用程序时，只需要在客户端的浏览器中键入相应的网址，调用 Web 服务器上的应用程序，并对数据库进行操作以完成相应的数据处理工作，最后结果会通过客户端的浏览器显示给用户。可以说，在 B/S 计算模式的计算机应用系统中，应用（程序）在一定程度上具有集中特征。

由于客户端只需要一个简单的浏览器，因此减少了客户端的维护工作量，方便了用户使用。同时，也正是这样的"瘦"客户端，能够方便地将任何一台计算机通过计算机网络或 Internet 连入企业的计算机系统中，成为企业管理信息系统的一台客户机。与 C/S 计算模式相比，以 B/S 计算模式建立的计算机应用系统，客户端变得更简单，只要安装浏览器即可，应用程序以网页的形式存放在 Web 服务器上，这不仅方便了企业内用户应用，而且使企业的客户和供应商方便地通过计算机网络与企业进行业务活动，扩大了企业计算机应用系统的功能覆盖范围，可以更加充分地利用网络的各种资源，同时使应用程序维护的工作量也大大减少。

B/S 计算模式的主要特点是分布性强、维护方便、开发简单且共享性强，总体拥有成本低。只要有浏览器并且能上网，就能登录服务器进行信息的处理、采集工作，不受客户端的限制，只要在服务器端进行配置就可以完成部署。如需升级，也只需在服务器端进行维护，客户端就能自动登录最新系统。目前，B/S 计算模式得到了广泛应用。

4．云计算模式

狭义云计算，是信息技术（IT）基础设施的交付和使用模式，指通过网络以按需、易扩展的方式获得所需的资源（硬件、平台、软件）。提供资源的网络被称为"云"。"云"中的资源在使用者看来是可以无限扩展的，并且可以随时获取、按需使用、随时扩展、按使用付费。这种特性经常被称为像水电一样使用信息技术基础设施。广义云计算是服务的交付和使用模式，指通过网络以按需、易扩展的方式获得所需的服务。这种服务可以是信息技术和软件、与Internet相关的，也可以是任意其他的服务。

云计算之所以称为"云"，还因为云计算的鼻祖之一 Amazon 将网格计算取了一个新名称——"弹性计算云"（Elastic Compute Cloud，EC2），并取得了商业上的成功。云计算被视为"革命性的计算模型"，因为它使超级计算能力通过 Internet 自由流通成为可能。企业与个人用户无须再投入昂贵的硬件购置成本，只需要通过 Internet 来购买租赁计算力，比尔·盖茨曾预测，"把你的计算机当作接入口，一切都交给 Internet 吧。用户只需要 640KB 的内存就足够了"。

云计算的基本原理是通过使计算分布在大量的分布式计算机中，而非本地计算机或远程服务器中，从而使企业数据中心的运行更与 Internet 相似。这使企业能够将资源切换到需要的应用上，根据需求访问计算机和存储系统。这可是一种革命性的举措，打个比方，这就好比是从古老的单台发电机模式转向了电厂集中供电模式。它意味着计算能力也可以作为一种商品进行流通，就像煤气、水电一样，取用方便、费用低廉。最大的不同在于，它是通过 Internet 进行传输的，只需要一台笔记本电脑或一个手机，就可以通过网络服务来实现所需的一切，甚至包括超级计算这样的任务。从最根本的意义上来说，云计算就是利用 Internet 上的软件和数据的能力。Google、Amazon、IBM、Microsoft、Sun 等公司都已开发了云计算市场。

## 1.6 计算机的发展趋势

目前，计算机的发展已经进入一个快速而崭新的时代，计算机已经从功能简单、体积庞大发展到功能复杂、体积微小、资源网络化等。未来，计算机不仅要实现性能的大幅提升，而且要通过多种途径实现性能的飞跃。目前，性能的大幅提升并不是计算机发展的唯一路线，计算机的发展还应当变得越来越人性化、智能化，同时要注重环保等。

计算机从出现至今，语言经历了从机器语言、汇编语言、程序语言到高级语言，操作系统从简单操作系统到 UNIX、Linux、Windows 等现代操作系统，运算速度也得到了极大的提升，第四代计算机的运算速度已经达到几十亿次每秒。计算机也由原来的仅供军事、科研使用发展到人人可拥有，计算机强大的应用功能，产生了巨大的市场需求，未来计算机性能应向巨型化、微型化、网络化、智能化、专用化、多媒体化方向发展。

1．巨型化

巨型化是指研制的计算机逐渐朝着速度更快、存储量更大和功能更强的方向发展。为了适应气象、地质、航空航天和卫星轨道计算等尖端科学技术领域发展的需要，各种巨型计算机被研制出来，巨型计算机的运算能力可达每秒百亿次、存储容量在几百太字节以上。尤其在国防军事领域，对计算机的运算速度和存储空间的要求越来越高。随着当前的科技发展和国际竞争日益激烈，研制巨型计算机的技术水平也成为衡量一个国家科学技术和工业发展水平的重要标志。

### 2．微型化

微型化是通过进一步提高集成度，利用高性能的超大规模集成电路研制质量更加可靠、性能更加优良、价格更加低廉、整机更加小巧的微型计算机。计算机微型化已成为计算机发展的重要方向，如各种笔记本电脑和个人数字助理（PDA）的大量面世。各种嵌入式技术产品，在日常生活中的各类消费类电子产品及其在工业控制、医疗等领域中的普及应用，也是计算机微型化的一个标志。在关注计算机性能提高的同时，还要特别提倡研发功耗小、环境污染小的绿色产品，以及应用广泛的多媒体计算机。

### 3．网络化

网络化是把各自独立的计算机用通信线路连接起来，形成各计算机用户之间可以相互通信并能使用公共资源的网络系统，Internet 技术将世界各地的计算机通过网络联系在一起，扩大了计算机的使用范围，在这个动态变化的网络环境中，可以实现计算、存储和数据等资源的全面共享，尤其是无线网络的出现，极大地提高了人们使用网络的便捷性，未来的计算机会进一步向网络化方向发展，为人们提供方便、及时、可靠、广泛、灵活的信息服务。

### 4．智能化

智能化是指计算机具有模拟人的感觉和思维过程的能力。智能化也是第五代计算机要实现的目标。智能化的研究领域包括模拟识别、物形分析、自然语言的生成和理解、博弈、定理自动证明、自动程序设计、专家系统、学习系统和智能机器人等。智能化的研究领域很多，其中较有代表性的领域是专家系统和智能机器人。目前已研制的智能机器人可以代替人从事危险环境的劳动，如人机博弈、无人驾驶汽车、智能服务机器人等，智能化使计算机突破了"计算"这一初级含义，从本质上扩充了计算机的能力，可以越来越多地代替人类的脑力劳动。计算机智能化的应用范围在不断扩展，计算机人工智能将是计算机发展过程中的下一个重要目标。

### 5．专用化

专用计算机是专为解决某一特定问题而设计制造的计算机。专用计算机针对某类问题能显示出较有效、较快速和较经济的特性，一般拥有固定的结构和存储程序，应用于特定的领域，如控制轧钢过程的轧钢控制计算机、计算导弹弹道的专用计算机等。专用计算机具有速度快、可靠性高、结构简单、价格便宜等特点，但它的适应性较差，不适于其他方面的应用。因而面对不同行业的应用需求，需要研发更实用、更经济的专用计算机。

### 6．多媒体化

多媒体技术是当前计算机领域中最引人瞩目的技术之一。多媒体计算机就是利用计算机技术、通信技术和大众传播技术，来综合处理多种媒体信息的计算机。这些信息包括文本、视频图像、图形、声音、动画等。多媒体技术使多种信息建立了有机联系，并集成为一个具有人机交互的系统。多媒体计算机将真正改善人机界面，使计算机朝着人类能接受和处理信息的最自然的方向发展。

## 1.7 未来新型计算机

基于集成电路的计算机短期内还不会退出历史舞台,但未来计算机的研究也在试图打破计算机现有的体系结构,国内外都在对一些新型计算机进行研究,包括超导计算机、量子计算机、DNA(脱氧核糖核酸)计算机、光计算机、纳米计算机、神经网络计算机和生物计算机等。目前推出的一种新的超级计算机采用世界上速度最快的微处理器之一,并通过一种创新的水冷系统进行冷却。IBM 2001 年 08 月 27 日宣布,他们的科学家已经制造出世界上最小的计算机逻辑电路,也就是一个由单分子碳组成的双晶体管元件。这一成果将使未来的计算机芯片变得更小、传输速度更快、耗电量更少。在不久的将来,这些新型计算机将改变计算机世界。

### 1. 超导计算机

超导计算机是使用超导材料生产的计算机。超导是指某些物质在一定温度条件下(一般为较低温度)电阻降为零的性质。1911 年,荷兰物理学家海克·卡茂林·昂内斯发现汞在温度降至-268.98℃附近时会突然进入一种新状态,其电阻小到实际上测不出来,他把汞的这一新状态称为超导态,导体没有了电阻,电流流经超导体时就不会发生热损耗,电流可以毫无阻力地在导线中形成强大的电流,从而产生超强磁场。后来科学家又发现其他金属也具有超导电性。

超导计算机的性能是现有的电子计算机无法比拟的。目前制成的超导开关器件的开关速度能达到几微微秒($10^{-11}$s)的高水平,这是当今所有电子、半导体、光电器件都无法比拟的,比集成电路要快几百倍。超导计算机的运算速度比现在的电子计算机快 100 倍,而电能消耗仅是电子计算机的千分之一。如果一台大中型计算机,每小时耗电 10kW,那么一台超导计算机只需要一节干电池就可以工作。

现在人们使用的计算机耗电非常高,而且会越来越费电,所以,未来能源需求将激增。据估计,2040 年以后,计算机需要的电力会超过全世界的发电能力,这不仅会消耗更多资源,对环境造成影响,而且会使人们在解决能源问题上陷入困境。而建造超导计算机的主要目的就是降低高性能计算机的能耗,帮助阻止能源需求的激增。因为超导计算机的电能消耗量非常少,所以它成为科学家研究如何减少机器计算给环境造成影响的目标。

科学家先将超导材料制成超导开关器件和超导存储器,再把这些器件制作成超导计算机。目前,科学家还在积极寻找一种高温超导材料或常温超导材料。有专家表示,如果发明了这种材料并应用到计算机上,整个计算机世界将会改变。总之,超导计算机能够帮助阻止能源需求的激增,减少电能的消耗量,对环境有极大的保护作用,也让未来计算机世界变得更加生态。而且,超导计算机的运算速度非常快,对未来的产品模拟和制造、人工智能的发展、万物互连的构建,甚至对宇宙世界的探索等都会发挥重要作用。因此,超导计算机的发展可能会改变整个计算机世界。

2014 年,美国推出了一项 Cryogenic Computer Complexity(C3)研究计划,这项研究通过利用超导技术打造出全新一代的超级计算机。获得参与研究计划的公司有 IBM、雷神技术公司和诺斯罗普·格鲁曼公司。同时,中国、日本、欧洲也在努力开发超导计算机。目前,中国正在建造一种价值 10 亿元人民币的超导计算机,它能够研发新武器、破译密码、分析情报、减少能源消耗等，建造超导计算机的主要动机是降低未来高性能计算机的能耗。

## 2. 量子计算机

量子计算机是一种可以实现量子计算的机器，是一种通过量子力学规律来实现数学和逻辑运算，处理和储存信息能力的系统。它以量子态为记忆单元和信息储存形式，以量子动力学演化为以信息传递与加工为基础的量子通信与量子计算，在量子计算机中其硬件的各种元件的尺寸要达到原子或分子量级。量子计算机是一个物理系统，它能存储和处理关于量子力学变量的信息。

量子计算机和许多计算机一样都是由许多硬件和软件组成的，软件包括量子算法、量子编码等，硬件包括量子晶体管、量子存储器、量子效应器等。量子晶体管是通过电子高速运动来突破物理的能量界限的，从而实现对晶体管的开关作用，这种晶体管控制开关的速度很快，比起普通的芯片运算能力强很多，而且对使用的环境条件适应能力很强，所以在未来发展中，量子晶体管是量子计算机不可缺少的一部分。量子存储器是一种储存信息效率很高的存储器，它能够在非常短的时间内对任何计算信息赋值，是量子计算机不可缺少的组成部分，也是量子计算机最重要的部分之一。量子效应器就是一个大型的控制系统，能够控制各部件的运行。这些组成在量子计算机的发展中占据着主要地位，发挥着重要作用。

如同传统计算机通过集成电路中电路的通断来实现0、1之间的区分，其基本单元为硅晶片一样，量子计算机也有自己的基本单位——量子比特，它通过量子的两态的量子力学体系来表示0或1。例如，光子的两个正交的偏振方向、磁场中电子的自旋方向或核自旋的两个方向、原子中量子所处的两个不同能级，或者任何量子系统的空间模式等。量子计算的原理就是将量子力学系统中的量子态进行演化。

量子计算机的特点主要有，运行速度较快、处置信息能力较强、应用范围较广等。与一般计算机比较起来，信息处理量越多，对于量子计算机实施运算也就越有利，更能确保运算具备精准性。

2019年8月，浙江大学、中国科学院物理研究所、中国科学院自动化研究所、北京计算科学研究中心等机构组成的联合团队开发了一款具有20个超导量子比特的量子芯片，并成功实现了全局纠缠，刷新了固态量子器件中生成纠缠态的量子比特数目的世界纪录。借助显微镜可观察到，超导量子比特芯片的大小约为1平方厘米，20个量子比特均匀分布于中心谐振腔的周边，犹如由中心枢纽贯通的各个支路。浙江大学超导量子计算和量子模拟团队的实验室迭代的第四代电路设计方案目标是让任意两个量子比特之间都能进行直接"沟通"，以实现全局纠缠。全局纠缠是让所有量子比特协同起来参与工作，量子操纵是量子计算的技术制高点，而实现全局纠缠是检验操纵是否成功的标志。计算机使用0和1进行信息存储与处理。在经典计算机里，一个比特就如同一个普通开关，或0或1。量子计算机由于量子纠缠与叠加特性，一个量子比特可以同时代表0和1。可以想象一枚摆在桌上的硬币，只能看到它的正面或背面，当把它快速旋转起来，看到的既是正面，又是背面。于是，一台量子计算机就像许多硬币同时翩翩起舞一样。在实验室控制条件下，研究人员在短短187纳秒（ns）内（人眨一下眼所需时间的百万分之一），就捕捉到20个人造原子从"起跑"时的相干态，历经多次变身，最终形成同时存在两种相反状态的纠缠态，操控这些量子比特生成全局纠缠态，标志着团队能够真正调动这些量子比特。

量子比特数是衡量量子计算机性能的重要指标之一。有研究认为，一旦量子比特数达到

50，就能在处理某些特定问题时展现超越超级计算机的运算能力。

量子计算机研发是当前国际科技竞争的热点领域。Google、IBM、Microsoft、Intel、华为、阿里巴巴等全球高科技公司都为此投入了大量研究力量。据科研人员介绍，与世界上其他的超导量子芯片相比，此次由中国科学家研发的芯片拥有一个显著特点，即所有量子比特之间都可以进行相互连接，这能够提升量子芯片的运行效率，也是能够率先实现20量子比特纠缠的重要原因之一。

量子计算机理论上具有模拟任意自然系统的能力，也是发展人工智能的关键。由于量子计算机在并行运算上的强大能力，使它有能力快速完成经典计算机无法完成的计算。这种优势在加密和破译等领域被广泛应用。下面是量子计算机在一些领域的应用。

（1）天气预报。如果使用量子计算机在同一时间对所有信息进行分析，并得出结果，那么就可以得知天气变化的精确走向，从而避免大量的经济损失。

（2）药物研制。量子计算机对于研制新的药物也有极大的优势，量子计算机能描绘万亿计的分子组成，并且能选择其中最有可能的方法，这将提高人们发明新型药物的速度，并且能够更个性化地对于药理进行分析。

（3）交通调度。量子计算机可以根据现有的交通状况预测之后的交通状况，完成深度分析，进行交通调度和优化。

（4）保密通信。量子计算机能加密通信，由于其不可克隆原理，会使入侵者不能在不被发现的情况下进行破译和窃听，这是量子计算机本身的性质决定的。

### 3．DNA计算机

DNA计算机是一种生物形式的计算机。它是利用DNA建立的一种完整的信息技术形式，以编码的DNA序列（通常意义上的计算机内存）为运算对象，通过分子生物学的运算操作来解决复杂的数学难题。

DNA分子是一条双螺旋的长链，上面布满了"珍珠"，即核苷酸，其上拥有4种碱基，分别为腺嘌呤（A）、鸟嘌呤（G）、胞嘧啶（C）和胸腺嘧啶（T）。DNA分子通过这些核苷酸的不同排列，能够表达生物体各种细胞拥有的大量信息。数学家、生物学家、化学家及计算机专家从中得到启迪，他们利用DNA能够编码信息的特点，先合成具有特定序列的DNA分子，使它们代表要求解的问题；然后通过生物酶的作用（相当于加减乘除运算），使它们相互反应，形成各种组合；最后过滤非正确的组合而得到的编码分子序列就是正确答案。

与传统计算机相比，DNA计算机拥有体积小、存储量大、能耗低和可并行性的优点。此外，DNA计算机能够使科学观察与化学反应同步，节省大笔的科研经费。DNA计算机已经成为当前世界许多国家科研人员研究的热点之一，而且取得了突破性进展，但还处在理论研究和应用探索阶段。

未来的DNA计算机在研究逻辑、破译密码、基因编程、疑难病症防治及航空航天等领域的应用有独特优势，电子计算机望尘莫及，其应用前景十分乐观。例如，DNA计算机的出现，使在人体内、在细胞内运行的计算机研制成为可能，它能够充当监控装置，发现潜在的致病变化，还可以在人体内合成所需的药物，治疗癌症、心脏病、动脉硬化等各种疑难病症，甚至在恢复盲人视觉方面，也会大显身手。

完全可以想象，如果DNA计算技术全面成熟，那么真正的人机合一就会实现。因为大脑本身就是一台自然的DNA计算机，只要有一个接口，DNA计算机就能通过接口直接接受人脑的指挥，成为人脑的外延或扩充部分，而且它以从人体细胞吸收营养的方式来补充能量，不用外界提供能量，如同科幻小说中向大脑植入以 DNA 为基础的人造智能芯片一样，未来就像接种疫苗一样简单。无疑，DNA 计算机的出现将给人类文明带来一个质的飞跃，给整个世界带来巨大的变化，有着无限美好的应用前景。

不过，由于受目前生物技术水平的限制，在 DNA 计算过程中，前期 DNA 分子链的创造和后期 DNA 分子链的挑选，要耗费相当大的工作量。例如，阿德勒曼的"试管电脑"在几秒钟内就能得出结果，但是他却要花掉数周的时间去挑选正确的结果。DNA 计算机已经成为当前世界许多国家科研人员研究的热点之一，世界许多国家包括中国的科学家正在积极克服和解决难题，预计 10~20 年后，DNA 计算机将进入实用阶段。

### 4．光计算机

与传统硅芯片计算机不同，光计算机用光束代替电子进行计算和存储，它以不同波长的光代表不同的数据，以大量的透镜、棱镜和反射镜将数据从一个芯片传送到另一个芯片。

光计算机是由光代替电子或电流，实现高速处理大容量信息的计算机。其基础部件是空间光调制器，并采用光内连技术，在运算部分与存储部分之间进行光连接，运算部分可直接对存储部分进行并行存取。光计算机突破了传统的用总线将运算器、存储器、输入和输出设备相连接的体系结构，具有运算速度极高、耗电极低的特点，目前尚处于研制阶段，与电的特性相比，它具有无法比拟的各种优点。

（1）光器件允许通过的光频率高、范围大，也就是所谓的带宽非常大，传输和处理的信息量极大。两束光要发生干涉，必须频率相同、振动方向一致和有不变的初始相位差。因此，同一根光导纤维能并行地传输很多波长不同或波长相同但振动方向不同的光波，它们之间不会发生干涉。有人计算每边长 1.5cm 左右的三棱镜，其信息通过能力比全世界现有的全部电话、电缆的信息通过能力还要大好多倍。

（2）信息传输中畸变和失真小、信息运算速度高。光和电在介质中传播速度都极快，但光和电不同，由于光计算机是"无"导线计算机，光在光介质中传输不存在寄生电阻、电容和电感问题，光器件又无接地电位差，因此传输所造成的信息畸变和失真极小，光器件的开关速度比电子器件的开关速度快得多。光计算机的运算速度在理论上可达每秒千亿次，其信息处理速度比电子计算机的信息处理速度要快数百万倍。

（3）光传输和转换时，能量消耗极低。虽然集成电路中的电流十分微弱，但由于集成度的提高，功耗仍然是个大问题，对于巨型计算机，问题更为严重。光计算机却不同，除激光源需要一定的能量以外，光在传输和转换时，能量消耗极低。

在未来，光计算机的运用也会非常广泛，特别是在一些特殊领域，如预测天气、气候等一些复杂而多变的过程，还可应用在电话的传输上。使用光波而不是电流来处理数据和信息对于计算机的发展而言是非常重要的一步。在将来，光计算机会带来更强劲的运算能力和处理速度，甚至会为和生物科学等学科的交叉融合打开一扇新的大门。

### 5．纳米计算机

纳米计算机是指将纳米技术运用于计算机领域所研制的一种新型计算机。纳米本是一个计量单位，采用纳米技术生产芯片的成本十分低廉，因为它既不需要建设超洁净的生产车间，又不需要昂贵的实验设备和庞大的生产队伍，只需要在实验室里将设计好的分子合在一起，就可以造出芯片，这大大降低了生产成本。

2013年9月26日斯坦福大学宣布，人类首台基于碳纳米晶体管技术的计算机已成功测试运行。该项实验的成功证明了人类有望在不远的将来，摆脱当前依靠硅晶体技术生产新型计算机设备的现状。斯坦福大学的研究成果来自于IBM等数家科研机构的技术成果之上。碳纳米管是由碳原子层以堆叠方式排列所构成的同轴圆管。碳纳米材料具有体积小、传导性强、支持快速开关等特点，因此当被用于晶体管时，其性能和能耗表现要大幅优于传统硅材料。

### 6. 神经网络计算机

具有模仿人的大脑判断能力和适应能力、可并行处理多种数据功能的神经网络计算机，不仅能判断对象的性质与状态，采取相应的行动，而且能同时并行处理实时变化的大量数据，并引出结论。神经网络计算机除有许多处理器外，还有类似神经的节点，每个节点与许多点相连。若把每一步运算分配给每台微处理器，它们同时运算，其信息处理速度会大大提高。神经网络计算机的信息不是存储在存储器中，而是存储在神经元之间的联络网中。若有节点断裂，计算机仍有重建资料的能力，它还具有联想记忆、视觉和声音识别能力。

### 7. 生物计算机

生物计算机主要是以生物电子元件构建的计算机。它利用蛋白质的开关特性，用蛋白质分子作为元件，从而制成生物芯片。其性能是由元件与元件之间电流启闭的开关速度来决定的。用蛋白质制成的生物芯片，由于它的一个存储点只有一个分子大小，所以它的存储容量可以达到普通计算机的十亿倍。由蛋白质构成的集成电路，其大小只相当于硅片集成电路的十万分之一，而且运行速度更快，只有 $10^{-11}$s，大大超过了人脑的思维速度。

生物计算机是全球高科技领域最具活力和发展潜力的学科之一，该种计算机涉及多种学科领域，包括计算机科学、脑科学、分子生物学、生物物理、生物工程、电子工程等。它的主要原材料是生物工程技术产生的蛋白质分子，并以此作为生物芯片。生物计算机的芯片本身还具有并行处理功能，其运算速度要比当今最新一代计算机的运算速度快10万倍，能量消耗仅相当于普通计算机的十亿分之一，存储信息的空间仅占普通计算机空间的百亿分之一。

## 1.8　计算思维

思维是人脑对于客观事物的本质及其内在联系间接和概括的反应，是一种认识过程或心理活动。思维实际上是由一系列知识所构成的完整解决问题的思路，思维具有普适性、联想性、启迪性及拓展性等。人类进行科学研究主要采用理论、实验和计算3种方法，这3种方法分别对应理论思维、实验思维和计算思维。

理论思维也称推理思维、逻辑思维，是人类在已有知识和经验的基础上进行的抽象概括，以推理和演绎为特征，数学学科是主要代表。实验思维也称实证思维，是人类通过观察和实验来获取客观事物规律的思维方式，以观察和归纳自然规律为特征，以物理学科、化学学科为代表。计算思维也称构造思维，是人类运用计算机技术来求解问题的思维方式，以设计、构造和计算为特征，以计算机学科为代表。目前，理论和实验手段在面临大规模数据的情况下，不可避免地要用计算手段来辅助进行。运用计算机的基础概念求解问题已经成为各个学科领域研究的重要手段。

## 1.8.1 计算思维的定义

计算思维是由美国卡内基·梅隆大学的周以真（Jeannette M.Wing）教授于 2006 年首次提出的。她认为，计算思维是指运用计算机科学的基础概念去求解问题、设计系统和理解人类行为，它涵盖了计算机科学的一系列思维活动。计算思维是一种建立在计算机科学概念基础上的思维方式，它不局限于计算机。说到底计算机只是一种工具，这种工具的伟大之处在于它促使人们借此发展了思考问题的方式。

计算思维源于计算机科学，又和数学思维、工程思维紧密相关。计算机科学在本质上源于数学思维，通常当我们用计算思维解决问题时，仅需要将问题抽象为可计算的数学问题。计算机科学又从本质上源于工程思维，因为人们建造的是能够与实际世界互动的系统。计算思维建立在计算过程的能力和限制之上，由人和机器执行。在用计算思维解决问题时，人负责把实际问题转化为可计算问题，并设计算法让计算机去执行，计算机负责具体的运算任务，这就是计算思维里的人机分工。人机分工能大幅提高处理问题的效率，减少出错率，特别是在处理情况复杂、运算量大的问题时，如人们对出行路线的规划问题，在没有导航软件的情况下，想要规划从 A 点到 B 点的最近路线，人们往往是根据经验进行判断的，需要花费大量的时间和精力去寻找最优解。当使用电子地图来表示实际地理情况，用坐标点来表示实际位置时，最短路线的问题就转化为比较地图上 A 点到 B 点的各种线段组合的长度问题。从输入起点和目的地到导航软件给出导航路线不到半秒的时间里，后台服务器已经进行了高达千万次甚至上亿次的运算，这种效率高出人类 $N$ 个数量级。

计算机能实现计算执行的自动化，人们将解决问题的步骤和方法以算法的形式表示出来，并用计算机能够直接识别和运行的语言告诉计算机如何工作，逐渐成为思维的执行者。解决问题的方式逐渐演变为计算机能够识别的方式。

## 1.8.2 计算思维的基本特征

计算思维涵盖了运用计算机科学解决问题的一系列思维活动，已经渗入到人们的日常生活中，每个人都应掌握计算思维，从而帮助我们解决各种问题。计算思维具有以下特征。

（1）计算思维是概念化的，而不是程序化的。计算机科学不是简单的计算机编程。计算思维不仅是计算机编程，其要求人们像计算机科学家那样去思维，而且要求人们能够在抽象的多个层次上去思维。

（2）计算思维是根本技能，不是刻板技能。计算思维是每个人为了在现代社会中发挥职能所必须掌握的根本技能，刻板技能意味着机械地重复。

（3）计算思维是人的思维方式，不是计算机的思维方式。计算思维是人类求解问题的一条途径，但绝不是要使人类像计算机那样思考。计算机枯燥且沉闷，人类聪颖且富有想象力，是人类赋予计算机激情。只要配置了计算机，人类就能用自己的智慧去解决那些在计算时代之前不敢尝试的问题，实现"只有想不到，没有做不到"的境界。

（4）计算思维是数学思维和工程思维的互补与融合。计算机科学在本质上源自数学思维和工程思维，构造的是能够与实际世界互动的系统，基本计算设备的限制迫使计算机科学家必须计算性地思考，不能只是数学性地思考，通过构建虚拟世界的自由使人类能够设计超越物理世界的各种系统。

（5）计算思维是一种思维方式，而不仅仅是人造物。除了软件、硬件等人造物将以物理形式呈现，并时时刻刻触及我们的生活，还包括以接近和求解问题、管理日常生活、与他人交流和互动的计算概念；而且，计算思维面向所有的人和所有的地方。当计算思维真正融入人类活动的整体以致不再表现为一种显式之哲学的时候，它就会成为一种现实。

### 1.8.3 计算思维的发展

人类使用计算思维进行思考、交流和沟通时，要把计算过程描述清楚，运用到计算机领域。计算机作为一种表达思维方式，其程序中采用了各种技术手段，并且为此发展了一整套形式语言理论、编译理论、检验理论和优化理论，这些理论和技术是计算思维的核心概念。计算机科学的发展，使计算思维得到了明确的定义和解释，也使计算思维本身得到了非常深入的研究和发展，推进了计算机科学的发展。计算思维的核心是基于计算模型（环境）和约束的问题求解。计算机科学是研究计算模型、计算系统设计，以及如何有效地利用计算系统进行信息处理、实现工程应用的学科，涉及基本模型的研究，软件、硬件系统的设计和面向应用的技术研究。计算思维反映了计算机学科最本质的特征和方法，推动了计算机领域的研究发展，计算机学科的研究必须建立在计算思维的基础上。进入 21 世纪以来，以计算机科学技术为核心的计算机科学发展异常迅猛，有目共睹，在计算机时代，计算思维的意义和作用提到了前所未有的高度，成为现代人类必须具备的一种基本素质。计算思维代表着一种普适的态度和技能，在各个领域都有很重要的应用，尤其是计算领域。

图灵奖得主、计算机科学家 Edsger Dijkstra 曾说过："我们所使用的工具影响着我们的思维方式和思维习惯，从而也将深刻地影响着我们的思维能力。"例如，计算生物学改变了生物学家的思考方式，计算博弈理论改变了经济学家的思考方式，量子计算改变了物理学家的思考方式等。利用计算机解决数学、物理、经济、军事、社会、生活等领域的各种问题，形成以计算机为工具来解决问题的思维方式，与各个学科交叉融合，形成了新的独特的解决问题的计算思维方式。目前，计算思维是人类求解问题的一条有效途径，而且人人都应该具备这种能力。

## 1.9 计算机学科体系

随着计算机、网络、多媒体及软件的迅速发展，人们的工作、生产和生活发生了根本性的改变，计算机及相关技术强有力地推动着科学、工程、商业等领域及人类探索世界方法的发展。在美国，自 1968 年以来，IEEE（Institute of Electrical and Electronics Engineers，电气和电子工程师协会）和 ACM（Association for Computing Machinery，美国计算机学会）就一直密切关注计算机学科人才的需求，探讨高等教育对计算机学科人才培养的现状、发展和存在的问题。自 20 世纪 90 年代以来，为适应教育全球化的发展形势，IEEE/ACM 多次提出了计算机学科教程（Computing Curricula，CC）体系，用于指导美国和全世界计算机学科专业的教育，比较著名的有 CC1991 和 CC2001。2004 年 11 月 22 日，IEEE/ACM 在总结前期工作的基础上，对 CC2001 给出的 4 个专业方向进行了修改和扩充，并给出了新的评述，联合公布了新的计算机学科教程 CC2004，2005 年又对 CC2004 做了补充和完善，并于 2005 年 9 月 30 日发布了 CC2005，可作为国内外一流计算机专业制定课程体系时的重要指导。

### 1.9.1 计算学科领域的分化

计算学科长期以来被认为代表了两个重要领域，即计算机科学和计算机工程。随着科学技术的发展，IEEE/ACM 在 CC2005 报告中，提出了相应的知识领域、知识单元和知识点，将计算学科分为 5 个领域，分别为计算机科学、计算机工程、信息系统、信息技术、软件工程。这 5 个领域既有相关性，又有特殊性和独立性，对其进行区别和比较，有助于指导大学计算学科中相应专业方向制定教学计划和课程设置，以及可作为一个评价体系的参考标准。计算学科的分化体现了一种知识科学发展和知识演化与时俱进的趋势。计算学科的变化非常迅速，其知识领域得到充分的扩展，覆盖了其他很多重要学科。因此有必要从战略的高度，研究和了解计算学科分化的实质，了解各个专业学科的知识领域与体系，了解这些知识领域间的关系和知识模块的交叉，以及相对应的课程体系。下面是对计算学科 5 个分支领域的阐述。

#### 1．计算机科学

计算机科学（Computer Science，CS）的学科范围跨度很大，包括从理论基础、算法基础到最前沿的学科发展，如机器人学、计算机视觉、智能系统、仿生信息学等学科。计算机科学家的工作包括设计和实现软件。计算机科学家往往承担了具有挑战性的编程工作，他们也指导其他程序员，让程序员不断获取新的方法。

发明应用计算机的新方法和计算机科学领域中的网络、数据库、人机界面等方面的新进展，使万维网的发展成为可能。现在计算机科学研究人员正和其他领域的专家合作，使机器人变成实用的智能助手，使用数据库来生成新知识，利用计算机破译 DNA 的秘密。

计算机科学家要发明高效的方法来解决计算问题。例如，开发出最好的方法用于在数据库中存储信息、通过网络传输数据及显示复杂图像。计算机科学的理论背景可以帮助计算机科学家确定方法的最优性能，在算法领域的研究可帮助他们开发出具有更优性能的新算法。

#### 2．计算机工程

计算机工程（Computer Engineering，CE）是一门关于设计和构造计算机及基于计算机的系统学科。它所涉及的研究包括软件、硬件、通信及它们之间的相互作用等。它的课程不仅包括传统的电子工程及数学方面的理论、原理及实践，而且包括如何应用它们设计计算机和设计基于计算机的设备等。

计算机工程的学生要学习数字硬件系统的设计，包括通信系统、计算机系统，以及其他包含计算机的设备的系统。他们学习软件开发，重点关注的是与数字设备相关的软件，以及这些软件与用户和其他设备的接口。计算机工程的学习重视硬件多于软件，或在两者间取平衡，计算机工程有一股很浓的工程味道。

当前，在计算机工程中的一个热门方向是嵌入式系统，旨在开发包含嵌入式软件和硬件的设备。例如，手机、数字音频播放器、数字视频录像机、警报系统、X 光机、激光外科用具等设备，它们都是嵌入式软件和硬件的综合，是计算机工程的研究成果。

### 3. 信息系统

信息系统（Information System，IS）专家关注如何将信息技术解决方案与业务过程相结合，以满足商业及不同企业的信息需要，使企业能够以有效、快速的方法达到目的。这门以"信息技术"为远景的学科强调的是信息，并将技术看成一种能产生、处理、分发所需信息的手段。在这个学科中的从业人员主要关注计算机系统能提供的、能帮助企业定义和达到目的的信息，以及通过使用信息技术为企业提供实现和发展的方法。他们必须懂得信息技术和企业组织的相关要素，必须能够帮助一个组织决定以什么样的信息和技术保障的商业方法才能占有竞争优势。

在确定信息系统的需求时，信息系统专家扮演着关键角色，同时他们在信息系统的规范、设计和实现中也起着积极作用。因此，这样的专业人员，需要充分了解组织的原理和实践，使他们能够成为沟通组织中的技术团队和管理团队的桥梁，以保证团队能协调工作，确保组织能得到足以支持其决策的信息和能操作这些信息的系统。信息系统专家的工作还包括设计基于技术的组织通信和协同系统。

大多数的信息系统专业都由商业学校开设。所有的信息系统学位课程都包含商业和计算课程，同时存在大量不同类型的信息系统课程，它们的名称通常能够反映课程的属性。例如，计算机信息系统的课程通常强调技术，而管理信息系统的课程则关注信息系统中的组织和行为等方面的内容。

### 4. 信息技术

信息技术（Information Technology，IT）是一个具有双重含义的词语。广义上，"信息技术"泛指所有的计算技术。在学术上，它是指一种本科学位专业，这种专业培养的学生能满足多种组织对计算技术的需求，其中包括满足公司、政府、医院和其他组织的需求。

"信息系统"关注的是"信息技术"中的"信息"。信息技术就是对这种观点的补充，信息技术更多地关注"技术"本身，多于信息技术所承载的"信息"。信息技术是一门新的且快速发展的学科，并作为一门基础学科响应公司或组织的多种日常实践需求。今天各种各样的组织都依靠信息技术，其需要在适当的位置上拥有相应的系统。这些系统必须能正确地完成任务，必须安全、可升级、可维护，并且在适当的时候能被替换。一个组织中的全部员工都需要有信息技术的支持。从事这些技术支持的人员要理解计算机系统和相关软件的原理，并且能够解决任何与计算机相关的问题。信息技术专业的毕业生要满足这些要求。

信息技术专业的兴起是因为其他计算学科的专业不能提供足够的、能处理现实问题的学生。信息技术专业的存在，就是要培养能够综合相关的理论知识和实践，提出对组织中信息技术部门和使用信息技术的人们有帮助的专业意见的专业人员。信息技术专业人员承担了为组织购买适当软硬件产品的任务，并通过组装这些产品，为组织的计算机用户安装、定制、维护这些应用。这些职责包括组建网络、网络管理及安全、网页制作、开发多媒体资源、安装通信设备，以及策划和管理组织的技术生命周期（维护、升级和替换组织所用技术）。

### 5. 软件工程

软件工程（Software Engineering，SE）是一门关于软件系统开发和维护的学科，运用软件工程技术开发的软件系统可靠、有效，而且软件开发和维护的开销不至于过大，并能满足用户定义的所有需求。目前，软件工程的发展主要解决诸如在大范围内大型且昂贵的软件系所带来的冲击等问题，并能响应注重安全的应用中对软件安全的强烈需求。由于难以捉摸的软件属性和软件操作的不连续性，使软件工程与其他工程学科有明显区别。软件工程试图将数学和计算机科学的理论与工程实践相结合。

计算机科学和软件工程有很多共同的学位课程。软件工程的学生会更多地学习软件的可靠性和软件的维护，更关注开发和维护软件的技术，保证软件在设计之初就不至于出错。计算机科学的学生可能只是听过这些技术的重要性，但是软件工程专业所提供的工程知识和经验是计算机科学专业所不能提供的。软件工程报告其中的一个建议就是，软件工程的学生应该参加有实际意义的软件开发，这是重要之处。软件工程的学生要学习如何评定用户的需求，根据这些需求，开发出可用的软件。如何提供真正有用的和可用的软件是极为重要且困难的事情。

软件工程覆盖了大部分与软件开发相关的系统方法。这是因为软件工程从业人员需要大量的大型项目的软件专业技能。学习软件工程的主要目的是能及时且在预算范围之内开发出高质量的软件，并提供系统模型和可靠技术；同时将这些工作从理论和原理延伸到日常实践。软件工程的区域也向下延伸，穿过系统基础设施，因为软件工程人员要开发、运行健壮的软件基础设施。它也向上延伸，涉及组织问题，因为软件工程人员还要致力于设计和开发适用于客户组织的信息系统。

### 1.9.2 计算机科学专业的知识领域

CC2005 报告中提出的计算机科学学科知识领域（IEEE/ACM-CCCS）已经成为中国计算机学科和其他相关学科的参考规范，其中针对本科生提出的知识领域、知识单元和知识点，也成为专业计划制订和课程设置的参考，共包括以下 14 个知识体系。

#### 1. 离散结构

离散结构（Discrete Structures，DS）是计算机科学领域中第一个主领域，对计算机技术的发展起着重要作用。离散数学是研究离散量的结构及其相互关系的数学学科，是现代数学的一个重要分支。离散结构主要内容包括函数、关系、集合论、基本逻辑、证明方法、计算基础、图和树、离散概率等，离散数学也是计算机专业的许多专业课程（如程序设计语言、数据结构、操作系统、编译技术、人工智能、数据库、算法设计与分析和计算机网络）必不可少的先行课程。

通过离散数学的学习，不仅可以掌握处理离散结构的描述工具和方法，为后续课程的学习创造条件，而且可以提高抽象思维和严格的逻辑推理能力，为将来参与创新性的研究和开发工作打下坚实基础，它所涉及的概念、方法和理论，被大量应用于计算机各分支领域的研究。

#### 2. 程序设计基础

程序设计基础（Programming Fundamentals，PF）领域的主要内容包括基本的程序设计结构、算法和问题求解、基本数据结构、递归等。程序设计是每个计算机专业学生应该具备的能力，是计算机学科的核心科目之一。

#### 3. 算法与复杂性

算法与复杂性（Algorithms and Complexity，AL）领域的主要内容包括算法复杂度分析、典型的算法策略、分布式算法、并行算法、可计算性理论、P 和 NP 复杂类、自动机理论、高级算法分析、加密算法、几何算法等。算法是计算机科学的基础，通过对典型算法的学习，对于给定的问题，能找到合适的算法，以及设计最优算法来回答，并能对算法进行复杂度分析。

### 4．体系结构与组织

在研究计算机之前，要对计算机体系结构的构成（包括硬件和软件）、计算机内部和外部各功能部件的交互加以理解。体系结构与组织（Architecture and Organization，AR）领域的主要内容包括数字逻辑和数字系统、数据的机器表示、汇编级机器组织、存储器系统组织和体系结构、接口和通信、功能的组织、多道处理和预备体系结构、性能提高、网络和分布式系统的体系结构等。

### 5．操作系统

操作系统（Operating Systems，OS）是用户操纵计算机的接口，用于管理计算机的所有资源。操作系统领域的主要内容包括操作系统原理、并发、调度和分派、存储管理、设备管理、安全和保护、文件系统等。

### 6．网络计算

随着计算机网络和通信技术的快速发展，网络计算（Network Computing，NC）领域的主要内容包括通信和组网、网络安全、Web 应用、网络管理、多媒体数据技术、无线和移动计算等。

### 7．程序设计语言

开发人员要了解程序设计语言（Programming Languages，PL）的语法和程序设计模式，能够运用其编写程序。程序设计语言领域的主要内容包括程序设计模式、虚拟机、抽象机制、面向对象程序设计、类型系统、程序设计语言语义学、程序设计语言的设计等。

### 8．人机交互

人机交互（Human-Computer Interaction，HCI）领域的主要内容包括以人为中心的软件评价和开发，图形用户接口设计，多媒体系统的人机接口、协作和通信的人机接口等。如何设计图形用户界面，并以人为中心开发和评价交互系统是学习的重点，人机交互与认知学、人机工程学、心理学等学科领域有密切联系。

### 9．图形和可视化计算

图形和可视化（Graphics and Visualization，GV）计算领域的主要内容包括图形学的基本技术、图形系统、图像通信、几何模型、计算机视觉、虚拟现实等。可视化计算利用可视化计算环境，运用计算机图形学和图像处理技术，实现了程序和算法的设计、测试和结果呈现。它涉及计算机图形学、图像处理、计算机视觉、CAD 等多个领域，成为研究数据表示、数据处理、决策分析等一系列问题的综合技术。

### 10．智能系统

智能系统（Intelligent Systems，IS）往往采用人工智能的问题求解模式来获得结果，其问题求解方法大致分为搜索、推理和规划三类。智能系统领域的主要内容包括智能系统的基本问题、搜索和约束满足、知识表示和推理、高级搜索、神经网络、代理、自然语言处理、人工智能规划系统、机器人学等。

### 11. 信息管理

信息管理（Information Management，IM）是人类为了有效开发和利用信息资源，以现代信息技术为手段，对信息资源进行计划、组织、领导和控制的社会活动。简单地说，信息管理就是运用数据建模和数据库技术对各种信息资源和信息活动进行管理和控制。信息管理领域的主要内容包括信息模型与信息系统、数据库系统、数据建模、关系型数据库、数据库查询语言、关系型数据库设计、事务处理、分布式数据库、物理数据库设计、数据挖掘、信息存储和检索、超文本和超媒体、多媒体信息与多媒体系统、数字图书馆等。

### 12. 社会与职业问题

社会与职业问题（Social and Professional Issues，SPI）领域的主要内容包括计算的历史、计算的社会背景、分析方法和工具、专业和道德责任、基于计算机系统的风险和责任、知识产权、隐私和公民自由、计算机犯罪、与计算机有关的经济问题等。社会与职业问题属于学科设计形态技术价值观的内容，也属于一种技术方法。计算机专业人员和用户要了解与计算机学科有关的文化、社会、法律和道德方面的各种问题。作为计算机专业人员应该具备这些知识和能力，能够正确评价和合理应对有关计算机对社会造成的影响和潜在威胁，树立正确的道德观念，遵循正确的行为道德准则，尊重知识产权，遵纪守法，树立强烈的社会责任感。

### 13. 软件工程

软件工程（Software Engineering，SE）领域的主要内容包括软件设计、使用应用程序接口、软件工具和环境、软件过程、软件需求与规格、软件验证、软件演化、软件项目管理、基于构建的计算、形式化方法、软件可靠性、专业系统开发等。软件工程是一门研究用工程化方法构建和维护有效的、实用的和高质量的软件的学科，它涉及程序设计语言、数据库、软件开发工具、系统平台、标准、设计模式等方面。

### 14. 科学计算

科学计算（Computational Science，CN）领域的主要内容包括数值分析、运筹学、模拟和仿真、高性能计算等。计算机最初就是用于科学计算领域的，科学计算是指利用计算机来完成科学研究和工程技术中提出的数学问题的计算。科学计算问题往往是大量的和复杂的。如何利用计算机的高速计算、大存储容量和连续运算的能力，构建数据模型和数值解法，分析和解决人工无法解决的各种科学计算问题，对于解决计算物理、计算化学、生物信息学、气象数据处理、数字处理等领域的问题至关重要。

2013 年，ACM 和 IEEE-CS 联合工作组发布了 CS2013（Computer Science Curricula 2013）报告给出了计算机科学知识体的概念。该报告与之前的 CC2005 相比，新增了一些知识域，给出了计算机科学的 18 个知识领域，如表 1.1 所示。

表 1.1 CS2013 报告给出的计算机科学知识领域

| 计算机科学知识领域 |
| --- |
| 算法与复杂性（Algorithms and Complexity，AL） |
| 体系结构与组织（Architecture and Organization，AR） |
| 科学计算（Computational Science，CN） |

| 计算机科学知识领域 |
|---|
| 离散结构（Discrete Structures，DS） |
| 图形和可视化（Graphics and Visualization，GV）计算 |
| 人机交互（Human-Computer Interaction，HCI） |
| 信息保障与安全（Information Assurance and Security，IAS） |
| 信息管理（Information Management，IM） |
| 智能系统（Intelligent Systems，IS） |
| 网络与通信（Networking and Communications，NC） |
| 操作系统（Operating Systems，OS） |
| 基于平台的开发（Platform-based Development，PBD） |
| 并行与分布式计算（Parallel and Distributed Computing，PDC） |
| 程序设计语言（Programming Languages，PL） |
| 软件开发基础（Software Development Fundamentals，SDF） |
| 软件工程（Software Engineering，SE） |
| 系统基本原理（Systems Fundamentals，SF） |
| 社会问题与职业实践（Social Issues and Professional Practice，SP） |

虽然计算机科学含有很多迅速变化的技术，但它的基本概念、观点和方法是不变的。因此，很多的核心知识体系与早期的课程指南相比是不变的。然而，计算技术和教育学的发展意味着一些核心方面的内容也会随时间改变，以前的一些结构组织可能不再适合用来描述这门学科。因此，CS2013 以不同的方式改进了知识体系组织，加入了一些新的知识域并重组以前的知识域。

1）信息保障与安全

信息保障与安全是一个新的知识域，由于认识到世界对信息技术与计算越来越强的依赖，所以增加了该领域。信息保障与安全是一系列兼顾技术与政策的控制即流程的领域，旨在保护与防护信息和信息系统。信息保障与安全将散落在其他领域的知识点集合在一起，并将与其密切相关的知识点进行深入的探讨，而其他的知识点可通过标记进行交叉引用，找到相应包含它们的领域。因此，该领域的描述包含了一个交叉引用到其他知识领域的详细表格。

2）网络与通信

CC2001 引入了网络计算的知识域，包含了传统的网络技术、Web 开发及网络安全等知识点。考虑到主题内容的发展与分化，重命名和重构这个知识域使之侧重于关注网络与通信内容。关于 Web 应用和移动设备开发的内容放入了新的基于平台的开发的知识域，安全则放入了信息保障与安全的知识域。

3）基于平台的开发

基于平台的开发是一个新的知识域，认识到在入门级和中高级选修课程中可以增加使用特定平台编程环境，故增加了该领域。例如，Web 或移动设备平台可以使学生在限制的环境中学习，这个环境通常与硬件、应用程序接口和特殊服务相关。这个环境与"通用目的"的程序设计课程不同，以保证这个知识域有新的教学内容，此外该知识域的知识点全部是选修的。

4）并行计算与分布式计算

先前课程的并行性知识点作为选修分布在不同的知识域。由于并行计算与分布式计算的重要性大大增加，确定了这一领域的基本概念，并使之成为核心教学内容尤为关键。为了突出和协调相关教学内容，CS2013 为这一领域设立了专门的知识域，内容包括程序设计模型、程序设计语言学、算法、性能、计算机体系结构和分布式系统。

5）软件开发基础

该领域将入门的程序设计拓展到更多地专注于软件的开发过程，确定了第一年计算机科学课程应该掌握的概念和技能。由于它用途广泛，所以包括了其他有关软件知识域的基本概念和技能（如程序设计领域的程序构造、算法与复杂度领域的简单算法分析、软件工程中的简单开发方法）。同样，这些知识域相对于软件开发基础领域中的基本概念和技能包含更多的高级教学内容。对比先前的课程指南，软件开发基础将面向对象程序设计、函数程序设计、事件驱动程序设计等关键程序设计纳入了程序设计语言领域，并期望任何课程体系的入门课程都安排其中的一些知识。

6）系统基本原理

在先前的课程指南中，一个典型计算系统的交互层，包括硬件构建块、体系架构、操作系统服务和应用程序执行环境（特别是从现代应用视角出发来看并行执行），这些内容分散在许多知识域。本领域为其他的知识域（包括体系结构与组织、网络与通信、操作系统、并行计算与分布式计算）提出了一个统一的系统观点和共同的概念基础。其组织原则是程序设计性能，程序员需要明白怎样通过底层系统来实现高性能模式，特别是在挖掘并行性方面。

随着科技的发展，计算机学科的课程体系在不断发生变化，但其核心课程变化不大，是因为计算机学科已进入工程学科的正常发展轨道。随着计算机应用越来越广泛，计算机学科的分支会越来越多。计算机正成为其他学科不可或缺的工具，对其他学科的发展起到促进作用。

## 本章小结

计算机作为一种工具，它的发展极大地提高了人类认知世界的能力。本章从图灵机、ENIAC 和冯·诺依曼体系结构出发，介绍了现代计算机的诞生及发展历史、计算机的分类与特点及计算机在不同领域的应用。随着计算机及网络技术的发展，计算模式也在发生变化，目前，B/S 计算模式和云计算模式得到了广泛应用。

社会发展到信息化与智能化阶段，学会运用计算思维解决各领域的实际问题，已经成为人们必须具备的能力。本章最后对计算机学科体系进行了介绍，并着重介绍了计算机科学专业的知识域。

## 习题

一、选择题

1. 第四代计算机的主要元件采用的是（　　）。
   A．电子管　　　　　　　　　　　　B．晶体管
   C．小规模集成电路　　　　　　　　D．大规模和超大规模集成电路

2. 1946 年，美国宾夕法尼亚大学研制成功的一台大型通用数字电子计算机的名字是（　　）。

　　A．EDVAC　　　　B．IBM PC　　　　C．ENIAC　　　　D．Pentium

3. 冯·诺依曼型计算机包括（　　）、控制器、存储器、输入设备和输出设备五大部分。

　　A．显示器　　　　B．运算器　　　　C．处理器　　　　D．键盘

4. 电子计算机的发展过程经历了四代，其划分依据是（　　）。

　　A．存储容量　　　　　　　　　　　B．计算机的运行速度

　　C．计算机的体积　　　　　　　　　D．构成计算机的电子元件

5. （　　）是运用计算机科学的基础概念进行问题求解、设计系统和理解人类行为的，它涵盖了计算机科学的一系列思维活动。

　　A．逻辑思维　　　　B．理论思维　　　　C．科学思维　　　　D．计算思维

6. 计算机最早的应用领域是（　　）。

　　A．办公自动化　　　　　　　　　　B．自动控制

　　C．科学计算　　　　　　　　　　　D．人工智能

7. CAD 是指（　　）。

　　A．计算机辅助教学　　　　　　　　B．计算机辅助设计

　　C．计算机辅助工程　　　　　　　　D．计算机辅助制造

8. 个人计算机属于（　　）。

　　A．巨型机　　　　B．小型机　　　　C．微型机　　　　D．中型机

二、填空题

1. 计算机中采用（　　）进制存储数据。
2. 现代的绝大部分计算机都是根据（　　）体系结构设计的。
3. 第一代计算机使用的电子元件是（　　）。
4. 根据计算机的用途划分，可以将计算机分为（　　）和（　　）。

三、简答题

1. 根据规模，计算机分为哪几类？
2. 简述冯·诺依曼体系结构。
3. 简述计算思维的概念及特征。

**扩展阅读：世界上第一位女程序员**

　　大家知道，世界上第一位女程序员是谁吗？她就是 19 世纪英国一位成就卓著的数学家，浪漫派诗人拜伦勋爵的女儿——艾达·洛夫莱斯（Ada Lovelace）。艾达的母亲安娜贝拉·米尔班克（Annabella Milbanke）出身贵族家庭，从小便接受良好的教育，曾师从著名思想家威廉·弗伦德，学习数学和天文学。由于安娜贝拉本人热爱数学，因此她坚持让女儿从小学习逻辑、科学和数学。这些学科在 19 世纪对于女性几乎是禁区，对这些学问感兴趣并愿意钻研的女性极为罕见。

　　1835 年，20 岁的艾达嫁给了一位名叫威廉·金（William King）的贵族青年。他曾经教过她数学。由于艾达的身份和教育背景，她得以结识当时社会上一些著名的人，如数学家、

工程学家查尔斯·巴贝奇、数学家大卫·布儒斯特爵士、发明家查尔斯·惠斯通、物理学家麦克尔·法拉第、作家查尔斯·狄更斯等。他们对这个聪明的女孩格外欣赏，愿意传授他们所知道的一切，艾达也因此得到了"数学女王"的称号。1833 年，艾达的家庭教师兼密友萨默维尔把她引荐给数学家、发明家查尔斯·巴贝奇（Charles Babbage），二人十分投缘，很快成为好友，展开了一段长期亦师亦友的工作关系。

在与查尔斯相识后，艾达很快就迷上了查尔斯正在研究的分析机项目。1842—1843 年，她翻译了一篇意大利军事工程师费德里科·路易吉阐述分析机的文章，并加上了详尽的笔记。在这份笔记中，包含一张写满数学算法的巨幅图表，其被视为"第一个计算机程序"。查尔斯的分析机如图 1.5 所示，艾达的算法图表手稿如图 1.6 所示。

图 1.5　查尔斯的分析机

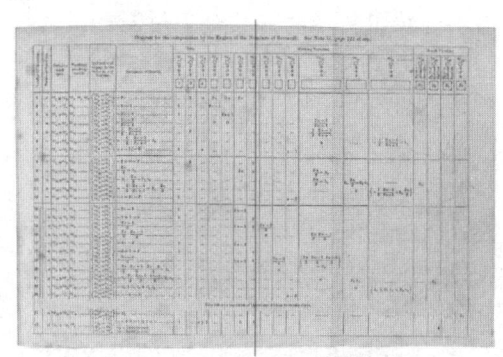
图 1.6　艾达的算法图表手稿

艾达介绍了如何为查尔斯的分析机创建代码，用来处理字母、符号和数字，并创建了循环和子程序的概念。艾达的这份笔记是计算机早期发展史上的重要文献之一，它展现了超越时代的远见。当查尔斯等同时代杰出的一批学者，仍只着眼于计算机的数学运算力时，她已经预见了计算机广泛应用的未来，如计算机可以被用来作曲、制图和进行科研探索。查尔斯对艾达的聪慧和分析能力非常欣赏，毫不吝惜赞美之词，称她为"数字的魔女"（Enchantress of Number）。1852 年艾达因病逝世。1953 年，在艾达去世后一百年，她的"分析机概论"研究笔记被重新发布。在计算机科学技术改变世界的前夜，人们重新认识了这位世界上第一位计算机程序员。

1980 年 12 月 10 日，美国国防部制作了一个新的计算机编程语言——Ada。Ada 由 Pascal 及其他语言扩展而成，比较接近自然语言和数学表达式。为了纪念艾达的成就，英国计算机公会每年都会颁发以艾达为名的奖项。

# 第 2 章  数据表示与编码

**本章学习目标**
- 掌握各种进制之间的转换方法
- 掌握数值型数据在计算机中的表示方法
- 了解非数值型数据在计算机中的表示方法

本章首先介绍数制的相关概念和各进制之间的转换方法,然后介绍数据的存储方式,最后介绍数值型数据和非数值型数据在计算机中的表示方法。

计算机中的信息有多种表现形式,如字符、文字、数值、图形和图像、声音、视频等,但实际上这些信息在计算机中是以二进制的形式存储的,这是因为计算机中的硬件是由电子元器件组成的,而电子元器件大多具备两种稳定的工作状态,这两种状态用"0"和"1"表示。因此,计算机内部是采用"0"和"1"组成的序列表示各种信息的,即信息经过数字化编码后,才能被计算机所传送、存储和处理。

## 2.1 数制

在日常生活中,人们利用数制来进行计数。所谓数制,也称计数制,是指用一组固定的符号和统一的规则来表示数值的方法。常用的数制是十进制,即用 0~9 这 10 个数字表示数值,这可能与人类有 10 根手指有关。此外,七进制(7 天为 1 个星期)、十二进制(12 个月为 1 年,12 个为一打)、二十四进制(24 小时为 1 天,1 年有二十四节气)、六十进制(60 分钟为 1 小时,60 秒为 1 分钟)等进制也经常被使用。任何数制都包含数码、基数和位权 3 个要素。

### 2.1.1 数制要素

**1. 数码**

在数制中,表示基本数值大小的不同数字符号称为数码。例如,二进制有 2 个数码:0、1;十进制有 10 个数码:0、1、2、3、4、5、6、7、8、9。

**2. 基数**

在一种数制中,每个数位上可用数码的个数称为该数制的基数。例如,十进制数的基数是 10,每个数位可使用的数字是 0~9,即逢十进一;二进制数的基数是 2,使用 0 和 1 两个数字,即逢二进一。

**3. 位权**

数制中每一固定位置对应的单位值称为位权。一个数码在不同位置所代表的值是不同的。例如，在十进制中，数字 4 在个位数位置上表示 4 个 1，在十位数位置上表示 4 个 10，在百位数位置上表示 4 个 100，而在小数点后 1 位表示 4 个 0.1，可见每个数码所代表的真正数值等于该数码乘以一个与数码所在位置相关的常数，这个常数就叫作位权。位权的大小是以基数为底、数码所在位置的序号为指数的整数次幂，其中位置序号的排列规则为：位于小数点左边部分，位置序号从右至左依次为 0,1,2,…；位于小数点右边部分，位置序号从左至右依次为-1,-2,-3,…。

以十进制数为例，十进制数的基数 $R$ 为 10，十进制数位权的一般形式为 $10^n$（$n=…,3,2,1,0,-1,-2,-3,…$），即个位的位权是 $10^0$，十位的位权是 $10^1$，小数点后 1 位的位权是 $10^{-1}$，依次类推。十进制数 546.82 的值可表示为

$$546.82=5\times10^2+4\times10^1+6\times10^0+8\times10^{-1}+2\times10^{-2}$$

### 2.1.2 常用数制

**1. 计算机内部采用二进制的原因**

1）技术实现简单

计算机由逻辑电路组成，逻辑电路通常具有两个稳定状态，如开关的接通与断开、电平的高与低等，都可以用 1 和 0 表示。

2）简化运算规则

两个二进制数的和、积运算组合各有三种，运算规则简单，有利于简化计算机内部结构，提高运算速度。

3）适合逻辑运算

逻辑代数是逻辑运算的理论依据，二进制数只有两个数码，正好与逻辑代数的真和假相吻合。

4）易于进行转换

二进制数与十进制数之间易于互相转换。

**2. 常用的数制**

在日常生活中，人们通常使用十进制进行计数，而计算机中的数据是以二进制的形式进行存储的，由于二进制数在使用中位数较长，不易记忆，十进制数与二进制数之间的转换过程复杂，因此，很多时候也使用八进制和十六进制来表示数，如用十六进制数描述存储单元的地址或表示一些大数据。

1）二进制

在计算机内部，所有信息都是用二进制数来表示的，即采用 0 和 1 组成的序列，二进制数的基数为 2，进位规则是逢二进一，借位规则是借一当二。因此，对于一个二进制数来说，各位的位权是以 2 为底的整数次幂。例如，二进制数 110.11 可表示为$(110.11)_2$，对其按位权展开得到如下式子：

$$(110.11)_2=1\times2^2+1\times2^1+0\times2^0+1\times2^{-1}+1\times2^{-2}$$

2）十进制

十进制数的基数为 10，包括 0,1,2,…,9 这 10 个数码。进位规则是逢十进一，借位规则是借一当十。因此，对于一个十进制数来说，各位的位权是以 10 为底的整数次幂。

3）八进制和十六进制

二进制数由于基数比较小，表示数据时比较冗长，使用不方便，因此引入了八进制和十

六进制来简化对二进制数的表示，而且二进制、八进制、十六进制和十进制相互之间的转换也比较容易。

八进制数的基数为 8，包括 0,1,2,…,7 共 8 个数码，进位规则是逢八进一，借位规则是借一当八。

十六进制数的基数为 16，包括 0,1,2,…,9,A,B,C,D,E,F 共 16 个数码，进位规则是逢十六进一，借位规则是借一当十六。

为方便区分不同进制的数据，通常对数据加上括号，并在括号外加数字下标来表示，或在数据后面加上后缀字母来表示该数所对应的进制。例如，二进制数 101 可表示为 101B；八进制数用后缀 O 表示，如 257O；十进制数用后缀 D 表示或不用后缀，如 126D 或 126。十六进制数用后缀 H 表示或在数据前加"0x"。常用进制如表 2.1 所示。

表 2.1 常用进制

| 进制数 | 基数 | 数码符号 | 规则 | 位权 | 进制标识 | 举例 |
| --- | --- | --- | --- | --- | --- | --- |
| 二进制数 | 2 | 0,1 | 进位：逢二进一<br>借位：借一当二 | $2^i$ | B | $(101)_2$ 或 101B |
| 八进制数 | 8 | 0~7 | 进位：逢八进一<br>借位：借一当八 | $8^i$ | O 或 Q | $(217)_8$ 或 217O |
| 十进制数 | 10 | 0~9 | 进位：逢十进一<br>借位：借一当十 | $10^i$ | D | $(123)_{10}$ 或 123D |
| 十六进制数 | 16 | 0~9,A~F | 进位：逢十六进一<br>借位：借一当十六 | $16^i$ | H | $(1AD)_{16}$ 或 1ADH |

把以上进制扩展到一般形式 $R$ 进制，得到其进制数的基数为 $R$，包含 $0,1,\cdots,R-1$ 共 $R$ 个数码。进位规则是逢 $R$ 进 1，借位规则是借一当 $R$，各位的位权是以 $R$ 为底的整数次幂。因此，任何一种进制数都可以写出按其位权展开的多项式之和，任意一个 $R$ 进制数 $D$ 按位权展开可表示为如下式子：

$$D = \sum_{i=-n}^{m-1} K_i R^i = K_{m-1}R^{m-1} + K_{m-2}R^{m-2} + \cdots + K_1 R^1 + K_0 R^0 + K_{-1}R^{-1} + \cdots + K_{-n}R^{-n}$$

式中，$D$ 有 $m$ 位整数，$n$ 位小数；$K_i$ 为 $D$ 中对应位上的数码。

## 2.1.3 进制之间的转换

计算机内部采用二进制数表示数据，而人们在日常生活中习惯使用十进制数，因此计算机在处理数据时，会先将输入的十进制数转换成计算机能够识别的二进制数，处理结束后再将二进制数转换成十进制数输出，这些转换过程是由计算机自动完成的。为方便表示和使用二进制数，又引入了八进制数和十六进制数，表 2.2 所示为常用进制数的对应关系表。下面介绍这些进制数之间是如何相互转换的，以了解进制转换的原理。

### 1. $R$ 进制数转换为十进制数

将 $R$ 进制数转换为十进制数比较简单，只需要将该进制数按位权展开并逐项相加即可。

例 2-1 将二进制数 1101.101 转换成对应的十进制数。

$(1101.101)_2 = 1\times 2^3 + 1\times 2^2 + 0\times 2^1 + 1\times 2^0 + 1\times 2^{-1} + 0\times 2^{-2} + 1\times 2^{-3}$

例 2-2 将八进制数 245.73 转换成对应的十进制数。

$$(245.73)_8 = 2 \times 8^2 + 4 \times 8^1 + 5 \times 8^0 + 7 \times 8^{-1} + 3 \times 8^{-2}$$

例 2-3 将十六进制数 D27.5F 转换成对应的十进制数。

$$(D27.5F)_{16} = 13 \times 16^2 + 2 \times 16^1 + 7 \times 16^0 + 5 \times 16^{-1} + 15 \times 16^{-2}$$

表 2.2 常用进制数的对应关系表

| 十进制数 | 二进制数 | 八进制数 | 十六进制数 | 十进制数 | 二进制数 | 八进制数 | 十六进制数 |
| --- | --- | --- | --- | --- | --- | --- | --- |
| 0 | 0 | 0 | 0 | 8 | 1000 | 10 | 8 |
| 1 | 1 | 1 | 1 | 9 | 1001 | 11 | 9 |
| 2 | 10 | 2 | 2 | 10 | 1010 | 12 | A |
| 3 | 11 | 3 | 3 | 11 | 1011 | 13 | B |
| 4 | 100 | 4 | 4 | 12 | 1100 | 14 | C |
| 5 | 101 | 5 | 5 | 13 | 1101 | 15 | D |
| 6 | 110 | 6 | 6 | 14 | 1110 | 16 | E |
| 7 | 111 | 7 | 7 | 15 | 1111 | 17 | F |

**2. 十进制数转换为 $R$ 进制数**

将十进制数转换为 $R$ 进制数，需要对整数部分和小数部分分别进行转换。

（1）整数部分的转换规则是"除 $R$ 取余法"，即用基数 $R$ 多次整除该十进制数的整数部分取余数，直到商为 0 为止，每次整除所得到的余数按倒序排列即转换后 $R$ 进制数的整数部分，也就是最后得到的余数为最高位，最先得到的余数为最低位。

（2）小数部分的转换规则是"乘 $R$ 取整法"，即用基数 $R$ 多次乘以该十进制数的小数部分取整数，直到小数为 0 或达到有效精度为止，每次相乘所得乘积的整数部分按正序排列即为转换后 $R$ 进制数的小数部分，也就是最先得到的整数为最高位，最后得到的整数为最低位。

（3）将转换得到的整数部分和小数部分组合在一起，就得到最后的进制转换结果。

例 2-4 将十进制数 $(35.125)_{10}$ 转换为二进制数。

转换过程如图 2.1 所示，得到转换结果：$(35.125)_{10} = (100011.001)_2$

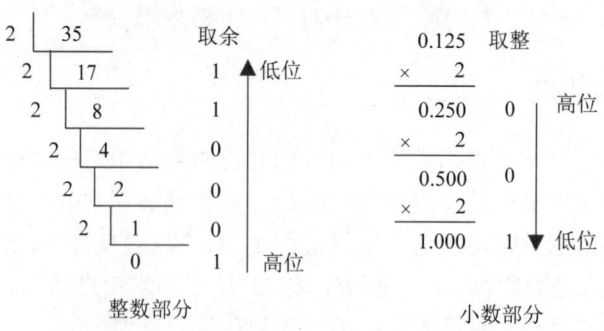

图 2.1 十进制数转换为二进制数的转换过程

将十进制数转换成二进制数，基数为 2，需要分别对整数部分和小数部分进行计算。首先对整数部分采用除 2 取余法，得到 $(35)_{10} = (100011)_2$；然后对小数部分采用乘 2 取整法，得到 $(0.125)_{10} = (0.001)_2$，最后将整数部分和小数部分结合在一起，得到结果。但要注意，一个十进制小数不一定能完全准确地转换成二进制小数，可根据精度要求转换到小数点后某位。

例 2-5　将十进制数$(58.425)_{10}$转换为八进制数，精确到小数点后两位。

转换过程如图 2.2 所示，得到转换结果：$(58.425)_{10}=(72.33)_8$

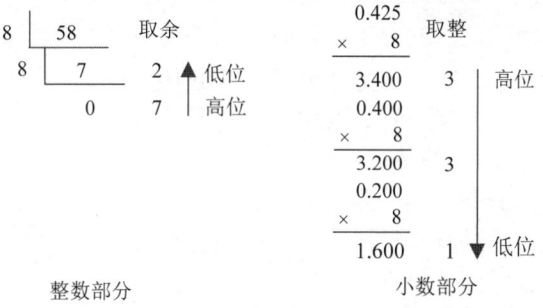

**图 2.2　十进制数转换为八进制数的转换过程**

这里要注意，如果要求精确到小数点后两位，那么在运算过程中要计算到小数点后三位，再进行取舍。

例 2-6　将十进制数$(4780.65)_{10}$转换为十六进制数，精确到小数点后两位。

转换过程如图 2.3 所示，得到转换结果：$(4780.65)_{10}=(12AC.A6)_{16}$

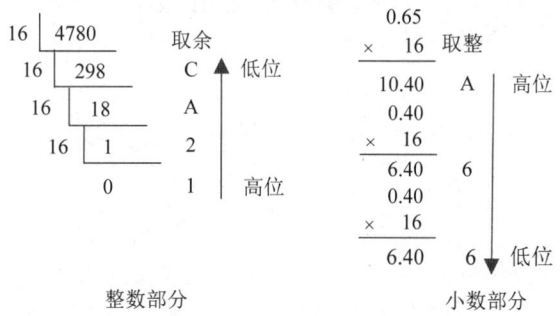

**图 2.3　十进制数转换为十六进制数的转换过程**

### 3．二进制数、八进制数和十六进制数之间的转换

由于 8 和 16 都是 2 的整数次幂，即 $8=2^3$，$16=2^4$，所以一个八进制数位可用三个二进制数位表示，一个十六进制数位可用四个二进制数位表示。

1）二进制数与八进制数的转换

将二进制数转换为八进制数的基本法则是取三合一法，即整数部分以小数点为界从右往左，每三位一组进行转换，小数部分从小数点开始从左往右，每三位一组进行转换。整数部分不足三位一组者，左边补 0，小数部分不足三位一组者，右边补 0。

若将八进制数转换为二进制数，则只需要把八进制数的每一位数码用相应的三位二进制数码表示出来即可。

例 2-7　将二进制数$(110100101.0101)_2$转换成八进制数。

$$\underline{110}\ \underline{100}\ \underline{101}.\underline{010}\ \underline{100}$$
$$6\quad 4\quad 5\ .\ 2\quad 4$$

则$(110100101.0101)_2=(645.24)_8$

例 2-8 将八进制数$(347.25)_8$转换成二进制数。

$$3\quad 4\quad 7\ .\ 2\quad 5$$
$$\underline{011}\ \underline{100}\ \underline{111}\ .\ \underline{010}\ \underline{101}$$

则$(347.25)_8=(011100111.010101)_2$

2）二进制数与十六进制数的转换

二进制数转换为十六进制数的法则是取四合一法，和二进制数与八进制数之间的转换法则类似，区别是每四位一组进行转换。十六进制数转换成二进制数，则是把十六进制数的每一位数码用四位二进制数码表示出来。

例 2-9 将二进制数$(110100101.011)_2$转换成十六进制数。

$$\underline{0001}\ \underline{1010}\ \underline{0101}.\underline{0110}$$
$$1\quad A\quad 5\ .\ 6$$

则$(110100101.011)_2=(1A5.6)_{16}$

例 2-10 将十六进制数$(E57.6B)_{16}$转换成二进制数。

$$E\quad 5\quad 7\ .\ 6\quad B$$
$$\underline{1110}\ \underline{0101}\ \underline{0111}.\underline{0110}\ \underline{1011}$$

则$(E57.6B)_{16}=(111001010111.01101011)_2$

## 2.2 数据的存储

计算机已深入渗透到人们的日常生活中，如统计和分析数据，无论是哪些数据，在计算机内部都是以二进制形式存储的。这些二进制数，既可以表示数值，又可以表示字符、汉字、图像、视频等，但所代表的含义却各不相同。下面具体介绍计算机中是如何存储这些数据的。

### 2.2.1 数据的存储单位

计算机中的信息是以二进制形式组织和存储的，常用的信息存储单位有位、字节和字。

位（bit）表示一个二进制位，简写为 b，是计算机中信息存储的最小单位，用 0 或 1 表示。由于位单位较小，用它表示比较大的数不太方便，因此引入了字节这个单位，字节（Byte），简写为 B，是信息存储的基本单位，1 字节等于 8 个二进制位，即 1Byte=8bit。此外，计算机中常用的存储单位还有千字节（KB）、兆字节（MB）、吉字节（GB）、太字节（TB）、拍字节（PB）、艾字节（EB）、泽它字节（ZB）、尧它字节（YB）等，换算关系如下。

1KB=1024B =$2^{10}$B

1MB=1024KB =$2^{10}$KB

1GB=1024MB =$2^{10}$MB

1TB=1024GB =$2^{10}$GB

1PB=1024TB =$2^{10}$TB

1EB=1024PB =$2^{10}$PB
1ZB=1024EB =$2^{10}$EB
1YB=1024ZB =$2^{10}$ZB

计算机进行数据处理时，一次存取、加工和传送的数据长度称为字（Word），一个字通常由一个或多个字节组成，字长是衡量计算机性能的一个重要指标，现在计算机的字长一般是32位、64位。字长越长，计算机处理数据的速度就越快，精度越高。

### 2.2.2 数据编址

存储器是由一个个存储单元构成的，为了对存储器进行有效管理，就需要对各个存储单元进行编号，即给每个存储单元赋予一个地址码，称为编址，这些都是由操作系统完成的。通常计算机的内存是按字节来进行编址的，即每个地址对应的存储单元可以存放 8 位数据。经编址后，存储器在逻辑上便形成了一个线性地址空间，地址号与存储单元是一一对应的，CPU 通过单元地址访问存储单元中的信息，即地址所对应的存储单元中的信息是 CPU 操作的对象（数据或指令）。为便于识别，地址通常采用十六进制编码表示。存储单元与地址表示如图 2.4 所示。

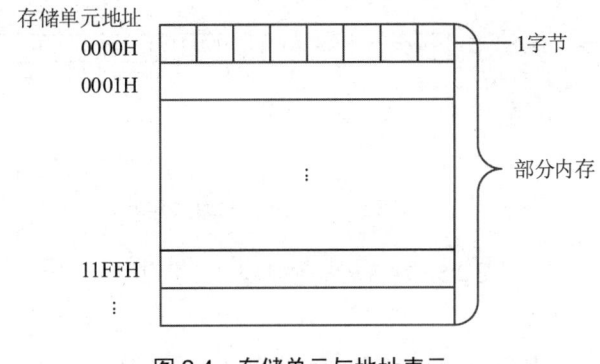

图 2.4　存储单元与地址表示

## 2.3　数值在计算机中的表示

数值型数据都需要通过编码转换成计算机能够识别的二进制形式数据，才能被计算机处理，下面介绍各种数值型数据（整数和小数、正数和负数）是如何在计算机中表示的。

### 2.3.1　数值的编码表示

对于不同类型的数据需要采用不同的编码形式，也因此制定了相应的规则和标准。例如，数值型数据有大小、正负之分，因此在计算机中引入原码、反码和补码的概念。为解决数据表示的范围问题，对于数值型数据引入定点表示和浮点表示。下面来了解数值型数据的相关概念。

**1．真值数与机器数**

（1）真值数即带有正负号的数值，如 120、-15 等。

（2）机器数是指将符号"数字化"，是数据在计算机中的二进制表示形式。机器数有两个特点：一个是符号数字化，另一个是其数的大小受机器字长的限制。机器数分为无符号数和带符号数，无符号数是指整个机器字长的全部二进制位均表示数值位，相当于数的绝对值。带符号数的最高位表示符号位，而不再表示数值位，最高位分别用 0、1 来表示正负号。例如，真值数+9 和-9 用 8 位带符号数表示，分别为 00001001 和 10001001。

**2．数据的定点表示和浮点表示**

1）定点表示法

定点表示法是指计算机中数据的小数点位置是固定不变的，这类数据称为定点数，根据小数点固定的位置不同，定点数分为定点小数和定点整数。定点整数是指小数点固定在最低位的后面，用于表示纯整数，而定点小数是指小数点固定在最高位之前，因此它只能表示小于 1 的纯小数。定点整数-99 和定点小数-0.99 如图 2.5 所示。

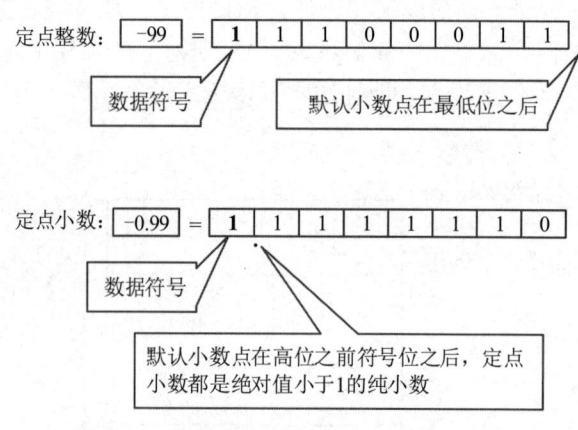

图 2.5 定点整数-99 和定点小数-0.99

2）浮点表示法

定点数表示的数值范围比较小，运算中很容易因结果超出范围而溢出，尤其是在科学计算中。因此引入了浮点数，浮点数是指小数点的位置不是固定的，即"浮动"的，与科学计数法相似，任意一个二进制数 $N$ 都可表示为 $N=2^{\pm E}\times(\pm S)$，浮点数表示如图 2.6 所示。其中，$E$ 为阶码；$E$ 前面的 ± 号为阶码的正负号，称为阶符；$S$ 称为尾数，它是一个二进制小数；$S$ 前面的 ± 号为尾数的正负号，称为数符。

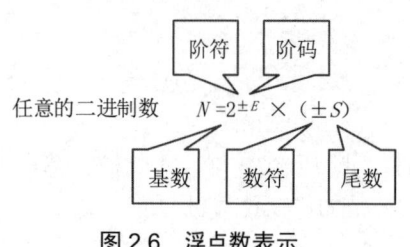

图 2.6 浮点数表示

浮点数由尾数部分和阶码部分构成。其中，尾数部分表示浮点数的有效数字，是一个有符号的纯小数；阶码部分所占的位数确定了数的范围。

在程序设计语言中，有两种类型的浮点数较常见。

（1）单精度浮点数（float）占 4B，阶码部分占 7 位，尾数部分占 23 位，阶符和数符各占 1 位。

（2）双精度浮点数（double）占 8B，阶码部分占 10 位，尾数部分占 52 位，阶符和数符各占 1 位。双精度浮点数与单精度浮点数的区别在于其占用的内存空间比较大，因而表示数的精度和范围更大一些。

例 2-11　写出 26.5 作为单精度浮点数在计算机中的表示。

格式化表示：$(26.5)_{10}=(11010.1)_2=+0.110101\times 2^5=+0.110101\times 2^{101}$

单精度浮点数 26.5 在计算机中的存储如表 2.3 所示。

表 2.3　单精度浮点数 26.5 在计算机中的存储

| 阶符<br>（1 位） | 阶码<br>（7 位） | 数符<br>（1 位） | 尾数<br>（23 位） |
| --- | --- | --- | --- |
| 0 | 0000101 | 0 | 11010100000000000000000 |

#### 3．原码、反码和补码

常见的机器数有原码、反码和补码 3 种形式。

（1）原码在表示数的时候，其最高位是符号位，符号位 0 表示正，1 表示负，其余位表示数值的大小。

例 2-12　假设计算机用 8 位二进制码表示数据，请写出十进制数 7 和-7 的原码。

7 的原码：00000111

-7 的原码：10000111

从这里看到原码转换比较简单，只要根据正负号确定最高位是 0 或 1 即可。在加减运算中，符号位不能参与运算。

（2）反码有两种情况：正数的反码与原码相同；负数的反码是将原码除符号位之外的其他各位按位取反。

例 2-13　假设计算机用 8 位二进制码表示数据，请写出十进制数 7 和-7 的反码。

7 的原码：00000111，　　7 的反码：00000111

-7 的原码：10000111，　　-7 的反码：11111000

（3）补码有两种情况：正数的补码和原码相同；负数的补码是反码加 1。

例 2-14　假设计算机用 8 位二进制码表示数据，请写出十进制数 7 和-7 的补码。

7 的原码：00000111，　7 的反码：00000111 ，　7 的补码：00000111

-7 的原码：10000111，　-7 的反码：11111000，　-7 的补码：11111001

引入补码的目的是将减法转化成加法进行运算，同时数的符号位可参与运算，因此现代计算机内部大都采用补码表示，以达到简化运算的目的。

### 2.3.2　二进制数的基本运算

计算机中有两种基本运算：算术运算和逻辑运算。其中算术运算包括加、减、乘、除等运算，逻辑运算包括逻辑与、逻辑或、逻辑非及异或等运算。

#### 1．算术运算

与十进制数的算术运算一样，二进制数也可以进行加、减、乘、除等运算，而且运算更简单，进位规则是逢二进一，借位规则是借一当二。二进制算术运算规则如表 2.4 所示。

表 2.4　二进制算术运算规则

| 加法 | 减法 | 乘法 | 除法 |
|---|---|---|---|
| 0+0=0 | 0-0=0 | 0×0=0 | 0÷1=0 |
| 0+1=1 | 1-1=0 | 0×1=0 | 1÷1=1 |
| 1+0=1 | 1-0=1 | 1×0=0 | 0÷0、1÷0（无意义） |
| 1+1=0（向高位进一） | 0-1=1（向高位借一当二） | 1×1=1 | |

例 2-15　两个 8 位二进制数求和，计算 111010+100011 的值。

正数的补码和原码相同，补码相加即可，列式如图 2.7 所示。

得到 111010+100011 的值为 $(1011101)_2$。

例 2-16　两个 8 位二进制数做减法，计算 111010-100011 的值。

111010 的补码是 00111010。

-100011 的原码是 10100011，反码是 11011100，则补码是 11011101。

两数之差的补码等于被减数的补码与减数相反数的补码之和，即 00111010+11011101，如图 2.8 所示，得到结果为 $(10111)_2$。

```
    00111010              00111010
  + 00100011            + 11011101
   ─────────             ─────────
    01011101              00010111
```

图 2.7　两个二进制数相加举例　　　图 2.8　两个二进制数相减举例

例 2-17　两个二进制数相乘，计算 1101×1010 的值。

举例如图 2.9 所示，得到结果为 $(10000010)_2$。

从计算乘法的过程可知，两个二进制数相乘，实质是进行移位相加运算。

例 2-18　两个二进制数相除，计算 111010÷1011 的值。

举例如图 2.10 所示，得到结果为 $(101)_2$，余数为 $(11)_2$。

```
       1101                    101   …… 商
   ×   1010              1011 ┐111010
       ────                    1011
       0000                    ─────
       1101                    1110
       0000                    1011
       1101                    ─────
    ─────────                    11   …… 余数
    10000010
```

图 2.9　两个二进制数相乘举例　　　图 2.10　两个二进制数相除举例

实际上，在计算机内部，二进制数的加法运算是基本运算，减法运算通过补码转换成加法运算，乘、除法运算都可通过加、减和移位来实现。因此，计算机的运算器结构更加简单、稳定。

**2．逻辑运算**

计算机除了可以进行算术运算，还可以进行逻辑运算，这源于计算机中使用了实现逻辑功能的电路，运用逻辑代数的运算规则来实现逻辑判断。

逻辑代数是由英国科学家布尔创立的，他提出了用符号表示语言和思维逻辑的思想，所以逻辑代数也被称为布尔代数，逻辑代数有一套完整的运算规则，包括公理、定理和定律，它被广泛应用于开关电路和数字逻辑电路的变换、分析、简化和设计，以及程序设计中条件的描述或位操作。

二进制数 1 和 0 在逻辑上可以代表"真"与"假"、"是"与"否"、"有"与"无"。这种具有逻辑属性的变量被称为逻辑变量。逻辑变量之间的运算被称为逻辑运算。

在计算机中，逻辑数据的值常用于判断某个条件成立与否，成立为 1（真），反之为 0（假）。例如，用 A 表示张佳是学生，若条件成立，则 A 为 1；若条件不成立，则 A 为 0。当对多个条件进行判断时，要用逻辑变量和逻辑运算符将它们连接起来，得到的结果为逻辑值。

逻辑运算主要包括逻辑与运算、逻辑或运算、逻辑非运算，其他的运算可由这 3 种运算推导出来，此外，异或运算也经常使用。A 和 B 为逻辑条件，对应的逻辑运算真值表如表 2.5 所示。

（1）逻辑与运算也称逻辑乘运算，通常用"∧"、"×"、"·"或"and"符号表示两个逻辑变量间的与关系，当 A、B 两个条件同时满足时，结果才为真，只要有一个条件为假，结果即为假。

（2）逻辑或运算也称逻辑加运算，通常用"∨"、"+"或"or"符号表示两个逻辑变量间的或关系，当 A、B 两个条件中只要有一个条件满足时，结果就为真，只有两个条件都为假时，结果才为假。

（3）逻辑非运算通常用"¯"、"¬"或"not"符号表示同原条件相反，如 $\overline{A}$。

（4）异或运算通常用"⊕""xor"表示两个逻辑变量间的异或关系，当 A、B 两个逻辑值不相同时，异或结果为真；当 A、B 两个逻辑值相同时，异或结果为假。

表 2.5　逻辑运算真值表

| A | B | A∧B | A∨B | $\overline{A}$ | A⊕B |
|---|---|---|---|---|---|
| 0 | 0 | 0 | 0 | 1 | 0 |
| 0 | 1 | 0 | 1 | 1 | 1 |
| 1 | 0 | 0 | 1 | 0 | 1 |
| 1 | 1 | 1 | 1 | 0 | 0 |

## 2.4　信息编码

在日常生活中，人们经常使用信息编码，如姓名、身份证号、电话号码、学号等都是信息编码。实际上，信息编码是为了方便信息的存储、检索和使用而制定的符号组合规则。通过编码可以唯一标识相关对象，同时，信息编码的标准化、系统化，也为人们的生活、工作提供了方便。例如，每个人的居民身份证是国家法定的证明公民个人身份的有效证件，通过居民身份证号可以唯一标识一个公民。身份证号的编码具有唯一性，它由 17 位数字本体码和 1 位数字校验码组成，其号码编排规则是，排列顺序从左至右依次为 6 位数字地址码、8 位数字出生日期码、3 位数字顺序码和 1 位数字校验码。

除了数值型数据，计算机也能够处理字符、汉字、图形和图像、音频、视频等非数值型数据。由于计算机中采用二进制编码，因此所有数据都需要通过编码转换成计算机能够识别的二进制形式，而对于不同类型的数据其编码方式是不同的，国际上也制定了相应的编码标准，如西文字符普遍采用 7 位 ASCII 码等，下面介绍字符、图形和图像、音频、视频这些信息在计算机内部是如何表示的。

### 2.4.1 字符编码

计算机中常用的字符主要有西文字符、汉字两种,虽然它们都以二进制编码的形式存储,但由于字符的数量、书写格式不同,分别对应不同的编码方法。

**1. 西文字符编码**

西文字符包括字母、数字、标点符号和控制符号等字符。计算机中对字符的编码,通常采用 ASCII 码(American Standard Code for Informatica Interchange,美国标准信息交换码),此编码被国际标准化组织(International Organization for Standardization,ISO)定为国际标准,为世界所通用。

ASCII 码有 7 位 ASCII 码版本和 8 位 ASCII 码版本。国际上通用的是 7 位 ASCII 码版本,即用 7 位二进制数表示字符,其中最高位是 0,可表示 128($2^7$)个字符,包括 26 个大写英文字母、26 个小写英文字母、0~9 共 10 个数字字符、33 个控制字符,其余为专用字符。其中大写字母 A 的 ASCII 码为 65;小写字母 a 的 ASCII 码为 97,数字 0 的 ASCII 码为 48,由此可推出其余大、小写字母及数字的 ASCII 码。ASCII 码为 8、9、10 和 13 分别对应退格、制表、换行和回车字符。ASCII 码表如表 2.6 所示。

要说明的是,标准的 ASCII 码用 7 位二进制编码表示,最高位也可作为奇偶校验位使用。

表 2.6 ASCII 码表

| $d_3d_2d_1d_0$ 位(低四位) | $0d_6d_5d_4$ 位(高四位) | | | | | | | |
|---|---|---|---|---|---|---|---|---|
| | 000 | 001 | 010 | 011 | 100 | 101 | 110 | 111 |
| 0000 | NUL | DEL | SP | 0 | @ | P | ` | p |
| 0001 | SOH | DC1 | ! | 1 | A | Q | a | q |
| 0010 | STX | DC2 | " | 2 | B | R | b | r |
| 0011 | ETX | DC3 | # | 3 | C | S | c | s |
| 0100 | EOT | DC4 | $ | 4 | D | T | d | t |
| 0101 | ENQ | NAK | % | 5 | E | U | e | u |
| 0110 | ACK | SYN | & | 6 | F | V | f | v |
| 0111 | BEL | ETB | ' | 7 | G | W | g | w |
| 1000 | BS | CAN | ( | 8 | H | X | h | x |
| 1001 | HT | EM | ) | 9 | I | Y | i | y |
| 1010 | LF | SUB | * | : | J | Z | j | z |
| 1011 | VT | ESC | + | ; | K | [ | k | { |
| 1100 | FF | FS | , | < | L | \ | l | \| |
| 1101 | CR | GS | - | = | M | ] | m | } |
| 1110 | SOH | RS | . | > | N | ↑ | n | ~ |
| 1111 | SI | HS | / | ? | O | ← | o | DEL |

**2. 汉字编码**

由于汉字字形复杂、数量庞大,存在同音字和多音字的特点,因此汉字在输入、存储、处理及输出过程中需要使用不同的汉字编码,包括汉字输入码、汉字国际码和汉字区位码、用于机内存储的汉字机内码和用于输出的汉字字形码。

（1）汉字输入码。用键盘输入汉字时所采用的汉字编码称为汉字输入码，也称汉字外部码，简称外码。目前，中国推出的汉字输入法有很多，常用的有基于拼音、基于字形和基于音形的输入法，如全拼输入法、双拼输入法、五笔字型输入法、音形输入法等。不同的输入法使用不同的输入码，但无论采用何种输入法，输入的外码都需要转换成汉字机内码进行存储和处理。

（2）汉字国标码和汉字区位码。每个汉字对应一个二进制编码，称为汉字国标码。在中国汉字代码标准 GB2312—1980 中，对 6763 个常用汉字和 682 个图形字符进行了二进制编码，规定每个汉字使用 2B，每字节用 7 位码（高位为 0）表示。GB2312—1980 将汉字和图形符号编排在一个 94 行 94 列的矩阵中，矩阵的每一行称为区，每一列称为位，区位的序号均为 01～94，每个汉字编码由其所在的区号和位号组成，称为汉字区位码。01～09 区为符号、数字区，16～87 区为汉字区，10～15 区、88～94 区为有待进一步标准化的空白区。汉字区位码用 4 位十进制数表示，汉字国标码与汉字区位码不同，用 4 位十六进制数表示，汉字国标码和汉字区位码的换算公式为汉字国标码=汉字区位码+2020H。

（3）汉字机内码。汉字机内码是指汉字在计算机内部存储和处理时所用的汉字编码，也称汉字的内码。目前，广泛使用的是 2B 的汉字机内码，为了避免 ASCII 码和汉字国标码同时使用时产生的二义性问题，大部分汉字系统都将汉字国标码每字节高位置 1 作为汉字机内码，这样既解决了汉字机内码与西文机内码之间的二义性，又使汉字机内码与汉字国标码之间具有简单的对应关系。根据 GB2312—1980 国家标准制定的汉字机内码称为 GB2312 码，它和汉字国标码的换算关系为汉字机内码=汉字国标码+8080H。

（4）汉字字形码。汉字机内码在计算机内部处理后进行输出就对应汉字字形码，通常有两种表示方式：点阵和矢量表示方式。通常把汉字按图形符号设计成点阵形式，就得到了相应的点阵代码，汉字字形有 16×16、24×24、32×32、64×64 等点阵形式，汉字点阵规模越大，所占的存储空间也就越大，字形也更清晰、准确。矢量表示方式存储的是描述汉字字形的轮廓特征，当要输出汉字时，通过计算机的计算，由汉字字形描述程序生成所需大小和形状的汉字点阵。由于矢量化字形描述与最终文字显示的大小、分辨率无关，因此可以产生高质量的汉字输出。

3．Unicode 编码

Unicode 编码也称统一码、万国码或单一码，是计算机科学领域里的一项业界标准，包括字符集、编码方案等。Unicode 编码是为了解决传统的字符编码方案的局限性而产生的，它为每种语言中的每个字符设定了统一并且唯一的二进制编码，以满足跨语言、跨平台进行文本转换、处理的要求。Unicode 编码也是目前用来解决 ASCII 码 256 个字符限制问题的一种比较流行的方案。ASCII 码字符集只有 256 个字符，用 0～255 的数字来表示，包括大小写字母、数字及少数特殊字符，如标点符号、货币符号等。对于大多数拉丁语言来说，这些字符已经够用。但是，许多亚洲国家所用的字符远远不止 256 个字符，有些超过千个。人们为了突破 ASCII 码字符数的限制，试图用一种简单的方法来针对超过 256 个字符的语言编写计算机程序，于是 Unicode 编码应运而生。Unicode 编码通过用双字节来表示一个字符，从而在更大范围内将数字代码映射到多种语言的字符集。Unicode 编码给每个字符提供了一个唯一的编码，不论是什么平台、程序、语言。Unicode 标准已经被许多公司所采用，如 Apple、HP、IBM、

Microsoft、Oracle 等，各类语言标准也都需要遵循 Unicode 编码，如 XML、Java、JavaScript 等，并且，Unicode 编码是实现 ISO/IEC 10646 的正规方式。许多操作系统，最新的浏览器和许多其他产品都支持它。Unicode 标准的出现和支持它的工具的存在，是近年来全球软件技术最重要的发展趋势之一。

Unicode 编码通常用 2B 表示一个字符，原有的英文编码会从单字节变成双字节，只需要把高字节全部填为 0 即可。Unicode 编码采用双字节 16 位来进行编号，可编 65536 个字符，基本上包含了世界上所有的语言字符，它也成为一种全世界通用的编码，而且用十六进制 4 位表示一个编码，非常简洁、直观，被大多数开发者所接受，特别是用十六进制编码后，可以解决汉字在 JavaScript 编码过程中出现乱码的问题，并能提高解释速度。由于 Unicode 编码本身只规定了每个字符的数字编号是多少，并没有规定这个编号如何在计算机里存储，因此出现了 utf-8、utf-16、utf-32 等编码方案，用于解决 Unicode 字符的存储问题。

### 2.4.2 图形和图像编码

在日常生活中，人们经常将图形和图像的概念混淆，实际上，图形和图像是从不同的角度来描述物体特性的，图形是对物体形象的几何抽象，反映几何特性，而图像是对物体的影像进行描绘，反映物体的色彩、光影特性。在计算机应用中，计算机中的图形是指通过计算机绘图工具绘制的由直线、曲线、矩形、圆、弧等组成的图形，以矢量形式存储。计算机中的图像是由扫描仪、数码相机等输入设备捕捉的实际场景记录下来的画面，以位图形式存储。下面具体介绍位图和矢量图的特点。

#### 1．位图和矢量图

位图也称点阵图，是由像素（Pixel）组成的，像素是位图最小的信息单元，存储在图像栅格中。每个像素都具有特定的位置和颜色值，按从左到右、从上到下的顺序来记录图像中每个像素的信息，如像素在屏幕上的位置、像素的颜色等。位图图像质量是由单位长度内像素的多少来决定的，单位长度内像素越多，分辨率越高，图像的效果越好。位图图像能制作出色彩丰富的图形，能够形象逼真地表现出自然景观，易于在不同软件之间交换文件，应用在图像处理、摄影等领域。随着图像精度的提高或尺寸增大，图像占用的存储空间也会增大，位图图像在放大、缩小和拉伸过程中会产生失真。常用的位图文件的扩展名有.bmp、.jpg、.gif、.pcx、.tif、.psd 等。

矢量图文件存储的是一组描述各个图元的大小、位置、形状、颜色等属性的指令集合，这些图元包括直线、曲线、矩形等对象。矢量图最大的优点之一是文件所占的存储空间较小，无论放大、缩小或旋转等都不会失真。图 2.11 所示为位图和矢量图放大后的区别。矢量图以几何图形居多，常用于工程制图、广告设计、美术字和三维建模等，缺点是难以表现色彩逼真、层次丰富的图像效果。绘制矢量图的软件有 CorelDraw、Illustrator、CAD 等。矢量图文件的扩展名有.cdr、.ai、.dwg、.eps、.wmf 等。

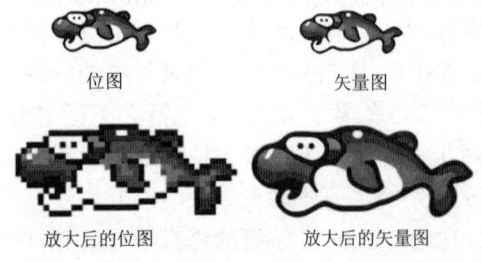

图 2.11　位图和矢量图放大后的区别

## 2. 常用图像格式

在图像处理中，常使用以下图像文件格式。

1）BMP 格式

BMP（Bitmap，位图）格式是一种与硬件设备无关的图像文件格式，它与现有的 Windows 程序广泛兼容，采用位映射存储格式，除图像深度可选以外，不采用其他任何压缩，因此，BMP 文件所占用的空间很大。BMP 文件的图像深度可选 1bit、4bit、8bit 及 24bit。BMP 文件存储数据时，图像是按从左到右、从下到上的顺序扫描的。由于 BMP 文件格式是 Windows 环境中交换与图有关的数据的一种标准，因此在 Windows 环境中运行的图形图像软件都支持 BMP 图像格式。

2）JPEG 格式

JPEG（Joint Photographic Experts Group，联合图像专家组）格式，是最常用的图像文件格式之一，文件后缀为.jpg 或.jpeg，由一个软件开发联合会组织制定，它用有损压缩方式去除冗余的图像数据，在获得极高压缩率的同时能展现十分丰富、生动的图像，且能够将图像压缩在很小的存储空间。JPEG 格式是一种很灵活的格式，具有调节图像质量的功能，允许用不同的压缩比例对文件进行压缩，支持多种压缩级别，但使用过高的压缩比例，将使最终解压缩后恢复的图像质量明显降低，如果追求高品质图像，则不宜采用过高的压缩比例。

3）GIF

GIF（Graphics Interchange Format，图像交互格式），是 CompuServe 公司在 1987 年开发的图像文件格式。GIF 是一种基于 LZW 算法的连续色调的无损压缩格式，其压缩率一般在 50%左右。GIF 只支持 256 色以内的图像，可以存储多幅彩色图像，如果把存于一个文件中的多幅图像数据逐幅读出并显示到屏幕上，就可制作简单的动画。GIF 因其体积小、成像相对清晰、特别适合于 Internet，大受欢迎。

4）PDF

PDF（Portable Document Format，便携文件格式）是由 Adobe 公司在 1993 年用于文件交换所发展的文件格式。PDF 支持跨平台、用于多媒体集成的信息出版和发布，尤其能提供对网络信息发布的支持。PDF 可以将文字、字形、格式、颜色及独立于设备与分辨率的图形和图像等封装在一个文件中。用 PDF 制作的电子书具有纸版书的质感和阅读效果，可以逼真地展现书的原貌，而显示大小可任意调节，能为用户提供个性化的阅读方式。

5）TIFF

TIFF（Tag Image File Format，标记图像文件格式）是一种主要用来存储包括照片和艺术图在内的图像的文件格式。文件扩展名为.TIF 或.TIFF，该格式支持 256 色、24 位真彩色、32 位色、48 位色等多种色彩位，同时支持 RGB、CMYK 及 YCbCr 等多种色彩编码模式，可以制作质量非常高的图像，因而经常用于出版、印刷。

6）PNG 格式

PNG（Portable Network Graphics，便携式网络图形）格式是一种无损压缩的位图文件格式，支持索引、灰度、RGB 3 种颜色方案及 Alpha 通道等特性。其设计目的是替代 GIF 和 TIFF，同时增加一些 GIF 所不具备的特性。PNG 格式使用从 LZ77 派生的无损数据压缩算法，一般应用于 Java 程序、网页中，具有压缩比高，生成文件体积小的特点。

### 2.4.3 颜色表示法

人眼中有 3 种不同的锥细胞,分别对红、绿、蓝 3 种波长的光线敏感,任何光都可以用红、绿、蓝这 3 种光按不同的比例混合而成(三原色原理)。因此,计算机中的色彩表示主要采用 RGB 色彩编码模式,即由红色(R)、绿色(G)和蓝色(B)3 个成分强度的取值来表示颜色,这种模式几乎囊括了人类视力所能感知的所有颜色。RGB 色彩编码模式中 3 种颜色的取值范围为 0~255,用三原色按不同比例混合可形成高达 1670 万种颜色,这已经远远超出了人眼能够识别的颜色种类,所以没有眼睛的计算机反而会比人类看得更多。在计算机中,RGB 色彩编码模式的表示方法通常有下面 3 种。

(1)使用(R,G,B)3 个分量表示。3 个数值分别对应红、绿、蓝 3 种颜色分量的取值,如(0,0,0)表示黑色、(255,255,255)表示白色。

(2)使用 6 位十六进制数表示。十六进制数中每两位对应一种三原色,如十六进制数 00 对应十进制数 0、十六进制数 FF 对应十进制数 255、#00FF00 表示绿色。

(3)使用颜色对应的英文单词表示。这些颜色对应的英文单词是计算机系统认可的,如 Gray 表示灰色,对应 RGB 分量是(128,128,128),对应的十六进制数是#808080。

### 2.4.4 音频信息

#### 1. 音频数字化

人类能够听到的所有声音都可称之为音频,音频本身表示连续变化的模拟信号,而计算机处理的是离散的数字信号,要使计算机能处理音频信息,需要将其数字化,涉及采样、量化和编码 3 个过程,如图 2.12 所示。

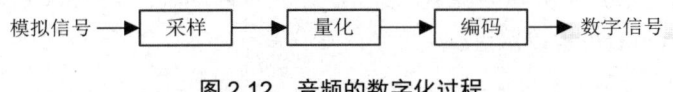

图 2.12　音频的数字化过程

(1)采样。对连续信号按一定的时间间隔取样。奈奎斯特采样定理认为,如果采样频率大于或等于信号中所包含的最高频率的两倍,则可以根据其采样完全恢复出原始信号,相当于当信号是最高频率时,每一周期至少采取两个点。但这只是理论上的定理,在实际操作中,人们用混叠波形,从而使取得的信号更接近原始信号。

(2)量化。采样的离散音频要转化为计算机能够表示的数据范围,这个过程称为量化。量化等级取决于量化精度,也就是用多少位二进制数来表示一个音频数据。一般有 8 位、12 位或 16 位。量化精度越高,声音的保真度越高。

(3)编码。对音频信号采样并量化成二进制数,就是对音频信号进行编码,最后以音频文件的形式保存在计算机中。用不同的采样频率和量化位数记录声音,在单位时间中,所需存储空间也是不一样的。

#### 2. 音频格式

音频信息在计算机中是以文件的形式保存的,常用的音频格式有以下几种。

1)MP3 格式

MP3(Moving Picture Experts Group Audio Layer III,动态影像专家压缩标准音频层面 3)

是一种音频压缩技术，它被设计用来大幅度地降低音频数据量。它是在 1991 年由位于德国埃尔朗根的研究组织 Fraunhofer-Gesellschaft 的一组工程师发明和标准化的。利用 MP3 压缩技术，将音乐以 1∶10 甚至 1∶12 的压缩率，压缩成容量较小的文件，而对于大多数用户来说重放的音质与最初的不压缩音频的音质相比没有明显下降。用 MP3 格式存储的音乐被称为 MP3 音乐，能播放 MP3 音乐的机器就称为 MP3 播放器。MP3 压缩技术能够在音质丢失很小的情况下，把文件压缩到更小，正是因为 MP3 音乐体积小、音质高的特点，使 MP3 格式几乎成为网上音乐的代名词。每分钟 MP3 格式的音乐只有 1MB 左右大小，这样每首歌的大小只有 3~4MB，使用 MP3 播放器对 MP3 文件进行实时的解压缩，就能播放出高品质的 MP3 音乐。

2）CDA 格式

CDA 是 CD（Compact Disk，光盘）上文件的存储格式，标准 CDA 格式文件是 44.1kHz 的采样频率，速率为 88Kbit/s，16 位量化位数，由于 CD 音轨可以说是近似无损的，因此它的声音基本上是忠于原声的，一个 CD 音频文件是一个 CDA 格式文件，但这只是一个索引信息，并不真正地包含声音信息，所以不论 CD 音乐的长短，在计算机上看到的 CDA 格式文件都是 44B 长，而且不能直接复制 CDA 格式的.cda 文件到硬盘上播放，需要使用抓音轨软件把 CDA 格式文件转换成 WAV、MP3、WMA 等其他格式文件才能播放。

3）WMA 格式

WMA 格式的全称是 Windows Media Audio，是 Microsoft 力推的一种音频格式。WMA 格式以减少数据流量但保持音质的方法来达到更高的压缩率，其压缩率一般可以到 1∶18，生成的文件大小只有相应 MP3 文件的一半。WMA 格式文件还可以通过加入 DRM（Digital Rights Management）方案以防止文件被复制，或者通过加入限制播放时间和播放次数，甚至对播放机器进行限制，有力地防止盗版。

4）WAV 格式

WAV 格式是 Microsoft 较早开发的一种声音文件格式，它符合 RIFF（Resource Interchange File Format，资源交换文件格式）规范，用于保存 Windows 平台的音频信息资源，被 Windows 平台及其应用程序所广泛支持，该格式支持多种压缩算法，支持多种音频位数、取样频率和声道，WAV 格式文件的质量极高，但所占用的存储空间较大。标准格式化的 WAV 格式文件和 CDA 格式文件一样，也是 44.1kHz 的取样频率，16 位量化数字，因此在声音文件质量上和 CDA 格式文件相差无几。

5）MIDI 格式

MIDI（Musical Instrument Digital Interface，乐器数字接口）格式，是把电子乐器与计算机相连而制定的一个规范，是编曲界最广泛的音乐标准格式之一。它用音符的数字控制信号来记录音乐。一首完整的 MIDI 音乐只有几十千字节大，而且能包含数十条音乐轨道，几乎所有的现代音乐都是用 MIDI 加上音色库来制作合成的。MIDI 传输的不是声音信号，而是音符、控制参数等指令，它指示 MIDI 设备要做什么，怎么做。MIDI 音乐体积小，早期计算机配置较低，多用于游戏之类的背景音乐。

## 2.4.5　视频信息

视频实际上是由一系列静态画面（每幅静态画面称为帧）组成的动态图像，当这些连续的画面以每秒 24 帧以上的速度变化时，根据视觉暂留原理，人眼无法辨别单幅的静态画面，因而看上去是平滑连续的视觉效果，这样连续的画面叫作视频。计算机中的视频主要分为两类：若组成动态图像的每帧图像是由人工或计算机加工而成的，则称为动画；若组成动态图像的每帧图像是通过实时摄取自然景观或活动对象而成的，则称为视频。

视频文件本身是将静态图像运用位图的形式进行有序存储的，视频中的图像数据具有极强的相关性，即存在大量的冗余信息，这些冗余信息可分为空域冗余信息和时域冗余信息。压缩技术就是将数据中的冗余信息去掉（去除数据之间的相关性），压缩技术包含帧内图像数据压缩技术、帧间图像数据压缩技术和熵编码压缩技术。现在常用的视频压缩技术有 H.26x 系列压缩技术、MPEG 系列压缩技术等。计算机中，常用的视频文件格式有以下几种。

### 1. AVI 格式

AVI（Audio Video Interleaved，音频视频交错）格式，是 Microsoft 于 1992 年推出的、作为 Windows 视频软件一部分的一种多媒体容器格式。AVI 格式文件将音频（语音）和视频（影像）数据包含在一个文件容器中，允许音视频同步回放。类似 DVD 视频格式，AVI 格式文件支持多个音视频流。AVI 格式信息主要应用在多媒体光盘上，用来保存电视、电影等各种影像信息。

### 2. MPEG 格式

MPEG（Moving Picture Experts Group，动态图像专家组）标准是 ISO 针对运动图像和语音压缩制定的国际标准，MPEG 标准的视频压缩编码技术主要利用了具有运动补偿的帧间压缩编码技术来减小时间冗余度，利用 DCT（Discrete Cosine Transform，离散余弦变换）技术来减小图像的空间冗余度，在信息表示方面利用熵编码来减小统计冗余度。这几种技术的综合运用，大大增强了压缩性能。MPEG 标准主要有 5 个，MPEG-1、MPEG-2、MPEG-4、MPEG-7 及 MPEG-21。

### 3. RMVB 格式

RMVB 格式的前身为 RM 格式，它们是 Real Networks 公司制定的音频视频压缩规范，根据不同的网络传输速率，制定不同的压缩比率，从而实现在低速率的网络上进行影像数据实时传送和播放，具有体积小、画质好的优点。

### 4. WMV 格式

WMV（Windows Media Video）格式是 Microsoft 开发的一种数字视频压缩格式。WMV 格式文件一般同时包含视频和音频。视频部分使用 Windows Media Video 编码，音频部分使用 Windows Media Audio 编码。WMV 格式是 ASF（Advanced Systems Format）格式升级延伸来的。由于在同等视频质量下，WMV 格式文件的体积非常小，因此很适合在网上播放和传输。

### 5. MOV 格式

MOV 格式即 QuickTime 影片格式，是美国 Apple 公司开发的一种视频格式，用于存储常用数字媒体类型信息，默认的播放器是 Apple 的 QuickTimePlayer，这种格式具有较高的压缩比率和较完美的视频清晰度等特点，但是其最大的特点之一是跨平台性，即其不仅支持 macOS，也支持 Windows 系列系统。

## 本章小结

在计算机内部，数据是以二进制形式进行存储和处理的，而在日常事务处理时，经常需要使用十进制及其他的信息编码形式，那么如何使用二进制代码来表示各种信息是本章的主要学习内容。本章引入八进制和十六进制，是为了简化二进制数的书写长度，以便和二进制数进行转换。二进制数、八进制数、十进制数和十六进制数相互之间的转换方法是本章需要掌握的内容，还需要了解数据的定点表示和浮点表示，以及原码、反码和补码的含义，理解 ASCII 码、汉字编码和 Unicode 编码，并对常用的图像、音频和视频格式有所了解。

## 习题

### 一、填空题

进行下列数的数制转换。

$(123)_{10}=(\quad)_2=(\quad)_8=(\quad)_{16}$

$(3BF)_{16}=(\quad)_{10}=(\quad)_2=(\quad)_8$

$(10110101011)_B=(\quad)_H=(\quad)_D=(\quad)_O$

### 二、选择题

1. 在计算机内部，数据是以（　　）的形式存储的。
   A．二进制　　　　B．八进制　　　　C．十进制　　　　D．十六进制
2. 整数在计算机中通常采用（　　）格式存储和运算。
   A．原码　　　　　B．反码　　　　　C．补码　　　　　D．移码
3. 在下列数据中，（　　）有可能是八进制数。
   A．128　　　　　 B．457　　　　　 C．975　　　　　 D．189
4. 计算机中采用二进制，是因为（　　）。
   A．降低硬件成本　　　　　　　　　 B．二进制的运算简单
   C．两个状态的系统比较稳定　　　　 D．以上都是
5. 计算机中，一个浮点数由两部分组成，它们是（　　）。
   A．基数和尾数　　　　　　　　　　 B．阶码和尾数
   C．阶码和基数　　　　　　　　　　 D．整数和小数
6. 二进制数 1101011 等价于十六进制数（　　）。
   A．5B　　　　　　B．6B　　　　　　C．6C　　　　　　D．5D
7. 为防止混淆，十六进制数在书写时常在后面加上后缀（　　）。
   A．O　　　　　　 B．H　　　　　　 C．B　　　　　　 D．D
8. 在微型计算机中，应用最普遍的字符编码是（　　）。
   A．BCD 码　　　　B．ASCII 码　　　C．汉字编码　　　D．原码
9. 如果已知大写字母 A 的 ASCII 码值是 $(65)_{10}$，则小写字母 a 的 ASCII 码值是（　　）。
   A．21H　　　　　 B．61H　　　　　 C．93H　　　　　 D．2FH

10. 如果已知数字 0 的 ASCII 码值是 (48)$_{10}$，则数字 5 的 ASCII 码值是（    ）。
    A．37H　　　　　　B．35H　　　　　　C．53H　　　　　　D．33H
11. 将十进制整数转化为 $N$ 进制整数的方法是（    ）。
    A．乘 $N$ 取整法　　B．除 $N$ 取整法　　C．乘 $N$ 取余法　　D．除 $N$ 取余法
12. bit 的含义是（    ）。
    A．字　　　　　　　B．字长　　　　　　C．二进制位　　　　D．字节
13. 在存储容量中，1TB 等于（    ）。
    A．1000MB　　　　 B．1000GB　　　　 C．1024MB　　　　 D．1024GB
14. 字节是存储容量的基本单位，1 字节等于（    ）二进制位。
    A．8　　　　　　　 B．10　　　　　　　C．4　　　　　　　 D．16
15. 若十进制数是 65，则其二进制数是（    ）。
    A．1000001　　　　B．1110001　　　　C．1100001　　　　D．1000011
16. 十六进制数 AB 对应的十进制数是（    ）。
    A．181　　　　　　 B．171　　　　　　 C．161　　　　　　 D．151
17. 二进制数 1100101 转换成八进制数是（    ）。
    A．153　　　　　　 B．143　　　　　　 C．145　　　　　　 D．161
18. 按照 GB2312—1980 标准，在计算机中，汉字系统表示一个汉字用（    ）字节存储。
    A．1　　　　　　　 B．2　　　　　　　 C．3　　　　　　　 D．4

## 三、简答题

1．十进制整数转换为 $R$ 进制数的规则是什么？
2．将十进制数 157 转换成二进制数、八进制数和十六进制数。
3．$R$ 进制数转换为十进制数的规则是什么？
4．将十六进制数 E5B 转换成二进制数、八进制数和十进制数。
5．二进制数与八进制数如何转换？举例说明。
6．常用的图像、音频文件格式有哪些？

### 扩展阅读：莱布尼茨与中国文化

戈特弗里德·威廉·莱布尼茨（1646—1716 年），德国哲学家、数学家，是历史上少见的通才，被誉为 17 世纪的亚里士多德。他在数学史和哲学史上都占有重要地位。在数学上，他和艾萨克·牛顿先后独立发现了微积分，而且他所使用的微积分的数学符号更广泛，他发明的符号被普遍认为更综合、适用范围更广泛。他还发现并完善了二进制。

戈特弗里德·威廉·莱布尼茨是最早接触中国文化的欧洲人之一，他从一些曾经前往中国的教士那里接触到中国文化。法国汉学大师若阿基姆·布韦（1662－1732 年）向他介绍了《周易》和八卦系统。在他的眼中，"阴"与"阳"基本上就是他的二进制的中国版。他曾断言："二进制乃是具有世界普遍性的、最完美的逻辑语言"。如今在德国图林根州，著名的郭塔王宫图书馆内仍保存有一份他的手稿，标题写着"1 与 0，一切数字的神奇渊源"。

由于二进位计数制仅用两个数码，即 0 和 1，因此任何具有两个不同稳定状态的元件都可用来表示数的某一位，而在实际中具有两种明显稳定状态的元件很多，如氖灯的"亮"和"熄"；开关的"开"和"关"；电压的"高"和"低"、"正"和"负"；纸带上的"有孔"和"无孔"；电路中的"有信号"和"无信号"；磁性材料的南极和北极等。利用这些截然不同的状态来代表数字，是很容易实现的。不仅如此，更重要的是两种截然不同的状态不单有量上的差别，而且有质上的不同。这样就能大大提高机器的抗干扰能力及其可靠性。但要找出一个能表示多于两种状态且简单、可靠的器件，就困难多了。此外，由于二进制中只用两个符号"0"和"1"，因此可用逻辑代数来分析和综合机器中的逻辑线路，这为设计电子计算机线路提供了一个很有用的工具。

# 第 3 章  计算机系统组成

**本章学习目标**
- 掌握计算机硬件系统的组成
- 掌握计算机软件系统的组成
- 了解计算机指令系统
- 掌握微型计算机的体系结构

本章先介绍计算机系统的组成，再分别介绍计算机硬件系统和软件系统的基本组成，以及计算机指令系统，最后介绍微型计算机的体系结构。

## 3.1  计算机系统

随着计算机及相关技术的发展，计算机的功能和应用领域不断扩展，计算机系统也越来越复杂。通常所说的计算机实际上是指计算机系统，一个完整的计算机系统由计算机硬件系统和计算机软件系统两大部分组成，如图 3.1 所示。其中，计算机硬件系统是指物理上存在的实体，是构成计算机的所有实体部件的集合。计算机软件系统是指运行在计算机上的各种程序、数据及文档的集合。

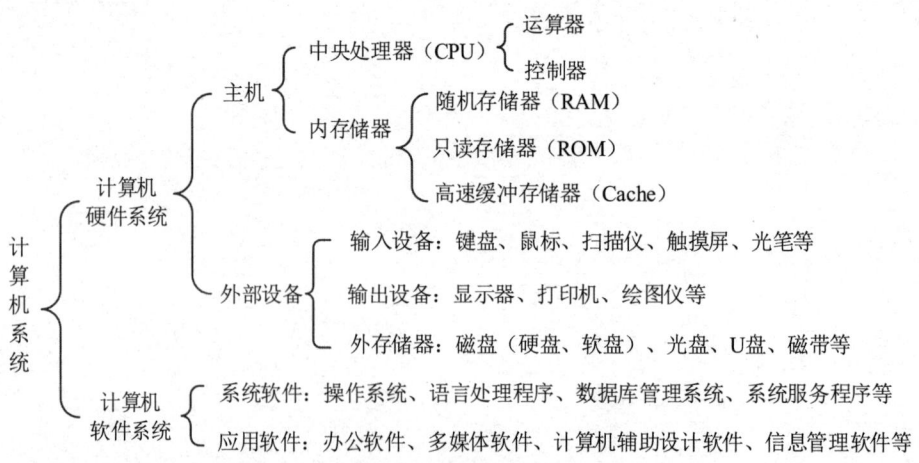

图 3.1  计算机系统组成

计算机硬件是计算机系统进行各种操作的基础，但计算机硬件系统需要配备完善的软件才能正常发挥作用，计算机软件随着计算机硬件技术的迅速发展而发展，软件的发展也促进了硬件的不断完善，二者紧密联系、缺一不可。

## 3.2 计算机硬件系统

目前绝大多数计算机系统，无论是微型计算机系统、简单的单片机系统，还是巨型机系统，从硬件体系结构来看，采用的都是冯·诺依曼体系结构，即计算机由运算器、控制器、存储器、输入设备和输出设备 5 个部分组成，如图 3.2 所示。

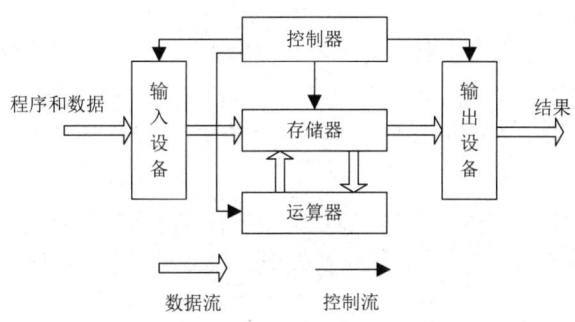

图 3.2　冯·诺依曼体系结构图

冯·诺依曼体系结构的思想是采用二进制、程序存储和顺序执行，计算机按照程序顺序执行。根据此体系结构组成的计算机，必须具有如下功能：把需要的程序和数据送至计算机中；必须具有长期记忆程序、数据、中间结果及最终运算结果的能力；能够完成各种算术运算、逻辑运算和数据传送等数据加工处理的能力；能够根据需要控制程序走向，并能根据指令控制机器的各部件协调操作；能够按照要求将处理结果输出给用户。下面简要介绍冯·诺依曼体系结构的 5 个组成部分。

### 1．运算器

运算器主要由算术/逻辑运算单元（Arithmetic and Logic Unit，ALU）进行算术和逻辑运算。算术运算包括加、减、乘、除等操作；逻辑运算包括与、或、非等操作。在控制器的指挥下，运算器不断从存储器中得到要加工的数据，对其进行算术和逻辑运算，并将处理后的结果送回存储器或暂存在运算器中。

### 2．控制器

控制器（Control Unit，CU）是计算机的核心部件，用于对计算机的各个部件进行统一指挥和控制，并使各部件按照指令协同工作。控制器和运算器合称中央处理器（Central Processing Unit，CPU）。

### 3．存储器

存储器是用来存储数据和程序的重要部件。计算机中的信息都是以二进制形式存储的，这些信息包括程序、指令和数据等。存储器分为内存储器和外存储器。

（1）内存储器，也称主存储器，简称内存或主存，主要用于存储计算机中当前正在运行的程序和数据，这些数据必须调入内存后，才能由 CPU 调用和执行。内存和 CPU 联系紧密，并能与计算机的各个部件进行数据传送，内存的存取速度也直接影响计算机的整体运行速度。内存按功能分为随机存储器（Random Access Memory，RAM）、只读存储器（Read Only Memory，

ROM）和高速缓冲存储器（Cache）。

RAM 主要用来随时存储计算机中正在运行的数据，这些数据既可以被读取，也可以被修改，通常所说的内存就是指 RAM。当计算机断电后，RAM 中的信息会全部丢失。

ROM 是只读存储器，计算机厂商用特殊的装置把程序和数据写在芯片中，只能读取，不能随意改变。

Cache 是位于 CPU 与内存间的一种容量较小但速度很快的存储器，用于解决 CPU 与内存之间速度不匹配的问题。

（2）外存储器，也称辅助存储器，简称外存或辅存，用于长期存储程序和数据。外存只能与内存交换信息，不能被计算机系统的其他部件直接访问。相对于内存，外存的存储容量通常比较大，可移动，便于与不同的计算机进行信息传递。常用的外存有磁盘（硬盘、软盘）、光盘、U 盘、磁带等。

内存和外存的区别在于，内存的容量较小，成本和价格较高，存取速度快，计算机断电后，RAM 中的信息会全部丢失；外存的容量较大，成本和价格相对较低，但存取速度慢，可以永久存储信息。

### 4．输入设备

输入设备用于接收用户输入的数据和程序，并将它们转换成计算机能够识别的形式存放到内存中。常用的输入设备有键盘、鼠标、扫描仪、触摸屏、光笔等。

### 5．输出设备

输出设备用于将存放在内存中由计算机处理的结果转换为人们所能接收的结果。常用的输出设备有显示器、打印机、绘图仪等。

## 3.3　计算机软件系统

软件是用户与硬件之间的接口，是计算机必不可少的组成部分，没有软件，用户就无法操纵计算机完成工作。软件不仅指程序，还包括数据和相关文档，因此计算机软件是程序、数据和相关文档的集合。随着计算机硬件技术的发展，计算机软件也在不断更新。为了方便用户，使计算机系统具有较高的总体效用，在设计和配置计算机系统时，为满足用户的需求，必须通盘考虑软件与硬件的结合，从而让计算机发挥最佳的使用效果。计算机软件一般分为系统软件和应用软件两大类。

### 3.3.1　系统软件

系统软件是指控制和协调计算机及外部设备，并为应用软件提供支持和服务的一类软件。系统软件通常包括操作系统、语言处理程序、数据库管理系统、各种系统服务程序等。

#### 1．操作系统

操作系统是计算机系统资源的管理者，也是用户和计算机硬件之间的接口，其是计算机系统底层的软件，能为用户提供良好的操作界面，用户通过操作系统可以最大限度地使用系统的各种资源。常用的操作系统有 Microsoft 的 Windows 系列、UNIX、Linux 等。

### 2．语言处理程序

在程序设计语言中，除用机器语言编写的程序能被计算机直接理解和执行外，使用其他的程序设计语言编写的源程序必须经过翻译，才能转换成计算机能够识别的机器语言运行。实现这个翻译过程的工具就是翻译程序，除要完成语言间的转换外，还要进行语法、语义等方面的检查，翻译程序统称为语言处理程序。语言处理程序主要分为汇编程序、编译程序和解释程序。对于不同的程序设计语言，如 C 语言、C++语言、Java 等都有各自的翻译程序。

### 3．数据库管理系统

数据库管理系统是一种操纵和管理数据库的软件，用于建立、使用和维护数据库，用户和应用程序需要通过它来访问数据库中的数据。常用的数据库管理系统有 Oracle、SQL Server、MySQL、Access 等。

### 4．系统服务程序

系统服务程序即一些支持软件，如用于驱动管理、网络连接等方面的工具。

## 3.3.2 应用软件

除计算机系统软件外的所有软件都可以归结为应用软件。应用软件通常是为满足用户不同领域、不同问题的应用需求而开发的软件。随着计算机的普及和应用领域的拓展，各种各样的应用软件被开发出来。常用的应用软件有办公软件、多媒体软件、计算机辅助设计软件、信息管理软件等。

### 1．办公软件

办公软件是指用于文字处理、表格制作、幻灯片制作、图形和图像处理、简单数据库处理等方面工作的软件。目前办公软件朝着操作简单化、功能细化等方向发展。办公软件的应用范围很广，大到社会统计，小到会议记录。常用的办公软件有 Microsoft Office 系列办公软件和金山 WPS Office 系列办公软件等。

（1）Microsoft Office 系列办公软件包括 Word、Excel、PowerPoint、Access 和 Outlook 等。其中，Word 是文字处理工具；Excel 是制作表格工具；PowerPoint 是制作课件、投影播放工具；Access 是数据库管理工具；Outlook 是电子邮件工具。Word、Excel 和 PowerPoint 应用较为广泛。

（2）金山 WPS Office 系列办公软件是由金山软件股份有限公司自主研发的一款办公软件套装，包括 WPS 文字、WPS 表格、WPS 演示三大功能模块组件，是图文表并茂、功能强大的图文混排系统，支持阅读和输出 PDF 文件，全面兼容 Microsoft Office 97～2010 文件格式。WPS Office 系列办公软件支持桌面和移动办公，覆盖了 Windows、Linux、Android、iOS 等多个平台。

### 2．多媒体软件

多媒体技术是计算机技术应用的一个重要方面，多媒体软件是指对文字、数据、图形和图像、动画、声音等多种媒体信息进行处理的软件，包括图形和图像处理软件、动画制作软件、音频和视频编辑软件等。常用的图形和图像处理软件有 PhotoShop、CorelDraw、Freehand

等。常用的动画制作软件有 Flash、Autodesk Animator Pro、3DS MAX、Maya 等。

#### 3．计算机辅助设计软件

计算机辅助设计软件主要用于工程和产品设计，可以帮助设计人员担负计算、信息存储和制图等多项工作。常用的有美国 Autodesk 公司的 AutoCAD、国产的浩辰 CAD 和中望 CAD 等。

#### 4．信息管理软件

信息管理软件是根据企业需求开发的软件，能够帮助企业实现科学管理、优化整合企业内部信息，并能够为企业决策者提供参考意见。目前，很多行业、企业都有自己的信息管理软件，早期常采用 C/S 架构，现在多采用 B/S 架构。

#### 5．集成开发环境

集成开发环境（Integrated Development Environment，IDE）是用于提供程序开发环境的应用程序，集成了代码编写、分析、编译、调试等功能一体化的软件开发服务。例如，Microsoft 的 Visual Studio 为 C++、VB、C#等语言提供了 IDE，Eclipse 用于开发 Java 等。

### 3.3.3 软件系统的维护

我们在使用计算机软件过程中会出现一些问题和故障，这往往是日常使用中维护方法的不当造成的，因此掌握计算机软件系统的日常维护方法是十分必要的。

#### 1．软件系统环境

在计算机系统上稳定、可靠地运行程序，除有硬件环境的配置外，还要有软件环境的支持。一个软件或程序能够在哪类及哪个版本的操作系统下运行；如何配置各个系统参数或环境变量；需要哪些驱动程序或 IDE 的支持等，都是安装软件需要考虑的问题。需要指出的是，软件工作环境不符合要求是引起软件故障的重要原因之一。因此，安装软件之前要对计算机系统的硬件和软件环境有一定的了解，而且在安装软件过程中要按软件顺序安装，选择合适的安装路径，否则会引起软件安装冲突，导致软件不能安装，甚至会引起死机。此外，关机时必须先关闭所有程序，再按正确的顺序退出关机，否则有可能会破坏应用程序。

#### 2．软件系统的维护

（1）开启防火墙软件。在使用网络和存储介质过程中，要实时开启防火墙软件，以防御木马程序和黑客的攻击，及时修复漏洞，计算机体检，清理插件、垃圾和痕迹等。

（2）病毒防治。计算机病毒是计算机系统的杀手，它会感染应用软件、破坏系统，甚至会毁坏硬件。因此需要安装防病毒软件，并实时开启、及时升级病毒库、及时查杀病毒。

（3）操作系统的维护。为保证操作系统稳定、安全地运行，需要对操作系统进行维护，包括及时升级操作系统的补丁程序、及时删除临时文件和一些垃圾文件，对磁盘碎片进行整理，使操作系统能稳定、安全、可靠地工作。

（4）系统备份。定期将装在操作系统分区的文件进行备份或制作映像文件，以防止由于不可预知的原因，造成系统崩溃或损坏，从而快速地恢复系统。

## 3.4 计算机指令系统

计算机的所有功能都是通过执行一条条指令来实现的。指令是指示计算机执行某种操作的命令，计算机的工作就是在指令的控制下进行的。一台计算机上的所有机器指令的集合，称为这台计算机的指令系统，它描述了计算机内全部的控制信息和逻辑判断能力。不同计算机的指令系统包含的指令种类和数目也不同，一般都包含算术运算型、逻辑运算型、数据传送型、判定和控制型、输入和输出型等指令。指令系统是表征一台计算机性能的重要因素，它的格式与功能不仅直接影响机器的硬件结构，而且影响系统软件及计算机的适用范围。

### 1．计算机指令

一条指令就是机器语言的一个语句，它是一组有意义的二进制代码，指令主要由操作码和地址码组成。其中，操作码能指明指令的操作类型及功能，即表示该指令所要完成的操作（如加、减、乘、除、数据传送），地址码则给出了操作数或操作数的地址。计算机是通过执行指令来处理各种数据的。为了指出数据的来源、操作结果的去向及所执行的操作，通常一条指令必须包含下列信息。

（1）操作码。它具体说明了操作的性质及功能。一台计算机可能有几十条至几百条指令，每条指令都有一个相应的操作码，计算机通过识别该操作码来完成不同的操作。

（2）操作数的地址。CPU 通过该地址就可以取得所需的操作数。

（3）操作结果的存储地址。把对操作数的处理所产生的结果保存在该地址中，以便再次使用。

（4）下条指令的地址。执行程序时，大多数指令要按顺序依次从主存中取出执行，只有在遇到转移指令时，程序的执行顺序才会改变。为了压缩指令的长度，可以用一个程序计数器存放指令地址。每执行一条指令，程序计数器的指令地址就自动+1（设该指令只占一个主存单元），指出将要执行的下一条指令的地址。当遇到执行转移指令时，要用转移地址修改程序计数器的内容。由于使用了程序计数器，指令中不必明显地给出下一条将要执行指令的地址。

### 2．指令的类型

按照计算机指令的功能分类，可将指令划分如下。

（1）数据处理指令，包括算术运算指令、逻辑运算指令、移位指令、比较指令等。

（2）数据传送指令，包括寄存器之间、寄存器与主存储器之间的传送指令等。

（3）程序控制指令，包括条件转移指令、无条件转移指令、转子程序指令等。

（4）I/O 指令，包括各种外设的读、写指令等。有的计算机将 I/O 指令包含在数据传送指令中。

（5）状态管理指令，包括诸如实现置存储保护、中断处理等功能的管理指令。

有些机器还包含以下指令。

（1）向量指令和标量指令。有些大型机和巨型机有设置功能齐全的向量运算指令系统。向量指令的基本操作对象是向量，即有序排列的一组数。若指令为向量指令，则由指令确定向量操作数的地址（主存储器起始地址或向量寄存器号），并直接或隐含地指定，如增量、向量长度等其他向量参数。向量指令规定处理机可按同一操作处理向量中的所有分量，可有效地提高计算机的运算速度。不具备向量处理功能，只对单个量，即标量进行操作的指令称为标量指令。

(2) 特权指令和用户指令。在多用户环境中，某些指令的不恰当使用会引起机器的系统性混乱，如置存储保护、中断处理、I/O 等这类指令，均被称为特权指令，不允许用户直接使用。为此，处理机一般会设置特权和用户两种状态，或称管（理）态和目（的）态。在特权状态下，程序可使用包括特权指令在内的全部指令。在用户状态下，只允许使用非特权指令，或称用户指令。若用户若使用特权指令，则会发生违章中断。若用户需要申请操作系统进行某些服务，如 I/O 等，则可使用"广义指令"，或称为"进监督""访管"等指令。

### 3. 寻址方式

根据指令内容确定操作数地址的过程称为寻址。完善的寻址方式可为用户组织和使用数据提供方便。

(1) 直接寻址。在直接寻址方式中，指令地址域中表示的是操作数地址。

(2) 间接寻址。在间接寻址方式中，指令地址域中表示的是操作数地址的地址，即指令地址码对应的存储单元所给出的是地址 A，操作数据存放在地址 A 指示的主存单元内。有的计算机的指令可以多次间接寻址，如地址 A 指示的主存单元内存放的是另一地址 B，而操作数据存放在地址 B 指示的主存单元内，称为多重间接寻址。

(3) 立即寻址。在立即寻址方式中，指令地址域中表示的是操作数本身。

(4) 变址寻址。在变址寻址方式中，指令地址域中表示的是变址寄存器号 $i$ 和位移值 $D$。将指定的变址寄存器内容 $E$ 与位移值 $D$ 相加，其和 $E+D$ 为操作数地址。许多计算机具有双变址功能，即将两个变址寄存器内容与位移值相加，得到操作数地址。变址寻址有利于数组操作和程序共用。由于位移值长度可短于地址长度，因此指令长度可以缩短。

(5) 相对寻址。在相对寻址方式中，指令地址域中表示的是位移值 $D$。程序计数器内容（本条指令的地址）$K$ 与位移值 $D$ 相加，得到操作数地址 $K+D$。当程序在主存储器浮动时，相对寻址能保持原有程序功能。此外，还有自增寻址、自减寻址、组合寻址等寻址方式。寻址方式可由操作码确定，也可在地址域中设置标志，指明寻址方式。

### 4. 指令的执行过程

几乎所有的冯·诺依曼型计算机的 CPU，其工作都可以分为 5 个阶段：取指令、指令译码、执行指令、访存取数和结果写回。

1) 取指令阶段

取指令（Instruction Fetch，IF）阶段是将一条指令从主存中取到指令寄存器中。程序计数器中的数值用来指示当前指令在主存中的位置。当一条指令被取出后，程序计数器中的数值会根据指令字长度而自动递增，指向内存中的下一条指令。

2) 指令译码阶段

取出指令后，计算机立即进入指令译码（Instruction Decode，ID）阶段。在指令译码阶段，指令译码器要按照预定的指令格式，对取回的指令进行拆分和解释，识别、区分不同的指令类别及各种获取操作数的方法。

3) 执行指令阶段

在取指令和指令译码阶段之后，进入执行（Execute，EX）指令阶段。此阶段的任务是完成指令所规定的各种操作，具体实现指令的功能。为此，CPU 的不同部分被连接起来，以执行所需的操作。

4）访存取数阶段

根据指令需要，有可能要访问主存读取操作数，这样就进入了访存取数阶段。此阶段的任务是：根据指令地址码，得到操作数在主存中的地址，并从主存中读取该操作数用于运算。

5）结果写回阶段

作为最后一个阶段，结果写回（Write Back，WB）阶段能把执行指令阶段的运行结果数据写回到某种存储形式：结果数据经常被写到 CPU 的内部寄存器中，以便被后续指令快速地存取；在有些情况下，结果数据也可被写入相对较慢、较廉价且容量较大的主存。许多指令还会改变程序状态字寄存器中标志位的状态，这些标志位标识着不同的操作结果，可被用来影响程序的动作。

在指令执行完毕、结果数据写回之后，若无意外事件（如结果溢出）发生，计算机则从程序计数器中取得下一条指令地址，开始新一轮的循环，下一个指令周期将顺序取出下一条指令。

## 3.5 微型计算机的体系结构

微型计算机简称微机，通常指台式计算机和笔记本电脑这两种，主要面向个人用户使用。微型计算机由主机系统和外部设备组成，如图 3.3 所示。主机系统安装在主机箱内，包括主板、CPU、硬盘、内存、电源及各种接口卡（如显卡、声卡）等。外部设备包括鼠标、键盘、显示器和打印机等，外部设备通过各种总线接口连接到主机系统。

图 3.3　微型计算机的组成

### 3.5.1　主板

主板（Mainboard）也称系统板或母板，是主机箱中一块最大的多层印制电路板（PCB），上面分布着构成主机系统电路的各种元器件和插接件，是微型计算机中最基本的也是最重要的部件之一，计算机的整体速度和稳定性在一定程度上取决于主板的性能。主板通常是矩形电路板，上面安装了组成计算机的主要电路系统，一般有 BIOS（Basic Input Output System，基本输入/输出系统）芯片、I/O 控制芯片、键和面板控制开关接口、指示灯插接件、扩充插槽、主板及插卡的直流电源供电插接件等元件。主板如图 3.4 所示。

主板采用了开放式结构，其上大都有 6~15 个扩展插槽，供 PC 外围设备的控制卡（适配器）插接。

图 3.4　主板

通过更换这些控制卡，可以对微型计算机的相应子系统进行局部升级，使厂家和用户在配置机型方面有更大的灵活性。总之，主板在整个微型计算机系统中扮演着举足轻重的角色。可以说，主板的类型和档次决定着整个微型计算机系统的类型和档次，主板的性能影响着整个微型计算机系统的性能。

**1．主板的组成**

主板主要由印刷电路板、芯片组、总线、I/O 接口和电源接口等部件构成，主板为计算机各部件提供了一个方便的安装平台，主板的功能包括：把 CPU、内存等关键核心部件通过总线和芯片组连接起来，组成计算机的核心；接收计算机电源提供的电能并加以分配，向以上核心部件供电；接收电源开关和操作系统发来的开机信号来实现开机、关机、重启、待机和休眠等操作；把硬盘、光驱、键盘、鼠标、显示器等设备和总线连接起来。

1）芯片组

芯片组是主板的核心组成部分，是 CPU 与周边设备沟通的桥梁。对于主板而言，芯片组几乎决定了这块主板的功能，进而影响到整个计算机系统性能的发挥。芯片组性能的优劣，决定了主板性能的好坏与级别的高低。目前 CPU 的型号与种类繁多，芯片组是与 CPU 相配合的系统控制集成电路，二者良好的协同工作，将更好地发挥计算机的整体性能。传统的芯片组分为南桥与北桥两个芯片，北桥（靠近 CPU）连接主机的 CPU、内存、显卡等，南桥连接总线、接口等。随着 AMD 公司的 Fusion 整合型处理器的出现，PC 核心由传统的 CPU、北桥、南桥三颗芯片，转变为 CPU 和南桥两颗芯片，北桥芯片或图形芯片的功能都内建在处理器中。目前的主板已经没有北桥芯片了。

芯片组几乎决定着主板的全部功能，其中 CPU 的类型、主板的系统总线频率、内存（类型、容量和性能）、显卡插槽规格、扩展槽的种类与数量、扩展接口的类型（如 USB2.0/3.0/3.1、HDMT、串口、并口、DP、DVI、VGA 输出接口）和数量等，都是由芯片组决定的，还有些芯片组由于加入了 3D 加速显示（集成显示芯片）、声音解码等功能，还决定着计算机系统的显示性能和音频播放性能。芯片组是由过去 286 时代的所谓笔记本电脑超大规模集成电路——门阵列控制芯片演变而来的。芯片组按用途可分为服务器工作站、台式计算机、笔记本电脑等；按芯片数量可分为单芯片芯片组（主要用于台式计算机和笔记本电脑）、标准的南、北桥芯片组和多芯片芯片组（主要用于高档服务器/工作站）；按整合程度的高低，还可分为整合型芯片组和非整合型芯片组等。

目前，美国的 Intel 和 AMD 是台式计算机 CPU 的主要生产厂商，因此支持 CPU 的芯片组也分为 Intel 和 AMD 两大系列。虽然，近年来国产 CPU 有上海兆芯的 KX 系列，但还是落后国外几代，市场上也很少见。Intel 的芯片组分为两大类：消费级芯片组和服务器芯片组，Intel 消费级芯片组大体又可分为两类，一类为支持 Intel 第 7 代/第 6 代酷睿 i7/i5/i3/Pentium/Celeron CPU 的 200 系列的芯片组，如 B250、Q250、H270、Q270、Z270、X299；另一类为支持 Intel 第 8 代酷睿 i7/i5/i3/Pentium/Celeron CPU 的 300 系列芯片组。支持 AMD 的 CPU 芯片组目前主要有两类，一类为 AMD AM4 平台芯片组，支持锐龙（Ryzen）处理器、第 7 代 A 系列处理器和速龙处理器，芯片组有 A300、A320、B350、X300、X370；另一类为 Socket TR4 平台芯片组，支持 AMD Ryzen Theadripper 处理器。

2）扩展槽

所谓的"插拔部分"是指这部分的配件可以用"插"来安装，用"拔"来反安装。例如，内存插槽就是主板上用来插内存条的插槽，主板所支持的内存种类和容量都由内存插槽来决定。

（1）AGP 插槽：颜色多为深棕色，位于北桥芯片和 PCI 插槽之间。AGP 插槽有 1×、2×、4×和 8×插槽之分。AGP4×插槽的中间没有间隔，AGP2×插槽的中间有间隔。在 PCI Express 出现之前，AGP 显卡较为流行，其传输速率最高可达 2133MB/s（AGP8×）。

（2）PCI Express 插槽：随着 3D 性能要求的不断提高，AGP 插槽已越来越不能满足视频处理带宽的要求，目前主流主板上，显卡接口多转向 PCI Express 插槽。PCI Express 插槽有 1×、2×、4×、8×和 16×插槽之分。

（3）PCI 插槽：PCI 是 Peripheral Component Interconnect（外设部件互连）的缩写，它是目前 PC 中使用较广泛的接口，几乎所有的主板产品上都带有这种 PCI 插槽，它也是主板上带有较多数量的插槽类型。PCI 插槽多为乳白色，它能为显卡、声卡、网卡等设备提供连接接口，在目前流行的台式机主板上，ATX 结构的主板一般带有 5 个或 6 个 PCI 插槽，而小一点的 MATX 主板也带有 2 个或 3 个 PCI 插槽。

（4）内存插槽：内存插槽是指主板上用来插内存条的插槽。主板所支持的内存种类和容量是由内存插槽来决定的。在 286 时代之前，主板的内存是直接焊在主板上的，后来有 30 线插槽（286、386 时代）、72 线 SIMM 插槽（486、586 时代）、168 线 DIMM 插槽（Pentium～Pentium3 时代）、184 线 DDR 插槽（Pentium4 时代）、240 线 DDR2/DDR3 插槽，直到现在的 284 线 DDR4 插槽。线即针，就是内存金手指的个数，内存与插槽接触的触点数。

3）对外接口

（1）硬盘接口。硬盘接口可分为 IDE 接口和 SATA 接口。在一些旧型号的主板上，多集成两个 IDE 接口，通常 IDE 接口都位于 PCI 插槽下方，空间上则垂直于内存插槽（也有横着的）。而在新型主板上，IDE 接口逐渐被 SATA 接口等替代。SATA 接口，即串行高级技术附件接口，SATA 规范是一种基于行业标准的串行硬件驱动器接口，由 Intel、IBM、Dell、APT、Maxtor 和 Seagate 共同提出的硬盘接口规范，SATA 规范将硬盘的外部传输速率理论值提高到 150MB/s，比 PATA 的 ATA/100 标准高出 50%，比 ATA/133 标准也要高出约 13%，而随着未来后续版本的开发，SATA 接口的速率还可能扩展到 2X 和 4X（300MB/s 和 600MB/s）。

（2）COM 接口（串口）。目前大多数主板都能提供两个 COM 接口，分别为 COM1 接口和 COM2 接口，其作用是连接串行鼠标和外置调制解调器等设备。COM1 接口的 I/O 地址是 03F8h-03FFh，中断号是 IRQ4；COM2 接口的 I/O 地址是 02F8h-02FFh，中断号是 IRQ3。由此可见，COM2 接口比 COM1 接口的响应具有优先权，现在市面上已很难找到基于该接口的产品。

（3）USB 接口。USB（Universal Serial Bus，通用串行总线）接口是现在主机最主要的外部设备接口之一，最大可支持 127 个外设，如连接鼠标、键盘、打印机、U 盘等，并且可以独立供电，其应用非常广泛。USB 接口可以从主板上获得 500mA 的电流，支持热拔插，真正做到即插即用。一个 USB 接口可同时支持高速 USB 和低速 USB 外设的访问，由一条四芯电缆连接，其中两条是正负电源，另外两条是数据传输线。高速外设的传输速率为 12Mbit/s，低速外设的传输速率为 1.5Mbit/s。此外，USB2.0 标准的最高传输速率可达 480Mbit/s，USB3.0 标准的传输速率可达 5Gbit/s，USB3.1Gen1 标准是 USB3.0 标准的加强版，其传输速率与 USB3.0 标准的传输速率相同，USB3.1 Gen2 标准的最大传输速率可达 10Gbit/s。目前，USB 接口得到了广泛应用。

（4）PS/2 接口。PS/2 接口的功能比较单一，仅用于连接键盘和鼠标。一般情况下，鼠标的接口为绿色、键盘的接口为紫色。PS/2 接口的传输速率比 COM 接口的传输速率稍快一些，但这么多年使用之后，虽然现在绝大多数主板依然配备该接口，但支持该接口的鼠标和键盘越来越少，大部分外设厂商也不再推出基于该接口的外设产品，更多的是推出基于 USB 接口的外设产品。目前，PS/2 接口已被 USB 接口取代。

（5）LPT 接口（并口）。LPT 接口一般用来连接打印机或扫描仪。其默认的中断号是 IRQ7，采用 25 脚的 DB-25 接头。并口的工作模式主要有 3 种：SPP 标准工作模式、EPP 增强型工作模式、ECP 扩充型工作模式。现在使用 LPT 接口的打印机和扫描仪已经很少了，多为使用 USB 接口的打印机和扫描仪。

2．主板的分类

（1）根据支持 CPU 的品牌分类，主要分为支持 Intel 和 AMD 的 CPU 的两大类主板，不同系列的 CPU 对应不同型号的主板。

（2）根据主板芯片组分类，主要分为 Intel、AMD、NVIDIA、VIA、SiS 等公司生产的主板芯片组，其中 Intel 和 AMD 的主板芯片组应用较广。

（3）根据主板尺寸和规格分类，主要分为 XT 主板、AT 主板、Baby-AT 主板、BTX 主板、ATX 主板、一体化主板等。

（4）根据主板生产厂商分类，主要分为华硕、技嘉、微星、Intel、精英、富士康等主板。

（5）根据主板总线类型分类，分为 ISA（Industry Standard Architecture，工业标准体系结构）总线、EISA（Extension Industry Standard Architecture，扩展标准体系结构）总线和 MCA（Micro Channel，微通道）总线。此外，为了解决 CPU 与高速外设之间传输速度慢的"瓶颈"问题，出现了两种局部总线，它们是 VESA（Video Electronic Standards Association，视频电子标准协会局部）总线，简称 VL 总线，以及 PCI 总线。继 PCI 总线之后又开发了更外围的接口总线，它们是 USB 总线、IEEE1394（美国电气及电子工程师协会 1394 标准）总线，俗称"火线"（Fire Ware）。

3．总线

在计算机系统中，各个部件之间传送信息的公共通路叫作总线（Bus），微型计算机是以总线结构来连接各个功能部件的。计算机总线结构如图 3.5 所示。总线是一种内部结构，它是 CPU、内存、输入设备、输出设备传递信息的公用通道，主机的各个部件通过总线相连接，外部设备通过相应的接口电路与总线相连接，从而形成了计算机硬件系统。

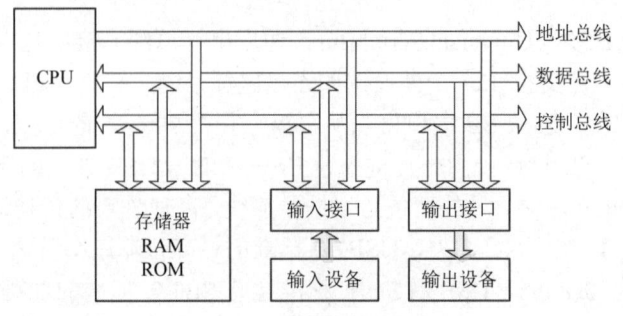

图 3.5 计算机总线结构

微型计算机中的总线分为内部总线、系统总线和外部总线 3 种。

（1）内部总线是 CPU 芯片内部的总线，其为 CPU 内部各组件之间的连线，也被称为片内总线。

（2）系统总线是连接 CPU 与计算机系统各部件间的总线，系统总线在微型计算机中的地位，如同人的神经中枢系统，CPU 通过系统总线对存储器的内容进行读写，同样通过总线，实现将 CPU 内的数据写入外设，或由外设读入 CPU。系统总线传送的信息包括数据信息、地址信息和控制信息，因此，系统总线包含 3 种不同功能的总线，即数据总线（Data Bus，DB）、地址总线（Address Bus，AB）和控制总线（Control Bus，CB）。

①数据总线用于在各个部件/设备之间传输数据信息。数据总线是双向三态形式的总线，既可以把 CPU 的数据传送到存储器或 I/O 接口等其他部件，又可以将其他部件的数据传送到 CPU。数据总线的位数是微型计算机的一个重要指标，通常与微处理的字长一致。例如，CPU 字长是 32 位的，其数据总线宽度也是 32 位的。需要指出的是，数据的含义是广义的，它可以是真正的数据，也可以是指令代码或状态信息，甚至是控制信息。因此，在实际工作中，数据总线上传送的并不一定是真正意义上的数据。

②地址总线用于在 CPU 与存储器、I/O 接口之间传输地址信息。由于地址只能从 CPU 传向外部存储器或 I/O 接口，所以地址总线总是单向三态的，这与数据总线不同。地址总线的位数决定了 CPU 可直接寻址的内存空间的大小，如早期的 8 位微型计算机的地址总线为 16 位，则其最大可寻址空间为 $2^{16}B=64KB$，16 位微型计算机的地址总线为 20 位，其可寻址空间为 $2^{20}B=1MB$。一般来说，若地址总线为 $n$ 位，则可寻址空间为 $2^nB$。

③控制总线用于在 CPU 与存储器、I/O 接口之间传输控制和状态信息。控制信号有的是微处理器送往存储器和 I/O 接口电路的，如读/写信号、片选信号、中断响应信号等；有的是其他部件反馈给 CPU 的，如中断申请信号、复位信号、总线请求信号、设备就绪信号等。因此，控制总线的传送方向由具体控制信号而定，（信息）一般是双向的，控制总线的位数要根据系统的实际控制需要而定。实际上控制总线的具体情况主要取决于 CPU。

（3）外部总线是微型计算机和外部设备之间的总线，微型计算机作为一种设备，通过外部总线和其他设备进行信息与数据交换。由此可见，微型计算机以 CPU 为核心，其他部件全"挂接"在与 CPU 相连接的系统总线上。

**4．总线主要的性能参数**

总线主要的性能参数有总线带宽、总线位宽和总线工作效率。

（1）总线带宽。总线带宽是指单位时间内总线上传送的数据量，即每秒钟传送兆字节的最大稳态数据传输率。与总线密切相关的两个因素是总线位宽和总线工作频率，它们之间的关系如下：

总线带宽=总线工作频率×总线位宽/8

或总线带宽=(总线位宽/8)/总线周期

（2）总线位宽。总线位宽是指总线能同时传送的二进制数的位数，或数据总线的位数，即 32 位总线、64 位总线等。若总线位宽越宽，则每秒钟数据的传输率越大，总线带宽越宽。

（3）总线工作效率。总线的工作时钟频率以兆赫为单位，若工作频率越高，则总线工作速度越快，总线带宽越宽。

**5．接口**

计算机有很多接口和插槽。计算机接口分为内部接口和外部接口，内部接口是指用于连接计算机内部部件的接口，常见的有 SATA 接口、PCI 接口、PCI-E 接口等；外部接口是指计算机连接外部设备的接口，常见的有电源接口、串行接口、并行接口、RJ45 网线接口、USB 接口、音频接口、IEEE1394 接口等。

通常连接不同种类的设备要对应不同类型的接口，如显示器接口，现在的显示器接口一般有 VGA、DVI、HDMI、DP 4 种，少数低端显示器仍在使用 VGA 接口，大多数显示器都是 VGA+DVI 双接口、VGA+HDMI 双接口。HDMI 即高清晰多媒体接口，是 DVI（数字视频接口）的替代产品，可同时传送视频和音频信号，普遍应用于家庭多媒体设备，是适合影像传输的专用型数字化接口，其可同时传送音频和影像信号，最高数据传输速率为 2.25GB/s。DP（Display Port）是 HDMI 的竞争对手，DP 在少数高端显示器上会见到。对于一般用户来说，显示器上只要有 DVI 或 HDMI 就可以，DP 的显示器一般价格比较高，如果对显示画质要求苛刻的话，可以选择 DP 的显示器。

### 3.5.2　CPU

CPU 是计算机的核心部件，其功能主要是解释计算机指令及处理计算机软件中的数据。对于计算机中的所有操作，都是在 CPU 的控制指挥下完成的，CPU 负责读取指令，对指令进行译码并执行指令。目前，CPU 芯片是采用较先进的超大规模集成电路来生产的，如图 3.6 所示。

图 3.6　CPU 芯片

简单来说，CPU 的发展史就是 Intel 的发展史。CPU 从最初发展到现在已经有 40 多年的历史了，这期间，按照其处理信息的字长，CPU 经历了从最初的 4 位微处理器、8 位微处理器到现在的 64 位微处理器。随着硬件技术的发展，CPU 也逐渐向更高的频率、更小的制作工艺、更多的核心和线程、更大的高速缓存方向发展。

**1．CPU 的基本构成**

CPU 包括运算逻辑部件、控制部件和寄存器部件。

（1）运算逻辑部件可执行定点或浮点算术运算操作、移位操作及逻辑操作，也可执行地址运算和转换操作。

（2）控制部件主要负责对指令译码发出完成每条指令所要执行的各个操作的控制信号。其控制方式有两种：一种是以微存储为核心的微程序控制方式；另一种是以逻辑硬布线结构为主的控制方式。

（3）寄存器部件包括通用寄存器、专用寄存器和控制寄存器。

通用寄存器又分为定点数通用寄存器和浮点数通用寄存器两类，它们用来保存指令中的寄存器操作数和操作结果。通用寄存器是 CPU 的重要组成部分，大多数指令都要访问通用寄存器。专用寄存器是为了执行一些特殊操作所需要用的寄存器。控制寄存器通常用来指示机器的执行状态或保持某些指针，包括处理状态寄存器、地址转换目录的基地址寄存器、特权状态寄存器、条件码寄存器、处理异常事故寄存器及检错寄存器等。

有时候，CPU 中还有一些缓存，用来暂时存放一些数据指令，缓存越大，说明 CPU 的运算速度越快，目前市场上的中高端 CPU 都有 2MB 左右的二级缓存，高端 CPU 有 4MB 左右的二级缓存。

### 2．CPU 的工作原理

CPU 的工作原理就像一个工厂对产品的加工过程：进入工厂的原料（程序指令），经过物资部门（控制器）的调度分配，被送往生产线（运算器），先生产出成品（寄存器组），再存储在仓库（内存）中，最后等着拿到市场上去卖（交由应用程序使用）。这个过程看起来相当长，实际上只是一瞬间发生的事情，也可以理解为 CPU 只执行 3 种基本操作，分别是读出数据、处理数据和往内存写数据。

### 3．CPU 的主要技术指标

（1）主频。主频也叫时钟频率，单位是兆赫（MHz）或吉赫（GHz），用来表示 CPU 运算、处理数据的速度。CPU 的主频=外频×倍频。主频和实际的运算速度存在一定的关系，但并不是一个简单的线性关系。CPU 的主频与 CPU 实际的运算能力是没有直接关系的，主频表示在 CPU 内数字脉冲信号振荡的速度。CPU 的运算速度还要看 CPU 的流水线、总线等各方面的性能指标。主频仅是 CPU 性能表现的一个方面，不能代表 CPU 的整体性能。

（2）字长。CPU 的字长通常是指 CPU 可以一次处理的二进制数的位数，它是 CPU 数据处理能力的重要指标，反映了 CPU 能够处理的数据宽度、精度和速度等，因此常以字长位数来称呼 CPU。对于不同的 CPU，字长的长度也不一样，如能处理字长为 8 位二进制数的 CPU 通常称为 8 位的 CPU；同理，64 位的 CPU 能在单位时间内处理字长为 64 位的二进制数。目前 PC 的 CPU 都是 64 位的。

（3）外频。CPU 的外频通常是指系统总线的工作频率（系统时钟频率）、CPU 与周边设备传输数据的频率，具体是指 CPU 到芯片组之间的总线速度。外频是 CPU 与主板之间同步运行的速度，而且在绝大部分计算机系统中外频也是内存与主板之间同步运行的速度，在这种方式下，可以理解为 CPU 的外频直接与内存相连，以实现两者间的同步运行状态。

（4）倍频系数。倍频系数是指 CPU 主频与外频之间的相对比例关系。在相同的外频下，倍频越高，CPU 的频率也越高。

（5）缓存。缓存的结构和大小对 CPU 速度的影响非常大，CPU 内缓存的运行频率极高，一般和处理器同频运作，工作效率远远大于系统内存和硬盘。在实际工作中，CPU 经常需要重复读取数据块，而缓存容量增大，可大幅提升 CPU 读取数据的命中率，不用再到内存或硬盘上寻找，以此提高系统性能。缓存分为一级缓存、二级缓存和三级缓存。

（6）制作工艺。CPU 的制作工艺通常以 CPU 核心制造的关键技术参数蚀刻尺寸来衡量，蚀刻尺寸是制造设备在一个硅晶圆上所能蚀刻的最小尺寸，现在主要的制作工艺为 28nm、22nm、18nm、14nm、12nm、10nm 和 7nm 等。制作工艺越小，在 CPU 内部集成的晶体管越多，处理器能实现的功能越多、性能越高，还会减少处理器的功耗，从而减少其发热量，提升处理器的性能。

（7）核心。核心（Core）又称为内核，是 CPU 最重要的组成部分之一。CPU 中心那块隆起的芯片就是核心，是由单晶硅以一定的生产工艺制造出来的，CPU 所有的计算、接收/存储命令、处理数据都由核心执行。CPU 核心具有固定的逻辑结构、一级缓存、二级缓存、执行单元、指令级单元和总线接口等逻辑单元都具有科学布局。为了便于对 CPU 的设计、生产和销售进行管理，CPU 制造商会对各种 CPU 核心给出相应的代号，也就是所谓的 CPU 核心类型。每个 CPU 中所包含的内核个数称为核心数，如 Intel 酷睿 i5-8600k 处理器有 6 个核心。

（8）超频。超频就是把 CPU 的工作时钟调整为略高于 CPU 的规定值，使之超高速工作。CPU 的主频=外频×倍频。提升 CPU 的主频可通过改变 CPU 的倍频或外频来实现。以前的超频方式是通过跳线超频，或通过 BIOS 设置来改变 CPU 的倍频和外频的，也可以通过超频软件来实现，现有的高档的主板为超频设置了一个专门的按键，按下就能实现超频。

（9）指令集。CPU 依靠指令来控制系统，每款 CPU 在设计时都有一系列与其硬件电路相配合的指令系统。指令的强弱也是 CPU 的重要指标，指令集是提高微处理器效率的有效工具之一。指令集可分为复杂指令集（Complex Instruction Set，CIS）和精简指令集（Reduced Instruction Set，RIS），另外可增加扩展指令集。例如，Intel 的 MMX、AMD 的 3DNow 等都是 CPU 的扩展指令集，分别增强了 CPU 的多媒体、图像和 Internet 等的处理功能。通常会把 CPU 的扩展指令集称为 CPU 的指令集。

（10）同步多线程。同步多线程（Simultaneous Multi-Threading，SMT）可通过复杂处理器上的结构状态，让处理器上的多个线程同步执行并共享处理器的执行资源，以提高处理器运算部件的利用率、缓和由于数据相关或 Cache 未命中带来的访问内存延时。

### 4．CPU 的分类

市场上的 CPU 类型繁多，可以从不同角度对 CPU 进行分类。

（1）按其处理信息的字长分类，CPU 可分为 4 位微处理器、8 位微处理器、16 位微处理器、32 位微处理器及 64 位微处理器等。

（2）按生产厂商分类，其中主要用于 PC 的 CPU 由 Intel 和 AMD 生产，国内的龙芯公司和兆芯公司也生产 CPU。此外，在嵌入式领域也有多个公司进行 CPU 的研发，如华为、三星等。各个公司的每一代产品都会根据自身的技术特点进行产品的系列命名，因此也可以根据 CPU 的系列名称进行分类，如 Intel 主要有酷睿（Core）、奔腾（Pentium）、赛扬（Celeron）、至强（Xeon）、凌动（Atom）等系列。其中，酷睿、奔腾、赛扬系列的 CPU 用于桌面级处理器，如台式机和笔记本电脑；凌动系列的 CPU 用于移动端处理器，如平板电脑、手机；至强系列的 CPU 则属于企业级处理器，多用于服务器和工作站。AMD 主要有羿龙（Phenom）系列、速龙（Athlon）系列、闪龙（Sempron）系列和锐龙（Ryzen）系列等。

（3）按 CPU 制作工艺的不同分类，CPU 可分为 28nm、22nm、18nm、14nm、12nm、10nm 和 7nm 等的 CPU。

（4）按插槽类型的不同分类，CPU 可分为 LGA 2066、LGA 1151、LGA2011、LGA 1366、LGA 1156、LGA 1155、LGA 1150、TR4、AM4、AM3+、AM3、AM2+、AM2 等接口的 CPU。

（5）按 CPU 性能和价格情况分类，CPU 可分为超高端、高端、中高端、中端和低端五档 CPU，主要根据不同厂商生产的不同型号 CPU 来划分。Intel 酷睿 i3 系列、i5 系列和 i7 系列处理器，分别对应低、中、高端产品。Intel 酷睿 i9 系列、X 系列及 AMD 锐龙 Threadripper 处理器属于超高端产品。

### 5．主流 CPU 的命名规则

美国的 Intel 和 AMD 是生产 CPU 的两大厂商。从酷睿系列开始，Intel CPU 的命名就有规律，AMD 从锐龙开始，CPU 的命名规则也向 Intel 看齐。

1）Intel CPU 的命名规则

目前，酷睿第 7 代和第 8 代为 Intel 的主打产品，性能从低到高为酷睿 i3、i5、i7、i9。图 3.7 所示为酷睿系列 i7 第 7 代 CPU 的命名规则，Gen 标识符是指第几代，7 表示第 7 代；SKU 数值表示产品编码，一般数值越大，性能越强；产品线后缀表示产品的一些特殊性能，不同的后缀字母代表不同的含义。

（1）台式机：K 代表可以超频；T 代表功耗优化。

（2）笔记本电脑：M 代表移动端处理器；H 代表搭载高性能集成显卡；K 代表可以超频；Q 代表 CPU 有 4 个核心；U 代表超低功耗；Y 代表极低功耗；X 代表 Extreme，极限版，性能加强。当然也有可能同时出现两个字母，如 HK 代表搭载高性能集成显卡并且可以超频。

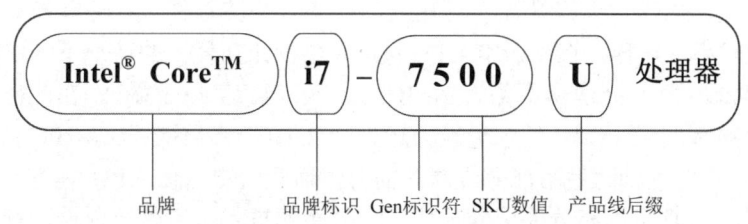

图 3.7  酷睿系列 i7 第 7 代 CPU 的命名规则

2）AMD 锐龙 CPU 的命名规则

AMD 锐龙 CPU 按照系列划分为锐龙（Ryzen）CPU、锐龙 Pro（Ryzen Pro）CPU、锐龙线程撕裂者（Ryzen Threadripper）CPU、霄龙（EPYC）CPU，除霄龙 CPU 隶属于服务器 CPU 外，锐龙系列 CPU 都用于消费级桌面、移动产品。锐龙 Pro CPU 面向商业用户，重点加强了 CPU 的安全性；锐龙线程撕裂者 CPU 定位于发烧友级别，以超多核心取胜。锐龙 7、锐龙 5 和锐龙 3 分别对应 Intel 酷睿系列的 i7、i5 和 i3，如锐龙 5 1700X 表示锐龙 5 中第 1 代型号为 700 的 CPU，在同类型 CPU 中，型号数字越大，说明速度越快，性能越好，后缀 X 表示高性能且支持 XFR 技术（自适应动态扩频），后缀也可以是 G、U、T、M 等，其中，后缀 G 代表自带核心显卡、U 代表标准移动版、T 代表低功效桌面版、M 代表低功效移动版。

6. 主流处理器的新技术

（1）超线程技术。超线程最初是由 Intel 提出来的，AMD 在锐龙处理器时也开始应用 SMT（同步多线程技术）。通常提高处理器性能的方法是提高主频、加大缓存容量，但是这两个方法因为受工艺的影响而受到限制。于是处理器厂商希望通过其他方法来提升性能，如设计良好的扩展指令集、流水线操作、更精确的分支预测算法等。超线程技术是一种提高处理器工作效率的方法，超线程功能就是把一个处理器模拟成两个处理器，能有效地利用和分配资源，以达到提高整体性能的目的，让操作系统认为自己运行在多处理器状态下，类似于实现多处理器并行工作的技术。实际上，只是在一个处理器里面多加了一个架构指挥中心（AS），AS 就是一些通用寄存器和指针等。两个 AS 共用一套执行单元、缓存等其他结构，旨在只增加大约 5%的核心大小的情况下，通过两个 AS 并行工作来提高效率。

超线程技术就是利用特殊的硬件指令，把两个逻辑内核模拟成两个物理芯片，让单个处理器都能使用线程级并行计算，进而兼容多线程操作系统和软件，减少了 CPU 的闲置时间，提高了 CPU 的运行效率。有超线程技术的 CPU 需要芯片组、软件的支持，才能比较理想地发挥该项技术的优势。

（2）睿频加速技术。睿频是指当启动一个运行程序后，处理器会自动加速到合适的频率，而原来的运行速度会提升 10%～20%，以保证程序流畅运行的一种技术，这种技术可理解为自动超频。Intel 的睿频技术叫作 TB（Turbo Boost），AMD 的睿频技术叫作 TC（Turbo Core）。Intel 睿频加速技术是 Intel 酷睿 i7/i5 处理器的独有特性。该技术可以智能地加快处理器的速度，从而为高负载任务提供最佳性能，即最大限度地有效提升性能以匹配工作负载。

Intel 在 i 系列 CPU（i3 除外）都加入了睿频加速技术，使 CPU 的主频可以在某一范围内根据处理数据需要自动调整主频。它是基于 Nehalem 架构的电源管理技术，通过分析当前 CPU 的负载情况，智能地完全关闭一些用不上的核心，把能源留给正在使用的核心，并使它们运行在更高的频率上，以进一步提升性能；相反，需要多个核心时，处理器能动态开启相应的核心，智能调整频率。这样，在不影响 CPU TDP（热设计功耗）的情况下，能把核心工作频率调得更高。例如，某 i5 处理器主频为 2.53GHz，最高可达 2.93GHz，在此范围内可以自动调整其数据处理频率，而此 CPU 的承受能力远大于 2.93GHz，不必担心 CPU 的承受能力。加入此技术的 CPU 不仅可以满足用户多方面的需要，而且省电，使 CPU 具有一些智能特点。Turbo Mode 功能是一项可以充分使用处理器工作效率的技术。它能让内核运行动态加速，根据需要开启、关闭及加速单个或多个内核的运行。例如，在一个四核的 Nehalem 处理器中，如果一个任务是单线程的，则可以关闭另外三个内核的运行，同时把工作的那个内核的运行主频提高，这样的动态调整可以提高系统和 CPU 整体的能效比率。

### 3.5.3 内存储器

内存储器是与 CPU 进行沟通的桥梁，其作用是暂时存放 CPU 中的运算数据，以及与硬盘等外部存储器交换的数据。由于计算机中所有程序的运行都是在内存中进行的，因此内存的性能对计算机的影响非常大。内存分为 RAM、ROM 和 Cache，其中 RAM 是计算机最主要的存储器之一，整个计算机系统的内存容量由它决定，RAM 就是人们所说的内存。

从外观上看，内存储器分为内存芯片和内存条。在 286 以前的计算机，内存为双列直插封装的芯片，直接安装在主板上。而 386 以后的计算机，ROM 和 Cache 仍以内存芯片方式安装在主板上，为了节省主板的空间和增强配置的灵活性，内存采用内存条的结构形式，即将存储器芯片、电容、电阻等元件焊接在一小条印制电路板上，简称内存条，如图 3.8 所示。内存生产厂商有金士顿、威刚、三星、海盗船、宇瞻、现代、金邦等。

图 3.8 内存条

#### 1. RAM

RAM 是计算机最主要的存储器之一，用于临时存储 CPU 处理的数据和程序，整个计算机系统的内存容量主要由它决定，通常所说的内存就是指 RAM。计算机断电后，RAM 存储的内容会丢失。现在的 RAM 多为 MOS 型电路，根据存储单元的工作原理不同，RAM 分为 SRAM 和 DRAM。

（1）SRAM（Static RAM）即静态随机存储器，是一种具有静止存取功能的内存，SRAM 内部是用双稳态电路的形式来存储数据的，其内部结构比 DRAM 复杂，这种存储器只要保持通电，里面存储的数据就可以保持不变，做到不刷新电路即能保存它内部存储的数据。由于 SRAM 比 DRAM 的成本高，使其发展受到了限制，目前 SRAM 基本上只用于 CPU 内部的一级缓存及内置的二级缓存。

（2）DRAM（Dynamic RAM）即动态随机存储器，是最为常见的系统内存之一。一个 DRAM 存储单元大约需要一个晶体管和一个电容，DRAM 使用电容存储，只能将数据保存很短的时间。为了保存数据，必须隔一段时间刷新一次，如果存储单元没有被刷新，存储的信息就会丢失。这是由于电容中的电荷很容易变化，所以随着时间的推移，电容中的电荷数会增加或减少，为了确保数据不会丢失，DRAM 每隔一段时间会刷新电容（充电或放电）。由于它的结构简单、生产集成度高、成本低，因此用于主内存。

随着计算机硬件及软件技术的发展，内存也在不断发展。用于 80286 处理器上的 30Pin SIMM 内存是内存领域的"开山鼻祖"。随后，在 386 和 486 时代，72Pin SIMM 内存出现，支持 32 位 FPM DRAM（快速页面模式内存），内存带宽得以大幅度提升。内存发展从 1998 年 Pentium 时代的 168Pin EDO DRAM 内存，PII 时代的 168Pin SDRAM 内存，P4 时代的 184Pin DDR 内存、240Pin DDR2/240Pin DDR3 内存，到现在的 288Pin DDR4 内存。2018 年 10 月，Cadence 和镁光公司公布了自己的 DDR5 内存研发进度，两家厂商已经开始研发 16GB DDR5 内存产品。Cadence 表示，与 DDR4 内存相比，改进的 DDR5 内存将使实际带宽提高 36%，在 3200 MT/s（此声明必须进行测试）或 4800 MT/s 速率，与 DDR4-3200 内存相比，实际带宽将高出 87%。与此同时，DDR5 内存最重要的特性之一是超过 16GB 的单片芯片密度。DDR5 SDRAM 内存的主要特性是芯片容量，而不仅是更高的性能和更低的功耗。DDR5 预计将带来 4266～6400 MT/s 的 I/O 速率，电源电压降至 1.1 V，允许的波动范围为 3%（±0.033V）。每个模块使用两个独立的 32/40 位通道（不使用或使用 ECC）。此外，DDR5 内存具有改进的命令总线效率[因为通道具有其自己的 7 位地址（添加）/命令总线]、更好的刷新方案及增加的存储体组，以获得额外的性能。

## 2. ROM

ROM 存储的信息是由计算机生产厂家确定的，通常是计算机启动时的引导程序、BIOS 等重要信息，这些信息只能读取，不能修改。计算机重新启动后，ROM 中的信息不会丢失，如 BIOS。实际上 BIOS 是一组固化到计算机主板的 ROM 芯片上的程序，它保存着计算机较重要的基本 I/O 程序，开机后的自检程序和系统的自启动程序，可从 CMOS 中读写系统设置的具体信息。为了改变 ROM 中程序无法修改的特点，对 ROM 进行了不断改进，出现了多种 ROM。ROM 分为 PROM、EPROM、EEPROM 等。

（1）PROM（Programmable ROM，可编程只读存储器），由于只允许写入一次，所以也被称为"一次可编程只读存储器"，PROM 可在集成电路制造完成后根据需要写入数据，数据写入后可永久保存。PROM 主要用于早期的计算机产品中。

（2）EPROM（Erasable Programmable ROM，可擦除可编程只读存储器），它解决了 PROM 只能写入一次的弊端。EPROM 芯片正面陶瓷封装上有一个玻璃窗口，紫外线透过该孔照射内部芯片就可以擦除其内的数据，芯片擦除的操作要用到 EPROM 擦除器。EPROM 内资料的写入要用专用的编程器，并且往芯片中写内容时必须加一定的编程电压。EPROM 芯片在写入资料后，还要用不透光的贴纸或胶布把窗口封住，以免受周围的紫外线照射而使资料受损。

EPROM 在 586 之前的计算机中使用，现用于存储监控程序和汇编程序。

（3）EEPROM（Electrically Erasable Programmable ROM，电可擦除可编程只读存储器），是一种断电后数据不会丢失的存储芯片，EEPROM 的擦除不需要借助其他设备，它是以电子信号来修改其内容的，而且以字节为最小修改单位，不必将信息全部洗掉才能写入，彻底摆脱了 EPROM 擦除器和编程器的束缚。EEPROM 在写入数据时，仍要利用一定的编程电压，此时，只需用厂商提供的专用刷新程序就可以轻而易举地改写内容。借助 EEPROM 芯片的双电压特性，可以使 BIOS 具有良好的防毒功能，在升级时，把跳线开关打至"on"位置，即给芯片加上相应的编程电压，就可以方便地升级；平时在使用时，则把跳线开关打至"off"位置，以防止 CIH 类的病毒对 BIOS 芯片的非法修改。

### 3. Cache

Cache 是位于 CPU 和内存之间，规模较小，但速度很高的存储器，通常由 SRAM 组成，集成在 CPU 芯片内部，其容量比内存小得多。随着 CPU 速度的提高，CPU 与内存之间的速度差距越来越大，为了提高 CPU 的读写速度及系统的工作速度，采用在内存和 CPU 之间增加高速缓存来解决 CPU 与内存速度不匹配的问题。Cache 又分为 L1Cache（一级缓存）和 L2Cache（二级缓存），L1Cache 主要集成在 CPU 内部，而 L2Cache 集成在主板上或 CPU 上。缓存大小也是 CPU 的重要指标之一，缓存的结构和大小对 CPU 速度的影响非常大。

L1Cache 是 CPU 的第一层缓存，可分为数据缓存和指令缓存。内置的 L1Cache 由 SRAM 组成，结构较复杂。由于 CPU 的芯片面积不能太大，因此 L1Cache 的容量不会太大，通常 CPU 的 L1Cache 容量在 128~768KB。

L2Cache 是 CPU 的第二层高速缓存，现在也集成到 CPU 内部，L2Cache 容量的大小也会影响 CPU 的性能，原则上是越大越好，现在酷睿 i 系列的容量可达 8MB。

L3Cache 可以进一步降低内存延迟，同时提升大数据量计算时处理器的性能，对于玩游戏很有帮助，在服务器领域增加 L3Cache 会使性能显著提升。现在的 L3Cache 也在逐渐增大，如酷睿 i5 第 8 代为 9MB，酷睿 i7 第 8 代为 12MB，AMD 锐龙系列可达 16MB。

### 4. 内存的性能指标

（1）存储速度。内存的存储速度用存取一次数据的时间来表示，单位为纳秒，记为 ns，存取时间越短，速度就越快。

（2）内存容量。内存容量通常是用户最先考虑的因素之一，但它也受到主板支持最大容量的限制。单条内存的容量有 64MB、128MB、256MB 等，现在的 DDR3 内存和 DDR4 内存的容量能达到 GB 级别。主板上通常提供两个内存插槽，若主板上安有多条内存，则内存的总容量是所有内存的容量之和。

（3）数据宽度和带宽。数据宽度是指内存同时传输数据的位数，以位为单位。带宽是指内存的数据传输速率，即每个单位时间内通过内存的数据量。

（4）CL。CL（CAS Latency，列地址选通脉冲延迟时间）是指内存纵向地址脉冲的反应时间，是在一定频率下衡量不同规范内存的重要标志之一。

（5）SPD 芯片。SPD 芯片是一个 8 针 256B 的 EEPROM 芯片，位置一般处在内存条正面的右侧，里面记录了诸如内存的速度、容量、电压与行、列地址、带宽等参数信息。开机时，计算机的 BIOS 会自动读取 SPD 芯片中记录的信息。

5．内存优化

系统的内存不管有多大，总会用完的，虽然有虚拟内存，但硬盘的读/写速度无法与内存的速度相比，因此要时刻监视内存的使用情况。Windows 操作系统提供了一个系统监视器，用于监视内存的使用情况。当用户发现只有 60%的内存资源可用时，就需要调整内存了，否则会严重影响计算机的运行速度和系统性能。

（1）及时释放内存空间。当用户发现系统内存不多时，要注意释放内存，即将驻留在内存中的数据释放出来。最简单的方法就是重新启动计算机或关闭暂时不用的程序。

（2）系统其他部件影响内存性能。计算机其他部件的性能也会对内存的使用产生影响，如 CPU、硬盘、显存等。如果显存较小，而显示的数据量很大，则内存不会提高其运行速度；如果硬盘运行太慢，则会严重影响系统的性能。

### 3.5.4　外存储器

外存储器是指除计算机内存及 CPU 缓存之外的存储器，在计算机部件中也是必不可少的。这类存储器在计算机断电后仍能保存数据，具有大容量、能长期保存数据的特性。CPU 运算所需要的程序代码和数据来自内存，内存中的数据则来自外存，外存通过内存与 CPU 打交道。外存主要有硬盘、移动硬盘、光盘、闪存、U 盘等。

1．硬盘

硬盘是计算机的主要外部存储设备，具有存储容量大、存取速度快、价格低的特点，如图 3.9 所示。硬盘分为机械硬盘（Hard Disk Drive，HDD）、固态硬盘（Solid State Disk，SSD）和混合硬盘，其中机械硬盘采用磁性碟片来存储，固态硬盘采用闪存颗粒来存储，混合硬盘是机械硬盘与固态硬盘相结合的产物。硬盘制造商主要有西部数据、希捷、三星、日立、东芝和昆腾等，现在硬盘的存储容量可达 TB 级别。

图 3.9　硬盘

1）机械硬盘

硬盘的存储介质是若干个刚性磁盘片，磁头、磁盘片及运动机构被密封在一个盘腔中，固定并高速旋转的磁盘片表面平整光滑，磁头沿着磁盘片径向移动，磁头与磁盘片之间为接触式启停，工作时呈飞行状态，不会与磁盘片直接接触。

机械硬盘主要由磁盘片、磁头、主轴与传动轴等组成，数据就存放在磁盘片中。磁盘结构图如图 3.10 所示。机械硬盘的逻辑结构主要分为磁道、扇区和柱面。磁盘面如图 3.11 所示。

图 3.10　磁盘结构图

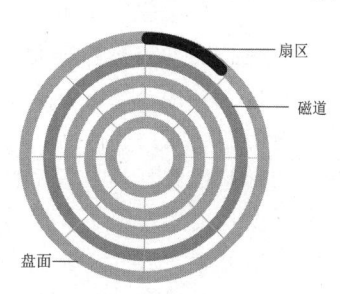

图 3.11　磁盘面

（1）磁头。在硬盘中每张磁盘片有两个面，每个面对应一个读/写磁头。

（2）磁道。磁盘在格式化时被划分成许多同心圆，其同心圆被称为磁道。

（3）扇区。每个磁道被划分成若干个弧段，每个弧段就是一个扇区，是磁盘存取数据的基本单位。

（4）柱面。在整个盘体中，所有磁盘片上半径相同的同心磁道会形成一个圆柱，称为柱面。磁盘的柱面数与一个盘单面上的磁道数是相等的。

硬盘的主要技术指标包括存储容量、转速、平均访问时间、传输率和缓存等。

（1）存储容量。存储容量是硬盘最主要的参数之一。目前硬盘的存储容量能达到几太字节。硬盘容量的计算公式：硬盘容量=柱面数×磁头数×扇区数×每扇区字节数。一般来说，硬盘的实际容量通常比厂商标识的容量要小。

（2）转速。转速是指硬盘盘片每分钟转动的圈数，单位为 rpm，即转/每分钟。硬盘的转速越快，其寻找文件的速度也就越快，相对的硬盘的传输速度也就得到了提高。转速值越大，内部传输率就越快，访问时间就越短，硬盘的整体性能也就越好。硬盘的主轴马达带动磁盘片高速旋转，产生的浮力使磁头飘浮在磁盘片上方。若将所要存取资料的扇区带到磁头下方，转速越快，则等待时间就越短。因此转速在很大程度上决定了硬盘的传输速度。普通硬盘的转速一般是 5400rpm、7200rpm、10000rpm 和 15000rpm 等。

（3）平均访问时间。平均访问时间是指磁头从起始位置到达目标磁道位置，并且从目标磁道上找到要读写的数据扇区所需的时间。平均访问时间体现了硬盘的读写速度，包括硬盘的寻道时间和等待时间，即平均访问时间=平均寻道时间+平均等待时间。

硬盘的平均寻道时间是指硬盘的磁头移动到盘面指定磁道所需的时间。这个时间当然越小越好，目前硬盘的平均寻道时间通常为 8~12ms，但 SCSI 硬盘的平均寻道时间应小于或等于 8ms。

硬盘的等待时间是指磁头已处于要访问的磁道，等待所要访问的扇区旋转至磁头下方的时间。平均等待时间为盘片旋转一周所需时间的一半，一般在 4ms 以下。

（4）传输率。硬盘的数据传输率是指硬盘读写数据的速度，单位为兆字节每秒（MB/s），包括内部数据传输率和外部数据传输率。

内部数据传输率也称持续传输率，能反映硬盘缓冲区未用时的性能。内部数据传输率主要依赖于硬盘的旋转速度。

外部数据传输率也称突发数据传输率或接口传输率，它标称的是系统总线与硬盘缓冲区之间的数据传输率，其与硬盘接口类型和硬盘缓存的大小有关。

（5）缓存。缓存是硬盘控制器上的一块内存芯片，具有极快的存取速度，它是硬盘内部存储和外界接口之间的缓冲器。由于硬盘的内部数据传输速度和外界介面传输速度不同，缓存在其中起到一个缓冲的作用。缓存的大小与速度是直接关系硬盘传输速度的重要因素，能够大幅度地提高硬盘的整体性能。当硬盘存取零碎数据时，需要不断地在硬盘与内存之间交换数据，若有大缓存，则可以将那些零碎数据暂存在缓存中，既减小了外系统的负荷，也提高了数据的传输速度。

2）固态硬盘

固态硬盘是用固态电子存储芯片阵列制成的硬盘。固态硬盘由控制单元和存储单元（Flash 芯片、DRAM 芯片）组成。固态硬盘在接口的规范和定义、功能及使用方法上与普通硬盘完全相同，在产品外形和尺寸上也与普通硬盘一致，被广泛应用于诸多领域。目前，固态硬盘主要有两类。

(1) 基于闪存的固态硬盘。采用 Flash 芯片作为存储介质,这也是通常所说的固态硬盘。它的外观可以被制成多种模样,如笔记本硬盘、微硬盘、存储卡、U 盘等。固态硬盘最大的优点就是可以移动,而且数据保护不受电源控制,能适应各种环境,适合个人用户使用。

(2) 基于 DRAM 的固态硬盘。采用 DRAM 作为存储介质,应用范围较窄。它仿效传统硬盘的设计,可被绝大部分操作系统的文件系统工具进行设置和管理,并能提供工业标准的 PCI 接口和 FC 接口用于连接主机或服务器。应用方式可分为固态硬盘和固态硬盘阵列两种。它是一种高性能的存储器,而且使用寿命很长,美中不足的是需要独立电源来保护数据安全。基于 DRAM 的固态硬盘属于小众产品。

与机械硬盘相比,固态硬盘具有读写速度快、抗震性能好、功效小、无噪声等优点。同时具有容量小、寿命短、价格高等缺点。

3) 混合硬盘

混合硬盘是把磁性硬盘和闪存集成到一起的一种硬盘,是一块基于传统机械硬盘的新型硬盘,除了机械硬盘必备的磁盘片、磁头等,还内置了 NAND 闪存颗粒,NAND 闪存颗粒能将用户经常访问的数据进行存储,可以达到类似固态硬盘效果的读取性能。

### 2. 移动硬盘

硬盘一般固定在计算机机箱内,灵活性差,不便于移动和与外部设备交互。移动硬盘(Mobile Hard disk),顾名思义是以硬盘为存储介质,是计算机之间交换大容量数据的便携性存储产品,如图 3.12(a)所示。移动硬盘多采用 USB、IEEE1394 等传输速度较快的接口,可以较高的速度与系统进行数据传输。市场中的移动硬盘能提供几百吉字节甚至几太字节的容量。

### 3. 光盘

光盘技术是一种采用聚集激光束在盘式介质上进行高密度记录的新型信息存储技术。读写光盘中的数据要借助光盘驱动器,简称光驱,如图 3.12(b)所示。光盘划分如下。

(1) CD-ROM(只读性光盘),只能读取光盘内容,容量一般在 650MB 左右。

(2) CD-R(一次性写入光盘),写入数据后,该光盘就不能再刻写。

(3) CD-RW(可擦写光盘),光盘内容可以擦除并多次重写。

(4) DVD(数字多用光盘),与 CD 的大小尺寸相同,但它们的结构完全不同。DVD 能提高信息储存密度,扩大存储空间,其容量一般在 4.7GB 左右。

### 4. 闪存

闪存(Flash Memory),即 FLASH 存储器,是一种非易失性存储器,它结合了 ROM 和 RAM 的长处,具备 EEPROM 的性能,断电后数据也不会丢失,同时可以快速读取数据。闪存主要分为 NOR 型闪存与 NAND 型闪存。这两种闪存区别很大,NOR 型闪存更像内存,有独立的地址线和数据线,但价格比较贵,容量比较小;而 NAND 型闪存更像硬盘,地址线和数据线是共用 I/O 线的,类似硬盘的所有信息都通过一条硬盘线传送,而且 NAND 型闪存与 NOR 型闪存相比,成本要低一些,但容量大得多。因此,NOR 型闪存比较适合频繁随机读写的场合,通常用于存储程序代码并直接在闪存内运行,手机就是使用 NOR 型闪存的大户,所以手机的"内存"容量通常不大;NAND 型闪存主要用来存储资料,常用的闪存产品有闪盘、数码存储卡、SM（Smart Media）卡、MMC（Multi Media Card）卡、MS（Memory Stick，记忆棒）卡等。闪存产品具有体积小、重量轻、抗震、防尘、功耗小的特点。

### 5．U 盘

U 盘即 USB 闪存盘，如图 3.12（c）所示，它是一种使用 USB 接口的、无须物理驱动器的微型高容量移动存储产品，通过 USB 接口与计算机连接，实现即插即用。U 盘的结构比较简单，主要由 USB 插头、主控芯片、稳压 IC、晶振、闪存、印制电路板、贴片电阻、电容、发光二极管（LED）等组成。虽然市面上有各式各样的 U 盘，但是撕下 U 盘的外衣会发现，它与普通的电子产品一样，都是由电路板组合起来的。U 盘具有体积小、存取速度快、容量大、即插即用、携带方便、可靠性高的特点，在读写时断开不会损坏硬件，只会丢失数据。目前 U 盘的容量可达 2TB，但其价格比较高。

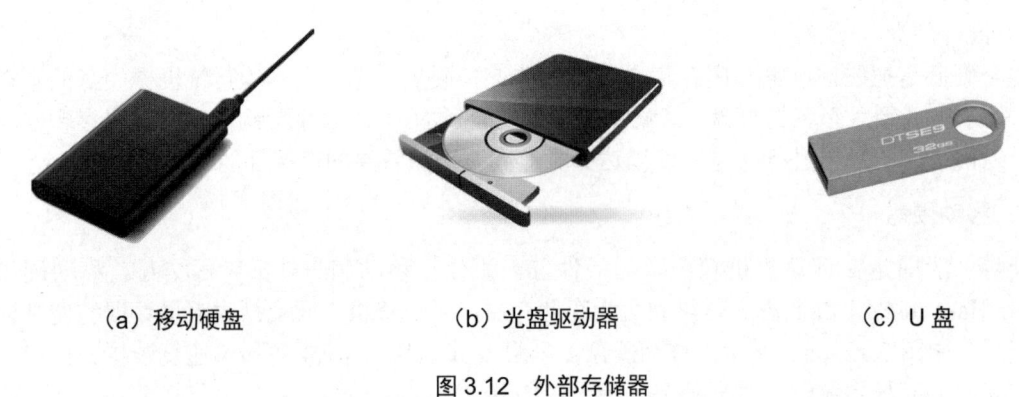

（a）移动硬盘　　　　　　（b）光盘驱动器　　　　　　（c）U 盘

图 3.12　外部存储器

## 3.5.5　输入设备

输入设备和输出设备统称为外部设备（简称外设或 I/O 设备），是计算机的基本功能部件，通常作为独立的设备配置在主机之外，是用户与计算机、计算机与其他设备建立关系的设备。如果没有外设，计算机既不能接收外部信息，又不能把运算和处理结果输出。实际上，除了主机外的部件都属于外设。随着计算机系统的广泛应用，尤其是多媒体技术的发展和应用，计算机的外设种类越来越多，外设的智能化、小型化、接口标准化是外设的发展方向。

输入设备是向计算机输入数据和信息的设备，是计算机与用户或其他设备进行交互的部件，输入设备把各种形式的信息，如数字、文字、图像、音频等输入到计算机，并转换为计算机能够识别的二进制代码进行存储、处理和输出。微型计算机系统中常见的输入设备有键盘、鼠标、扫描仪、光笔、数字化仪、摄像头、麦克风、条形码输入器等。

### 1．键盘

键盘（Keyboard）是微型计算机最基本的输入设备之一，用户通过键盘输入命令或数据来操纵计算机。键盘中有专用电路对按键进行快速、重复扫描，会产生按键代码并将代码送入计算机的接口电路，这些电路称为键盘控制电路。键盘按照按键的功能分为 4 个键区：主键盘区、功能键区、编辑控制键区和数字键区。目前的标准键盘一般为 101 个键或 104 个键，还有一种键盘是人体工学键盘，它是按照人体工学原理设计的，使用起来更舒适，不易造成关节疲劳和损伤，但价格较高。标准键盘和人体工学键盘如图 3.13 所示。

（a）标准键盘　　　　　　　　　　　　（b）人体工学键盘

图 3.13　标准键盘和人体工学键盘

键盘的连接方式分为有线连接和无线连接，有线连接是最常用的连接方式之一，其信号传输稳定，不容易受到干扰。有线连接接口有 USB 接口、PS/2 接口。无线连接是指键盘与计算机间没有直接的物理连线，要通过无线或蓝牙技术将输入信息传送给特制的接收器。

2．鼠标

鼠标（Mouse）是一种手握式屏幕坐标定位输入设备，它是伴随着操作系统的图形化界面出现的，常用的鼠标有机械式鼠标、光电式鼠标和无线鼠标。

机械式鼠标的底部有一个塑胶滚球，当鼠标移动时，会带动滚球转动，滚球又会带动辊柱转动，先通过装在辊柱端部的光栅信号传感器产生的光电脉冲信号反映鼠标器在垂直和水平方向的位移变化，再通过计算机程序的处理和转换来控制屏幕上光标箭头的移动。由于机械式鼠标精度有限、传输速度慢及寿命低，所以基本上已被淘汰，现已被光电式鼠标代替。

光电式鼠标如图 3.14（a）所示，与机械式鼠标的定位方式不同，在光电式鼠标内部有一个发光二极管，先通过该发光二极管发出光线，照亮光电式鼠标底部表面，然后将光电式鼠标底部表面反射回的一部分光线，经过一组光学透镜，传输到一个光感应器件内成像。这样，当光电式鼠标移动时，其移动轨迹便会被记录为一组高速拍摄的连贯图像。最后利用光电式鼠标内部的一块专用图像分析芯片对移动轨迹上摄取的一系列图像进行分析及处理，通过对这些图像上特征点位置的变化进行分析，来判断鼠标的移动方向和移动距离，从而完成光标的定位。

无线鼠标如图 3.14（b）所示，它是采用无线技术或蓝牙技术来实现与计算机通信的，从而省却电线的束缚。

（a）光电式鼠标　　　　　　　　　　　　（b）无线鼠标

图 3.14　光电式鼠标和无线鼠标

通常在笔记本电脑的键盘下方有一块方形区域，即触摸板，将手指放在其上面，手指就能够当作鼠标来控制笔记本电脑。有了触摸板，人们就算没有鼠标在身边，也能够灵活地控制笔记本电脑。

3．扫描仪

扫描仪（Scanner）是一种将图像信息输入计算机的设备，其作用就是将图片、照片、胶片及文稿资料等书面材料或实物的外观扫描后输入到计算机中，并形成文件保存起来。它和打印机的作用正好相反。光学扫描仪是一种光机电一体化的产品，它由扫描头、控制电路和机械部件等组成。扫描头由光源、光敏元件和光学镜头等组成。工作时，光源发出的光照射到扫描对象上，经反射（或透射）后，光被电荷耦合器件（CCD）所接收。由于 CCD 本身由许多单元组成，因而在接收光信号时，其会先将连续的图像分解成分离的点（像素），同时将不同强弱的亮度信号变成幅度不同的电信号，再经过模数转换变成数字信号。扫描完一行后，控制电路和机械部件会使扫描头移动一小段距离，继续扫描下一行。扫描得到的数字信号以点阵形式保持，使用文件编辑软件将它编辑成标准格式的文件，存储在磁盘上。

目前，扫描仪的种类很多，主要有平板式扫描仪、透明胶片扫描仪、手持式扫描仪、馈纸式扫描仪、鼓式扫描仪等。扫描仪按图像类型可分为黑白、灰度和彩色扫描仪。按扫描对象幅面大小可分为小幅面手持式扫描仪、中等幅面台式扫描仪和大幅面工程图扫描仪。

（1）平板式扫描仪。平板式扫描仪也称平台式扫描仪，如图 3.15（a）所示，是目前应用较广、型号较多、销量较大的一类扫描仪，具有功能强、价格适中、安装简单的优点。缺点是体积大，而且限制扫描文件的面积。

（2）透明胶片扫描仪。透明胶片扫描仪的主要任务是扫描各种透明的胶片。透明胶片扫描仪由光源、CCD 阵列、反射镜片、透射镜组成。透明胶片扫描仪扫描的图像质量高，是数码相机的代替品。缺点是价钱昂贵，而且只能处理相片。

（3）手持式扫描仪。手持式扫描仪是低档扫描仪，问世于 1987 年，外观像一只大的鼠标，现在也有手持式扫描仪，如图 3.15（b）所示。由于它的扫描头较窄，所以只能扫描较小的稿件或照片。该类扫描仪具有价格低、体积小、重量轻的优点，主要应用于超市、图书馆等环境的条形码扫描。

（a）平板式扫描仪

（b）手持式扫描仪

图 3.15 平板式扫描仪和手持式扫描仪

（4）馈纸式扫描仪。馈纸式扫描仪也称小滚筒式扫描仪，也是扫描仪的早期产品之一，绝大多数采用 CIS（接触式图像传感器）技术，光学分辨率为 300DPI（每英寸点数），有彩色和灰度两种，彩色型号一般为 24 位彩色，也有极少数扫描仪采用 CCD 技术，扫描效果明显优于采用 CIS 技术的扫描仪，但由于结构限制，体积一般明显大于采用 CIS 技术的扫描仪。滚筒式的设计是将扫描仪的镜头固定，而移动要扫描的物体，通过镜头来扫描，运作时就像打印机那样，要扫描的物体必须穿过机器再送出，因此，被扫描的物体不可以太厚。这种扫描仪较大的好处就是体积小，但是使用起来有多种局限，如只能扫描薄的纸张，扫描范围还不能超过扫描仪的大小。

（5）鼓式扫描仪。鼓式扫描仪又称滚筒式扫描仪，是专业印刷排版领域应用最广泛的扫描仪之一，使用的感光器件是光电倍增管。其较平板式扫描仪的扫描速度慢，价格比平板式扫描仪的价格要贵，而且摆放时要比较小心。

## 3.5.6 输出设备

输出设备与输入设备一样,也是人与计算机进行交互的部件,用于数据的输出,即把计算机加工处理的结果转换为人或其他设备所能接收或识别的信息,如数字、文字、图像等,微型计算机系统常用的输出设备有显示器、打印机、音箱、绘图仪等。

### 1. 显示系统

计算机的显示系统是由显示器、显卡和显卡驱动程序组成的。显示系统的工作过程:主机通过 I/O 总线将图形数字信号发送到显卡,显卡先将这些数据加以组织、加工和处理,再转换成视频信号,通过视频接口输出到显示器,最终形成屏幕画面。

1) 显示器

显示器(Display)是计算机最基本的输出设备之一。常用的显示器主要有阴极射线管(CRT)显示器和液晶显示器(LCD)两大类,如图 3.16 所示。CRT 显示器是靠电子束激发屏幕内表面的荧光粉来显示图像的,由于 CRT 显示器体积大、重量大、辐射大、亮度大、屏幕闪烁,现在已经被 LCD 所代替。LCD 俗称平板显示器,其显像原理是将液晶置于两片导电玻璃之间,靠两个电极间电场的驱动,引起液晶分子扭曲向列的电场效应,以控制光源的透射或遮蔽功能,在电源开关之间产生明暗变化,从而将影像显示出来。若加上彩色滤光片,则可显示彩色影像。由于 LCD 具有体积小、重量轻、无辐射、无闪烁、无静电、低耗能等特性,现在得到了普遍应用。

(a) CRT 显示器　　　　　　　　　　　　(b) LCD

图 3.16　CRT 显示器和 LCD

显示器按显示色彩分类,可分为单色显示器和彩色显示器。早期的单色显示器已成为历史。显示器的屏幕尺寸通常有 15 英寸(in)、17in、19in、20in、22in 和 24in 等。屏幕长宽比例主要有 4:3、16:9 和 16:10 三种,现在以 16:9、16:10 两种为主。

2) 显示器的主要技术指标

显示器的主要技术指标有分辨率、点距、响应时间、可视角度等。

(1) 分辨率。分辨率即屏幕上显示的像素个数,以水平像素和垂直像素来衡量。例如,分辨率为 1024×768 表示屏幕上水平方向含有 1024 个像素,垂直方向含有 768 个像素。在屏幕尺寸一样的情况下,分辨率越高,显示效果就越精细和细腻。不同尺寸的显示器采用不同的分辨率,目前的显示器支持 1024×768、1280×1024、1440×900 等规格的分辨率。

(2) 点距。LCD 的像素数量是固定的。因此,在尺寸与分辨率都相同的情况下,所有产品的像素间距都应该是相等的。

(3) 响应时间。响应时间是 LCD 的一个重要指标,它是指各像素点对输入信号反应的速度,即像素由暗转亮或由亮转暗的速度,其单位是毫秒(ms),响应时间越短越好,如果响应时间过长，在显示动态影像（特别是在看 DVD、玩游戏）时，就会产生较严重的"拖尾"现象。目前 LCD 的响应速度能达到 16ms、12ms。

（4）可视角度。可视角度也是 LCD 非常重要的一个参数。LCD 必须在一定的观赏角度范围内，才能够获得最佳的视觉效果，但是从其他角度看，画面的亮度会变暗（亮度减退）、颜色会改变，甚至某些产品会由正像变为负像。由此而产生的上下（垂直可视角度）或左右（水平可视角度）所夹的角度，就是 LCD 的"可视角度"。由于提供 LCD 显示的光源经折射和反射后输出时已有一定的方向性，因此在超出可视角度范围观看时就会产生色彩失真现象。

3）显卡

显卡（Display Card、Graphics Card）也称显示卡或显示适配器，它是将计算机系统所需要的显示信息进行转换并驱动显示器，向显示器提供逐行或隔行扫描信号，来控制显示器的正确显示的，是连接显示器和 PC 主板的重要组件，也是"人机对话"的重要设备之一。

显卡由图形处理器（Graphics Processing Unit，GPU）、与主板连接的接口（一般为 PCI-E 接口）、与显示器连接的接口、显存、BIOS 芯片、RAMDAC 芯片及专用供电电路等构成。显卡的显存也称帧缓存，如同计算机的内存一样，显存是用来存储要处理的图形信息的部件的。现在显卡大部分采用 GDDR4、GDDR5 等显存。显卡的 GPU 芯片生产厂商主要有 NVIDIA 和 AMD 两大公司，其中，NVIDIA 显卡更偏重 3D 游戏性能，AMD 显卡更偏重高清解码。显卡的输出接口经过多年的发展，目前主要有 VGA、DVI、HDMI、DP 4 种。主板上的显卡插槽主要有 PCI 插槽、AGP 插槽、PCI-E 插槽等。

显卡按安装方式的不同分为独立显卡、核芯显卡（集成在 CPU 中）和集成显卡。

（1）独立显卡是指将显示芯片、显存及其相关电路单独做在一块电路板上，自成一体，作为一块独立的板卡存在，它需占用主板的扩展插槽（AGP 插槽、PCI-E 插槽等）。独立显卡的优点是单独安装了显存，一般不占用系统内存，在技术上也较集成显卡先进得多，相比集成显卡有更好的显示效果和性能，容易进行显卡的硬件升级；独立显卡的缺点是系统功耗有所加大，发热量也较大，需额外购买显卡，同时（特别是对笔记本电脑）占用空间较多。对于"游戏发烧友"来说，使用高性能的独立显卡才能发挥其作用。

（2）核芯显卡是一种和 CPU 整合的技术，是和 CPU 集成的，将图形核心（GPU）与处理核心（CPU）整合在同一块基板上，构成一个完整的 CPU 处理器，这种设计上的整合大大缩减了处理核心、图形核心、内存及内存控制器间的数据周转时间，有效提升了处理效能，并能大幅降低芯片组的整体功耗，配主板时只要主板支持 CPU 核心显卡就可以直接把视频接口连在主板上，而实际主板上并没有集成显卡。核芯显卡的优点是功耗低、性能高，低功耗更利于延长笔记本电脑的续航时间。由于新的精简架构及整合设计，使核芯显卡对整体能耗的控制更加优异，高效的处理性能大幅缩短了运算时间，进一步降低了系统平台的能耗。高性能可以带来充足的图形处理能力，令其完全满足于普通用户的需求；核芯显卡的缺点是配置核芯显卡的 CPU 通常价格较高，同时其难以胜任大型游戏。

（3）集成显卡也称板载显卡，是将显示芯片、显存及其相关电路都集成在主板上，与其融为一体的元件。集成显卡的显示芯片有单独的，但大部分都集成在主板的北桥芯片中。一些主板的集成显卡也在主板上单独安装了显存，但其容量较小，集成显卡的显示效果与处理性能相对较弱，不能对显卡进行硬件升级，但可以通过 CMOS（Complementary Metal Oxide Semiconductor，互补金属氧化物半导体）调节频率或刷入新 BIOS 文件，以实现软件升级来挖掘显示芯片的潜能，适用于不玩游戏的办公用户或对游戏性能要求不高的用户。集成显卡的优点是功耗低、发热量小，部分集成显卡的性能已经可以媲美入门级的独立显卡，所以不用花费额外的资金购买独立显卡；集成显卡的缺点是显示性能相对略低，且固化在主板或 CPU 上，本身无法更换，如果必须更换，就只能换主板。

### 2. 打印机

打印机（Printer）也是计算机重要的输出设备之一，它将计算机处理结果打印在纸上。衡量打印机性能的主要指标是打印分辨率、打印速度和噪声。目前常见的打印机有针式打印机、喷墨打印机、激光打印机和 3D 打印机等。

（1）针式打印机。针式打印机如图 3.17（a）所示，其是通过打印机和纸张的物理接触来打印字符图形的。针式打印机在早期很长一段时间内得到了广泛应用，这与其打印成本低和易用性及适合单据打印的特殊用途是分不开的，但其打印质量低、工作噪声大，无法适应高质量、高速度的商用打印需求，所以现在只有在银行、超市等票单打印的地方还可以看见它。

（2）喷墨打印机。喷墨打印机如图 3.17（b）所示，其是将彩色液体油墨经喷嘴变成细小微粒喷到打印纸上形成文字和图像的。喷墨打印机体积小、重量轻、噪声低、打印精度高，尤其是彩色印刷能力较强，但打印成本较高。

（3）激光打印机。激光打印机如图 3.17（c）所示，其是通过硒鼓来定影的，先将数据信号变成激光束，由激光头发出激光，经棱镜手折射到感光硒鼓上；然后将墨粉加热，固化到纸张上。激光打印机打印速度快、耗材低，不用经常更换墨粉和墨盒，易于维护，但彩色显色度不如喷墨打印机。

（4）3D 打印机。3D 打印机又称三维打印机，如图 3.17（d）所示，是通过累积制造技术，达到快速成形的一种机器，它是以数字模型文件为基础，运用特殊蜡材、粉末状金属或塑料等可黏合材料，通过逐层打印黏合材料来制造三维物体的。3D 打印机在模具制造、工业设计等领域被用于制造模型或直接制造一些产品。

（a）针式打印机

（b）喷墨打印机

（c）激光打印机

（d）3D 打印机

图 3.17　打印机

## 本章小结

计算机系统分为计算机硬件系统和软件系统,本章首先介绍了计算机系统组成,其次介绍了计算机指令的组成、类型及执行过程,最后对微型计算机的体系结构进行了详细介绍。

遵循冯·诺依曼体系结构的计算机包括运算器、控制器、存储器、输入设备和输出设备 5 个部分,其中控制器和运算器合称为 CPU;存储器分为内存和外存;输入设备包括键盘、鼠标、扫描仪、触摸屏、光笔等;输出设备包括显示器、打印机、绘图仪等。

计算机软件系统分为系统软件和应用软件,软件是用户与硬件之间的接口,是计算机必不可少的组成部分。软件不仅包括程序,还包括相关的数据和文档。

## 习题

### 一、填空题

1. 计算机系统都是由（　　）和（　　）两大部分组成的。
2. 计算机软件分为（　　）和（　　）两大类。

### 二、选择题

1. 提出"存储程序和采用二进制"这个设计思想的科学家是（　　）。
   A. 牛顿　　　　　　B. 帕斯卡　　　　　C. 比尔·盖茨　　　D. 冯·诺依曼
2. 微型计算机系统的内存条是指（　　）。
   A. ROM　　　　　　B. CD-ROM　　　　　C. RAM　　　　　　D. CMOS
3. 在微型计算机中,运算器和控制器合称为（　　）。
   A. 逻辑部件　　　　　　　　　　　　　B. 算术逻辑部件
   C. 微处理器　　　　　　　　　　　　　D. 算术和逻辑部件
4. 在下列存储器中,断电后信息会丢失的是（　　）。
   A. ROM　　　　　　B. RAM　　　　　　C. CD-ROM　　　　D. 磁盘存储器
5. 运算器的主要功能是进行（　　）。
   A. 数值和字符运算　　　　　　　　　　B. 算术和逻辑运算
   C. 算术和浮点运算　　　　　　　　　　D. 运算并传送数据
6. 在下列设备中,全部属于外部设备的一组是（　　）。
   A. 显示器、硬盘、CPU、扫描仪　　　　B. 光驱、扫描仪、显示器、鼠标
   C. 显示器、鼠标、运算器、硬盘　　　　D. 光驱、内存、打印机、绘图仪
7. CPU 的主频是指 CPU 的（　　）。
   A. 电压频率　　　　B. 电流频率　　　　C. 时钟频率　　　　D. 外频
8. 配置高速缓存（Cache）是为了解决（　　）。
   A. 内存与辅助存储器之间速度不匹配的问题
   B. CPU 与辅助存储器之间速度不匹配的问题
   C. CPU 与内存之间速度不匹配的问题
   D. 主机与外设之间速度不匹配的问题

## 三、简答题

1. 冯·诺依曼体系结构包括哪五部分？
2. 简述衡量 CPU 性能的指标主要有哪些。
3. 简述计算机内存与外存的区别。
4. 常见的计算机输入设备和输出设备有哪些？

### 扩展阅读：超级计算机

超级计算机简称超算，具有很强的计算和处理数据的能力，主要特点表现为高速度和大容量，配有多种外部和外围设备及丰富的、高功能的软件系统，可服务于军事、医药、气象、金融、能源、环境和制造业等众多领域。例如，国际象棋高手"深蓝"、日本的"地球模拟器"都属于超级计算机。

以中国第一台全部采用国产处理器构建的"神威·太湖之光"为例，它的持续性能为 9.3 亿亿次/s，峰值性能可以达到 12.5 亿亿次/s。通过先进的架构和设计，能使存储和运算分开，确保用户数据、资料在软件系统更新或 CPU 升级时不受任何影响，保障存储信息的安全，真正实现保持长时、高效、可靠的运算，并易于升级和维护等。

自 2009 年中国国防科技大学发布峰值性能为 1.206 千万亿次/s 的"天河一号"超级计算机以来，中国成为继美国之后第二个可以独立研制每秒千万亿次超级计算机的国家。尤其 2016 年"神威·太湖之光"的出现，更是标志着中国具有超级计算机世界领先地位。超级计算机可以代表一个国家在信息数据领域的综合实力，甚至可以说影响国家在世界科学技术上的地位，不仅如此，在大数据时代即将到来之际，超级计算机的实际应用也相当可观。

2021 年，新一期的全球超级计算机 500 强榜单显示，日本超级计算机"富岳"（Fugaku）连续第四次登顶榜单，紧随其后的是美国超级计算机"顶点"（Summit）和"山脊"（Sierra），中国超级计算机"神威·太湖之光"排名第四。

# 第 4 章 操作系统

**本章学习目标**
- 了解操作系统分类
- 掌握操作系统特征和功能
- 了解常用操作系统
- 熟练掌握 Windows 10 操作系统的基本操作

本章先介绍操作系统的概念、分类和特征，然后介绍操作系统的功能及当前主流的操作系统，最后介绍 Windows 10 操作系统的基本操作。

## 4.1 操作系统概述

操作系统（Operating System，OS）是计算机中最重要的系统软件之一，它是配置在计算机硬件上的第一层软件，计算机中的其他软件都依赖于操作系统。没有安装任何软件的计算机称为"裸机"，用户无法操纵裸机，裸机只有在安装了操作系统后，才能被用户使用。操作系统是计算机系统的内核与基石，是用户和计算机硬件系统之间的接口，也是计算机系统资源的管理者。用户无须了解有关计算机硬件和软件的细节，就可以快捷、方便、安全、可靠地操纵计算机。计算机系统抽象结构如图 4.1 所示。

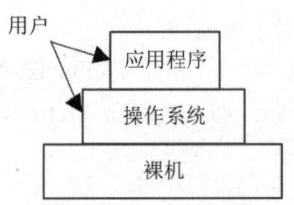

图 4.1　计算机系统抽象结构

操作系统能为用户提供最基本的操作平台，对计算机系统的硬件和软件资源进行管理和控制、合理分配资源，提高系统的资源利用率。操作系统能为用户提供交互式操作界面，负责管理与配置内存、决定系统资源供需的优先次序、控制输入与输出设备、操作网络与管理文件系统等基本任务。计算机用户通过操作系统操纵计算机来完成各类工作。

操作系统是在计算机诞生之后才发展起来的，随着计算机硬件和软件技术的不断发展，操作系统经历了从无到有、规模从小到大、功能由弱到强的发展过程。为了满足人们不断提出的应用需求，以及提高计算机资源的利用率、方便用户操纵计算机，操作系统的功能逐步得到完善和发展。从单 CPU 操作系统发展到多处理器操作系统，从主机系统发展到个人机系统，从单独自治操作系统发展到网络操作系统及分布式操作系统等。操作系统逐渐向开源化、智能化的方向发展，现在的人工智能操作系统具有通用操作系统具备的所有功能，并且包括语音识别、机器视觉、执行器系统和认知行为系统，目前被广泛应用于家庭、教育、军事、宇航和工业等领域。

在操作系统中，为了深刻描述程序动态执行过程的性质，引入了进程（Process）的概念。首先看一下程序和进程的区别，程序是一组有序的指令集合，是静态概念，而进程是程序的一次执行过程，是动态概念。两个进程即使执行相同的程序，只要它们运行在不同的数据集合上，它们也是两个进程。例如，一台计算机上的两个用户同时运行 QQ 应用程序，会产生两个 QQ 进程，这两个进程运行在不同的内存空间，相互之间是独立的，互不干扰。在操作系统中，同时会存在多个进程，它们轮流占用 CPU 和各种资源。当操作系统要完成某个任务时，它会创建一个进程。当进程完成任务之后，系统就会撤销这个进程，收回它所占用的资源，从创建到撤销的时间段就是进程的生命期。进程是系统中资源分配和运行调度的单位，在对资源的共享和竞争中，必然相互制约，影响各自向前推进的速度。后来人们又提出了线程（Thread）的概念，线程和进程也是不同的概念，需要加以区分。线程包含在进程之中，是进程中一个单一顺序的控制流，是比进程小且能独立运行的基本单位，一个进程中可以并发多个线程，每条线程能并行执行不同的任务。线程能提高系统内程序并发执行的程度，并能进一步提高系统的吞吐量，尤其对于多处理机系统，线程能更好地发挥多处理机的优势。目前大多数的操作系统都支持多进程和多线程。

## 4.2 操作系统分类

随着计算机硬件的发展及计算机在各个领域的应用，操作系统也在不断发展，其种类呈多样化，可以根据不同的标准对操作系统进行分类。

### 1. 按照与用户交互界面划分

按照与用户交互界面划分，操作系统可分为命令行界面操作系统（如 MS DOS、Novell）和图形用户界面操作系统（如 Windows 系列操作系统）。

### 2. 按照运行方式和所支持的用户数量划分

按照运行方式和所支持的用户数量划分，操作系统可分为单用户单任务操作系统、单用户多任务操作系统和多用户多任务操作系统 3 种。

（1）单用户与多用户。根据在同一时间内使用计算机用户的多少，操作系统可分为单用户操作系统和多用户操作系统。单用户操作系统是指一台计算机在同一时间只能由一个用户使用，一个用户独自享用系统的全部硬件和软件资源。而如果在同一时间允许多个用户同时使用计算机，则称为多用户操作系统。

（2）单任务与多任务。如果一个用户在同一时间只能运行一个应用程序（每个应用程序被称作一个任务），则对应的操作系统被称为单任务操作系统。如果用户在同一时间可以运行多个应用程序，则这样的操作系统被称为多任务操作系统。

PC 操作系统早期一般都是单用户操作系统，其主要特点是在某一时间为某个用户服务。早期的 MS DOS 是单用户单任务操作系统，Windows XP 操作系统则是单用户多任务操作系统，Linux、UNIX 是多用户多任务操作系统。现在常用的 Windows 操作系统都是单用户多任务操作系统，如 Windows7 操作系统和 Windows10 操作系统。

### 3. 按照应用领域划分

操作系统按照应用领域可分为桌面操作系统、服务器操作系统和嵌入式操作系统。

（1）桌面操作系统主要用于个人使用的计算机。个人使用的计算机从硬件架构上主要分为两大阵营，即 PC 与 Mac，从软件上主要分为类 UNIX 操作系统和 Windows 操作系统。

（2）服务器操作系统是指安装在大型计算机上的操作系统，如安装在 Web 服务器、应用服务器和数据库服务器等上的操作系统。服务器操作系统主要集中在 UNIX 系列操作系统（如 SUN Solaris、IBM-AIX、HP-UX、FreeBSD）、Linux 系列操作系统（如 Red Hat Linux、CentOS、Debian、Ubuntu Server）、Windows 系列操作系统（如 Windows NT Server、Windows Server 2003、Windows Server 2008、Windows Server 2008 R2、Windows Server 2012、Windows Server 2016）。

（3）嵌入式操作系统是运行在嵌入式环境中，对整个嵌入式系统及它所操作、控制的各种部件装置等资源进行协调、调度、指挥和控制的系统软件。典型嵌入式操作系统的特性是完成某一项或有限项功能，它不是通用型的，在性能和实时性方面有严格的限制。嵌入式操作系统占用资源少、易于连接，被广泛应用在生活的各个方面，涵盖范围从便携设备到大型固定设施，如数码相机、手机、平板电脑、家用电器、医疗设备、交通灯、航空电子设备和工厂控制设备等，越来越多的嵌入式操作系统安装有实时操作系统。在嵌入式领域常用的操作系统有嵌入式 Linux、Windows Embedded、VxWorks 等，以及广泛使用在智能手机或平板电脑等消费电子产品中的操作系统，如 Android、iOS、Symbian、Windows Phone 和 BlackBerry OS 等。

### 4. 按照是否开放源代码划分

操作系统按照源代码开放程度可分为开源操作系统（如 Linux 操作系统、Android 操作系统）和闭源操作系统（如 Windows 操作系统、macOS 操作系统）。

### 5. 按照系统功能划分

操作系统按照系统功能可分为批处理操作系统、分时操作系统、实时操作系统、网络操作系统和分布式操作系统等。下面简要介绍这几类操作系统。

（1）批处理操作系统（Batch Processing Operating System）。这类操作系统批量地将众多用户作业输入计算机，进行成批处理。作业之间的调度和切换由系统自动完成，无须人工干预。批处理操作系统分为单道批处理操作系统与多道批处理操作系统。

（2）分时操作系统（Time-Sharing Operating System）。所谓分时，就是使一台计算机采用 CPU 时间片轮转的方式，同时为几个、几十个甚至几百个用户提供服务。由于时间间隔很短，每个用户都感觉自己独占了计算机一样。分时操作系统能有效增加资源的使用率，便于资源共享和交换信息。例如，UNIX 操作系统就采用剥夺式动态优先的 CPU 调度，有力地支持分时操作。分时操作系统能为用户提供友好的接口，即用户能在较短时间内得到响应，以对话方式完成对程序的编写、调试、修改、运行并得到运算结果。分时操作系统允许多个用户同时联机使用计算机，但不能使用户等待的时间过长。

影响分时操作系统响应时间的因素有终端数目多少、时间片的大小、信息交换量、信息交换速度等。分时操作系统典型的例子就是 UNIX 操作系统和 Linux 操作系统。其可以同时连接多个终端并且每隔一段时间会重新扫描进程、重新分配进程的优先级及动态分配系统资源。

（3）实时操作系统（Real-Time Operating System）。该操作系统使计算机能及时响应外部事件的请求,严格在规定的时间内完成对该事件的处理。实时操作系统较主要的特征是实时性和可靠性,同时具有以下功能。

① 高精度计时功能。实时操作系统具有高精度计时功能,计时精度是影响实时性的一个重要因素。在实时操作系统中,经常需要精确、实时地操作某个设备、执行某个任务,或精确地计算一个时间函数。这些不仅依赖于一些硬件提供的时钟精度,而且依赖于实时操作系统实现的高精度计时功能。

② 多级中断机制。一个实时操作系统通常需要处理多种外部信息或事件,但处理的紧迫程度有轻重缓急之分。有的必须立即做出反应,有的则可以延后处理。因此需要建立多级中断嵌套处理机制,以确保对紧迫程度较高的实时事件进行及时响应和处理。

③ 实时调度机制。实时操作系统不仅要及时响应实时事件中断,而且要及时调度和运行实时任务。但是,处理机调度并不能随心所欲地进行,因为涉及两个进程之间的切换,只能在确保"安全切换"的时间点上进行。实时调度机制包括两个方面,一方面要在调度策略和算法上保证优先调度实时任务;另一方面要建立更多"安全切换"时间点,以保证及时调度实时任务。

根据具体应用领域的不同,实时操作系统又分为实时控制系统(如导弹发射系统、飞机自动导航系统)和实时信息系统(如机票订购系统)。

(4) 网络操作系统(Network Operating System)。该操作系统是在网络环境下实现对网络资源的管理和控制的,是用户与网络资源之间的接口。网络操作系统建立在独立的操作系统之上,能为网络用户提供使用网络系统资源的桥梁。在多个用户争用系统资源时,网络操作系统能进行资源调剂管理,它依靠各个独立的计算机操作系统对所属资源进行管理,协调和管理网络用户进程或程序并与联机操作系统进行交互。它除具有单机操作系统应具有的处理机管理、存储器管理、设备管理和文件管理外,还能提供高效、可靠的网络通信能力及多种网络服务功能。常用的网络操作系统有 Windows Server 操作系统、UNIX 操作系统、Linux 操作系统等。

(5) 分布式操作系统(Distributed Operating System)。该操作系统是与网络操作系统类似的系统,应用于分布式计算机系统。分布式计算机系统是基于计算机网络的,网络上的每台计算机都是自主的,有自己的操作系统,系统的处理和控制功能分布在各个计算机上,对用户来说都是透明的,用户不必关心应用程序在哪台计算机上执行,也不必关心文件保存在哪里。分布式操作系统具有较高的性能价格比,灵活的系统可扩充性,良好的实时性、可靠性与容错性等潜在优点,是近几年来计算机科学技术领域中极受重视的新型计算机系统。

## 4.3 操作系统特征

不同类型的操作系统有自己的特征,操作系统经过长时间的不断发展和优化,衍生出一系列重要的功能特征,但它们都具有并发性、共享性、异步性和虚拟性这 4 个基本特征,这些特征充分体现了操作系统的优越性,对于理解操作系统并合理、有效地使用它具有重要意义。

### 1. 并发性

并发性是操作系统最重要的特征之一,其他 3 个特征都是以并发性为前提的。并发性是指两个或两个以上事件在同一时间间隔内发生。操作系统具有并发机制，能协调多个终端用户同时使用计算机和系统资源，并能控制多道程序同时运行。在单处理机系统中，每一时刻仅能由一道程序执行，微观上这些程序只能分时地交替执行。而在多处理机系统中，这些可以并发执行的程序被分配到多个处理机上，以实现并行执行，即利用每个处理机来处理一个可并发执行的程序，这样多道程序便可同时执行。

当一个程序等待 I/O 设备时，就让出 CPU 给另一个程序使用，这样 CPU 就不会空闲，多个 I/O 设备就可以同时工作，I/O 设备和 CPU 处理也可以同时进行，这就是并发技术。采用并发技术的系统被称为多任务系统。并发技术的本质思想是，当一个程序发生事件（如等待 I/O 设备）时，该程序会让出其占用的 CPU 而由另一个程序运行。实现并发技术的关键之一是如何对系统内的多道程序（进程）进行切换。并发和进程是操作系统中重要的基本概念，也是操作系统运行的基础。

**2. 共享性**

由于操作系统具有并发性，因此整个系统的软硬件资源不再为某个程序所独占，而是由许多程序共同使用，即多道程序共享系统中的各种资源。因为操作系统程序和多个用户程序共同享有计算机系统的所有资源，所以必然会有共享资源的需求。从经济上考虑，一次性向每个需求程序提供它所需要的全部资源，不仅浪费，而且有时是不可能实现的。资源共享的方式主要有以下两种。

（1）互斥访问。系统中的某些资源，如打印机，虽然可以供给多个进程使用，但在同一时间段内却只允许一个进程访问，即要求互相排斥地使用这些资源。这种同一时间只允许一个进程访问的资源被称为临界资源。计算机系统中的大多数物理设备，以及某些软件中所用的栈、数据等都是临界资源，它们要求被互相排斥地访问和共享。

（2）同时访问。系统中还有另一类资源，如磁盘，允许在同一时间内有多个进程对它们进行"同时"访问，这里的"同时"是宏观上的表现，从微观上来看，这些进程可以交替地对该资源进行访问。

程序的并发必然会引起对系统资源的共享，而合理、有效地管理共享资源又为程序能够并发执行提供了重要保障。并发性与共享性相辅相成，是操作系统的两个基本特征。

**3. 异步性**

进程是程序的一次执行过程，在多道程序环境中，允许多个进程并发执行，但只有进程在获得所需的资源后才能执行。宏观上，操作系统控制着多个进程同时运行，而微观上，各个进程的运行是异步的。在单处理机环境下，系统只有一个处理机，每次只允许一个进程执行，其他进程只能等待。内存中的每个进程何时能获得处理机的允许，何时提出资源请求而暂停，以及进程以怎样的速度进行推进等，都是不可预知的，此即进程的异步性。尽管如此，但只要运行环境相同，作业经多次运行，都会获得完全相同的结果。异步性也是操作系统的一个重要特征。

**4. 虚拟性**

操作系统中的"虚拟"把一个物理上的客观实体变为若干逻辑上的对应物，虚拟性体现在操作系统的方方面面，如虚拟处理机、虚拟内存、虚拟外部设备和虚拟信道等。多道程序在单处理机环境下同时运行的机制，使多道程序都好像独占了一个 CPU；若干个终端用户分时使用一台主机，好像每个终端用户都独占了一台计算机；虚拟存储器使计算机可以运行总容量比主存更大的程序。以上这些都体现了操作系统的虚拟性，采用虚拟技术的目的是给用户提供易于使用、方便高效的操作环境。

## 4.4 操作系统功能

为了使计算机系统能协调、高效和可靠地进行工作，同时为给用户提供方便、友好的计算机使用环境，在计算机操作系统中，通常都设有处理机管理、存储器管理、设备管理、文件管理、用户界面等功能模块，它们相互配合，共同完成操作系统的全部职能。

### 4.4.1 处理机管理功能

在多道程序系统中，处理机的分配和运行，都是以进程为基本单位进行的，因而对处理机的管理，实际上可归结为对进程的管理，对于引入线程的操作系统中，也包含对线程的管理。处理机管理功能主要包括创建和撤销进程（线程）、协调诸进程（线程）的运行、实现进程（线程）之间的信息交换，以及按照一定的算法把处理机分配给进程（线程）。

1. 进程控制

在多道程序系统中，要使作业运行，必须先为它创建一个或几个进程，并为之分配必要的资源。当进程运行结束时，要立即撤销该进程，以便能及时回收该进程所占用的各类资源。进程控制的主要功能是为作业创建进程、撤销已结束的进程，以及控制进程在运行过程中的状态转换。在引入线程的操作系统中，进程控制还要具有为一个进程创建若干个线程的功能和撤销已完成任务的线程的功能。

2. 进程同步

进程是以异步方式运行，并以不可预知的速度向前推进的。为使多个进程能有条不紊地运行，在系统中必须设置进程同步机制。进程同步的主要任务是协调多个进程（含线程）的运行，存在两种协调方式。

（1）进程互斥方式，是指多个进程（线程）在对临界资源进行访问时，应采用互斥方式。

（2）进程同步方式，是指在相互合作完成共同任务的各个进程（线程）间，由同步机构对它们的执行次序加以协调。

为实现进程同步，系统中必须设置进程同步机制。较简单的用于实现进程互斥的机制，即为每个临界资源配置一把锁，当锁打开时，进程（线程）可以对该临界资源进行访问；当锁关上时，禁止进程（线程）访问该临界资源。而实现进程同步较常用的机制是采用信号量机制。

3. 进程通信

在多道程序环境下，为了加速应用程序的运行，要在系统中建立多个进程，并且要为进程建立若干个线程，由这些进程（线程）相互合作完成一个共同的任务。但这些进程（线程）又往往需要交换信息。进程通信的目的就是实现在相互合作的进程之间的信息交换。

当相互合作的进程（线程）处于同一计算机系统时，通常在它们之间采用直接通信方式，即先由源进程利用发送命令,直接将消息挂到目标进程的消息队列上;然后由目标进程利用接收命令,从其消息队列中取出消息。

**4. 调度**

作业是用户需要计算机完成某项任务时要求计算机所做工作的集合,一个作业可由多个进程组成。操作系统中的调度实际上就是对资源的分配,针对不同的系统和系统目标,后备队列中等待的每个作业,以及就绪队列中的每个进程都要经过调度才能执行。在传统的操作系统中,调度主要包括作业调度和进程调度。

作业调度的基本任务是,从后备队列中按照一定的算法,选出若干个作业,为它们分配其必要的资源。将它们调入内存后,便分别为它们建立进程,使它们都成为可能获得处理机的就绪进程,并按照一定的算法将它们插入就绪队列。而进程调度的任务,则是从进程的就绪队列中选出一个新进程,把处理机分配给它,并为它设置运行现场,使进程投入执行。作业调度和进程调度离不开具体的调度算法,常用的调度算法有先来先服务调度算法、短作业优先调度算法、最高优先数调度算法、均衡调度算法、响应比高者优先调度算法、循环轮转调度算法等。有的算法适用于作业调度,有的算法适用于进程调度,或两者都适用。

### 4.4.2 存储器管理功能

存储器管理是指通过对内存的管理,实现合理分配内存空间,使各作业占用的存储空间不会发生矛盾和干扰,同时提高存储器的利用率,以便用户使用。存储管理功能主要包括内存分配、内存保护、地址映射和内存扩充等。

**1. 内存分配**

在操作系统中,内存分配的主要任务是为每道程序合理分配内存空间;提高存储器的利用率,以减少不可用的内存空间;允许正在运行的程序申请附加的内存空间,以适应程序和数据动态增长的需要。

操作系统在实现内存分配时,可采取静态分配和动态分配两种方式。在静态分配方式中,每个作业的内存空间是在作业装入时确定的,在作业装入后的整个运行期间,不允许该作业再申请新的内存空间,也不允许作业在内存中"移动";在动态分配方式中,每个作业所要求的基本内存空间,也是在作业装入时确定的,但允许作业在运行过程中,继续申请新的附加内存空间,以适应程序和数据的动态增长,也允许作业在内存中"移动"。

为了实现内存分配,内存分配机制应具有这样的结构和功能。

(1)内存分配数据结构用于记录内存空间的使用情况,其可作为内存分配的依据。

(2)内存分配功能,系统按照一定的内存分配算法,为用户的程序分配内存空间。

(3)内存回收功能,系统对于用户不再需要的内存,可通过用户的释放请求,完成系统的回收功能。

**2. 内存保护**

内存保护的主要任务是确保每道用户程序只在自己的内存空间内运行,彼此互不干扰,即绝不允许用户程序访问操作系统的程序和数据;也不允许该用户程序转移到非共享的其他用户程序中去执行。为了确保每道程序都只在自己的内存区中运行,必须设置内存保护机制。

一种比较简单的内存保护机制是，设置两个界限寄存器，分别用于存放正在执行程序的上界和下界。系统要对每条指令所要访问的地址进行检查，若发生越界，则发出越界中断请求，停止执行该程序。这种越界检查一般都由硬件实现，而对越界后的处理，则需要硬件与软件配合完成。

### 3．地址映射

应用程序在内存中都有自己的起始地址，程序中的其他地址都是相对于起始地址计算的，由这些地址所形成的地址范围称为"地址空间"，其中的地址称为"逻辑地址"或"相对地址"，而由内存中的一系列单元所限定的地址范围称为"内存空间"，其中的地址称为"物理地址"。在多道程序环境下，每道程序不可能都从"0"地址开始装入内存，造成地址空间内的逻辑地址和内存空间中的物理地址不一致。为使程序能正确运行，存储器管理必须提供地址映射功能，将地址空间中的逻辑地址转换为内存空间中与之对应的物理地址。

### 4．内存扩充

存储器管理中的内存扩充功能，是借助虚拟存储技术，从逻辑上去扩充内存容量的，使用户所感觉到的内存容量比实际内存容量大得多；或者让更多的用户程序能并发运行。这样，既满足了用户的需求，又改善了系统的性能。为了能在逻辑上扩充内存，系统必须具有内存扩充机制，用于实现以下功能。

（1）请求调入功能。系统允许在装入一部分用户程序和数据的情况下，启动该程序的运行。在程序运行过程中，若发现要继续运行所需的程序和数据尚未装入内存，则可向系统发出请求，由系统从磁盘中将所需的程序和数据装入内存，以便继续运行。

（2）置换功能。若发现在内存中已无足够的空间来装入需要调入的程序和数据时，系统应先将内存中部分暂时不用的程序和数据调至磁盘上，以腾出内存空间，然后将所需调入的程序和数据装入内存。

## 4.4.3 设备管理功能

设备管理功能用于管理计算机系统中所有的外围设备，包括设备的分配、启动和故障处理等。设备管理功能的主要任务是：完成用户进程提出的 I/O 请求；为用户进程分配其所需的 I/O 设备；提高 CPU 和 I/O 设备的利用率；提高 I/O 速度，以便用户使用 I/O 设备。为实现上述任务，设备管理功能包括缓冲管理、设备分配和设备处理等。

### 1．缓冲管理

由于 CPU 运行的高速性和 I/O 设备运行的低速性间的矛盾，造成 CPU 的利用率大大降低。若在 I/O 设备和 CPU 之间引入缓冲，则能有效缓解 I/O 设备和 CPU 速度不匹配的问题，从而提高 CPU 的利用率和提高系统的吞吐量。因此，在现代的计算机系统中，都会在内存中设置缓冲区，通过增加缓冲区容量来改善系统性能。对于不同的系统，可以采用不同的缓冲区机制。较常见的缓冲区机制有单缓冲机制、能实现双向同时传送数据的双缓冲机制，以及能供多个设备同时使用的公用缓冲机制。这些缓冲区机制都由操作系统中的缓冲管理机构对其进行管理。

### 2．设备分配

设备分配的任务就是根据用户进程提出的 I/O 请求、系统的现有资源情况，按照某种设备分配策略，为用户进程分配所需的设备。如果在 I/O 设备和 CPU 之间，存在设备控制器和 I/O 通道时，则还要为分配出去的设备分配相应的控制器和通道。为了实现设备分配，系统中应设置设备控制表、控制器控制表等数据结构，用于记录设备及控制器的标识符和状态。系统根据这些信息可以了解指定设备当前是否可用、是否忙碌，以供设备分配时参考。在进行设备分配时，应针对不同的设备类型采用不同的设备分配方式。对于独占设备（临界资源）的分配，还应考虑该设备被分配出去后，系统是否安全。设备使用完后，还应立即由系统回收。

#### 3．设备处理

设备处理程序又称设备驱动程序，其基本任务是实现 CPU 和设备控制器之间的通信，即由 CPU 向设备控制器发出 I/O 命令，要求其完成指定的 I/O 操作；反之，由 CPU 接收从设备控制器发来的中断请求，并给予响应和处理。设备处理过程如下：首先设备处理程序要检查 I/O 请求的合法性、设备状态是否空闲、有关的传递参数及设置设备的工作方式；然后向设备控制器发出 I/O 命令，启动 I/O 设备来完成指定的 I/O 操作。设备处理程序要及时响应设备控制器发来的中断请求，并根据该中断请求的类型，调用相应的中断处理程序进行处理。对于设置通道的计算机系统，设备处理程序要能根据用户的 I/O 请求，自动地构成通道程序。

### 4.4.4 文件管理功能

计算机系统总是把程序和数据以文件的形式存储在磁盘等存储介质中，每个文件都有一个文件名，用户可通过访问某个目录下的文件，获取相关信息。操作系统能提供文件系统并对文件进行管理，支持文件的存储、检索和修改等操作，以及能提供文件保护功能。文件管理功能的主要任务是，对用户文件和系统文件进行管理，以便用户使用，并保证文件的安全性。

#### 1．文件存储空间的管理

为方便用户使用，系统对于当前需要使用的系统文件和用户文件，必须放在可随机存取的磁盘上。在多用户环境下，若由用户对文件的存储进行管理，则不仅困难，而且低效。因此需要由文件系统对诸多文件及文件的存储空间实施统一管理，为每个文件分配必要的外存空间，以提高外存的利用率和文件系统的运行速度。操作系统能通过设置相应的数据结构，来记录文件存储空间的使用情况，以供分配存储空间时参考，系统应具有存储空间的分配和回收功能。为了提高存储空间的利用率，对存储空间通常采用离散分配方式，以减少外存零头，并以盘块为基本分配单位。

#### 2．目录管理

系统能提供目录管理功能，以便用户在外存上找到自己所需要的文件。每个文件都对应一个目录项，目录项包括文件名、文件属性、文件的物理位置等。目录管理的主要任务是，为每个文件建立其目录项，并对目录项进行组织管理，以便用户访问。目录管理功能还应实现文件共享及快速搜索功能，以提高访问速度。

#### 3．文件读/写管理和文件保护

操作系统能提供文件读/写管理和文件保护功能。其中，文件读/写管理功能是根据用户请求，从外存中读取数据或将数据写入外存。在进行文件读/写时，系统会先根据用户给出的文件名检索文件目录，从中获得文件在外存中的位置；然后利用文件读/写指针，对文件进行读

/写。一旦读/写完成,系统便修改读/写指针,为下次读/写做准备。为了防止系统中的文件被非法窃取和破坏,在文件系统中必须提供有效的存取控制功能,以防止非法用户存取文件、冒名顶替存取文件和以不正确的方式使用该文件。

### 4.4.5 用户界面

操作系统能为用户提供友好的操作界面,使用户能够方便、快捷、安全、可靠地操纵计算机硬件和软件。早期的用户接口是以命令接口或系统调用的形式供用户通过键盘输入命令及用户编程使用的,现在的大多数操作系统为用户提供了图形化界面。用户与用户界面及操作系统结构图如图 4.2 所示。

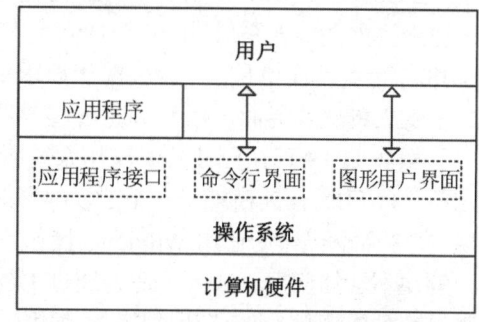

图 4.2 用户与用户界面及操作系统结构图

#### 1. 命令行界面

操作系统能为用户提供命令行界面,用户通过键盘输入命令与系统进行交互,从而获取操作系统的服务,如 Linux 操作系统的命令行界面。在 Linux 操作系统中,用户能在命令行提示符下发出系统命令,Linux 命令解释程序(Shell)接收并解释这些命令,传递给系统内部程序执行。若命令行界面不友好,则用户需要记忆各种命令才能进行操作,否则无法使用该系统。

#### 2. 应用程序接口

应用程序接口(Application Programming Interface,API)由一组系统调用构成,每个系统调用都是一个能完成特定功能的子程序,每当应用程序要求操作系统提供某种服务或功能时,便调用具有相应功能的系统调用。早期的系统调用是用汇编语言编写的,现在 C 语言等高级语言也能提供与各系统调用一一对应的库函数,这样,应用程序便可通过调用对应的库函数来实现系统调用。

#### 3. 图形用户界面

用户通过命令行界面或程序接口获取操作系统服务时,要求用户能熟练掌握各种命令和 API 函数,这对于用户来说既不方便又耗时,于是,图形用户界面(Graphical User Interface,GUI)便应运而生。图形用户界面采用了图形化的操作界面,用非常容易识别的各种图标将系统的各项功能、各种应用程序和文件直观、逼真地表示出来。用户可用鼠标或通过菜单和对话框,来完成对应用程序和文件的操作,方便、简单且很容易上手,有助于提高工作效率。现在的主流操作系统都能提供图形用户界面。

## 4.5 常用操作系统

操作系统种类繁多,在日常生活和工作中主要有 DOS、Windows 操作系统、UNIX 操作系统、Linux 操作系统、Android 操作系统、macOS 操作系统和 iOS 操作系统、Harmony OS

等，下面简要介绍几种常用的操作系统。

### 4.5.1 DOS

DOS（Disk Operation System，磁盘操作系统）是 Microsoft 早期开发的用于 PC 上的单用户命令行界面操作系统。1981—1995 年，DOS 在 IBM PC 兼容机市场中占有举足轻重的地位。DOS 的特点是简单易学，硬件配置要求低，现逐渐被其他操作系统代替。DOS 能提供命令模式下的人机交互界面，用户可通过这个界面来运行和控制计算机。

虽然 DOS 现在已被其他操作系统所代替，但在 Windows 操作系统中都有一个"命令提示符"（CMD），其模拟了一个 DOS 环境，可以使用相关的命令来对计算机和网络进行操作，现 DOS 命令仍作为使用 Windows 操作系统的一个有益补充，用来解决很多 Windows 操作系统解决不了的问题，或者更适合通过 DOS 命令来解决这些问题。进入 21 世纪以来，人们以掌握一种或多种 DOS 应用程序的使用方法为荣，如分区、格式化、磁盘修复程序、Ghost 备份等，说明 DOS 作为一种工具被广泛应用，而不是其本义的操作系统。

### 4.5.2 Windows 操作系统

Windows 操作系统是 Microsoft 研发的基于图形用户界面的一系列操作系统。它问世于 1985 年。起初，Windows 仅是 MS-DOS 下的桌面环境，而其后续版本逐渐发展为 PC 和服务器用户设计的操作系统，并最终获得了世界 PC 操作系统软件的垄断地位。Windows 操作系统具有人机操作互动性好、支持应用软件多、硬件适配性强等特点。

随着计算机硬件和软件技术的不断发展，Microsoft 的 Windows 操作系统也在不断升级，其架构从 16 位、16+32 位混合版（Windows9x）、32 位到 64 位，系统版本从最初的 Windows 1.0 到大家熟知的 Windows 95、Windows 98、Windows ME、Windows 2000、Windows 2003、Windows XP、Windows Vista、Windows 7、Windows 8、Windows 8.1、Windows 10 和 Windows Server（企业级操作系统），不断持续更新，Microsoft 一直在致力于 Windows 操作系统的开发和完善。Windows 操作系统是目前 PC 普及率较高的操作系统。

### 4.5.3 UNIX 操作系统

UNIX 操作系统是发展比较早的操作系统，最早由 KenThompson、Dennis Ritchie 和 Douglas Mcllroy 于 1969 年在 AT&T 的贝尔实验室开发。UNIX 操作系统是一个强大的多用户、多任务操作系统，支持多种处理器架构，是开放性较好的分时操作系统，可运行在许多不同类型的计算机上，具有较好的可靠性和安全性。UNIX 操作系统的发展，经历了很多版本，其商标权由国际开放标准组织所拥有，只有符合单一 UNIX 规范的 UNIX 操作系统才能使用 UNIX 这个名称，否则只能称为类 UNIX（UNIX-like）。

一般 UNIX 操作系统都来源于 AT&T 公司的 System V UNIX 操作系统、BSD UNIX 操作系统或其他类 UNIX 操作系统。

（1）System V UNIX 操作系统。当今市场上大多数主要的商业 UNIX 操作系统都是基于 AT&T UNIX 操作系统的，包括 AIX（IBM）、Irix、Solaris（SUN）、HP-UX、Tru64、Unicos 和 UnixWare 等操作系统。

（2）BSD UNIX 操作系统。有些 UNIX 操作系统是从 4.4 BSD-Lite 演变而来的，4.4 BSD-Lite 是 BSD UNIX 操作系统的最终版本，发布于 1994 年，其中应用比较广泛的有 BSD/OS、FreeBSD、macOS X、NetBSD、OpenBSD 等操作系统。

（3）类 UNIX 操作系统。类 UNIX 操作系统和其他 UNIX 操作系统极其相似，但没有采用 AT&T 中的任何软件。类 UNIX 操作系统主要有 Hurd、Linux、Minix、XINU 等操作系统。

UNIX 操作系统的特点。

（1）UNIX 操作系统是使用 C 语言编写的，便于移植和编写。

（2）UNIX 操作系统的结构可分为操作系统内核、系统调用和应用程序三部分。其中，操作系统内核是 UNIX 操作系统的核心管理和控制中心，在系统启动时常驻内存；系统调用是供程序开发者开发应用程序时调用的系统组件，包括进程管理、文件管理、设备状态等；应用程序包括各种开发工具、编译器、网络通信处理程序等，所有应用程序都在内核程序的管理和控制下为用户服务。

（3）UNIX 操作系统能提供多种通信机制，如管道通信、软中断通信、消息通信、共享存储器通信、信号灯通信等。

（4）UNIX 操作系统能采用进程对换（Swapping）的内存管理机制和请求调页的存储方式，以实现虚拟内存管理，大大提高内存的使用效率。

（5）UNIX 操作系统采用了树状的目录管理结构，因此其在很多地方都具有良好的保密性、安全性和可维护性。

（6）UNIX 操作系统还能提供丰富的网络功能，被广泛应用在各种行业中，其中作为 Internet 技术基础的 TCP/IP 就是在 UNIX 操作系统上开发出来的。

UNIX 操作系统的缺点是缺乏统一的标准，应用程序不够丰富，并且不易学习，这些都限制了 UNIX 操作系统的普及和应用。

### 4.5.4 Linux 操作系统

Linux 操作系统是一套开放源代码的类 UNIX 操作系统，Linux 操作系统继承了 UNIX 操作系统以网络为核心的设计思想，是一个性能稳定的多用户网络操作系统，支持多任务、多线程和多 CPU。它能运行主要的 UNIX 工具软件、应用程序和网络协议。Linux 操作系统存在许多不同的 Linux 版本，但它们都使用了 Linux 内核，目前流行的版本有 RedHat linux、Centos、Debian linux、Ubuntu linux、SUSE linux 等。

#### 1. Linux 操作系统的主要特性

（1）Linux 操作系统的基本思想是，一切都是文件，每个软件都有确定的用途。也就是说，系统中的所有都归结为一个文件，包括命令、硬件和软件设备、操作系统、进程等，对于操作系统内核而言，其都被视为拥有各自特性或类型的文件。Linux 操作系统是基于 UNIX 操作系统的，很大程度上也是因为这两者的基本思想十分相近。

（2）Linux 操作系统是一款免费的操作系统，用户可以通过网络或其他途径免费获得，并可以任意修改其源代码。这是其他操作系统不能做到的。正是由于这一点，来自全世界的无数程序员参与了 Linux 操作系统的修改、编写工作，程序员可以根据自己的兴趣和灵感对其进行修改，这让 Linux 操作系统吸收了无数程序员的精华，不断壮大。

（3）Linux 操作系统完全兼容 POSIX（Portable Operating System Interface of UNIX，可移植操作系统接口）标准，这使程序员可以在 Linux 操作系统下通过相应的模拟器运行常见的 DOS、Windows 操作系统的程序。这为用户从 Windows 操作系统转到 Linux 操作系统奠定了基础。许多用户在考虑使用 Linux 操作系统时，就想到以前在 Windows 操作系统下常见的程序是否能正常运行，这一点就消除了他们的疑虑。

（4）Linux 操作系统支持多用户，各个用户对于自己的文件设备有自己特殊的权利，保证了各用户之间互不影响。Linux 操作系统是多任务的系统，可以使多道程序同时并独立地运行。

（5）Linux 操作系统同时具有字符界面和图形界面。在字符界面用户可以通过键盘输入相应的指令来进行操作。它也能提供类似 Windows 图形界面的 X-Window 操作系统，用户可以使用鼠标对其进行操作。X-Window 操作系统的环境和 Windows 操作系统的环境相似，可以说是一个 Linux 版的 Windows 操作系统。

（6）支持多种平台。Linux 操作系统可以运行在多种硬件平台上，如具有 x86、680x0、SPARC、Alpha 等处理器的平台。此外 Linux 操作系统还是一种嵌入式操作系统，可以运行在掌上电脑、机顶盒或游戏机上。2001 年 1 月份发布的 Linux 2.4 版内核已经能够完全支持 Intel 64 位芯片的架构。同时 Linux 操作系统也支持多处理器技术，使系统性能大大提高。

**2．Linux 操作系统在各领域的发展**

1）Linux 操作系统在服务器领域的发展

随着开源软件在世界范围内的影响力日益增强，Linux 操作系统在整个服务器操作系统市场格局中占据了越来越多的市场份额，已经形成了大规模市场应用的局面，并且保持着快速的增长，尤其在政府、金融、农业、交通、电信等国家关键领域被广泛应用。此外，考虑到 Linux 操作系统的快速成长及国家相关政策的扶持力度，Linux 服务器产品一定能够冲击更大的服务器市场。据权威部门统计，目前 Linux 操作系统在服务器领域已经占据 75%的市场份额，同时，Linux 操作系统在服务器市场的迅速崛起，已经引起全球信息技术产业的高度关注，并以强劲的势头成为服务器操作系统领域中的中坚力量，各大硬件厂商也相继支持 Linux 操作系统。大型、超大型 Internet 企业（如百度、新浪、淘宝）都在使用 Linux 操作系统作为其服务器端的程序运行平台，全球及国内排名前十的网站使用的几乎都是 Linux 操作系统，Linux 操作系统已经逐步渗透到各个领域的企业中。

2）Linux 操作系统在桌面领域的发展

近年来，特别在国内市场，Linux 操作系统在桌面领域的发展非常迅猛。国内，如中标麒麟 Linux、红旗 Linux、深度 Linux 等系统软件厂商都推出了 Linux 桌面操作系统，目前已经在政府、企业等多个领域得到了广泛应用。另外 SUSE、Ubuntu 也相继推出了基于 Linux 的桌面操作系统，特别是 Ubuntu Linux 操作系统，已经积累了大量社区用户。但是，从系统的整体功能和性能来看，Linux 桌面操作系统与 Windows 操作系统相比还有一定的差距，主要表现在系统易用性、系统管理、软硬件兼容性、软件的丰富程度等方面，其中的障碍可能不在于 Linux 桌面操作系统产品本身，而在于用户的使用观念、操作习惯和应用技能，以及曾经在 Windows 操作系统上开发的软件的移植问题。

3）Linux 操作系统在移动嵌入式领域的发展

Linux 操作系统的低成本、强大的定制功能及良好的移植性能，使 Linux 操作系统在嵌入式系统方面也得到了广泛应用，目前 Linux 操作系统已广泛应用于手机、平板电脑、路由器、电视和电子游戏机等领域。在移动设备上广泛使用的 Android 操作系统就是创建在 Linux 内核之上的。目前，Android 操作系统已经成为全球较流行的智能手机操作系统，据 2015 年权威部门统计，Android 操作系统的全球市场份额已达 84.6%。此外，思科（Cisco）公司的网络防火墙和路由器也使用了定制的 Linux 操作系统。阿里云也开发了一套基于 Linux 的操作系统"YunOS"，其可用于智能手机、平板电脑和网络电视。常见的数字视频录像机、舞台灯光控制系统等都在逐渐采用定制版本的 Linux 操作系统来实现，而这一切均归功于 Linux 操作系统与开源的力量。

4）Linux 操作系统在云计算/大数据领域的发展

Internet 产业的迅猛发展，促使云计算、大数据产业的形成并快速发展，云计算、大数据平台作为一个基于开源软件的平台，Linux 操作系统在其中占据了核心优势。据 Linux 基金会研究，86%的企业已经使用 Linux 操作系统进行云计算、大数据平台的构建。目前，Linux 操作系统已开始取代 UNIX 操作系统成为较受青睐的云计算、大数据平台的操作系统。

### 4.5.5 Android 操作系统

Android 操作系统，即安卓操作系统，是一种基于 Linux 操作系统的自由及开放源代码的操作系统，主要应用于移动设备，如智能手机和平板电脑。Android 操作系统最初由 Andy Rubin 开发，用于支持手机，2005 年 8 月由 Google 收购注资。2007 年 11 月，Google 与 84 家硬件制造商、软件开发商及电信营运商组建了开放手机联盟，共同研发、改良了 Android 操作系统。随后 Google 以 Apache 开源许可证的授权方式，发布了 Android 操作系统的源代码。2008 年 10 月，第一部 Android 智能手机面世。后来，Android 操作系统逐渐扩展到平板电脑及其他领域中，如电视、数码相机、游戏机、智能手表等。2011 年第一季度，Android 操作系统在全球的市场份额首次超过塞班（Symbian）操作系统，跃居全球第一。2013 年第四季度，Android 手机的全球市场份额达到 78.1%。目前，Android 操作系统是智能手机中最重要的操作系统之一。

Android 一词的本义指"机器人"，Android 在正式发行之前，拥有两个内部测试版本，并且以著名的机器人名称来对其命名，它们分别是阿童木（AndroidBeta）和发条机器人（Android 1.0）。后来由于涉及版权问题，Google 将其命名规则变更为用甜点命名操作系统版本的代号。甜点命名法开始于 Android 1.5 发布的时候。作为每个版本代表的甜点的尺寸越变越大，按照 26 个字母顺序依次是：纸杯蛋糕（Android 1.5）、甜甜圈（Android 1.6）、松饼（Android 2.0/2.1）、冻酸奶（Android 2.2）、姜饼（Android 2.3）、蜂巢（Android 3.0）、冰激凌三明治（Android 4.0）、果冻豆（Jelly Bean，Android4.1 和 Android 4.2）、奇巧（KitKat，Android 4.4）、棒棒糖（Lollipop，Android 5.0）、棉花糖（Marshmallow，Android 6.0）、牛轧糖（Nougat，Android 7.0）、奥利奥（Oreo，Android 8.0）和派（Pie，Android 9.0）。从 Android 10 开始，Android 不再按照基于美味零食或甜点的字母顺序命名，而是直接以版本号命名，就像 Microsoft Windows 和 iOS 一样，但是内部开发代号仍为甜点名称。

### 4.5.6 macOS 操作系统和 iOS 操作系统

macOS 操作系统是一套由 Apple 公司开发的运行于 Macintosh 系列计算机上的操作系统，它是首个在商用领域成功的图形用户界面操作系统。macOS 操作系统界面独特，侧重于人机交互，具有较强的图形处理能力，广泛应用于桌面出版和多媒体应用等领域。macOS 操作系统的缺点是与 Windows 操作系统缺乏较好的兼容性，限制了它的普及。

iOS 操作系统是由 Apple 公司开发的移动操作系统，iOS 操作系统和 Android 操作系统的商标如图 4.3 所示。Apple 最早于 2007 年 1 月 9 日的 Macworld 大会上公布这个系统，最初是设计给 iPhone 使用的，后来陆续运用到 iPod touch、iPad 及 Apple TV 等产品中。iOS 操作系统与 Apple 的 macOS X 操作系统一样，属于类 UNIX 的商业操作系统。原本这个系统名为 iPhone OS，因为 iPad、iPhone、iPod touch 都使用 iPhone OS，所以在 2010 年 Apple 全球开发者大会（Worldwide Developers Conference，WWDC）上宣布将其改名为 iOS（iOS 为美国 Cisco 公司网络设备操作系统注册商标，Apple 改名已获得 Cisco 公司授权）。需要强调的是，iOS 操作系统不支持非 Apple 的硬件设备。iOS 操作系统以其清晰易懂的界面、丰富的功能和较好的稳定性，深受广大用户的喜爱和推崇。目前 iOS 操作系统是全球第二大用户的手机操作系统。

图 4.3　iOS 操作系统和 Android 操作系统的商标

2012 年 6 月 12 日在 WWDC 2012 大会上，Apple 发布了 iOS6 操作系统，并宣布 iOS6 操作系统能提供超过 200 项新功能。之后在每年 WWDC 大会上都会发布 iOS 操作系统的新版本，2017 年 6 月，在 WWDC 2017 大会上，全新的 iOS11 操作系统正式登台亮相。2018 年 6 月，Apple 在 WWDC 2018 大会上发布的 iOS12 操作系统，在性能、AR、照片、Siri、五大原生 App、被手机打扰的功能、Animoji、FaceTime 八方面进行了更新。2021 年 9 月，Apple 正式发布了 iOS15 操作系统。

### 4.5.7　Harmony OS

2019 年 8 月 9 日，华为在 2019 年华为开发者大会上，正式发布了全新分布式操作系统——鸿蒙系统（Harmony OS），Harmony OS 是基于微内核的全场景分布式操作系统，可按需扩展，实现更广泛的系统安全，主要用于智能物联网，特点是低时延，甚至可达到毫秒级时延乃至亚毫秒级时延，可支撑各种不同的设备，包括大屏、手机、PC、音响等，对不同的设备可弹性部署。

Harmony OS 具有四大技术特性。

（1）分布式架构首次用于终端操作系统，以实现跨终端无缝协同体验。

（2）确定时延引擎和高性能 IPC（Instruction Per Clock，每时钟周期指令数）技术，以实现系统天生流畅。

（3）基于微内核架构重塑终端设备的可信安全。

（4）通过统一 IDE 来支撑一次开发，多端部署，实现跨终端生态共享。

Harmony OS 能实现模块化耦合，对不同的设备可弹性部署。Harmony OS 有三层架构，第一层是内核，第二层是基础服务，第三层是程序框架，可用于大屏、PC、汽车等各种不同的设备中，还可以随时用在手机上。同时，华为正式发布了搭载 Harmony OS 的荣耀智慧屏。Harmony OS 会逐渐配备于 PC、手表、手环等中，并可用于手机终端。Harmony OS 能兼容 Linux 操作系统、UNIX 操作系统和 Android 操作系统，以实现跨终端无缝协同体验。

## 4.6　Windows 10 操作系统

　　Windows 10 操作系统是由美国 Microsoft 开发的应用于计算机和平板电脑的操作系统，于 2015 年 7 月 29 日正式发布，它在易用性、安全性等方面都比之前的版本优秀，是目前消费级别操作系统中的佼佼者。Windows 10 操作系统有家庭版、专业版、企业版、教育版、移动版、移动企业版和物联网核心版 7 个版本。继 Windows 8 操作系统之后，Windows 10 操作系统在易用性和安全性方面有了极大提升，除针对云服务、智能移动设备、自然人机交互等新技术进行融合外，还对固态硬盘、生物识别、高分辨率屏幕等硬件进行了优化完善与支持。

### 4.6.1　Windows 10 操作系统的功能和特点

　　（1）生物识别技术。Windows 10 操作系统所新增的 Windows Hello 功能带来了一系列对于生物识别技术的支持。除常见的指纹扫描外，其还能通过面部或虹膜扫描来识别登录。

　　（2）Cortana 搜索功能。Windows 10 操作系统可以用 Cortana 搜索硬盘内的文件、系统设置、安装的应用，甚至是 Internet 中的其他信息，作为一款私人助手服务，Cortana 还能像在移动平台上那样帮助用户设置基于时间和地点的备忘。

　　（3）平板模式。Microsoft 在照顾老用户的同时，也没有忘记随着触控屏幕成长的新一代用户。Windows 10 操作系统提供了针对触控屏设备优化的功能，还提供了专门的平板电脑模式，使开始菜单和应用都以全屏模式运行。

　　（4）桌面应用。Microsoft 放弃了激进的 Metro 风格，回归传统风格，用户可以调整应用窗口的大小，使久违的标题栏重回窗口上方，最大化与最小化按钮也给了用户更多的选择和自由度。

　　（5）多桌面。如果用户没有多显示器配置，但依然需要对大量的窗口进行重新排列，那么 Windows 10 操作系统的虚拟桌面应该可以帮到用户。在该功能的帮助下，用户可以将窗口放进不同的虚拟桌面当中，并在其中轻松切换，使原本杂乱无章的桌面变得整洁起来。

　　（6）开始菜单进化。Microsoft 在 Windows 10 操作系统中带回了用户期盼已久的"开始"菜单，并将其与 Windows 8 操作系统开始屏幕的特色相结合。单击屏幕左下角的"Windows"按钮，打开"开始"菜单，用户不仅能在左侧看到系统的关键设置和应用列表，还可以在右侧看到标志性的动态磁贴。

　　（7）任务切换器。Windows 10 操作系统的任务切换器不再仅显示应用图标，而是可通过大尺寸缩略图的方式对内容进行预览。

　　（8）任务栏的微调。在 Windows 10 操作系统的任务栏当中，新增了 Cortana 和任务视图按钮，与此同时，系统托盘内的标准工具也匹配了 Windows 10 操作系统的设计风格，可以查看可用的 Wi-Fi 网络，或是对系统音量和显示器亮度进行调节。

　　（9）贴靠辅助。Windows 10 操作系统不仅可以让窗口占据屏幕左右两侧的区域，而且能将窗口拖曳到屏幕的 4 个角落使其自动拓展并填充 1/4 的屏幕空间。在贴靠一个窗口时，屏幕的剩余空间内还会显示其他开启应用的缩略图，单击可将其快速填充到这块剩余的空间当中。

　　（10）通知中心。Windows Phone 8.1 操作系统的通知中心功能也被加入 Windows 10 操作系统当中，让用户可以方便地查看来自不同应用的通知，此外，通知中心底部还提供了一些系统功能的快捷开关,如平板模式、便签和定位等。

(11)命令提示符窗口升级。在 Windows 10 操作系统中,用户不仅可以对 CMD 窗口的大小进行调整,还能使用辅助、粘贴等熟悉的快捷键。

(12)文件资源管理器升级。Windows 10 操作系统的文件资源管理器会在主页面上显示用户常用的文件和文件夹,让用户可以快速获取自己需要的内容。

(13)兼容性增强。只要能运行 Windows 7 操作系统,就能更加流畅地运行 Windows 10 操作系统。Windows 10 操作系统针对固态硬盘、高分辨率屏幕等硬件都进行了优化支持与完善。

(14)安全性增强。除继承旧版 Windows 操作系统的安全功能外,Windows 10 操作系统还引入了 Windows Hello、Microsoft Passport、Device Guard 等安全功能。

(15)新技术融合。Windows 10 操作系统在易用性、安全性等方面进行了深入改进与优化,针对云服务、智能移动设备、自然人机交互等新技术进行了融合。

### 4.6.2 文件和文件夹的概念

文件和文件夹是计算机中比较重要的概念之一,计算机中的数据(如文档、图片、音频、视频)都是以文件的形式保存在磁盘、U 盘等外存上的,为了便于管理文件,文件保存在文件夹中。

#### 1. 文件

文件是 Windows 存储磁盘信息的基本单位,一个文件是磁盘上存储信息的一个集合。计算机中的文件类型有许多种,如文档文件、图片文件、可执行文件等。用户可根据需要对文件进行复制、粘贴、修改、删除、移动等操作。为了区分不同的文件,每个文件都有自己的名称,即用文件名称来标识文件,操作系统正是通过文件名称来对文件进行管理的。计算机中的文件名称由主文件名和扩展名两部分组成,主文件名和扩展名之间用"."分隔,其格式为"主文件名.扩展名",如"学生名单.docx"。文档文件的命名如图 4.4 所示。文件名类似于人的姓名,可以根据需要任意更改,而文件的扩展名类似于人的性别,不能随意更改。不同类型的文件,扩展名也不相同,不同类型的文件必须由相应的软件才能创建。例如,扩展名为.docx 的文件,只能用 Word 等软件创建或打开。扩展名是文件名称的重要组成部分,是标识文件类型的重要方式。常用的文件扩展名及文件类型如表 4.1 所示。

图 4.4 文档文件的命名

Windows 规定主文件名可以是英文字母、数字、汉字及一些符号,组成文件或文件夹名称的字符数不得超过 255 个字符(包括盘符和路径),文件名除开头外的任何地方都可以使用空格。文件名中不能用"\""/"":""?"""""<"">""|"等字符。文件名不区分大小写,但在显示时保留大小写形式,如同一路径下,a.txt 和 A.txt 代表同一个文件。

表 4.1 常用的文件扩展名及文件类型

| 文件扩展名 | 文件类型 |
| --- | --- |
| .avi | Windows 格式的视频文件 |
| .bak | 备份文件 |
| .bat | 批处理文件 |

续表

| 文件扩展名 | 文件类型 |
|---|---|
| .dll | 动态链接库 |
| .doc 或 .docx | Word 文档文件 |
| .exe | Windows 环境下的可执行程序 |
| .jpg | 压缩格式的图像文件 |
| .htm 或 .html | 静态网页文件 |
| .gif | 交换格式的图像文件 |
| .mpg | 压缩格式的视频文件 |
| .mp3 | 压缩格式的音频文件 |
| .pdf | Adobe 电子阅读文档 |
| .ppt 或 .pptx | PowerPoint 演示文稿文件 |
| .rar | 压缩文件 |
| .swf | Flash 动画文件 |
| .txt | 文本文件 |
| .xls 或 .xlsx | Excel 电子表格文件 |

**2．文件夹**

为了便于管理大量文件，通常把文件分类保存在不同的文件夹中。文件夹是磁盘组织文件的一种手段，是用于存储程序、文档、快捷方式和其他文件夹的容器，文件夹还可以存储子文件夹。当文件比较多时，应该将不同类型和用途的文件分别放在不同的文件夹中，这样既方便查找又易于管理。

**3．文件路径**

在对文件或文件夹进行操作时，为了确定文件或文件夹在外存中的位置，需要按照文件夹的层次顺序，沿着一系列的子文件夹找到指定的文件或文件夹。这种确定文件或文件夹在文件夹结构中的位置的一组连续的、由路径分隔符"\"分隔的文件夹名称为路径。例如，"C：\Downloads\stu"。描述文件或文件夹的路径有两种方法，即绝对路径和相对路径。绝对路径是从根目录开始的路径；相对路径是从当前目录开始的路径。

（1）盘符。在计算机中，驱动器（包括硬盘驱动器、光盘驱动器、U 盘、移动硬盘等）都会分配相应的盘符（C：~Z：），用以标识不同的驱动器。硬盘驱动器用字母 C：标识，如果划分多个逻辑分区或安装多个硬盘驱动器，则依次标识为 C：、D：、E：、F：等。光盘驱动器、U 盘、移动硬盘等盘符排在硬盘之后。A：和 B：两个盘符用于软盘驱动器，现在已经被淘汰。

（2）通配符。当在计算机中查找文件或文件夹时，可以使用通配符代表一个或多个真正的字符，从而模糊搜索文件。其中，通配符"*"表示 0 个或多个字符；通配符"?"表示一个任意字符。例如，"学生*.docx"表示以学生开头的所有.docx 文件。

**4．快捷方式**

快捷方式是 Windows 操作系统提供的一种快速启动应用程序、打开文件或文件夹的方法，它是应用程序的快速链接，而不是应用程序、文件或文件夹本身，所以删除某快捷方式，并不会删除其链接的应用程序、文件或文件夹。

图 4.5　快捷方式图标

　　Windows 桌面上经常有很多五颜六色的图标，其中有很大一部分都是快捷方式，以便我们直接运行应用程序或打开文件及文件夹。在桌面或文件夹中，有些图标左下角有个非常小的箭头，这个箭头表明该图标是一个快捷方式，如图 4.5 所示。如果图标上没有小箭头，则该图标表示的是应用程序、文件或文件夹。为应用程序、文件或文件夹创建快捷方式的方法如下。

　　（1）创建桌面快捷方式。右击应用程序、文件或文件夹，在快捷菜单中选择"发送到"菜单，在其子菜单中选择"桌面快捷方式"菜单，在桌面上会出现该对象的快捷方式图标。

　　（2）粘贴快捷方式。先复制想要创建快捷方式的应用程序、文件或文件夹，然后定位到想要创建快捷方式的位置，右击弹出快捷菜单，选择"粘贴快捷方式"菜单。

　　需要说明，由于快捷方式仅是一个指向对象（文件、文件夹、应用程序或快捷方式）的软链接，并非对象本身，因此复制快捷方式并非复制该对象。若在"主页"选项卡的"剪贴板"组中单击"粘贴快捷方式"选项，则会在目标位置创建该对象的快捷方式。

### 4.6.3　文件资源管理器

　　文件资源管理器是 Windows 操作系统提供的资源管理工具，用户通过它可以查看计算机的所有资源，特别是它提供的树形文件系统结构，能更直观地查看文件或文件夹路径。在文件资源管理器中可以很方便地对文件等对象进行各种操作，如打开、复制、移动、删除等。

#### 1．启动文件资源管理器

在 Windows 10 操作系统中，启动文件资源管理器有以下方法。
（1）右击"开始"菜单，在弹出的快捷菜单中选择"文件资源管理器"菜单。
（2）单击"开始"菜单，选择"文件资源管理器"菜单。
（3）直接双击桌面上的"此电脑"图标。
（4）按"Windows+E"组合键。
（5）单击任务栏左侧的"文件资源管理器"图标。
通过以上方法都可以打开"文件资源管理器"窗口，如图 4.6 所示。

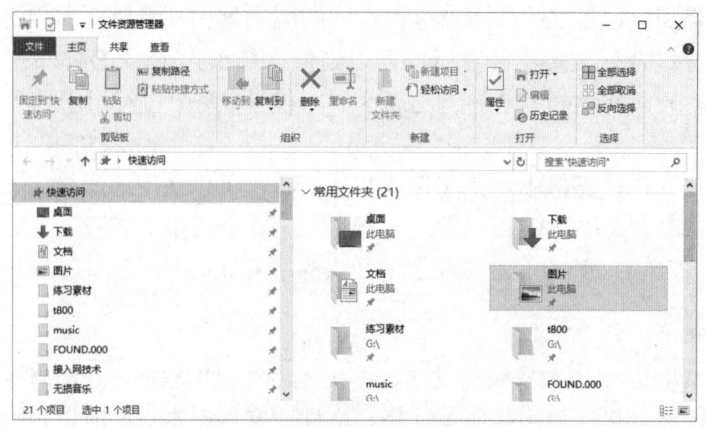

图 4.6　文件资源管理器

## 2. 文件资源管理器的组成

Windows 10 操作系统中的文件资源管理器窗口由标题栏、功能区、导航栏、导航窗格、内容窗格和状态栏组成。

1）标题栏

窗口的最上方是标题栏，由三部分组成，从左到右依次为快速访问工具栏、窗口内容标题和窗口控制按钮。

2）功能区

文件资源管理器较大的改进是采用了 Ribbon 界面风格的功能区。Ribbon 界面把命令按钮放在一个带状、多行的区域中，该区域称为功能区，它类似于仪表盘面板，目的是使用功能区来代替先前的菜单、工具栏。每一个应用程序窗口中的功能区都是按应用来分类的，由多个"选项卡"（或称标签）组成，其中包含了应用程序所提供的功能。选项卡中的命令和选项按钮，按相关的功能组织分为不同的"组"。通常情况下，Windows 10 操作系统的功能区能显示 4 个选项卡，分别是"文件"、"主页"、"共享"和"查看"。

3）导航栏

导航栏由一组导航按钮、地址栏和搜索文本框组成。导航按钮包括"返回"按钮、"前进"按钮、"最近浏览的位置"按钮和"向上一级"按钮。地址栏能显示当前窗口内容的文件夹名称从外向内的列表，文件夹名称以箭头分隔，通过它可以清楚地看出当前打开的文件夹的路径。搜索文本框用于搜索当前窗口中的文件和文件夹。在搜索文本框中输入关键字，即可搜索文件名中包含该关键字的文件和文件夹。在搜索的文件和文件夹中，会用不同颜色标记搜索的关键字，可以根据关键字的位置来判断结果文件是否为所需要的文件。此外，导航栏还可以为搜索设置更多的附加选项。

4）导航窗格

在文件资源管理器窗口左边的导航窗格中，默认显示快速访问、OneDrive、此电脑、网络和家庭组，它们都是该设备的根文件夹。如果文件夹图标左侧显示"右箭头"按钮，则表明该文件夹处于折叠状态，单击该按钮可展开文件夹，同时该按钮会变为"下箭头"按钮。如果文件夹图标左侧显示"下箭头"按钮，则表明该文件夹已展开，单击它可折叠文件夹，同时按钮图标会发生变化。如果文件夹图标左侧没有按钮，则表明该文件夹是最后一层，无子文件夹。

5）内容窗格

内容窗格是文件资源管理器窗口中较重要的部分，用于显示当前文件夹中的内容。所有当前位置的文件和文件夹都显示在内容窗格中，文件和文件夹的操作也在内容窗格中进行。

在左侧的导航窗格中单击文件夹名，右侧内容窗格中将列出该文件夹中的内容。在右侧内容窗格中双击某个文件夹图标，会显示其中的文件和文件夹，双击某个文件图标可以启动对应的程序或打开文档。如果通过在搜索文本框中键入关键字来查找文件，则仅显示当前窗口中相匹配的文件，包括子文件夹中的文件。

6）状态栏

状态栏位于窗口底部，包括窗口提示、详细信息按钮和大图标按钮等。

## 4.6.4 文件和文件夹的基本操作

文件和文件夹的基本操作主要包括新建、选定、复制、粘贴、剪切、移动、重命名和删除等。

### 1. 新建文件或文件夹

1）新建文件

文件是通过软件创建的，一个软件只能创建某些特定类型的文件。例如，Microsoft Word 软件用于创建.doc 或.docx 文档，除此之外，也可以在 Windows 10 操作系统中直接创建文件。在文件资源管理器窗口的"主页"选项卡中，单击"新建"组中的"新建项目"下拉按钮，在弹出的下拉列表中选择要创建的文件类型即可。

2）新建文件夹

在创建文件夹前，首先要确定新建文件夹的目标位置，然后可以通过以下几种方法新建文件夹。

（1）快捷菜单法。在目标位置窗口中右击，弹出快捷菜单，单击"新建"菜单，在其子菜单中选择"文件夹"菜单项。

（2）快捷键法。在目标位置窗口中，按"Ctrl+Shift+N"组合键，可以新建一个文件夹。

（3）工具栏选项法。在窗口功能区的"主页"选项卡中，单击"新建"组中的"新建文件夹"按钮，就会新建文件夹。

### 2. 选定文件或文件夹

用户在对文件或文件夹操作之前，首先要选定文件或文件夹，一次可选定一个或多个文件或文件夹，选定的文件或文件夹会突出显示。选定文件或文件夹有下面几种方式。

（1）选定一个文件或文件夹。单击要选定的文件或文件夹即可。

（2）框选文件或文件夹。在右侧内容窗格中，先从要选择的文件或文件夹起始位置处按住鼠标左键并拖动，将出现一个框，框住要选定的文件和文件夹，然后释放鼠标左键。

（3）选定多个连续文件或文件夹。选定一个文件或文件夹后，按住"Shift"键不放，然后单击最后一个要选定的文件或文件夹。

（4）选定多个不连续文件或文件夹。选定一个文件或文件夹后，先按住"Ctrl"键不放，然后分别单击各个要选定的文件或文件夹。

（5）选定所有的文件或文件夹。按"Ctrl+A"组合键即可选中当前窗口中所有的文件和文件夹，或者在"主页"选项卡的"选择"组中，单击"全部选择"按钮。

（6）反向选择。将文件或文件夹的选中状态反转，即选中的对象变为不选中，不选中的对象变为选中。通过在"主页"选项卡的"选择"组中，单击"反向选择"按钮即可。

### 3. 复制和粘贴文件或文件夹

在计算机中，经常需要将文件或文件夹进行备份，以防文件丢失或损坏。"复制"就是将已存在的文件或文件夹在系统缓存中生成一个副本，并粘贴到目标位置将这个副本生成实体对象。复制和粘贴有以下几种方法。

（1）右击想要复制的文件或文件夹，先在弹出的快捷菜单中选择"复制"菜单，然后在目标位置右击，在弹出的快捷菜单中选择"粘贴"菜单，则生成一个新的副本，若在其他位置继续使用"粘贴"菜单，则可继续生成新的副本。

（2）先选中要复制的文件，然后单击"主页"选项卡的"剪贴板"组中的"复制""粘贴"按钮来实现相应的操作。

（3）选中要复制的文件，先按"Ctrl+C"组合键，然后在要生成副本的位置按"Ctrl+V"

组合键，就完成了粘贴操作。使用快捷键实现复制和粘贴操作更加方便。

（4）使用拖动法实现复制。选中文件或文件夹后，按住"Ctrl"键不放，可拖动文件或文件夹到目标位置，完成复制操作。

### 4．剪切和移动文件或文件夹

剪切是先将文件或文件夹复制到剪贴板中，再使用粘贴功能将剪贴板中的对象粘贴到目标位置，同时删除源对象。移动操作是将文件或文件夹移动到其他位置。

1）剪切操作

剪切操作与复制操作步骤类似，主要有以下几种方法。

（1）在要剪切的源对象上右击，在弹出的快捷菜单中先选择"剪切"菜单，然后在目标位置右击，在弹出的快捷菜单中选择"粘贴"菜单，即可将对象移动到目标位置。

（2）先选中对象，再单击"剪切"菜单，然后在目标位置上，右击选择"粘贴"菜单。

（3）选中对象后，按"Ctrl+X"组合键，在目标位置使用"Ctrl+V"组合键完成粘贴操作。

2）移动操作

移动操作和剪切操作十分相似，主要有以下两种方法。

（1）右击源对象，拖动源对象到目标位置，放开鼠标，会出现快捷菜单，选择"移动到当前位置（M）"菜单，即可完成移动操作。

（2）先选中要移动的文件，然后在"组织"组中的"移动到"下拉列表中选择目标位置，即可完成对象移动。

### 5．重命名文件或文件夹

新建、移动文件或文件夹时，经常需要给文件或文件夹重新命名，重命名操作方法如下。

（1）先选中要改名的文件或文件夹，然后单击文件或文件夹名，此时文件或文件夹名称处于可输入状态，输入新的名称即可。

（2）先右击要改名的文件或文件夹，在弹出的快捷菜单中选择"重命名"菜单，然后输入新的文件名即可。

（3）先选中要改名的文件或文件夹，然后单击"组织"组中的"重命名"按钮，则文件或文件夹名称处于可输入状态。

在重命名时不要改变文件的扩展名，否则会造成文件不能正常使用。

### 6．删除文件或文件夹

当计算机磁盘上的文件或文件夹遭到损坏或用户不需要时，用户会删除这些文件或文件夹，以节省计算机的磁盘空间。删除文件或文件夹的操作很简单，删除文件或文件夹后，并不是真正地将文件或文件夹彻底删除，而是将其放在了一个专门存放废弃文件的"回收站"中，想要彻底删除这些文件或文件夹，需要对回收站进行清理。

（1）删除操作。选中要删除的文件或文件夹，在"主页"选项卡中，单击"组织"组中的"删除"按钮；或右击要删除的文件，在弹出的快捷菜单中选择"删除"菜单；或按键盘上的"Delete"键；或按"Ctrl+D"组合键，弹出"删除文件（或文件夹）"对话框，让用户确认是否将选中的对象放入回收站，单击"是"按钮，则此文件或文件夹会被放入回收站中，但没有彻底删除。

（2）回收站操作。对于放入回收站中的文件或文件夹，用户可以执行恢复操作，使文件或文件夹还原。若要彻底删除，则用户可以清空回收站或在执行删除操作时按住"Shift"键，这样才能彻底删除文件或文件夹。

**7. 搜索文件或文件夹**

计算机中存储着很多资源，用户有时会忘记文件或文件夹的全名或所保存的具体位置，这时可以使用 Windows 10 操作系统提供的搜索文本框来完成搜索功能，单击"文件资源管理器"窗口的搜索文本框，在搜索文本框中输入关键字或词，系统会提供"即时搜索"功能，在窗口中会显示搜索结果。在搜索文本框中，使用通配符可以更快地找到所需要的文件。

在 Windows 10 操作系统中，不管是资源管理器还是控制面板都有搜索文本框，用户可以输入想要搜索的关键字，将需要的内容显示出来。

**8. 文件或文件夹属性设置**

1）设置文件或文件夹的属性

如果要设置文件或文件夹的属性，可在文件资源管理器中进行如下操作。右击要设置的文件或文件夹，在弹出的快捷菜单中选择"属性"菜单，会弹出属性对话框，如图 4.7 所示，单击"常规"选项卡，可以查看文件或文件夹的相关属性，如文件类型、位置、大小、占用空间、创建时间、属性等。其中，在"属性"选区中勾选"只读"或"隐藏"复选框，单击"确定"按钮，即可将文件或文件夹设置为只读或隐藏模式。设置为只读的文件或文件夹不能被修改，设置为隐藏的文件或文件夹将不被显示。

2）显示或隐藏文件和文件夹

Windows 默认不显示系统文件和具有隐藏属性的文件，如果希望将处于隐藏状态的文件或文件夹显示出来，则需要在"文件资源管理器"窗口的"查看"选项卡的"显示/隐藏"组中，勾选"隐藏的项目"复选框，在内容窗格中，具有隐藏属性的文件或文件夹会被显示出来。隐藏文件或文件夹的图标颜色比正常文件或文件夹的图标颜色要淡一些，若想取消文件或文件夹的隐藏属性，则需要选中该文件或文件夹，单击"隐藏所选项目"按钮。

若想详细设置文件或文件夹的属性，可在"查看"选项卡中，单击"选项"按钮，在弹出的"文件夹选项"对话框中的"查看"选项卡的"高级设置"列表中，勾选或取消勾选"隐藏已知文件类型的扩展名"复选框，如图 4.8 所示，即可隐藏或显示所有文件的扩展名。

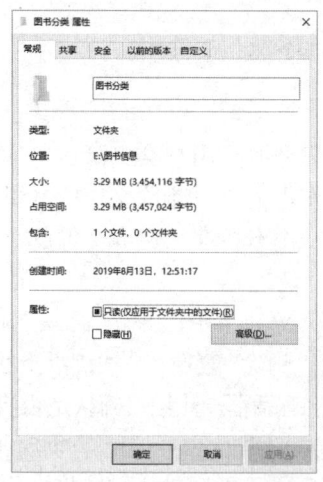

图 4.7  属性对话框

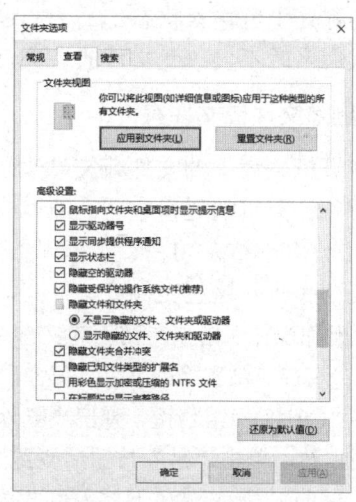

图 4.8  "隐藏已知文件类型的扩展名"复选框

### 9. 库操作

库类似于文件夹，但它没有任何存储空间，其实库是一个指向特定类型文件夹位置的集合。它将不同位置的同类型文件夹放在一个方便查找的地方。Windows 10 操作系统默认建立了几个常见类型的库，包括照片、文档、音乐、图片和视频等。用户可以建立自己喜欢的库文件夹或将某个特定的文件夹添加到已有的库中。

（1）新建库。在导航窗格中，右击"库"弹出快捷菜单，单击"新建"菜单，在"新建"菜单的二级菜单中选择"库"菜单，则会在库中出现一个新建库。

（2）在库中添加文件夹。为库添加文件夹的操作比较简单，只要找到要添加的文件夹，右击该文件夹，在弹出的快捷菜单中选择"包含到库中"菜单，在其二级菜单中选择要添加到的库即可。

（3）删除库。以刚才创建的"新建库"为例，右击导航窗格"库"下面的一个"新建库"，在弹出的快捷菜单中选择"删除"菜单，就可将"新建库"删除。需要说明的是，库本身并不是存放文件的文件夹，将库删除，库中的文件也不会删除。

## 4.6.5 任务管理器

Windows 10 任务管理器可以帮助用户查看资源使用情况、了解计算机的性能、结束一些卡死的应用、查看网络状态等。Windows 10 任务管理器的外观较以前版本有很大变化。如果 Windows 10 操作系统的计算机出现程序卡死或没有响应的情况，则直接调出任务管理来结束未响应的应用程序即可，或根据情况终止某个进程的运行。

### 1. 打开任务管理器的方法

在 Windows 10 操作系统中，有如下几种打开任务管理器的方法。

（1）在"开始"菜单下面的搜索文本框中，输入"任务管理器"。

（2）使用快捷键，按"Ctrl+Shift+Esc"组合键打开任务管理器。

（3）使用快捷键，按"Ctrl+Alt+Del"组合键，在弹出的菜单中选择"任务管理器"菜单。

（4）右击任务栏，在弹出的菜单中选择"任务管理器"菜单，会弹出"任务管理器"窗口。

### 2. 任务管理器的使用

打开"任务管理器"窗口，在窗口中会显示当前运行的程序列表，这是简略信息模式。在窗口下方有"详细信息"链接和"结束任务"按钮，如图 4.9 所示。单击下方的"详细信息"链接可切换至详细信息模式，以查看更多的功能。详细信息模式中分为进程、性能、应用历史记录、启动、用户、详细信息、服务 7 个选项卡，如图 4.10 所示。

图 4.9 任务管理器简略信息

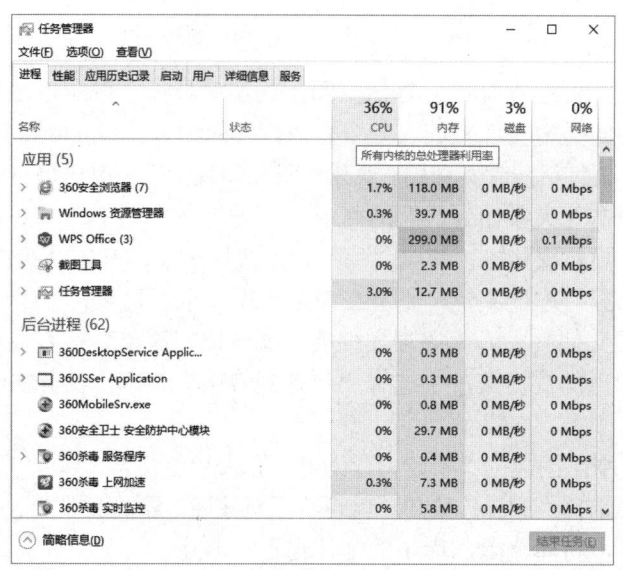

图 4.10　任务管理器详细信息

（1）进程。在"进程"选项卡中会显示当前正在运行的应用程序和后台运行的进程。右侧是每个进程对应的 CPU、内存、磁盘和网络的占有率（见图 4.10）。

（2）性能。"性能"选项卡中显示的是系统资源的使用情况，如图 4.11 所示。

（3）应用历史记录。"应用历史记录"选项卡中显示的是一段时间以来用户使用资源的情况，用户可以随时删除使用情况的历史记录，如图 4.12 所示。

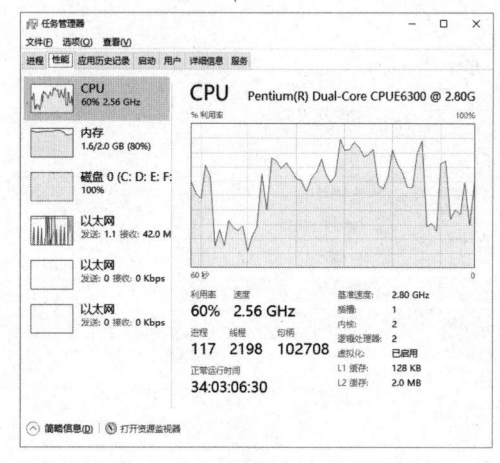

图 4.11　任务管理器"性能"选项卡

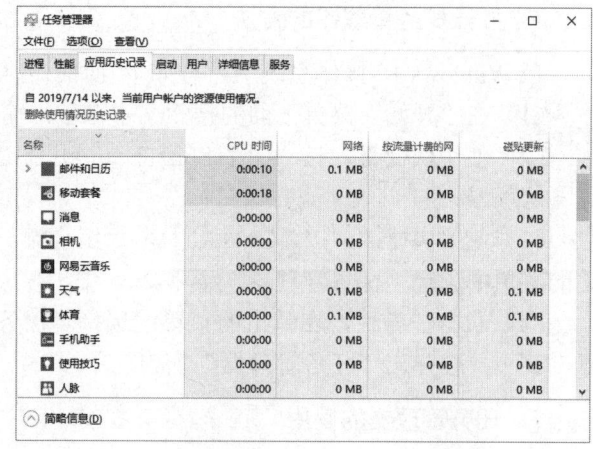

图 4.12　任务管理器"应用历史记录"选项卡

（4）启动。"启动"选项卡可以设置计算机启动时哪些程序随计算机一起启动。

（5）用户。"用户"选项卡能显示计算机中所有用户的资源占有率。

（6）详细信息。"详细信息"选项卡能显示当前所有进程和进程的具体信息，用户可以在查看进程信息后单击"结束任务"按钮来结束该进程。

(7) 服务。"服务"选项卡能显示当前运行的所有服务。

### 4.6.6 控制面板与设置

在 Windows 10 操作系统中,控制面板和设置是计算机的控制中心,其中控制面板是适合鼠标操作的桌面模式,设置是适合平板电脑、手机等触控设备的平板模式。

#### 1. 控制面板

用户通过控制面板可以对计算机进行系统设置,包括系统和安全,网络和 Internet,用户账户,硬件和声音,程序,Windows 的外观设置、时间、语言和区域等。"控制面板"窗口如图 4.13 所示。打开"控制面板"有以下几种方法。

图 4.13 "控制面板"窗口

(1) 按"Win+PauseBreak"组合键,可打开"系统"窗口,并在界面中找到控制面板主页。

(2) 单击"开始"菜单,选择"Windows 系统"菜单,在其子菜单中选择"控制面板"菜单。

(3) 右击桌面的"此电脑"图标,在弹出的快捷菜单中选择"属性"菜单,在左栏菜单中找到"控制面板主页"菜单并进入。

(4) 右击"开始"菜单,在菜单列表中选择"控制面板"菜单进入即可。

(5) 使用"开始"菜单中的搜索功能,输入"控制面板",即可搜索到"控制面板"。

(6) 右击桌面空白处,在弹出的快捷菜单中单击"个性化"菜单,在弹出的窗口中选择"控制面板主页"菜单。

#### 2. 设置

在 Windows 10 操作系统中,打开"设置"窗口有以下几种方法,如图 4.14 所示。

(1) 在"开始"菜单左侧列表中单击"设置"菜单。

(2) 单击任务栏"设置"图标。

(3) 按"Win+I"组合键。

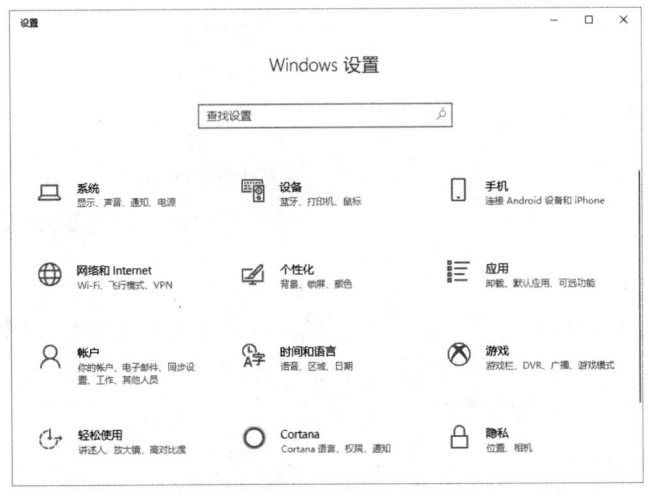

图 4.14 "设置"窗口

## 本章小结

操作系统是计算机中最重要的系统软件之一，它能为用户提供操作平台，并对计算机系统的硬件和软件资源进行管理和控制。本章主要介绍了操作系统的相关知识，包括操作系统的分类、特征及功能，并介绍了当前主流的操作系统，如 Windows、UNIX、Linux 等，最后介绍了 Windows 10 操作系统的基本操作。

## 习题

### 一、选择题

1. 操作系统是计算机系统的一种（　　）。
   A．应用软件　　　　　B．系统软件　　　　C．通用软件　　　　D．工具软件
2. 在工业过程控制系统中，运行的操作系统最好是（　　）。
   A．分时系统　　　　　　　　　　　　　　B．实时系统
   C．分布式操作系统　　　　　　　　　　　D．网络操作系统
3. （　　）操作系统能对外部事件请求做出及时响应，对事件处理有严格的时间限制。
   A．分时系统　　　　　　　　　　　　　　B．实时系统
   C．分布式操作系统　　　　　　　　　　　D．网络操作系统
4. 进程是（　　）。
   A．系统软件　　　　　　　　　　　　　　B．程序代码
   C．机器指令　　　　　　　　　　　　　　D．执行中的程序
5. Linux 是一种（　　）操作系统。
   A．单用户单任务　　　　　　　　　　　　B．单用户多任务
   C．多用户单任务　　　　　　　　　　　　D．多用户多任务

6. 以下操作系统中，（  ）是单用户多任务的操作系统。
   A．Linux  B．UNIX  C．Windows 10  D．DOS
7. Windows 操作系统提供的管理文件和文件夹的主要工具是（  ）。
   A．任务管理器  B．资源管理器  C．控制面板  D．目录管理
8. 同时按（  ）键可以打开 Windows 任务管理器。
   A．Alt+Tab  B．Ctrl+Shift+Esc
   C．Ctrl+Shift  D．Ctrl+Alt+Esc

## 二、简答题

1. 什么是操作系统，常用的操作系统有哪些？
2. 简述操作系统的特征和功能。

### 扩展阅读：国产操作系统

　　国产操作系统多为以 Linux 操作系统为基础进行二次开发。2014 年 4 月 8 日起，Microsoft 停止了对 Windows XP 操作系统提供服务支持，这引起了社会和广大用户对信息安全的担忧。而 2020 年 Microsoft 对 Windows7 操作系统服务支持的终止再一次推动了国产操作系统的发展。具有代表性的操纵系统有银河麒麟、中标麒麟、优麒麟、深度（deepin）Linux、中兴新支点、安超 OS、红旗 Linux 等。其中，银河麒麟是一套中国自主知识产权的服务器操作系统，它是由国防科技大学、中软公司、联想公司、浪潮集团和民族恒星公司合作研制的闭源服务器操作系统，包括实时版、安全版、服务器版 3 个版本。该操作系统是"863"计划重大攻关科研项目，目标是打破国外操作系统的垄断。深度（deepin）Linux 操作系统也是基于 Linux 操作系统进行二次开发的操作系统，它使用自己研发的桌面环境，易用、美观，与各芯片、整机、中间件、数据库等厂商结成了紧密合作关系，还与 360、金山、网易、搜狗等企业联合开发了多款符合中国用户需求的应用软件。深度科技的操作系统产品已通过了中华人民共和国公安部安全操作系统认证、中华人民共和国工业和信息化部国产操作系统适配认证，入围了国家机关事务管理局中央集中采购名录，并在国内金融、运营商、教育等客户中得到了广泛应用。从整个 PC 占有的份额来讲，Windows 系列操作系统占比最大，其次是 Apple 的 macOS，全球的 Linux 操作系统份额占比较低，国产 Linux 操作系统在易用性等方面基本具备 Windows XP 操作系统的替代能力，但还存在生态环境差等等各种问题，许多设备厂商对 Linux 操作系统提供的支持较弱。但国产操作系统的研发并未就此结束，国内还有多家公司在从事相关开发运营工作，而在世界范围内，Linux 操作系统的商业化运用也还处于方兴未艾的阶段。

# 第 5 章  算法与数据结构

**本章学习目标**
- 了解算法的概念
- 了解算法与数据结构的关系
- 掌握数据结构的逻辑结构
- 掌握数据结构的存储结构
- 了解常用的查找和排序算法

程序设计的目的是用计算机解决问题，问题分为数值计算问题和非数值计算问题。算法是解决问题的一系列步骤，也是计算思维的核心概念。早期计算机的主要功能是处理数值计算问题，如计算一元二次方程的根。随着计算机应用领域的不断扩大，非数值计算问题越来越广泛，如百度地图的导航。对于复杂的非数值计算问题，如何有效地描述、表示和存储数据，是数据结构需要解决的问题。

算法与数据结构关系紧密，在算法设计时先要确定相应的数据结构，而在讨论某种数据结构时也会涉及相应的算法，不同的数据结构会直接影响算法的执行效率，算法的效率还与数据的存储结构相关。

通过本章的学习，能够了解什么是算法，并讨论非数值计算问题的几种常见数据结构和相应的存储结构。

## 5.1 算法

### 5.1.1 算法的概念

算法（Algorithm）是指对解题方案的准确而完整的描述，是一系列解决问题的清晰指令，算法代表用系统的方法描述解决问题的策略机制。也就是说，能够对一定规范的输入，在有限时间内获得所要求的输出。如果一个算法有缺陷，或不适合某个问题，那么执行这个算法不会解决这个问题。同一个问题可能有多种算法，不同的算法可能有不同的时间和空间消耗。一个算法的优劣可以用空间复杂度与时间复杂度来衡量。

算法不是程序，但程序员可以使用某种编程语言来实现算法。

算法被公认为是计算机科学的灵魂。对于即将从事计算机专业的你来说，无论从理论还是从实践角度，学习算法都是必要的。从实践角度来看，我们不仅要了解计算领域中不同问题的一系列标准算法，还要具备设计新算法和分析其效率的能力。从理论角度来看，对算法的研究（有时称为"算法学"）已经被公认为是计算机科学的基石。

## 5.1.2 算法的基本特性

（1）有限性。一个算法必须在有限步骤之内结束，不能形成死循环。这种有限性使算法不能保证一定有解。

（2）确定性。算法中的每条指令必须有确定含义，无二义性，不会产生理解偏差。虽然算法可以有多条执行路径，但是对某个确定的条件值只能选择其中一条执行路径。

（3）输入。一个算法有多个或 0 个输入，输入取自某些特定对象的集合。有些输入在算法执行过程中输入，有些算法不需要外部输入。

（4）输出。至少有一个或多个输出，输出与输入之间存在某些特定的关系。不同的输入可以产生不同或相同的输出，但是相同的输入必须产生相同的输出。

（5）可行性。算法是可行的。描述的操作可通过已实现的基本运算执行有限次而完成。

在算法的五大特性中，较基本的是有限性、确定性和可行性。

## 5.1.3 算法的描述

算法是程序设计的核心。为了描述一个算法，可以用不同的方法。常用的有自然语言、流程图、伪代码、类 C 语言、N-S（Nassi Shneiderman）图和 PAD（Problem Analysis Diagram）图等。本节介绍前 4 种方法。

### 1．用自然语言描述算法

用自然语言描述算法的优点是简单，但容易出现歧义。

例 5-1 用自然语言描述求两个整数的最大公约数的算法。

步骤 1：输入两个整数 $x$ 和 $y$。

步骤 2：$x$ 和 $y$ 整除余数为 $r$。

步骤 3：判断余数 $r$ 是否为 0，如果为 0，则转步骤 5；否则转步骤 4。

步骤 4：$x$ 的值是 $y$ 的值，$y$ 的值是 $r$ 的值，转步骤 2。

步骤 5：输出 $y$。$y$ 为所求的两个整数的最大公约数。

### 2．用流程图描述算法

美国国家标准化协会（American National Standards Institute，ANSI）曾规定了一些常用的流程图符号，可以用这些流程图符号描述算法的执行步骤。常用的流程图符号如图 5.1 所示。

例 5-2 用流程图描述求两个整数的最大公约数的算法，如图 5.2 所示。

### 3．用伪代码描述算法

伪代码（Pseudocode）是非正式的，用介于自然语言和计算机语言之间的文字和符号（包括数学符号）来描述算法。

使用伪代码的目的是使被描述的算法可以容易地以任何一种编程语言（如 Pascal 语言、C 语言、Java）来实现。因此，伪代码必须结构清晰、代码简单、可读性好，并且类似自然语言。算法的伪代码在描述形式上并不是非常严格的。大部分教材对伪代码做如下规定。

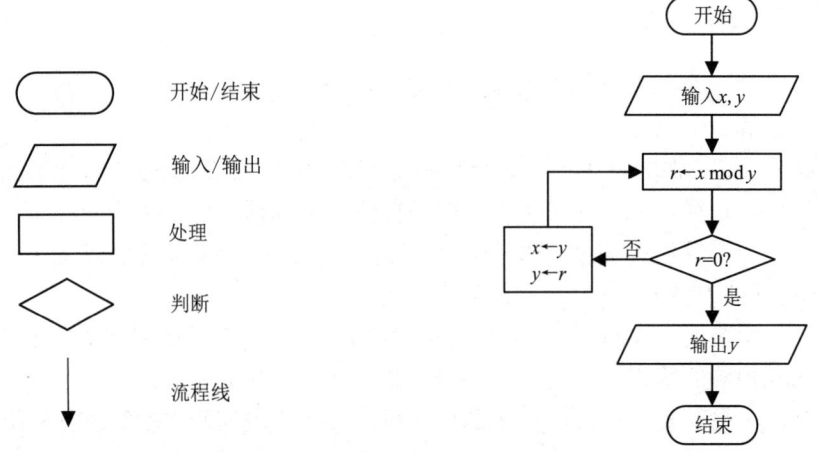

图 5.1 常用的流程图符号　　　　图 5.2 求最大公约数算法的流程图

（1）伪代码语句可以用英文、汉字、中英文混合，并用其来表示算法，一般用编程语言中的部分关键字来描述算法。例如，进行条件判断的 if 语句、表示循环的 while 语句等。

（2）伪代码每一行或几行表示一个基本操作。每条指令占一行（if 语句例外），指令后不跟任何符号。用"缩进"的块结构提高代码的清晰性。

（3）在伪代码中，变量名和关键字不区分大小写，变量的使用也不需要事先声明。

（4）伪代码用符号"←"表示赋值，例如 $x \leftarrow y$ 表示将 $y$ 的值赋给 $x$。

（5）伪代码的选择语句用 if-then-else-end if 表示，循环语句一般用 while 或 for 表示，用 end while 或 end for 表示循环结束，语法与 C 语言类似。

（6）函数值利用 return 返回，如 return (z)。

例 5-3　用伪代码描述求两个整数的最大公约数的算法。

```
Euclid(m,n)
//使用欧几里得算法计算两个正整数的最大公约数
//输入：两个正整数 m,n
//输出：m,n 的最大公约数
while n ≠ 0 do
    r←m mod n
    m←n
    n←r
end while
return (m)
```

### 4．用类 C 语言描述算法

很多算法和数据结构的相关书籍都是用伪代码描述算法的，还有的是直接用高级语言描述算法，如 C/C++语言。无论用哪种方法描述算法，都要求算法必须满足 5 个基本特性。

例 5-4　用类 C 语言描述求两个整数的最大公约数的算法。

```
int gcd(int m, int n)
{
    int r = m % n;
    while( r != 0)
```

```
    {
        m = n;
        n = r;
        r = m % n;
    }
    return n;
}
```

### 5.1.4 算法的设计要求

**1．正确性**

算法的正确性是指在给定有效输入后，经过有限时间的计算并产生正确的答案。算法的正确性是评价一个算法优劣的最重要的标准之一。

**2．可读性**

算法的可读性是指一个算法可供人们阅读的容易程度。因为算法首先用于人们的阅读与交流，其次才用于程序设计。可读性好的算法有助于人们对算法的理解，反之难懂的算法易于隐藏错误且难于调试和修改。

**3．健壮性**

算法的健壮性是指一个算法对不合理数据输入的反应能力和处理能力，也称容错性。健壮性强调即使输入了非法数据，算法也应能加以识别并做出处理，而不是产生误操作或陷入瘫痪。

**4．高效率和低存储**

算法的效率通常是指算法的执行时间。对于一个具体问题的解决，通常有多个算法，执行时间短的算法其效率就高。计算机的另一个有限资源就是内存，希望一个算法的执行所需要的最大存储空间尽可能少。算法的效率和内存需求都与问题的规模有关，如对 100 个整数排序和对 100000 个整数排序所需要的排序时间和存储量肯定是不一样的。因此需要对算法的复杂度进行分析。

算法的时间复杂度一般表示为关于问题规模 $n$ 的函数 $T(n)$，$T(n)=O(f(n))$，表示当问题规模 $n$ 增大时，运行时间最多将以正比于 $f(n)$ 的速度增长。相比较而言，$O(n)$ 算法优于 $O(n^2)$ 算法，因为当 $n$ 增大时，$O(n)$ 算法的运行时间较 $O(n^2)$ 算法的运行时间增长得慢。

算法的空间复杂度是指一个算法在运行过程中临时占用存储空间大小的量度，记作 $S(n)=O(f(n))$。空间复杂度分析相对简单，所以一般主要讨论算法的时间复杂度。

## 5.2 数据结构的概念

### 5.2.1 数据结构的发展

随着计算机深入人类社会的各个领域，计算机的应用不再局限于科学计算，而更多地用于控制、管理、数据处理等非数值计算。计算机加工处理的对象范围、类型不断扩展，由纯数值发展到字符、表格、声音和图像的各种具有一定结构的数据。计算机加工处理的数据量激增，待处理问题复杂性提高，迫切要求寻找良好的数据组织方式和高效的算法。为了应对信息时代计算机处理对象特点的变化，迫切需要分析待处理数据对象的特性及其各处理对象间的关系。

1968年，美国著名计算机科学家高德纳（Donald Ervin Knuth）开创了数据结构的最初体系，他所著的《计算机程序设计艺术》第一卷《基本算法》是第一本系统阐述数据结构的著作。瑞士计算机科学家尼古拉斯·沃斯（Niklaus Wirth）在1976年出版的著作中指出："算法+数据结构=程序"，可见数据结构在程序设计中的重要性。

### 5.2.2 数据结构的定义

用计算机解决一个具体问题大致需要经过以下几个步骤。
（1）分析问题，确定数据对象，因为计算机程序就是对数据进行处理。
（2）确定数据对象在计算机中如何存储。
（3）设计相应的算法。
（4）编写程序，运行并调试程序，进行测试，直至得到正确的结果。

数据（Data）是描述客观事物的数值、字符及能输入机器且能被处理的各种符号的集合。例如，人们日常生活中使用的各种文字、数字和特定符号都是数据。

人们通常以数据元素（Data Element）作为数据的基本单位。一个数据元素可由一个或多个数据项（Data Item）组成，数据项是具有独立含义的数据最小单位。

数据对象（Data Object）是指性质相同的数据元素的集合，它是数据的一个子集。例如，计算机221班全体学生记录的集合就是数据对象，而每个学生记录就是数据元素，每个学生记录由学号、姓名、性别、期末成绩等数据项组成。

数据结构（Data Structure）是指相互之间存在一种或多种特定关系的数据元素集合，数据结构应该包括数据元素集合及元素间关系的集合。因此，我们可以把数据结构看成带结构的数据元素的集合。

数据结构的研究内容通常包括以下3个方面。

（1）数据的逻辑结构：数据的逻辑结构由数据元素之间的逻辑关系构成，是独立于计算机的，因此数据的逻辑结构可以看作从具体问题抽象出来的数学模型。

（2）数据的存储结构：数据元素及其关系在计算机存储器中的存储表示，也称数据的物理结构。显然，数据的存储结构是依赖于计算机的。通常设计数据的存储结构是借助某种计算机语言来实现的，一般只在高级语言层次上讨论数据的存储结构。

（3）数据的运算：数据的运算是施加在数据上的操作，常用的有查找、插入、删除、更新和排序等。数据的运算需要在对应的存储结构上用算法实现。

因此，计算机解决一个具体问题的实质就是先提取问题中的数据对象，并找出数据元素之间的逻辑关系，然后选择相应的数据存储结构，再设计相应的算法，最后进行程序设计以完成问题的求解。数据元素之间的逻辑关系就是数据的逻辑结构，可以把数据的逻辑结构看作非数值计算问题的数学模型。

所以，数据结构是一门讨论"描述现实世界实体的数学模型（通常为非数值计算）及其之上的运算在计算机中如何表示和实现"的学科。

### 5.2.3 逻辑结构

数据的逻辑结构是指数据元素之间逻辑关系的描述。逻辑结构一般采用二元组表示：
$$DS = (D, R)$$
式中，$D$ 为数据元素的有限集；$R$ 为 $D$ 上关系的有限集。
$$D = \{d_i | 1 \leq i \leq n, n \geq 0\}$$
$$R = \{r_j | 1 \leq j \leq m, m \geq 0\}$$
式中，$d_i$ 表示集合 $D$ 中的第 $i$ 个数据元素；$n$ 为 $D$ 中数据元素的个数，若 $n=0$，则 $D$ 是一个空集；$r_j$ 表示集合 $R$ 中的第 $j$ 个关系；$m$ 为 $R$ 中关系的个数，若 $m=0$，则 $R$ 是一个空集，表明集合 $D$ 中的数据元素间不存在任何逻辑关系。

对于 $R$ 中的任一序偶 $\langle x, y \rangle (x, y \in D)$，表示元素 $x$ 和 $y$ 是相邻的，即 $x$ 在 $y$ 之前，$x$ 为 $y$ 的直接前驱元素，$y$ 为 $x$ 的直接后继元素。为了简便，后面将直接前驱元素和直接后继元素分别简称为前驱元素和后继元素。

对于对称序偶，$\langle x, y \rangle \in R$，则 $\langle y, x \rangle \in R (x, y \in D)$，可以用圆括号代替尖括号，即 $(x, y) \in R$。在用图形表示逻辑关系时，对称序偶用不带箭头的连线表示。

例如，某数据结构的二元组表示为 $A=(D,R)$，$D=\{01,02,03,04,05,06,07,08,09\}$，$R=\{r\}$，$r=\{<01,02>,<01,03>,<01,04>,<02,05>,<02,06>,<03,07>,<03,08>,<03,09>\}$，则其逻辑结构是一棵树，其示意图如图 5.3 所示。

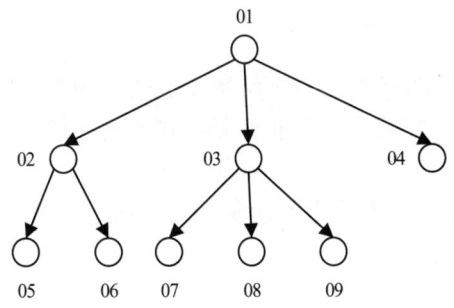

图 5.3 二元组 $A$ 的逻辑结构示意图

根据数据元素之间的不同特性，通常有 4 种基本的数据结构，其示意图如图 5.4 所示。

（1）集合结构：结构中的数据元素之间除"同属于一个集合"的关系以外别无其他关系。

（2）线性结构：结构中的数据元素之间存在一对一的线性关系。其特点是，除第一个元素和最后一个元素外，每个元素都有且仅有一个前驱元素，有且仅有一个后继元素。

（3）树型结构：结构中的数据元素之间存在一对多的层次关系。其特点是，如果数据元素集合非空，则有且仅有一个元素被称为根元素，除根元素以外的其他元素有且仅有一个前驱元素，所有元素有 0 个或多个后继元素。

（4）图形结构：结构中的数据元素之间存在着多对多的任意关系。其特点是，每个元素的前驱元素和后继元素的个数可以是任意的。

树型结构和图形结构统称为非线性结构。

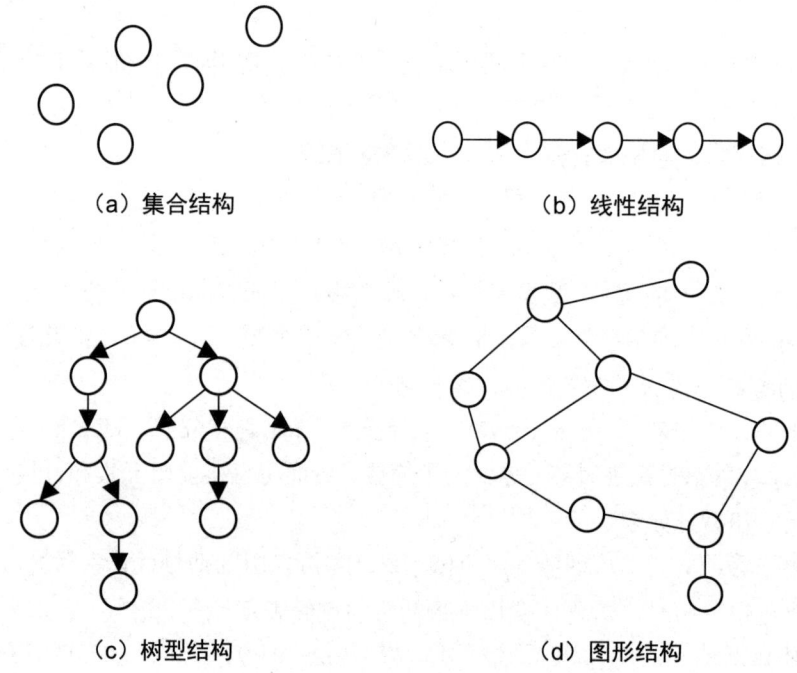

图 5.4　4 种基本的数据结构示意图

### 5.2.4　存储结构

数据的逻辑结构在计算机存储器中的存储表示被称为数据的存储结构（也称映像），也就是逻辑结构在计算机中的存储实现，它包括数据对象的表示和数据对象中数据元素关系的表示。

在实际应用中，数据的存储方法是灵活多样的，归纳起来，数据结构中主要有以下 4 种常用的存储结构。

**1．顺序存储结构**

顺序存储结构采用一组连续的存储单元存放所有的数据元素，并映射数据元素之间的逻辑关系。也就是说，所有的数据元素在计算机存储器中占用一整块存储空间。一般来说，顺序存储结构是高级语言的数组。例如，图 5.5（a）中的一棵树，可用图 5.5（b）所示的方式进行存储表示。每个数组元素包括两项内容，一项是数据元素值本身，另一项是该数据元素直接前驱在数组中的位置（数组下标）。例如，数据元素值 03 存储在下标为 2 的单元中，而 03 的直接前驱是 01，01 的存储位置是 0。顺序存储结构一定要表示逻辑结构的两方面：数据元素的集合和数据元素之间关系的集合。

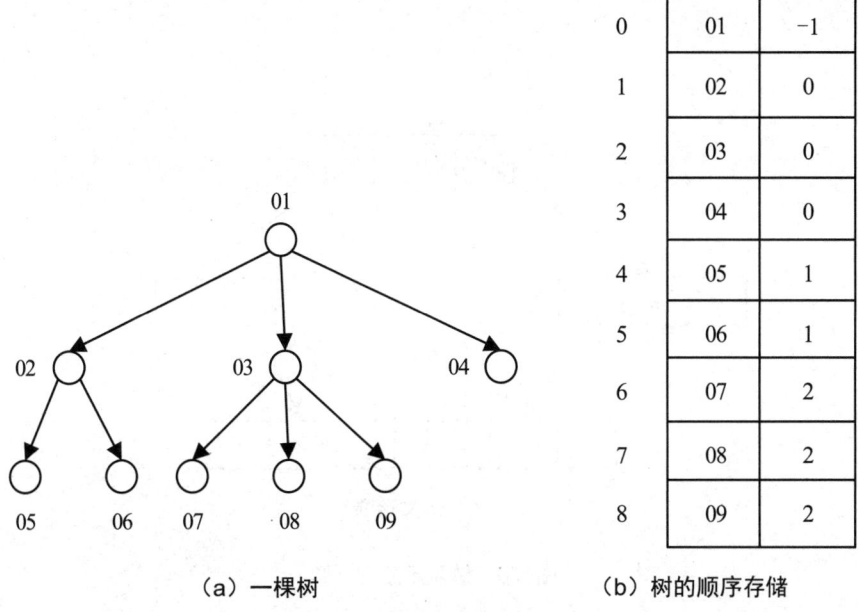

（a）一棵树　　　　　　　（b）树的顺序存储

图 5.5　树的顺序存储结构示意图

## 2．链式存储结构

链式存储结构是指使用"链表"存储映像数据的逻辑结构，链表是由节点构成的，每个节点对应一个数据元素，每个节点是单独分配的，所有节点的地址不一定是连续的。为了表示元素之间的逻辑关系，每个节点有一个或多个指针域，用于存储逻辑上相邻节点的地址，也就是通过指针域将所有节点连接起来而形成链表。

链表的形式很多，如存储线性结构的单链表、双向循环链表，树型结构的二叉链表、图形结构的邻接表等。图 5.6 所示为 3 种链表示意图。每种链表都会有一个"头指针"，相当于链表的入口，也是一个地址值。

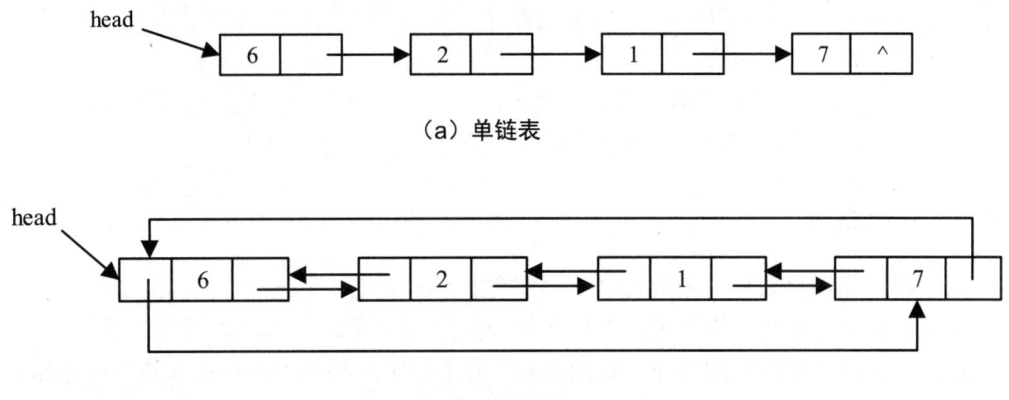

（a）单链表

（b）双向循环链表

图 5.6　链表示意图

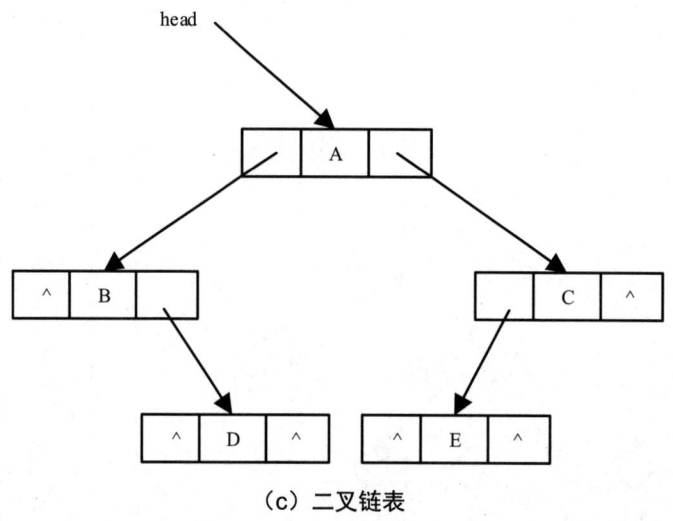

（c）二叉链表

图 5.6　链表示意图（续）

### 3．索引存储结构

索引存储结构是指在存储数据元素信息的同时还要建立附加的索引表。存储所有数据元素信息的表称为主数据表，其中每个数据元素有一个关键字和对应的存储地址。

索引表中的每项称为索引项，索引项的一般形式为"关键字，地址"。通常，索引表中的所有索引项是按关键字有序排列的。

建立索引表的主要目的是快速检索。

索引存储结构的优点是查找效率高，缺点是需要建立索引表，从而增加了空间开销。

### 4．散列存储结构

散列存储也称哈希存储。散列存储的基本思想是根据元素的关键字通过散列函数直接计算出一个值，并将这个值作为该元素的存储地址。与前 3 种存储结构不同的是，散列存储不涉及数据元素之间关系的映射，所以散列存储主要应用于元素间没有逻辑关系的集合结构，以便数据的查找和插入运算。

上述 4 种基本的存储结构可以单独使用，也可以组合使用。同一种逻辑结构可采用不同的存储结构，选择哪种存储结构需要考虑运算方便及算法的时空要求。

## 5.2.5　数据运算

数据运算是指对数据实施的操作。每种数据结构都有一组相应的运算，常用的运算有查找、插入、删除、遍历、排序等。数据运算分为运算定义和运算实现两个层面。

运算定义是运算功能的描述，是抽象的，基于逻辑结构的。运算实现是基于存储结构的，同样的运算定义，如果存储结构不同，则运算实现的算法基本不同。

逻辑结构、存储结构和运算三者之间的关系如图 5.7 所示。

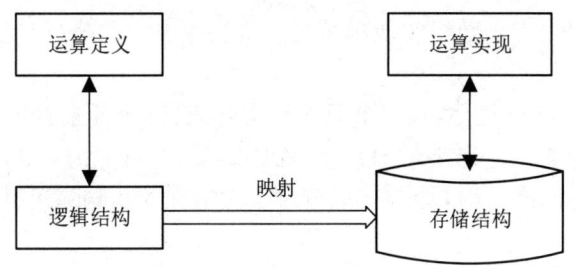

**图 5.7 逻辑结构、存储结构和运算三者之间的关系**

对于一种数据结构,其逻辑结构总是唯一的,但它可能对应多种存储结构,并且在不同的存储结构中同一运算的实现过程可能不同。

## 5.3 几种常见的数据结构

### 5.3.1 线性表

线性表是一种典型的线性结构,也是较常用的数据结构。例如,教师上课时用于记录教学情况的学生名单、英文字母表等。

#### 1. 线性表的定义

线性表(Linear List)是具有相同特性的数据元素的一个有限序列。该序列中所含元素的个数叫作线性表的长度,用 $n$ 表示,$n \geq 0$。当 $n=0$ 时,为空表。线性表中每个数据元素都由逻辑序号唯一确定,设序列中的第 $i$ 个元素为 $a_i (1 \leq i \leq n)$,则线性表一般表示为

$$LS = (a_1, a_2, \cdots, a_i, \cdots, a_n)$$

式中,$a_1$ 称为第一个元素;$a_i$ 称为第 $i$ 个元素;$a_n$ 称为最后一个元素。除第一个元素外,每个元素有且只有一个前驱元素,除最后一个元素外,每个元素有且只有一个后继元素,因此,线性表是一对一的数据结构。

线性表的基本运算主要有在线性表的第 $i$ 位置插入一个元素、删除线性表的第 $i$ 个元素、在线性表中查找、求线性表的长度、遍历线性表等。

线性表主要作为存储数据的容器,如学生名单、一年中每月的天数等。

#### 2. 线性表的存储结构

线性表的存储结构有两种:顺序存储和链式存储。

线性表的顺序存储,是把线性表中的所有元素按照逻辑顺序依次存储到一块地址连续的存储空间中,逻辑上相邻的两个元素,物理上也是相邻的,如图 5.8 所示。线性表的顺序存储结构简称为**顺序表**。

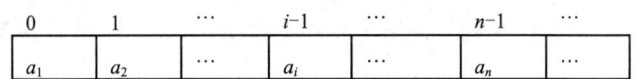

**图 5.8 线性表的顺序存储**

在 C/C++语言中，可以使用数组实现顺序表，将线性表中的第 $i$ 个元素存储到下标为 $i-1$ 的数组单元中。

如果在顺序表中的第 $i$ 位置上插入一个元素，需要把第 $i$ 个元素到第 $n$ 个元素从最后一个元素开始依次后移一个位置，空出第 $i$ 个位置。而删除第 $i$ 个元素时，需要把第 $i+1$ 个元素到第 $n$ 个元素依次前移一个位置。所以如果在运算时有大量插入和删除运算时，则顺序表运算效率不高。

线性表的链式存储也称链表。一般采用带头节点的单链表存储线性表，如图 5.9 所示。

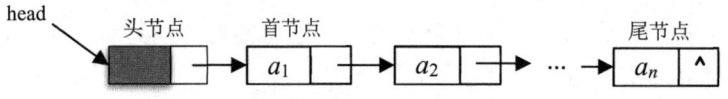

图 5.9　单链表存储线性表

通常每个链表都带有一个头节点，头节点不存储线性表中的任何元素，头节点的指针域指向首节点。head 为头指针，指向头节点。存储线性表最后一个元素的节点是尾节点，尾节点的指针域为空，在图示中用符号"^"表示。从链表的头指针所指的头节点出发，沿着节点的链（指针域）可以访问每个节点。

在链表中插入一个节点，先要找插入位置，然后只需要修改相应节点的指针域的链接即可，不需要元素的移动，同理删除节点也是一样的。所以链表相比较顺序表而言，在进行插入和删除运算时，效率较高。

**3．操作受限的线性表**

栈和队列是操作受限的线性表，只允许在表的端点处进行插入和删除操作。

1）栈

栈（Stack）是指将线性表的插入和删除运算限制为仅在表的一端进行。通常将表中允许进行插入、删除操作的一端称为栈顶，将表的另一端称为栈底。当栈中没有元素时称为空栈。栈的插入操作被形象地称为进栈或入栈，删除操作被称为出栈或退栈。栈就像一个底端封闭，顶端开口的容器，如图 5.10（a）所示。栈具有后进先出的特点。

栈也有两种存储结构，一种是顺序存储结构的顺序栈，一种是链式存储结构的链栈。

栈常用的操作有初始化栈（构造一个空栈）、入栈、出栈、判断栈是否为空和取栈顶元素。

栈通常用作保存函数调用时所需要的信息，也常应用栈把递归算法转换成非递归算法，栈是非常重要的数据结构之一。

2）队列

队列（Queue）是另一种限定性的线性表，它只允许在表的一端插入元素，而在另一端删除元素，所以队列具有先进先出的特性。 在队列中，允许插入的一端叫作队尾，允许删除的一端叫作队头。队列类似于管道，一端流入，另一端流出，如图 5.10（b）所示。

队列也有两种存储结构，一种是顺序存储结构的循环队列，一种是链式存储结构的链队列。

队列常用的操作有初始化队列（构造一个空队列）、入队、出队、判断队列是否为空和取队头元素。

队列也有广泛的应用，特别是在操作系统的资源分配和排队论中会大量使用队列。

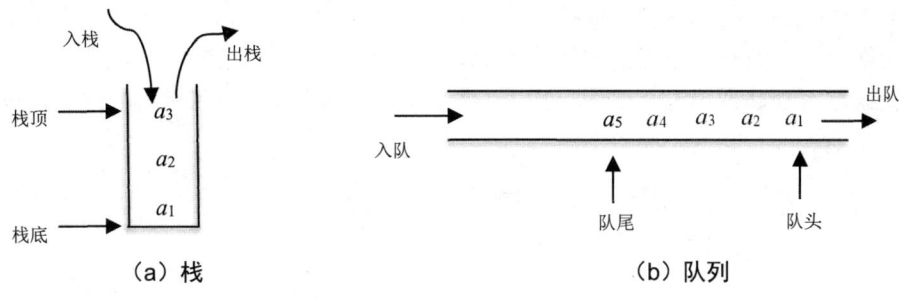

(a) 栈　　　　　　　　　　　　(b) 队列

图 5.10　栈和队列示意图

### 5.3.2　树型结构

树型结构广泛存在于客观世界中，如书的目录、事物的分类、族谱等。树型结构在计算机领域应用也非常广泛，如操作系统的文件目录结构、源程序编译时的语法结构等。树型结构属于非线性数据结构，在树型结构中，一个节点可以与多个节点相对应，常用于表示层次结构。

#### 1. 树的基本概念和特征

树（Tree）是 $n(n \geqslant 0)$ 个数据元素的有限集合 $T$，树中的每个数据元素被称为节点。当 $n=0$ 时，称为空树；当 $n>0$ 时，其中必有一个称为根（Root）的特定节点，它没有直接前驱，但有零个或多个直接后继，其余 $n-1$ 个节点可分成 $m(m \geqslant 0)$ 个互不相交的有限集 $T_1, T_2, \cdots, T_m$，其中每个子集本身又是一棵符合本定义的树，称为根的子树。

可以看出，树的定义是递归的。因为在树的定义中又用到了树，即一棵树由一个根节点和若干棵互不相交的子树构成，而子树又包含更小的子树，树的示意图如图5.11所示，该图看上去就像一棵倒置的树。

树中某个节点的子树个数称为该节点的度，树中所有节点的度中的最大值称为树的度。度为 0 的节点称为叶子节点或终端节点，度大于0的节点称为非终端节点或分支节点。

在一棵树中，每个节点的后继节点称为该节点的孩子节点。相应地，该节点被称为孩子节点的双亲节点。具有同一个双亲节点的孩子节点互为兄弟。

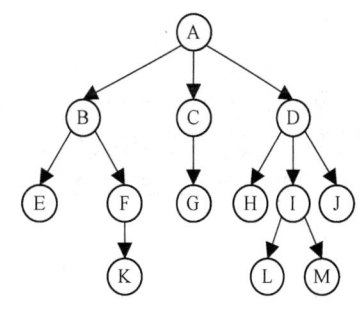

图 5.11　树的示意图

由于树本身是一种"分支层次"结构，因此树中的每个节点都处在某一层上。节点层次从树根开始定义，根节点在第一层，它的孩子节点在第二层，每个节点的层次都是它双亲节点的层次加 1。树中节点的最大层次称为树的高度或树的深度。

图 5.11 所示的树的高度是 4，树的度是 3，根节点 A 的度是 3，E、G、H、J、K、L、M 是叶子节点，E 和 F 是 B 的孩子节点，B 是 E 和 F 的双亲节点，E 和 F 互为兄弟。

$n(n>0)$ 个互不相交的树的集合称为森林。把含有多棵子树的根节点删去就成了森林。

#### 2. 二叉树

1）二叉树的定义

二叉树（Binary Tree）是一个有限的节点集合，这个集合或为空，或由一个根节点和两棵不相交的称为左子树和右子树的二叉树构成。二叉树的定义也是递归定义。

二叉树有 5 种基本形态，如图 5.12 所示。二叉树中的节点最多有两个孩子，分别称为左孩子和右孩子。

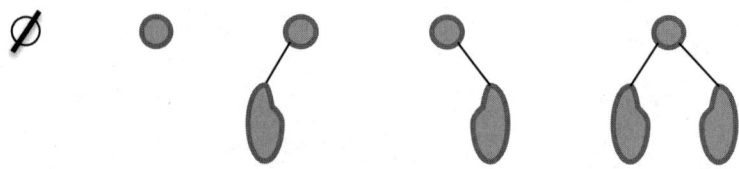

图 5.12　二叉树的 5 种基本形态

在一棵二叉树中，如果所有分支节点都有两个孩子节点，并且叶子节点都集中在二叉树的最下面一层，这样的二叉树称为满二叉树。图 5.13 所示为满二叉树。如果对满二叉树的节点按层序编号，约定编号从树根为 1 开始，按照从上到下，从左到右的次序编号。图 5.13 中每个节点旁边的数字就是对该节点的编号。

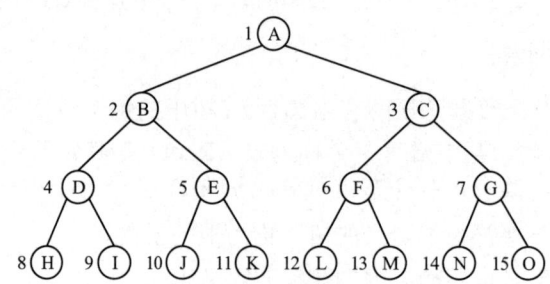

图 5.13　满二叉树

若二叉树中最多只有最下面两层节点的度数可以小于 2，并且最下面一层的叶子节点都排列在该层最左边的位置上，则这样的二叉树被称为完全二叉树。图 5.14 所示为完全二叉树，满二叉树是完全二叉树的一种特例，并且完全二叉树与同高度的满二叉树的对应位置节点有相同的编号。

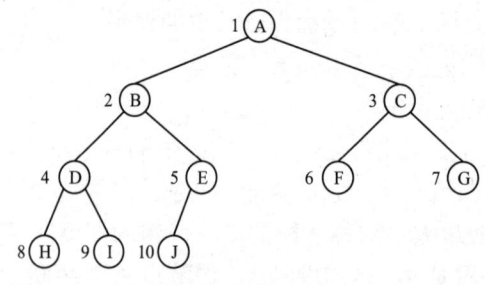

图 5.14　完全二叉树

可以看到，一棵 $k$ 层的二叉树，最多节点个数是 $2^k-1$，第 $i$ 层上最多有 $2^{i-1}$ 个节点。对于完全二叉树，编号为 $i$ 的节点，如果有左孩子，则左孩子节点的编号是 $2i$，如果有右孩子，则右孩子节点的编号是 $2i+1$，除根节点外，编号为 $i$ 的节点的双亲节点编号是 $i/2$。具有 $n$ 个节点的二叉树的高度介于 $\log_2 n+1$ 和 $n$ 之间。

2)二叉树的二叉链表存储结构

与线性表一样,二叉树也有顺序存储结构和链式存储结构,常用的是链式存储结构。因为二叉树最多有两个孩子,所以链表节点有两个指针域,分别指向左孩子和右孩子。链表节点结构如图 5.15 所示。

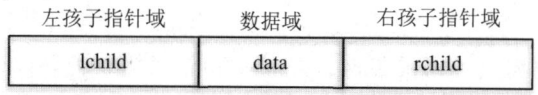

图 5.15　链表节点结构

使用这样的链表节点构造的链表被称为二叉链表,通过一个根指针指向二叉链表的根节点来唯一标识一棵二叉树。图 5.16 所示为一棵二叉树及其对应的二叉链表存储结构。

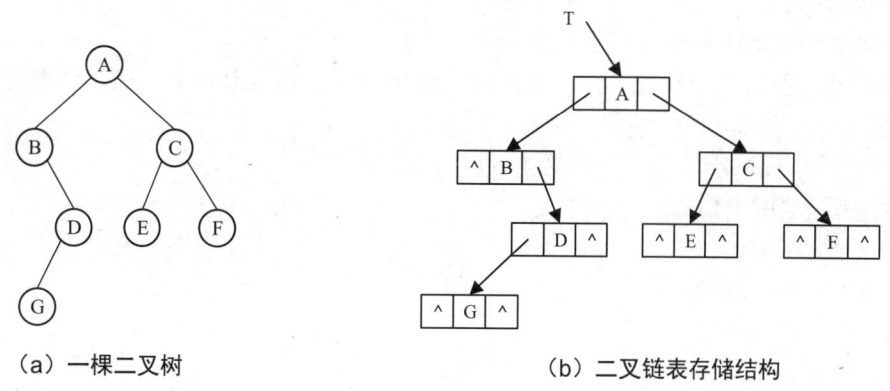

（a）一棵二叉树　　　　　　　　　　（b）二叉链表存储结构

图 5.16　二叉树及其对应的二叉链表存储结构

3)二叉树的顺序存储结构

二叉树的顺序存储就是用一组地址连续的存储单元来存放二叉树的数据元素。对于完全二叉树和满二叉树,树中节点的层序编号可以唯一地反映节点之间的逻辑关系,所以可以用一维数组按从上到下、从左到右的顺序存储二叉树中的所有节点的值,即编号为 $i$ 的节点存储在下标为 $i$ 的数组单元中。图 5.17 所示为完全二叉树（见图 5.14）的顺序存储结构。

| 0 | 1 | 2 | 3 | 4 | 5 | 6 | 7 | 8 | 9 | 10 |
| --- | --- | --- | --- | --- | --- | --- | --- | --- | --- | --- |
|  | A | B | C | D | E | F | G | H | I | J |

图 5.17　完全二叉树的顺序存储结构

对于一般的二叉树,根节点的编号为 1,而对于编号为 $i$ ($i \geq 1$) 的节点若存在左孩子,则编号为 $2i$,若存在右孩子,则编号为 $2i+1$。同样编号为 $i$ 的节点存储在下标为 $i$ 的数组单元中。

图 5.16（a）所示的二叉树的顺序存储结构如图 5.18 所示。

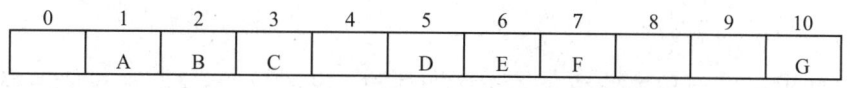

图 5.18　图 5.16（a）所示的二叉树的顺序存储结构

显然，完全二叉树和满二叉树采用顺序存储结构比较合适，而一般形态的二叉树，采用顺序存储结构会造成存储空间的浪费。因此，对于一般二叉树通常采用二叉链表存储结构。

4）二叉树的遍历

二叉树的遍历是指按照一定的次序访问二叉树中的所有节点，并且每个节点仅被访问一次的过程。所谓的访问是指对节点的数据域进行处理，如何处理依赖于问题本身。

二叉树的遍历是二叉树最基本的运算之一，是二叉树中所有其他运算实现的基础。

一棵二叉树由 3 部分组成，即根节点、左子树和右子树。若规定遍历时先左后右，则对于非空二叉树，可以得到 3 种递归的遍历方法，即先序遍历、中序遍历和后序遍历。对于非空二叉树：

先序遍历：访问根节点、先序遍历左子树、先序遍历右子树。

中序遍历：中序遍历左子树、访问根节点、中序遍历右子树。

后序遍历：后序遍历左子树、后序遍历右子树、访问根节点。

这 3 种递归遍历的递归出口都是二叉树为空时。

除此之外，我们还可以对一棵二叉树按层遍历，即按照从上到下、从左到右的顺序遍历二叉树。

对于图 5.16（a）所示的二叉树的 4 种遍历结果如下。

按层遍历：ABCDEFG

先序遍历：ABDGCEF

中序遍历：BGDAECF

后序遍历：GDBEFCA

### 5.3.3　图形结构

图形结构也是非线性数据结构，被广泛应用于多个技术领域，如系统工程、人工智能、控制论及数学的其他分支中。离散数学侧重对图的理论进行研究，数据结构则是讨论图在计算机中的表示和处理，以及应用图来解决一些实际问题。

**1. 图的基本概念**

图由顶点和顶点之间边的集合组成，通常表示为 $G=(V,E)$，其中 $G$ 表示一个图，$V$ 是图 $G$ 中顶点的有限集合，$E$ 是图 $G$ 中边的集合。

若顶点 $V_i$ 到 $V_j$ 之间的边没有方向，则称这条边为无向边（Edge），用序偶对 $(V_i,V_j)$ 表示。图 5.19（a）所示的无向图 $G_1=(V_1,E_1)$，其中顶点集合 $V_1=\{A,B,C,D\}$，边集合 $E_1=\{(A,B),(B,D),(C,D),(A,D),(A,C)\}$。

若从顶点 $V_i$ 到 $V_j$ 的边是有方向的，则称这条边为有向边，也称为弧（Arc），用有序对 $\langle V_i,V_j\rangle$ 表示，$V_i$ 称为弧尾，$V_j$ 称为弧头。若任意两条边之间都是有向的，则称该图为有向图。图 5.19（b）所示的有向图 $G_2=(V_2,E_2)$，顶点集合 $V_2=\{A,B,C,D\}$，弧集合 $E_2=\{\langle B,A\rangle,\langle B,D\rangle,\langle A,C\rangle,\langle D,A\rangle\}$。

图的边和弧可以有相关的数，这个数叫作权（Weight）。这些带权的图通常称为网

（Network）。带权无向图 $G_3$ 如图 5.19（c）所示。

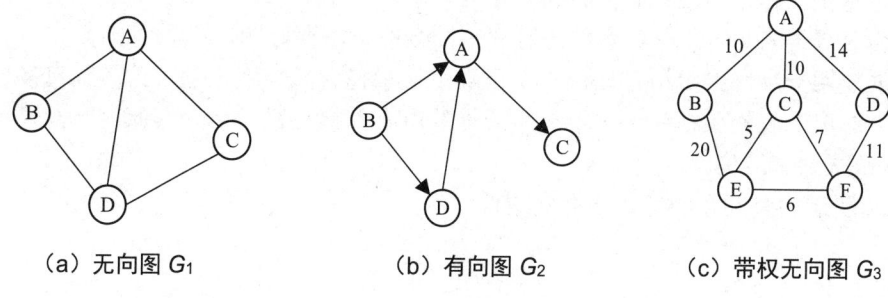

（a）无向图 $G_1$　　　（b）有向图 $G_2$　　　（c）带权无向图 $G_3$

图 5.19　图的示例

**2．图的存储结构**

由于图是一个二元组，包括顶点的集合 $V$、边或弧的集合 $E$，因此在存储图的过程中要考虑如何存储这两个集合，常用的两种图的存储结构是邻接矩阵和邻接表。

1）邻接矩阵

在邻接矩阵中，使用一个一维数组来存储图中的顶点信息，每个顶点都被分配了一个唯一的编号，该编号与数组下标一一对应。使用另一个二维数组，也即邻接矩阵来存储图中顶点之间的连接关系，元素的值为 0 或 1，1 表示有边或弧相连，而 0 则表示没有边。

设图 $G$ 有 $n$ 个顶点，则邻接矩阵是一个 $n \times n$ 的方阵，定义为

$$\text{Arc}[i][j] = \begin{cases} 1, & \text{若}(v_i,v_j) \in E \text{或} \langle v_i,v_j \rangle \in E \\ 0, & \text{否则} \end{cases}$$

如果图 $G$ 是带权的图，则

$$\text{Arc}[i][j] = \begin{cases} w_{ij}, & \text{若}(v_i,v_j) \in E \text{或} \langle v_i,v_j \rangle \in E, \text{则该边或弧的权为} w_{ij} \\ 0, & i=j \\ \infty, & \text{否则} \end{cases}$$

图 5.19 中的图对应的邻接矩阵存储结构如图 5.20 所示。无向图的邻接矩阵是一个对称矩阵。

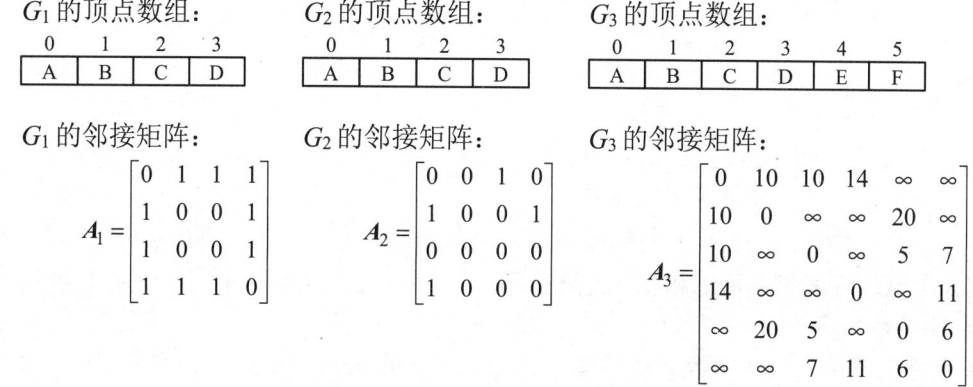

图 5.20　图的邻接矩阵存储结构

2）邻接表

邻接矩阵是一种不错的图存储结构，但是，对于边数相对顶点较少的图，这种结构存在存储空间的浪费。因此可用一种数组与链表相结合的方法存储图，称为邻接表。

邻接表使用一个一维数组存储图，一维数组元素包含两个数据项：顶点信息及这个顶点所有邻接点的单链表的头指针。由于一个顶点的所有邻接点以单链表存储，因此这种存储结构是顺序+链式存储结构。

图 5.21 所示为有向图的邻接表存储结构。

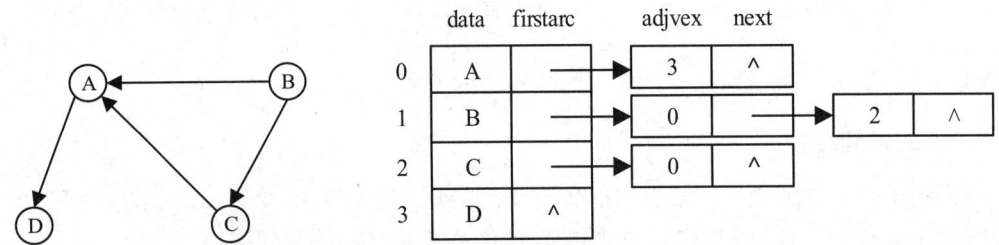

图 5.21　有向图的邻接表存储结构

可以看出，顶点表的各个节点由 data 和 firstarc 两个域表示，data 是数据域，存储顶点的信息；firstarc 是指针域，指向边表的第一个节点，即此顶点的第一个邻接点。边表节点由 adjvex 和 next 两个域组成。adjvex 是邻接点域，存储某顶点的邻接点在顶点表中的下标，next 则存储指向边表中下一个节点的指针。

对于带权有向图，可以在边表节点定义中再增加一个 weight 的数据域，存储权值信息即可。带权有向图的邻接表存储结构如图 5.22 所示。

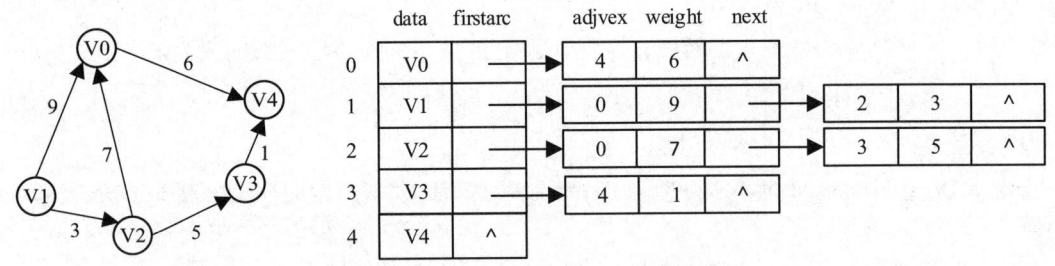

图 5.22　带权有向图的邻接表存储结构

### 3．图的遍历

图的遍历和树的遍历类似，即从图中某一顶点出发访问图中的所有顶点，且每个顶点仅被访问一次，这一过程就叫作图的遍历。

对于图的遍历来说，如何避免因回路陷入死循环，就需要科学地设计遍历方案，通常有两种遍历策略：深度优先遍历和广度优先遍历。

1）深度优先遍历

深度优先遍历，也称深度优先搜索（Depth First Search，DFS）。其实，就像一棵树的前序遍历。它从图中某个顶点 $v$ 出发，先访问此顶点，然后从 $v$ 的未被访问的邻接点出发进行 DFS，直至图中所有和 $v$ 有路径相通的顶点都被访问到。若图中尚有顶点未被访问，则另选图中一个未曾被访问的顶点做起始点，重复上述过程，直至图中的所有顶点都被访问到。

DFS 的遍历策略用到了递归思想，访问完选定的初始顶点后，就会从这个顶点的未被访问顶点继续向前进行访问，DFS 的遍历策略实际上与我们走迷宫的策略是一样的，当我们向前走时，只要前面有未走过的路（有未被访问的邻接点）就会选择走下去，一旦无路可走（没有未被访问的邻接点）时，就会后退到上一个路口，再选择继续向前或后退。图 5.23（a）所示为图的 DFS 过程示意图，其中实线为向前走，虚线为后退，线上的数字表示步骤，当图中所有顶点都被访问后，遍历结束，算法设计时需要考虑顶点的被访问状态。图 5.23（a）的 DFS 结果为 ABCFEGDHI，在遍历过程中实线连在一起就是这个图的 DFS 生成树，如图 5.23（b）所示，可以画成树的形态，如图 5.23（c）所示。

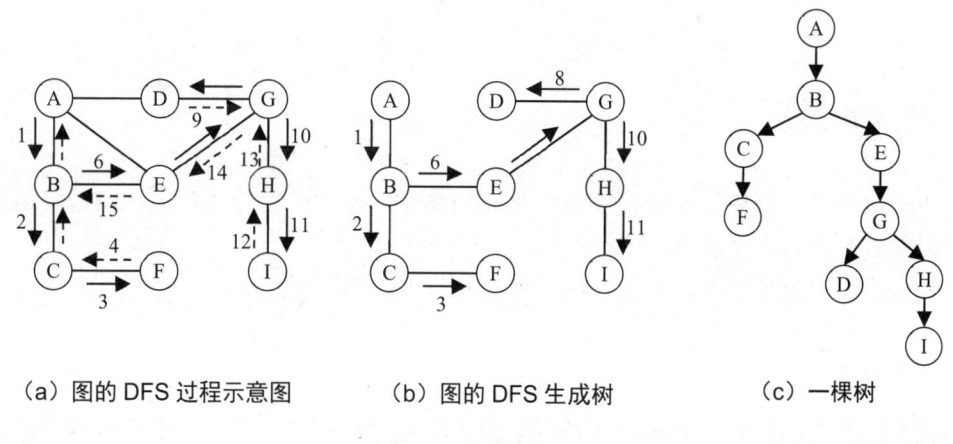

（a）图的 DFS 过程示意图　　　　（b）图的 DFS 生成树　　　　（c）一棵树

**图 5.23　图的 DFS**

2）广度优先遍历

广度优先遍历，又称为广度优先搜索（Breath First Search，BFS）。图的 BFS 类似树的按层遍历。BFS 算法的思想是，从图中某顶点 $v$ 出发，在访问了 $v$ 之后依次先访问 $v$ 的各个未曾访问过的邻接点，然后分别从这些邻接点出发依次访问它们的邻接点，并使"先被访问的顶点的邻接点先于后被访问的顶点的邻接点被访问"，直至图中所有已被访问的顶点的邻接点都被访问到。如果此时图中尚有顶点未被访问，则需要另选一个未被访问过的顶点作为新的起始点，重复上述过程，直至图中所有顶点都被访问到。

图 5.24（a）所示为图的 BFS 过程示意图，从 A 出发进行 BFS：先访问顶点 A（第 1 层）；然后访问 A 的 3 个邻接点 B、D、E（第 2 层）；再访问 B 的邻接点 C，D 的邻接点 G（第 3 层），C 的邻接点 F，G 的邻接点 H（第 4 层）；最后访问 H 的邻接点 I（第 5 层）。因此，图 5.24（a）的 BFS 结果为 ABDECGFHI。把遍历过程访问邻接点的线连在一起就是这个图的 BFS 生成树，如图 5.24（b）所示。

除了图的遍历，还有很多基于图的，应用于实际问题的经典算法，如最小生成树算法，该算法可用于解决城市间的交通工程造价最优问题；求解图的单源最短路径的 Dijkstra 算法；用于确定活动顺序的拓扑排序算法；在工程的 AOE（Activity On Edge）网中，计算关键路径和关键活动的算法等。

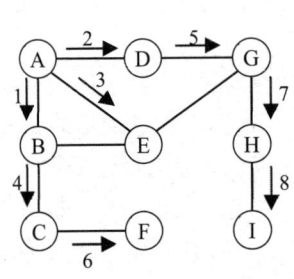 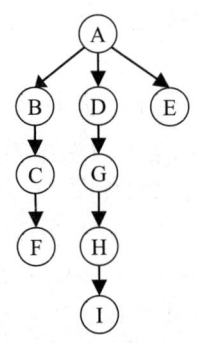

（a）图的 BFS 过程示意图　　　（b）图的 BFS 生成树

图 5.24　BFS

## 5.4　查找和排序

查找和排序是计算机程序设计中非常重要的操作。在程序设计过程中，都希望用尽可能少的时间完成查找和排序任务。

查找和排序的算法很多，本节介绍几种常见的查找和排序算法。

### 5.4.1　查找

查找又称检索，是指在某种数据结构中找出满足给定条件的元素，主要有基于线性表的查找、基于树的查找和哈希表查找，本节介绍两个基于线性表的查找算法。

**1．顺序查找**

顺序查找算法是用所给关键字依次与顺序表中的元素关键字做比较，直至成功或失败。算法实现比较简单，如果要找的元素不存在，则需要比较 $n$ 次。

**2．二分查找**

二分查找又称折半查找。这种算法要求待查找的顺序表是按关键字有序的。

该算法的思想是，将顺序表中间位置的元素的关键字与查找关键字做比较，如果两者相等，则查找成功；如果中间位置元素的关键字大于查找关键字，则在前半部分继续查找，否则在后半部分继续查找，重复以上过程，直至找到满足条件的元素或查找范围为空。因为每比较一次或会查找成功，或使查找范围缩小一半，所以该算法称为折半查找算法。

该算法可以使用递归思想实现，也可以采用循环迭代的方法实现。

例 5-5　对有序表(6,10,12,16,18,20,22,24,30,36)，给出折半查找 12 和 28 的过程。

图 5.25（a）所示为用折半查找算法查找 12 的过程，其中 mid = low + high / 2，经过 3 次比较找到元素 12。图 5.25（b）所示为用折半查找算法查找 28 的过程，在第 3 次比较时，因为 28 比 mid 位置的元素 30 小，所以 high = 8, high < low，查找失败。

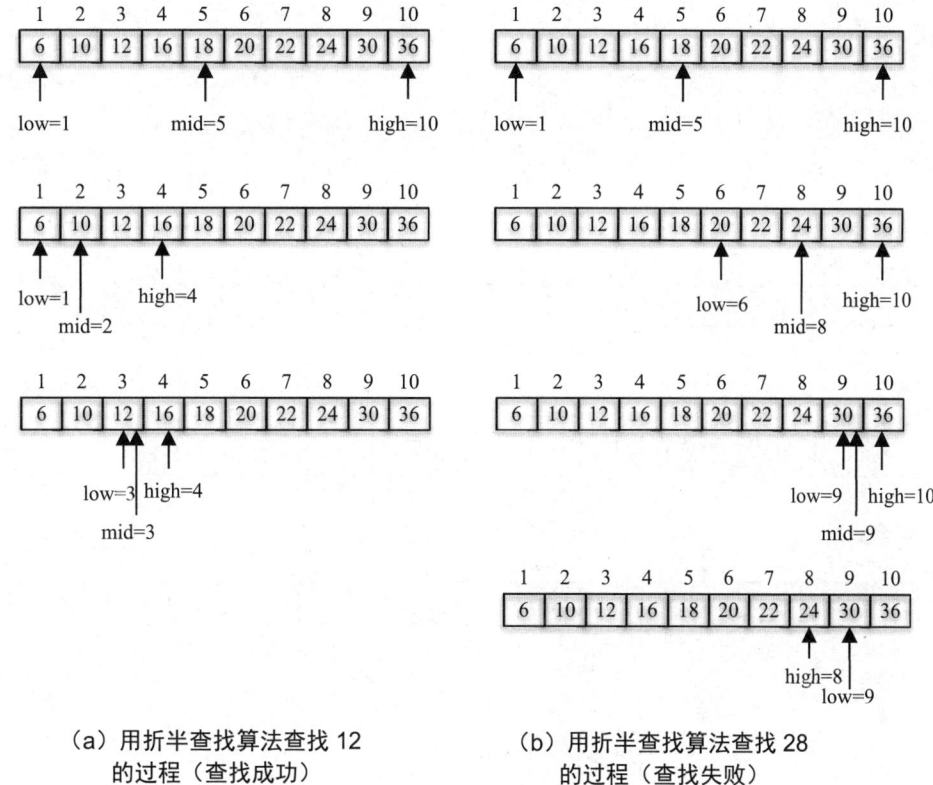

（a）用折半查找算法查找 12 的过程（查找成功）　　（b）用折半查找算法查找 28 的过程（查找失败）

图 5.25　折半查找过程

### 5.4.2　排序

排序是将一个数据元素（或记录）的任意序列，重新排列成一个按关键字有序的序列。

学习和研究各种排序算法是计算机领域的重要课题之一。从查找算法可以看出，顺序查找时间复杂度为 $O(n)$，而建立在有序表基础上的折半查找的时间复杂度为 $O(\log_2 n)$。

本节只介绍几种典型的内部排序算法。内部排序是指待排序序列完全存放在内存中所进行的排序过程。

内部排序算法有很多，但就其全面性而言，很难提出一种被认为最好的算法，每种算法都有其各自的优缺点。

通常，在排序过程中主要进行元素关键字比较和移动元素两种基本操作。下面讨论几种排序算法，这些排序算法是以顺序表作为排序数据的存储结构的，并且顺序表的数据元素类型为整型。

**1．冒泡排序算法**

冒泡排序算法是一种典型的交换排序算法，基本思想是通过无序区中相邻元素关键字的比较和相邻元素的交换使关键字小的元素如气泡般往上"漂浮"。

例 5-6　初始序列为{5,4,3,2,8,6}，给出冒泡排序算法的排序过程。

图 5.26 所示为冒泡排序算法的排序过程，其中灰色区为无序区，初始时，无序区包

括所有元素，每一趟排序后，无序区元素会减少一个，且无序区的最大元素排到了无序区的最后，小的元素也在往前移动（漂浮）。本例共有 6 个元素，进行了 5 趟冒泡过程。分析这 5 趟冒泡过程，我们会发现，在第 4 趟时，已经没有元素交换了，这时序列已经有序了，没必要再进行下一趟的冒泡过程，所以在算法实现时，可以基于这个特点加速排序过程。

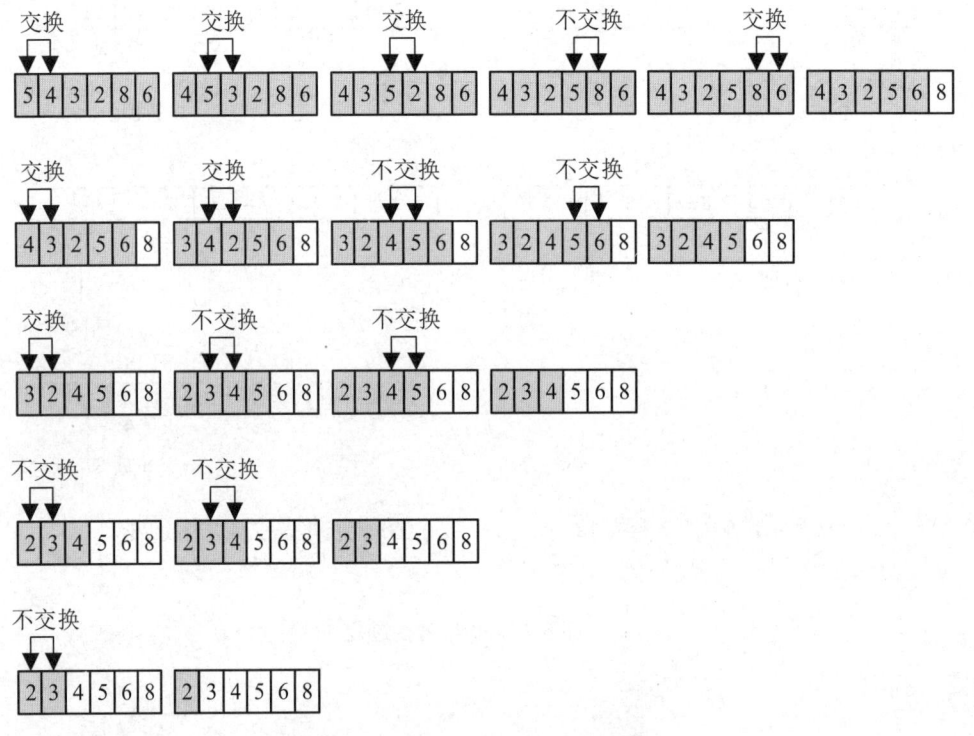

图 5.26　冒泡排序算法的排序过程

冒泡排序算法是一种效率低下的排序算法，在元素规模比较小的时候可以采用，在元素规模比较大时，可考虑其他排序算法。

### 2. 快速排序算法

在冒泡排序算法中，每轮都会比较并在需要时交换相邻的元素，这意味着有可能需要很多的交换才能把一个元素移到其正确的位置。由东尼·霍尔提出的快速排序算法的效率比冒泡排序算法的效率高很多，原因在于进行交换的元素相隔很远，使我们需要较少的交换次数就能把一个元素移到其正确位置。

快速排序算法采用分治策略，对无序区，首先选取某个称为基准的元素（一般为无序区的第 1 个元素），利用这个基准元素，把无序区分成两个子序列，第 1 个子序列的所有元素值都小于或等于这个基准，第 2 个子序列的所有元素值都大于或等于这个基准；然后递归对两个子序列采用同样的算法划分，子序列规模越来越小，直到每个子序列只有一个元素或为空。这时整个序列也就有序了。图 5.27 所示为快速排序算法的一趟划分思想。其中 $R[s]$ 放在顺序表的 $i$ 下标处。

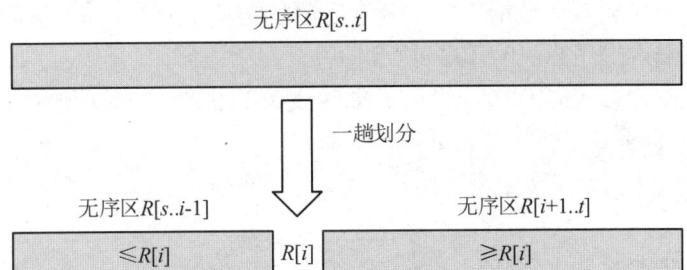

图 5.27 快速排序算法的一趟划分思想

一趟划分思想的过程是，采用从两头向中间扫描的方法，同时交换与基准元素逆序的元素。快速排序算法的主要思想是减少元素交换的次数。例 5-7 给出了快速排序算法一趟划分的方法。

例 5-7 初始序列为 {5,4,3,2,8,6,1,9}，给出快速排序算法一趟划分的过程。

图 5.28 所示为快速排序算法一趟划分的过程，划分过程中设置了两个指示器 $i$ 和 $j$（数组下标）。

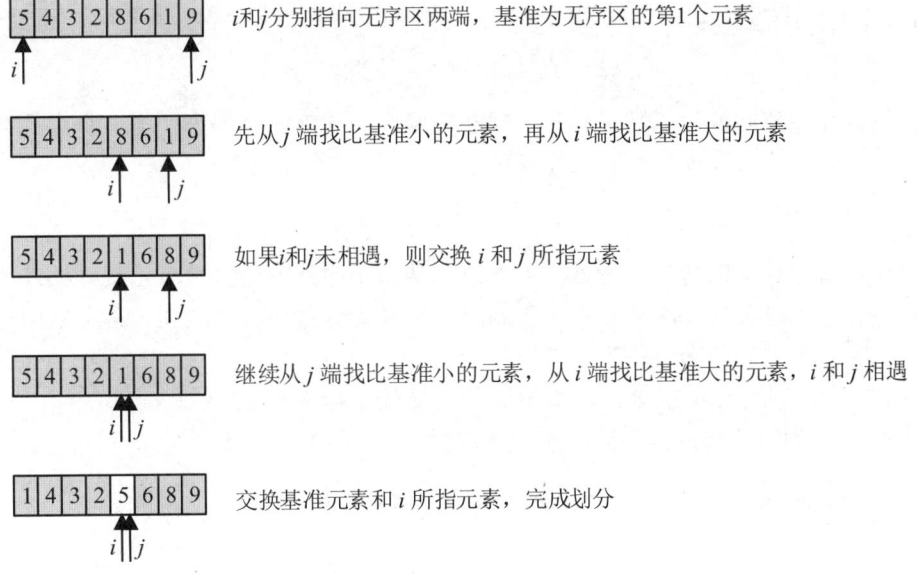

图 5.28 快速排序算法一趟划分的过程

从上面的过程可以看到，$i$ 和 $j$ 相遇时，即完成划分。

一趟划分结束后，再采用相同的方法分别对两个子序列进行划分，划分过程一直进行到所有子序列为空或只有一个元素，这时就完成了排序。该算法的实现可采用递归。

快速排序算法最好的情况是每次划分都能将 $n$ 个元素划分为两个长度差不多的子序列。所以基准元素的选择很重要，可以考虑用无序区的第 1 个元素、中间元素和最后 1 个元素这 3 个元素的值处于中间的元素做基准，以改进算法。

### 3．直接插入排序算法

直接插入排序算法的思想非常简单，初始时，将序列中第 1 个元素作为有序区，剩下的 $n-1$ 个元素作为无序区。每次把无序区的第 1 个元素插入有序区，每插入一个元素后依然保持有序区有序，有序区元素个数增一，无序区元素个数减一，经过 $n-1$ 趟后即成为有序序列。例 5-8 给出了直接插入排序算法的排序过程。

例 5-8 初始序列为{5,4,3,2,8,6}，给出了直接插入排序算法的排序过程。

图 5.29 所示为直接插入排序算法的排序过程。

| 5 4 3 2 8 6 | 初始状态 |
| 4 5 3 2 8 6 | 把4插入（5）有序表中，成为（4,5）有序表 |
| 3 4 5 2 8 6 | 把3插入（4,5）有序表中，成为（3,4,5）有序表 |
| 2 3 4 5 8 6 | 把2插入（3,4,5）有序表中，成为（2,3,4,5）有序表 |
| 2 3 4 5 8 6 | 把8插入（2,3,4,5）有序表中，成为（2,3,4,5,8）有序表 |
| 2 3 4 5 6 8 | 把6插入（2,3,4,5,8）有序表中，成为（2,3,4,5,6,8）有序表 |

图 5.29 直接插入排序算法的排序过程

直接插入排序算法的最坏情况之一出现在初始序列逆序的时候。如果一个序列初始时已经基本有序，用直接插入排序算法的效率会比较高。

### 4．简单选择排序算法

简单选择排序算法的基本思想是，每次总是从无序序列中选出最小元素并把其放在无序序列的起始位置。每选择一次会使无序序列元素个数减一，使有序序列元素个数增一，共需要 $n-1$ 趟选择。初始时，无序序列元素个数为 $n$。

例 5-9 初始序列为{5,4,3,2,8,6}，给出简单选择排序算法的排序过程。

图 5.30 所示为简单选择排序算法的排序过程。

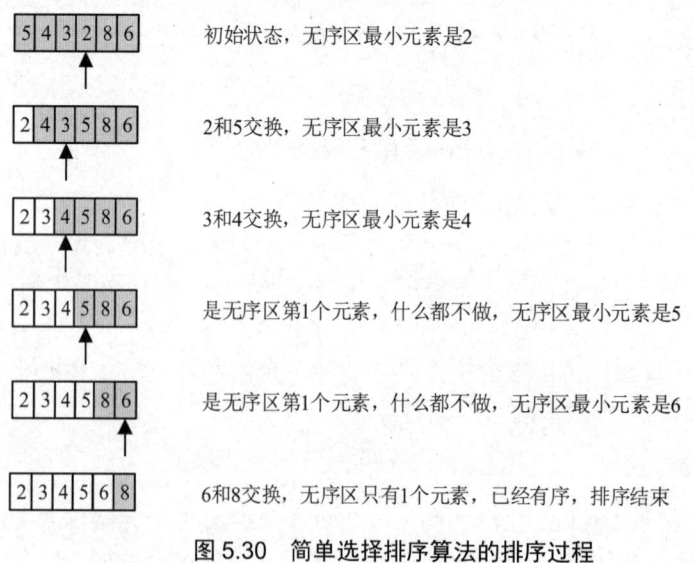

图 5.30 简单选择排序算法的排序过程

由于简单选择排序算法第 $i(1 \leqslant i \leqslant n-1)$ 趟要进行 $n-i$ 次比较，因此总的比较次数是 $n(n-1)/2$，与初始状态无关，简单选择排序算法效率不高。

## 本章小结

算法和数据结构是相辅相成的，数据结构是为算法服务的，算法要作用在特定的数据结构之上。

算法是解决问题的方案描述，是解决问题的步骤集合。程序设计的本质是数据存储和计算，而算法+数据结构=程序。

数据结构重点研究非数值计算涉及的数据元素之间的逻辑结构、存储结构和相应的算法，好的程序设计离不开好的算法，算法的效率与数据的逻辑结构和存储结构相关。

常见的逻辑结构是线性表、树和图，而常用的存储结构是顺序存储结构和链式存储结构。由于大部分问题都会涉及数据的查找和排序，因此需要了解常见的查找和排序算法。

## 习题

1．用欧几里得算法求 31415 和 14142 的最大公约数，你还有其他计算两个正整数最大公约数的算法吗？如果有，用伪代码描述。

2．写一个判断某个正整数是否为质数的算法，用 3 种方法描述你的算法。

3．简要说明算法的基本特征。

4．简要说明数据结构的主要研究内容。

5．给出图 5.31 所示二叉树的 4 种遍历结果。

6．给出图 5.32 所示无向图的 DFS 结果和 DFS 树。

7．给出图 5.32 所示无向图的 BFS 结果和 BFS 树。

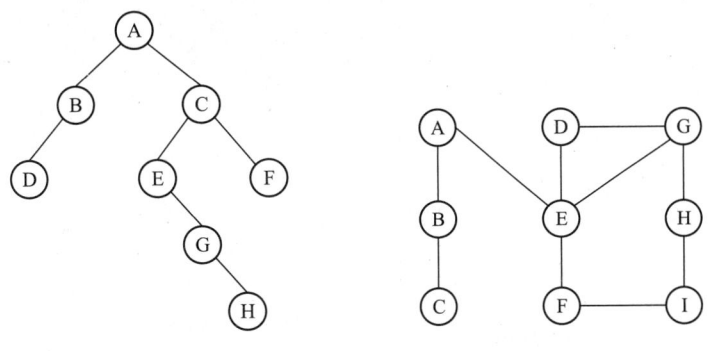

图 5.31　一棵二叉树　　　　图 5.32　无向图 G

8．给出序列（12,3,6,8,11,20,7,9,18,13,28,5）的快速排序算法一趟划分的结果。

9．给出序列（4,6,7,8,12,33,35,44,55,78,88,90）查找 33 的折半查找过程。

## 扩展阅读：密码与安全

随着电子商务的发展，网上银行、网上合同、电子签名等的应用越来越广泛，网络已经成为我们生活中不可或缺的一部分。电子商务在给我们的工作、生活带来便捷的同时，也存在着安全隐患。一直在国际上广泛应用的两大密码算法 MD5、SHA-1，被一名中国密码学专家破解，这在当时的国际社会尤其是国际密码学领域引起了极大反响，也再次敲响了电子商务安全的警钟。从密码分析中找出这两大国际通用密码算法漏洞的是一位土生土长的中国密码学专家——山东大学网络空间安全学院院长王小云教授。SHA-1 在美国等国家有更加广泛的应用，密码被破解的消息一出，在国际社会的反响可谓石破天惊。王小云教授的研究成果表明了从理论上讲电子签名可以伪造，必须及时添加限制条件，或者重新选用更为安全的密码标准，以保证电子商务的安全。有国际专家评价："王小云教授的出现，让全世界的密码学专家不得不跟着中国跑！"王小云教授提出了密码哈希函数的碰撞攻击理论，即模差分比特分析法，破解了包括 MD5、SHA-1 在内的 5 个国际通用哈希函数算法。王小云教授团队的贡献包括将比特分析法进一步应用于带密钥的密码算法，如消息认证码、对称加密算法、认证加密算法的分析，给出系列重要算法 HMAC-MD5、MD5-MAC、SIMON、Keccak-MAC 等的重要分析结果；在高维格理论与格密码研究领域，给出了格最短向量求解的启发式算法二重筛法及带 Gap 格的反转定理等成果，设计了中国哈希函数标准 SM3，在金融、交通、国家电网等重要经济领域被广泛使用，并于 2018 年 10 月正式成为 ISO/IEC 国际标准。密码学是信息安全的基石，信息安全属于新兴学科，随着信息安全与网络空间安全领域的迅猛发展，中国在很多方面达到了国际领先水平，但与国际整体水平还有一定差距，未来还需要更多的信息安全与网络空间安全人才，以发展密码防御体系，共筑国家安全。

# 第 6 章　计算机程序设计基础

**本章学习目标**

- 了解程序设计语言的发展历史
- 了解面向过程的语言和面向对象的语言
- 掌握高级程序设计语言的基本构成
- 了解 C 语言程序设计

　　程序设计是将人们制定的对实际问题的解决方案用程序设计语言表达出来,并在计算机中执行并求得计算结果的过程。软件开发离不开程序设计。计算机程序的本质是数据存储和计算,通过变量使用内存、运算符和流程控制进行计算。软件开发人员要借助强大的编程语言来创建软件。

　　通过本章的学习,我们能够了解程序设计的一般过程和高级程序设计语言的基本构成。以 C 语言为例学习高级程序设计语言的基本框架,通过阅读程序代码,理解程序的一般运行规则和基本的程序语句。本章还将简要介绍当前流行的程序设计语言 Java 和 Python。

## 6.1　程序设计语言概述

　　自 20 世纪 60 年代以来,世界上公布的程序设计语言已有上千种之多,但是只有很少一部分得到了广泛应用。计算机程序是在计算机的核心部件 CPU 中执行的,通过对指令的选择和编排可以实现不同的计算。这个选择和编排指令的过程就是编写程序的过程,而指令构成的序列就是程序。计算机操作的数据和程序都存储在内存中。CPU 能够直接执行的指令都是用二进制表示的一串数码,称之为机器语言。例如,01000000 表示把存储在寄存器 EAX 中的数值加一。由于机器语言不够直观,出了差错也不易检查,因此人们开发了汇编语言。汇编语言把二进制的机器语言代码用有意义的单词来表示,如前面的 01000000,用汇编语言表示就是 INC EAX。为了使程序能够有良好的可移植性,且能够在更高的抽象层次上描述计算过程,人们开发了高级程序设计语言。高级程序设计语言的出现,使程序设计不再过度依赖特定的计算机硬件设备。

### 6.1.1　机器语言

　　机器语言（Machine Language）是用二进制代码表示的计算机能直接识别和执行的一种机器指令的集合。它是计算机的设计者通过计算机的硬件结构赋予计算机的操作功能。机器语言具有灵活、直接执行和速度快等特点,不同型号的计算机其机器语言是不相通的,机器语言使用绝对地址和绝对操作码。

用机器语言编写的程序全是 0 和 1 的指令代码，其可读性和可移植性差，容易出错。

## 6.1.2　汇编语言

汇编语言（Assembly Language）是一种用于电子计算机、微处理器、微控制器或其他可编程器件的低级语言，亦称符号语言。在汇编语言中，用助记符代替机器指令的操作码，用地址符号或标号代替指令或操作数的地址。一般来说，汇编语言和特定的机器语言指令集是一一对应的，不同平台之间不可直接移植。

由于汇编语言更接近机器语言，能够直接对硬件进行操作，生成的程序与其他语言生成的程序相比，具有更高的运行速度，占用更小的内存，因此在一些对于时效性要求很高的程序、许多大型程序的核心模块及工业控制方面大量被应用。另外，驱动程序、嵌入式操作系统和实时运行程序都需要汇编语言。

## 6.1.3　高级语言

高级语言主要是相对汇编语言而言的，它是较接近自然语言和数学公式的编程语言，基本脱离了机器的硬件系统，用人们更易理解的方式编写程序。用高级语言编写的程序称为源程序，将源程序利用编译器或解释器翻译成机器代码执行。编译器和解释器是由专业的程序员编写的专门完成高级语言向机器语言翻译工作的工具软件。

高级语言的诞生使编程摆脱了对硬件指令的依赖，使编写的程序能够在一个更适合描述实际问题的解决方案的概念模型下进行。

高级语言主要分为两大类：以 C 语言为代表的面向过程的程序设计语言和以 Java、C#语言等为代表的面向对象的程序设计语言。

面向过程就是先分析出解决问题所需要的步骤（做什么），然后用函数或过程一步步实现（怎么做），使用的时候一个个依次调用就可以。"面向过程"是一种以过程（函数）为中心的编程思想，一个过程（函数）一般完成一件事情，是功能性的描述，如输出 $n$ 行的杨辉三角。

面向对象是把要解决的问题所涉及的对象分析出来，建立对象不是为了完成一个步骤，而是为了描述某个事物在整个解决问题的步骤中的属性和行为。"面向对象"是一种以事物（Object）为中心的编程思想，一个对象就是一个可识别的实体，如学号为 2022021001 的学生、一部你正在使用的手机等。

实际上，面向对象的程序设计语言是在面向过程的程序设计语言的基础上发展而来的，它体现了人类对这个客观世界更进一步的认识。它们的区别仅是认识和模拟客观世界的角度和层次不同。落实到具体的代码编写上，后者的对象中包含的对数据处理的模块本质上就是前者的函数、过程或子程序，只不过做了相应的封装和使用上的某些限制而已。因此，学习程序设计的初学者一般会选择先学习 C 语言。

通过 C 语言的学习，我们会掌握什么是数据类型、变量、运算符及表达式、选择控制和循环控制，同时能够知道模块化程序设计的思想及两种重要的数据组织方式：数组和结构。这些核心内容几乎都会出现在其他的高级语言中，包括面向对象的程序设计语言。

要理解高级语言必须先理解 4 个核心概念："变量"、"表达式"、"语句"和"赋值"。计算机能且只能做两件事：执行计算和保存计算结果。高级语言采用数学算式的书写方式描述数据的计算过程，计算的初值、中间结果和最终结果可以保存在"变量"中。所谓变量，就是内存中的若干字节，通过给它起个名字来使用它，而不必关心它在内存中的具体位置。"表达式"类似于数学中的代数运算式，能完成算术运算、关系运算或逻辑运算。程序中基本的动作单位称为"语句"，不同的语句能实现不同的功能，如赋值语句、分支语句、循环语句等。高级语言中最基本的语句是"赋值语句"，赋值语句能把计算结果赋值给变量，如

x = 2 * 1.047 − 4.51;
y = x * x;

以上是两条典型的赋值语句，第一个语句等号（=）右边是一个表达式，先计算表达式，再把计算结果保存到名为 x 的变量中。当变量名出现在赋值语句的右边时，表示该变量的值被读出来并参与计算。因此，在第二个赋值语句里，要先读出变量 x 的值，计算后把结果保存到名为 y 的变量中。注意，这两条语句中的等号（=）不是判断相等，而表示的是赋值，也称为赋值运算符。

计算机世界中有几千种不同的高级语言，这些高级语言的语义、语法及功能都有很大不同，因而它们也都有各自不同的编译器或解释器。高级语言非常多，这些语言产生的时间、背景不同，设计的目标也不同。一般程序员会根据所做项目的情况，有时还根据自己的技术背景来选择程序设计语言。近十多年来，程序设计语言的发展主要体现在设计框架和设计工具的改进方面，而程序设计本身的重大改进并不明显。

在程序设计语言发展历史中，语言抽象级别不断提高，语言表现力越来越强大，这样就可以用更少的代码完成更多的工作。高级语言从面向过程的程序语言（如 Fortran 语言、Pascal 语言、Basic 语言、C 语言），发展到面向对象的程序语言（如 C++语言、Java、C#语言），随着 Internet 的发展，动态程序语言（如 Python、PHP）得到了广泛应用。

## 6.2 高级语言程序的编译执行和解释执行

用高级语言书写的程序不能直接在计算机上运行，要经过"编译（Compilation）"或"解释（Interpretation）"才能运行。

"编译"就是把高级语言程序（也称为"源程序"）转换为机器语言程序，即转变为"可执行程序"。每种高级语言的开发者其实就是做了一个"编译器"，用"编译器"完成这种语言程序到机器语言的翻译工作。将源程序转变为最终可执行程序要经过两个阶段："编译"和"连接"，如图 6.1 所示。在"编译"阶段，源程序被翻译成机器语言书写的"目标模块"。在"连接"阶段，这些目标模块与编译软件提供的一些基本模块连接在一起，形成"可执行程序"，即可以在计算机上直接运行的程序。

在编译过程中，目前的编译器一般会对源程序进行两遍扫描。第一遍做一些基本的预处理，第二遍把源程序按照语言的语法定义的翻译规则翻译成目标代码。在翻译过程中，如果源程序没有严格按照语言的语法规定编写，编译器就会报"编译错"，并指出出错的位置和原因。

"解释"执行是由一种称为"解释器（Interpreter）"的软件来实现的。解释器并不会将源程序整体翻译成目标代码，而是解释一句执行一句。解释器的工作方式如图 6.2 所示。

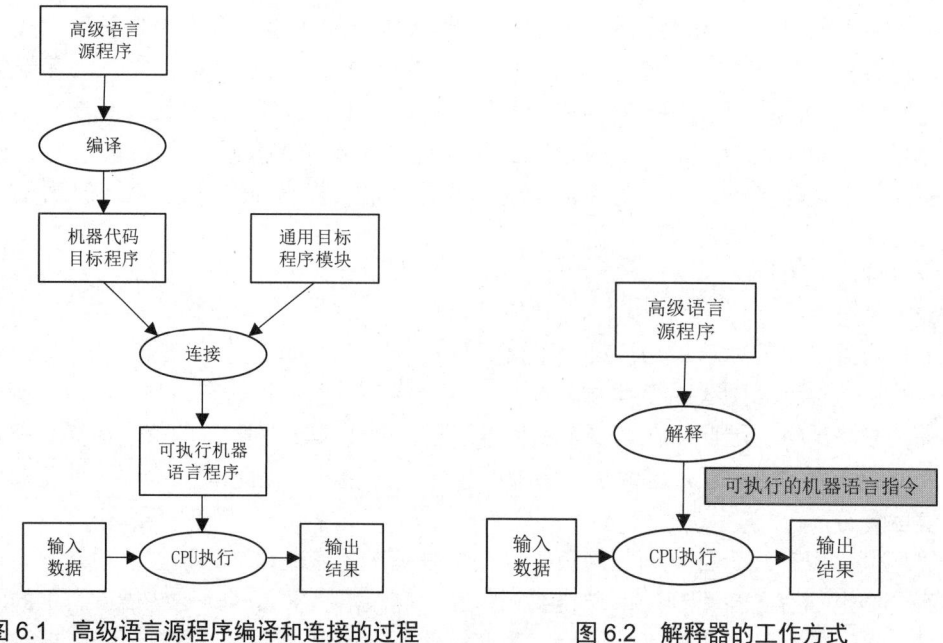

图 6.1　高级语言源程序编译和连接的过程　　图 6.2　解释器的工作方式

## 6.3　结构化程序设计语言 C 语言

C 语言于 20 世纪 70 年代初问世。它源于 UNIX 操作系统，最初只是用于改写用汇编语言编写的 UNIX 操作系统。为了将 UNIX 操作系统更大范围地进行推广，1977 年 Dennis M. Ritchie 发表了不依赖于具体机器系统的 C 语言编译文本《可移植的 C 语言编译程序》，这标志着 C 语言正式诞生。目前 C 语言标准有 C89、C99 和 C11。本节的 C 程序示例采用 C99 标准。

### 6.3.1　程序的基本框架

一个 C 程序是由一个称为 main 的主函数和若干个自定义函数构成的。C 程序的基本框架如图 6.3 所示。

```
编译预处理（宏、头文件）
自定义函数声明

int main(void)
{
        语句序列        //变量定义，数据输入、处理、输出等

        return 0;
}

自定义函数
```

图 6.3　C 程序的基本框架

下面通过两个编程示例了解 C 程序的基本框架。

**例 6-1** 输出字符串 Hello World!

```c
#include <stdio.h>

int main(void)
{
    printf("Hello World!\n");

    return 0;
}
```

#include 是 C 语言的保留字,表示要把另一个文件中的内容包含在本文件中。C 语言中提供了一些可以被直接拿来使用、能够完成某些特定功能的库函数,分别声明在不同的头文件中。stdio.h 中定义了一些与 I/O 相关的函数。例 6-1 的程序代码中只有一个 main 函数。main 函数通过调用库函数 printf 来输出串 Hello World!。

**例 6-2** 输出 1~n 的和。

```c
#include <stdio.h>

int sum(int n); // 函数声明

int main(void)
{
    int n; // 变量定义
    printf("请输入一个整数:");
    scanf("%d", &n);                          // 从键盘输入一个整数到变量 n 中
    printf("1 到%d 的和是:%d", n, sum(n));    // 函数调用

    return 0;
}
int sum(int n)                                // 自定义函数,计算 1~n 的和
{
    int s = 0;
    for (int i = 1; i <= n; i++)
    {
        s += i;
    }

    return s;
}
```

例 6-2 除 main 函数之外,还有一个自定义的 sum 函数,用于计算 1~n 的和。在程序设计中,常将一个大问题划分为多个子问题,每个子问题完成一个功能。通常使用函数来表示子问题的求解。一个 C 程序由多个函数构成,函数是 C 程序的基本单元。

### 6.3.2 数据存储与运算

C 语言提供了大量的运算符用于各种计算，参与计算的是数据，数据需要保存在计算机的内存中。数据是分类型的，如整数、实数、字符、字符串等。不同类型的数据需要的存储空间大小不同，支持的运算也不同，运算主要涉及算术运算、关系运算和逻辑运算等，通过这些运算可以解决很多实际问题。

本节通过一个示例程序来初步认识 C 语言中的变量、常量、运算符、表达式、数据类型等。

例 6-3 计算圆的面积。

```c
#include <stdio.h>

int main(void)
{
    double radius, area;                       // 定义变量
    printf("请输入一个圆的半径: ");
    scanf("%lf",&radius);

    area = 3.14159 * radius * radius;          // 计算圆的面积

    printf("半径为%.2f 的圆的面积是：%.2f\n",radius,area);

    return 0;
}
```

例 6-3 中的 radius 和 area 是变量名，double 代表变量是双精度的浮点类型，这是告诉计算机 radius 和 area 可以存储带小数的数字。在 C 语言中，变量一定要先定义后使用。

C 语言可以处理多种类型的数据，如整数、字符和浮点数。把变量类型定义为整型、字符类型或浮点类型，计算机才能正确地存储、读取和解析数据。

对于 C 程序员来说，要熟悉各种数据类型及其相应的内部存储原理，这样才能更好地写出高质量的代码，避免数据溢出等问题。

C 语言的基本数据类型主要有如下几种。

（1）short：短整型，short 型变量表示一个整数，一般占 2B，表示的数的范围为 $-2^{15} \sim 2^{15}-1$。

（2）int：整型，int 型变量表示一个整数，一般占 4B，表示的数的范围为 $-2^{31} \sim 2^{31}-1$。

（3）long：长整型，和 int 型变量一样，一般也占 4B。

（4）long long：长长整型，long long 型变量表示一个整数，一般占 8B，表示的数的范围为 $-2^{63} \sim 2^{63}-1$。

以上 4 种类型可以用 unsigned 修饰，表示无符号整数类型。unsigned int 型变量表示一个非负整数，因此表示的数的范围为 $0 \sim 2^{32}-1$。

char：字符型，char 类型的变量表示一个字符（如'a'、'0'），占 1B。但从技术层面看，char 类型也是一个标准的整数类型。因为 char 类型实际上存储的是整数而不是字符，是字符的 ASCII 码，如'a'的 ASCII 码是 97。

float：单精度浮点型，float 类型的变量表示一个浮点数（实数），一般占 4B。

double：双精度浮点型，double 类型的变量也表示一个浮点数，一般占 8B，因而其精度

比 float 类型的变量的精度高。

scanf()函数用于读取键盘的输入。%lf 说明 scanf 要读取用户从键盘输入的双精度浮点数，&radius 告诉 scanf()，把输入的浮点数放到变量 radius 中，radius 前面的"&"符号表示取地址运算符，相当于快递员通过邮寄地址找到你家，把快递送到你手中。每个内存单元都是有地址的。

赋值运算符（=）右侧是算术表达式，先计算圆的面积，然后把值放到赋值运算符（=）左侧的变量 area 中。3.14159 则是 double 类型的字面常量。

C 语言的运算符有算术运算符、赋值运算符、关系运算符、逻辑运算符和位运算符等多种。

算术运算符用于数值计算，包括加（+）、减（-）、乘（*）、除（/）、求余（%）、自增（++）、自减（--）共 7 种。

赋值运算符用于对变量进行赋值，分为简单赋值（=）、复合算术赋值（+=, -=, *=, /=, %=）和复合位运算赋值（&=, |=, ^=, >>=, <<=）3 类共 11 种。

关系运算符用于数值的大小比较，包括大于（>）、小于（<）、等于（==）、大于或等于（>=）、小于或等于（<=）和不等于（!=）6 种。

逻辑运算符用于数值的逻辑操作，包括与（&&）、或（||）、非（!）3 种。

位运算符用于对某个整数类型变量中的某一位（bit）进行操作，包括按位与（&）、按位或（|）、按位异或（^）、取反（~）、左移（<<）和右移（>>）6 种。位运算的结果是无符号整数类型的。

一个表达式中可以有多个、多种运算符。不同的运算符优化级不同，可以用括号来规定表达式的计算顺序。例如，（4+2）*5，先算 4+2，再与 5 相乘，结果是 30，如果没有括号，则表达式 4+2*5 的计算结果是 14。

## 6.3.3 分支语句

在 C 语言中，语句以";"结束。有时，需要把一组语句用大括号括起来，表示大括号内的语句是一个整体，称之为语句组或复合语句。例如：

{ t = a; a = b; b = t; }

语句组可以出现在任何单个语句出现的地方。一般情况下，语句的出现顺序就是其执行顺序。但是在某些情况下，需要根据不同的运行情况执行不同的语句组，这时可以选用分支语句。

### 1. if 语句

if 语句的形式为：

```
if(表达式 1)
    语句/语句组 1
else if(表达式 2)
    语句/语句组 2
 ⋮
else
    语句/语句组 n
```

if 语句执行时，从上到下对表达式求值，碰到哪个表达式值为真，就执行该表达式后的语句/语句组，其他所有语句/语句组都不会被执行。如果没有表达式值为真，则执行最后的 else 后面的语句/语句组。"else if"可以没有，也可以有多个，else 可以有一个，也可以没有。例如：

```
if(x % 2 == 0)
    printf("%d 是一个偶数！",x);
```

这条语句可以看作单分支 if 语句。

```
if(x % 2 == 0)
    printf("%d 是一个偶数！",x);
else
    printf("%d 是一个奇数！",x);
```

这条语句可以看作双分支 if 语句，也就是"二选一"。

例 6-4 分支语句程序示例，判断某个实数是正数、负数还是 0。

```
#include <stdio.h>

int main(void)
{
    double x;

    printf("输入一个实数: ");
    scanf("%lf",&x);

    if(x > 0)
        printf("该数为正数！");
    else if(x < 0)
        printf("该数为负数！") ;
    else
        printf("该数为 0 ！") ;

    return 0;
}
```

该程序一共有 3 个分支，根据 x 的值，判定 x 是正数、负数还是 0。

2．switch 语句

switch 和 case 用来控制多分支操作。switch 语句的语法如下。

```
switch(表达式)
{
case 常量值 1：语句 1;[break;]
case 常量值 2：语句 2;[break;]
…
case 常量值 n：语句 n;[break;]
[default:语句 n+1;] [break;]
}
```

switch 语句可以包含任意数目的 case，但是不能有两个 case 后面的常量值完全相同。进入 switch 语句后，首先表达式的值要被计算，并与 case 后面的常量值逐一匹配，若与某一条 case 分支的常量值匹配时，则开始执行它后面的语句/语句组；然后顺序执行之后的所有语句，直到整个 switch 语句结束，或者遇到一个 break 语句。如果表达式与所有常量值都不相同，则从 default 后面的语句开始执行到 switch 语句结束。

各 case 分支后的常量值类型必须是整数型或字符型。

例 6-5 switch 语句程序示例，将百分制成绩转成五级分。

```c
#include <stdio.h>

int main(void)
{
    int score;
    char ch;
    printf("输入 0-100 成绩：");
    scanf("%d", &score);
    switch (score / 10)
    {
    case 10:
    case 9: ch = 'A'; break;
    case 8: ch = 'B'; break;
    case 7: ch = 'C'; break;
    case 6: ch = 'D'; break;
    default: ch = 'E'; break;
    }
    printf("%d 对应的等级为：%c\n", score, ch);

    return 0;
}
```

该程序的每个 case 分支后都用到了 break 语句，break 意味着中止，如果把程序中的所有 break 全部去掉，当输入的 score 的值是 78 时，ch 的值是 E 而不是 C，这是因为表达式的值与某条 case 分支的常量值（本例是 7）匹配后，它后面的语句就会全部执行。

### 6.3.4 循环语句

在有些程序中，需要反复执行某些语句，这时就需要循环语句，主要有 for 语句、while 语句、do-while 语句、break 语句和 continue 语句等。

**1. for 语句**

for 的语句体可以执行零或多次，直到给定的条件不满足时为止。for 语句的语法如下。

```
for(表达式 1;表达式 2;表达式 3)
    语句/语句组
```

for 语句按下面的步骤执行。

步骤 1：表达式 1 执行。表达式 1 可以省略。

步骤 2：表达式 2 执行。表达式 2 也可以省略。如果表达式 2 值为真（非零）或表达式 2 被省略，则语句/语句组被执行，转步骤 3。如果表达式 2 值为假（零），则 for 语句结束。

步骤 3：表达式 2 值为真或表达式 2 被省略时，表达式 3 被执行，表达式 3 也可以被省略。表达式 3 执行后转步骤 2。

例 6-6 计算 1~100 的整数中，有多少个数是偶数，有多少个数是 3 的倍数。

```c
#include <stdio.h>

int main(void)
{
    int i, n2 = 0, n3 = 0;
    for (i = 1; i <= 100; i++)
    {
        if (i % 2 == 0)
            n2++;
        else if (i % 3 == 0)
            n3++;
    }
    printf("偶数：%d 个，3 的倍数的数：%d 个\n", n2, n3);

    return 0;
}
```

### 2．while 语句

while 语句会重复执行一个语句/语句组，直至某个特定的条件表达式为假（零）。while 语句的语法如下。

```
while(表达式)
    语句/语句组
```

例如：
```c
int i = 1, n2 = 0, n3 = 0;
while(i <= 100 )
{
    if(i % 2 == 0)
        n2++;
    else if(i%3==0)
        n3++;
    i++;
}
```

这段代码同样是计算 1~100 的整数中，有多少个数是偶数，有多少个数是 3 的倍数。

### 3．do-while 语句

do-while 语句会重复执行一个语句/语句组，直至某个特定的条件表达式为假（零）。do-while 语句的语法如下。

```
do
```

```
    语句/语句组
while(表达式);
```

在 do-while 语句中,表达式在语句/语句组执行之后才被计算,所以 do 后面的语句/语句组至少会被执行一次。

例 6-7 计算两个整数的最大公约数。

```c
#include <stdio.h>

int main(void)
{
    int m, n, r;
    scanf("%d %d", &m, &n);

    do
    {
        r = m % n;
        m = n;
        n = r;
    } while (n != 0);

    printf("最大公约数是:%d", m);

    return 0;
}
```

### 4. break 语句和 continue 语句

break 语句用来结束离它最近的 do-while 语句、for 语句、switch 语句或 while 语句。

```c
for (int i = 0; i < 10; i++)
{
    for (int j = 1; j <= 5; j++)
    {
        if ((i + j) % 5 == 0)
        {
            printf("i = %d, j = %d\n", i, j);
            break;
        }
    }
}
```

在这段代码中,i 从 0 循环到 9,每次 j 从 1 循环到 5,如果有某个 j 值使 i + j 是 5 的倍数,则输出 i 和 j 的值,并跳出内层的 j 循环,开始下一轮外层的 i 循环。

在 do-while 语句、for 语句或 while 语句中,continue 语句会使其后的语句被忽略,直接进入下一轮循环。

```c
for (int i = 1; i <= 3; i++)
{
```

```
        for (int j = 1; j <= 3; j++)
        {
            if (i == j)
                continue;
            for (int k = 1; k <= 3; k++)
            {
                if (k == i) continue;         // 跳过相等的
                if (k == j) continue;         // 跳过相等的
                printf("%d%d%d\n", i, j, k);
            }
        }
    }
```

这段代码可以输出整数 1、2、3 的全排列。

### 6.3.5 函数

在 C 语言中，一个程序无论大小，都是由一个或多个函数构成的，这些函数分布在一个或多个源文件中。每个完整的 C 程序总是有一个 main 函数，它是程序的组织者，程序执行时也总是由 main 函数开始执行（main 函数的第一条可执行语句称为程序的入口），并且由 main 函数直接或间接地调用其他函数来辅助完成整个程序的功能。

函数是一段相关代码的抽象，它通过函数名将相关代码组织在一起，先对输入的数据（称为参数）进行处理，然后返回特定的输出（称为返回值）。一旦定义好函数之后，就完成了对函数名和该函数对应的相关代码的绑定，以后就可以利用函数名调用这段代码来完成相应的功能。

函数定义的语法格式如下。

```
返回值类型 函数名(形式参数列表)
{
    语句 1
    语句 2
        ⋮
    return 返回值;    //如果返回值类型是 void，则不用返回语句
}
```

其中，返回值类型表示如果该函数被调用，则它执行完之后会向调用它的函数返回何种类型的值。形式参数列表中的每个参数都应说明其类型，以便调用它的函数可以填入正确的参数值。例如：

```
int add(int x, int y)
{
    return x + y;
}
```

这个函数的函数名是 add，它的功能是计算两个整数的和。调用 add 的函数会传递两个整数作为参数，这两个参数由形参 x 和 y 来接收。函数在执行计算后，将 x 和 y 相加的结果通过 return 语句返回给调用者。

一般情况下，在 main 函数的前面声明函数，在 main 函数的后面定义函数。

**例 6-8** 函数声明、函数调用和函数定义示例。

```
#include <stdio.h>
```

```
double pow(double a, int n);            // 函数声明

int main(void)
{
    double a;
    int n;

    printf("输入 a 和 n:");
    scanf("%lf %d",&a, &n);

    double re = pow(a,n);                // 函数调用

    printf("%.2f 的%d 次方是：%.2f", a, n, re);

    return 0;
}
double pow(double a, int n)              // 函数定义
{ // 计算 a 的 n 次方
    double result = 1;
    for (int i = 1; i <= n; i++)
        result *= a;

    return result;
}
```

模块化程序设计是面向过程程序设计语言必须要有的编程思想，下面通过实例 6-9，计算 11 到整数 *n* 之间有多少既是质数又是回文数的数，回文数是指左右对称的数，如 121。

我们先设计一个判断一个整数是否是回文数的函数，再设计一个判断一个整数是否是质数的函数，这样在 main 函数中就可以通过调用这两个函数来解决问题。

例 6-9 模块化程序设计示例。

```
#include<stdio.h>

int isPalindrome(int x);                 // 函数声明
int isPrime(int x);                      // 函数声明

int main(void)
{
    int n, count = 0, i;
    scanf("%d", &n);
    for(i = 11; i <= n; i++)
    {
        if(isPalindrome(i) && isPrime(i))
            count++;
    }
    printf("%d\n", count);

    return 0;
}
int isPalindrome(int x)
{//如果 x 是回文数，则返回 1，否则返回 0
    int y = 0;
    int z = x;
```

```
        while(z)
        {
            y = y * 10 + z % 10;
            z /= 10;
        }
        return x == y;
}
int isPrime(int x)
{//如果 x 是质数，则返回 1，否则返回 0
    int i;
    for(i = 2; i * i <= x; i++)
        if(x % i == 0)  return 0;
    return 1;
}
```

### 6.3.6  数组

如果需要保存一组类型相同、含义相同、作用域相同的数据，则可以使用数组来保存，而不能使用很多个独立的变量来保存。一维数组的定义方法如下。

类型名  数组名[元素个数];

一般情况下，元素个数是常数或常量表达式，且其值是正整数。元素个数也称为数组的长度。例如：

int array[10] ;

这条语句定义了一个名为 array 的数组，它有 10 个元素，每个元素都是一个 int 型变量，数组元素可以表示为以下形式。

数组名[下标]

其中，下标可以是任何值为整型的表达式。例如，array[3]，array[3+4]都是合法的数组元素。

数组元素的下标从 0 开始，也就是说，如果有数组：

T a[5];

那么 a 数组的 5 个元素分别是 a[0]、a[1]、a[2]、a[3]和 a[4]，在使用数组元素时，要尽量避免下标越界。

例 6-10  一维数组编程示例。

```
#include <stdio.h>

const int N = 100;                      // 整型常量

int main(void)
{
    int age;
    int sage[N];                        // 定义能存放 N 个整数的数组 sage
    double sum = 0;
    int n = 0;
    while(1)
    {
        scanf("%d", &age);
        if(age <= 0) break;             // 如果输入的年龄不大于 0，则 while 循环结束
        sum += age;
        sage[n] = age;                  // 将 age 赋值给元素 sage[n]
        n++;
    }
    int k = 0;
    if(n > 0)
    {
```

```
            printf("%.2f\n", sum/n);
            for(int i = 0;i < n; i++)
                if(sage[i] > sum/n)          // 判断 sage[i]的值是否大于平均年龄
                    k++;
            printf("%d\n" , k);
    }

    return 0;
}
```

该程序输入了 n（≤100）个学生的年龄，输出了平均年龄及大于平均年龄的学生数。

如果数组的元素类型是 char 类型，那么可以用字符数组存储字符串，该字符数组中包含一个'\0'字符，代表字符串的结尾，可以把存放字符串的字符数组称为字符串变量。例如：

```
char str[20] = " C program " ;
```

我们可以使用 C 语言的头文件<string.h>中的字符串处理库函数，以完成与字符串处理相关的操作。

除了一维数组，C 语言还可以定义二维数组和多维数组。

例 6-11  二维数组编程示例。

```
#include <stdio.h>

const int N = 20;

int main(void)
{
    int array[N][N];             // 定义 N 行 N 列的二维数组
    int n, i, j;
    scanf("%d", &n);             // 输入杨辉三角的行数
    for (i = 0; i < n; i++)
    {
        array[i][0] = 1;         // 第 1 列（下标为 0）全为 1
        array[i][i] = 1;         // 对角线全为 1
    }
    for (i = 2; i < n; i++)      // 从第 3 行（下标为 2）开始，计算除第 1 列和对角线外的元素
        for (j = 1; j < i; j++)
            array[i][j] = array[i - 1][j - 1] + array[i - 1][j];
    for (i = 0; i < n; i++)      // 输出杨辉三角
    {
        for (j = 0; j <= i; j++)
            printf("%4d ", array[i][j]);
        printf("\n");
    }

    return 0;
}
```

该程序输入 n 值，可以输出 n 行杨辉三角，在输出 n 行杨辉三角前，可以把 n 行杨辉三角的数据生成并存储在二维数组中。

## 6.3.7 指针

指针是 C 语言的核心概念，也是 C 语言的特色和精华所在。只有掌握了指针，才谈得上真正掌握了 C 语言。要想很好地理解指针，只要理解"指针就是内存地址，指针变量就是存储地址的变量"就可以。

使用指针可提高程序的编译效率和执行速度，使程序更加简洁；通过传递指针参数，使被调用函数可以向调用它的函数返回除正常的返回值之外的其他数据，从而达到两者间的双向通信；还有一些任务，如动态内存分配，没有指针是无法执行的；指针还用于表示和实现各种复杂的存储结构（如链表），从而为编写更高质量的程序奠定基础；利用指针可以直接操纵内存地址，从而可以完成和汇编语言类似的工作。所以，想要成为一名优秀的 C 程序员，学习指针是很有必要的。

指针变量的定义方式如下：

类型名 *指针变量名;

例如：
int *p;

指针变量定义时，数据类型并不是指针变量的数据类型，而是其所指目标对象的数据类型。因此 p 变量的类型是 int*，而不是 int，p 可以存储 int 型变量的地址。

例 6-12 指针就是内存地址，指针变量用于存储地址。

```
#include <stdio.h>

int main(void)
{
    int *p;
    int a = 5;
    p = &a;

    printf("变量 a 的值是:%d，变量 a 的地址是:%X\n", a, &a);
    printf("变量 p 的值是:%X，变量 p 指向空间的值是:%d\n", p, *p);

    return 0;
}
```

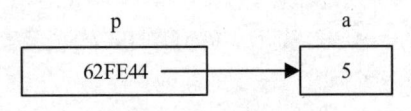

图 6.4 指针变量 p 指向整型变量 a 示意图

由于该程序的指针变量 p 存储的是整型变量 a 的地址，因此指针变量 p 指向整型变量 a，示意图如图 6.4 所示。如果想通过指针变量获取整型变量 a 的值是多少，可以用*p 来表达，星号（*）被称作"间接运算符"。

## 6.3.8 结构

基本数据类型都是单一的，只能表示一些简单的事物。例如，表示年龄的整数类型、表示身高的浮点类型、表示姓名的字符串类型等。但现实世界是复杂的，很多编程问题中，要求存储的都是一组不同类型的相关数据。例如，学生的个人信息就无法用基本数据类型一次描述清楚，因为个人信息包括姓名、年龄、专业、班级等，这时就需要用到 C 语言提供的结构（Struct）数据类型。

结构数据类型可以把基本数据类型和派生类型组合起来，以描述复杂的事物。结构数据类型也是派生类型，定义结构的语法如下：

struct 结构名
{
　　成员类型名　成员变量名;

```
    成员类型名   成员变量名;
    成员类型名   成员变量名;
    ⋮
};
```

例如：
```
struct Book
{
    char title[100];        //书名
    char author[100];       //作者
    float price;            //价格
    int pages;              //页数
};
```

上面的这个结构类型声明中，结构名为 Book。这样就可以用 struct Book 来定义结构类型变量。例如：

struct Book   book1, book2 ;

两个同类型的结构变量可以互相赋值，如 book1 = book2;。

在 C 语言中，使用结构成员运算符（.）来访问结构成员。结构成员运算符也称点运算符。通过变量 book1 表示一本书，可以这样写：

```
strcpy(book1.title,"The C Programming Language" );
strcpy(book1.author,"Brian W.Kernighan, Dennis M.Ritchie" );
book1.price = 30.0;
book1.pages = 258;
```

在 C 语言中，可以定义结构类型的指针变量，通过指针变量访问结构类型变量的成员，使用 "->" 运算符。例如：

```
struct book mybook, *ptbook;    // 结构变量和指向结构变量的指针
ptbook = &mybook;               // ptbook 存储的是 mybook 变量的地址
```

下面的代码是通过指针变量 ptbook 和 "->" 运算符访问 mybook 变量的成员的，以完成对变量成员的赋值。

```
strcpy(ptbook->title,"The C Programming Language" );
strcpy(ptbook->author,"Brian W.Kernighan, Dennis M.Ritchie" );
ptbook->price = 30.0;
ptbook->pages = 258;
```

数组的元素类型也可以是结构类型。例如：

struct Book books[10];

## 6.4 面向对象的编程语言 Java

Java 是 Sun 公司推出的 Java 程序语言和 Java 平台的总称，是一种广泛使用的计算机编程语言，拥有跨平台、面向对象、分布式、泛型、多线程等特点，用于开发在移动设备、台式计算机和服务器上运行的软件。Java 规范和 Java API 定义了 Java 标准。

Java 并没有采用 C++语言那样的传统程序设计的思路，即先把高级语言源程序编译成可执行的机器指令代码文件，再执行。因为这样编译的结果是针对编译器所在的具体操作系统平台的，可执行文件也就被限制在特定的平台上。为了实现跨平台的目标，Java 的源程序写完之后，会被转换成一种由 Java 定义的中间状态的字节码，同时 Java 的设计人员还设计了一个在操作系统之上的，称为 Java 虚拟机（Java Virtual Machine，JVM）的平台层。JVM 实际上也是一个程序，它运行在操作系统平台之上，其作用是把 Java 字节码翻译成所在平台的机

器指令并执行，因此 Java 程序必须在 JVM 上才能运行。JVM 能屏蔽不同运行平台的差异，让 Java 程序有一个统一的运行平台，当运行 Java 程序时，每条指令都要经过 JVM 的转换之后再执行，这被称为解释执行。因此，Java 程序的执行速度要比其他编译后执行的程序的执行速度慢，这是为跨平台付出的代价。图 6.5 所示为 Java 从源代码到可执行程序的过程。

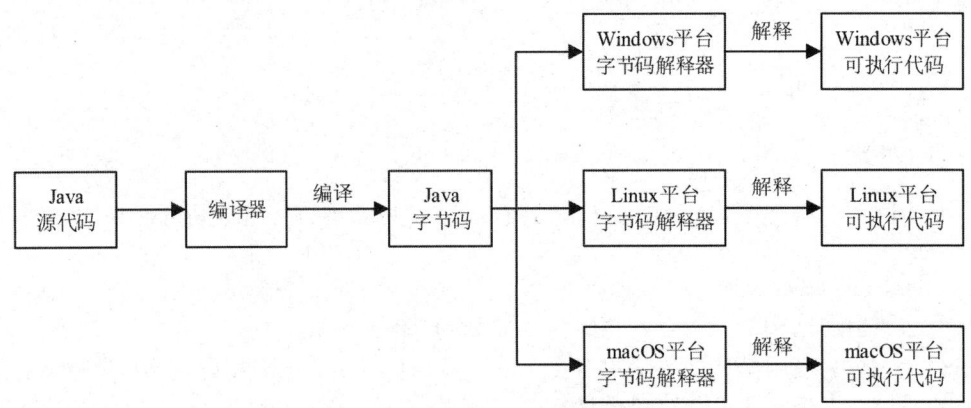

图 6.5　Java 从源代码到可执行程序的过程

Java 编程的风格十分接近 C++语言，继承了 C++语言面向对象技术的核心，但 Java 舍弃了 C++语言中容易引起错误的指针，改用引用，同时移除了 C++语言的运算符重载，也移除了多重继承特性，改用接口，增加了垃圾回收器功能。

Sun 公司于 2010 年被 Oracle 收购，Java 也随之成为 Oracle 的产品。移动操作系统 Android 大部分的代码采用 Java。

Java 是面向对象的程序设计语言，面向对象的基本思想是使用对象、类、方法、接口、消息、继承、多态等基本概念进行程序设计。

对象（Object）是对程序中事物的描述，世间万事万物都是对象，对象是个体，如张三这名同学、你在淘宝网的一个订单等。在 Java 中，对象的状态用属性进行定义，对象的行为用方法进行描述，对象之间通过消息进行联系。

类（Class）是具有共同属性和行为的一组对象的描述，任何对象都隶属于某个类。使用类生成对象的过程称为实例化。

属性是用来描述对象静态特征的一组数据。例如，学生的姓名、学号、性别、专业等。方法是对对象动态特征（行为）的描述。每种方法能确定对象的一种行为或功能。例如，汽车的行驶、转弯、停车等动作，可分别用 move()、rotate()、stop()等方法来描述。方法与函数本质上是一样的。

Java 程序设计从类开始，类的程序结构由类说明和类体两部分组成。类说明部分由关键字 class 与类名组成；类体是类声明中花括号所包括的全部内容，它由数据字段（属性）和方法（函数）两部分组成。数据字段描述对象的属性，方法描述对象的行为，每种方法能确定一个功能或操作。

下面是 3 个简单的 Java 程序示例，每个 Java 程序至少有一个类，Java 程序不能在类外定义单独的数据和方法，通常情况下，类名以大写字母开头。程序从 main 方法开始执行。一个类可以包含多个方法。main 方法是程序开始执行的入口点。例 6-13 和例 6-14 的类中只有一个 main 方法。

例 6-13　编写 Java 程序，向控制台输出"Welcome to Java!"。

```
//文件名：Welcome.java
public class Welcome {
    public static void main(String args[]){
```

```
        System.out.println( "Welcome to Java!" );
    }
}
```

例 6-14 编写 Java 程序，计算 1~100 的和。

```
//文件名：Sum.java
public class Sum {
    public static void main(String args[]) {
        int s = 0;
        for (int i = 1; i <= 100; i++) {
            s += i;
        }
        System.out.println("1~100 的和为：" + s);
    }
}
```

例 6-15 编写 Java 程序，设计 Circle 类。

```
//文件名：Circle.java
public class Circle {
    private double radius;                      // 圆的半径
    public Circle() {                           // 无参构造函数
        this.radius = 1.0;
    }
    public Circle(double radius) {              // 有参构造函数
        this.radius = radius;
    }
    public double getRadius() {                 // get 方法
        return radius;
    }
    public void setRadius(double radius) {      // set 方法
        this.radius = radius;
    }
    public double getArea() {                   // 计算圆的面积
        return radius * radius * Math.PI;
    }
    public double getPerimeter(){               // 计算圆的周长
        return 2 * radius * Math.PI;
    }
    public static void main(String[] args) {
        Circle c1 = new Circle();               // 实例化圆对象
        Circle c2 = new Circle(4.0);            // 实例化圆对象
        System.out.println(c1.getArea());       // 输出圆对象 c1 的面积
        System.out.println(c2.getPerimeter());  // 输出圆对象 c2 的周长
    }
}
```

例 6-15 定义了 Circle 类，对于每个圆（Circle）实例，都应该有一个半径（Radius）。类定义中一般都有与类同名的特殊方法，这一特殊方法被称为构造函数，当实例化一个对象时，需要构造函数完成对数据字段的初始化。本例有两个构造函数，一个有参，一个无参，也就是说，如果不指定具体的半径，可以利用无参构造函数构造一个半径为 1.0 的圆，类中可以有相同名字的方法，只要参数列表不同即可，这被称为方法重载或函数重载。该类中的 getArea 和 getPerimeter 方法可以计算一个圆对象的面积和周长，而 getRadius 方法可以返回圆的半径，setRadius 方法可以修改圆的半径。main 方法中共有 4 条语句，可使用 new 运算符实例化两个圆对象，并使用 System.out.println 输出第一个圆的面积和第二个圆的周长。

通过以上 3 个 Java 编程实例可以简单了解 Java 的特点。

## 6.5 动态程序设计语言 Python

### 6.5.1 Python 简介

Python 是一种具有动态语义和面向对象的开源程序设计语言。它可以在 Windows、Linux、Android 等操作系统中使用,并可以实现 Python 与 C/C++、Java、.NET 等开发平台的混合编程,因此程序员有时会把 Python 称为"胶水语言"。

Python 的创始人是荷兰人吉多·范罗苏姆(Guido Van Rossum)。Python 2.0 于 2000 年 10 月 16 日发布,稳定版本是 Python 2.7。Python 3.0 于 2008 年 12 月 3 日发布,这个版本的 Python 修正了 Python 2.0 的多个发布版本(通常称为 Python 2.x)在设计上的不一致。但是,它不是向后兼容的,这意味着大多数使用 Python 以前版本编写的程序不能在 Python 3.0 中正常运行。

Python 是一种代表简单主义思想的编程语言,具备高度的可读性。Python 不再有指针等复杂的数据类型,而且简化了面向对象的实现方法。

Python 提供了丰富的 API 和工具,以便程序员能够使用 C/C++语言、Java 来编写扩充模块。Python 拥有丰富的软件包。Python 提供了功能丰富的标准库,包括图形处理(Tkinter)、正则文本处理(re)、数据库(支持 SQL、NoSQL 和 SQLite)、网络编程(Sockets)、黑客编程(Hack)、系统编程(Os)等。除标准库外,众多开源的科学计算软件包也提供了 Python 的调用接口。例如,著名的计算机视觉库 OpenCV、三维可视化库 VTK、医学图像处理库 ITK。而 Python 专用的科学计算扩展库也很多,如 NumPy、SciPy 和 Matplotlib,它们分别为 Python 提供了快速数组处理、数值运算及绘图功能。因此 Python 及其众多的扩展库所构成的开发环境十分适合工程技术、科研人员处理实验数据、制作图表,甚至开发科学计算应用程序。

由于 Python 的简洁性、易读性及可扩展性,在国外用 Python 做科学计算的研究机构日益增多,一些知名大学已经采用 Python 来教授程序设计课程。例如,卡耐基梅隆大学的编程基础、麻省理工学院的计算机科学及编程导论就使用 Python 讲授。

### 6.5.2 Python 基本元素

Python 程序有时称为脚本,是一系列定义和命令,通常称为语句,用来指示解释器做一些事情。Python 解释器用于解释和执行 Python 语句和程序,Python 解释器是解释 Python 脚本执行的程序。语句 print('hello, world!')指示解释器调用 print 函数,输出字符串 hello, world!。

对象是 Python 程序处理的核心元素。每个对象都有类型,其定义了程序能够在这个对象上做的操作。Python 主要对象类型如表 6.1 所示。

表 6.1 Python 主要对象类型

| 对象类型 | 说明 | 描述 | 例子 |
| --- | --- | --- | --- |
| str | 字符 | 由字符组成的不可修改元素 | 'hello, world!' |
| bytes | 字节 | 由字节组成的不可修改元素 | b'hello' |
| list | 列表 | 包含多种类型的可修改元素,类似于数组 | [4.0, 'string',True] |
| tuple | 元组 | 包含多种类型的不可修改元素,类似于记录 | (4.0, 'string',True) |
| set | 集合 | 一个无序且不重复的元素集合 | {4.0, 'string',True } |
| dict | 字典 | 一个由"键值对"组成的可修改元素 | {'Jan':1, 'Feb':2} |

续表

| 对象类型 | 说明 | 描述 | 例子 |
|---|---|---|---|
| int | 整型 | 整数，精度与系统相关 | 45 |
| float | 浮点 | 浮点数，精度与系统相关 | 3.14159 |
| complex | 复数 | 复数 | 4+5.4i |
| bool | 布尔 | 逻辑只有两个值：真、假 | True、False |

对象和操作符可以组成表达式，用于创建和处理对象。每个表达式都相当于某种类型的对象，我们称其为表达式的值。例如，表达式 3+2 表示 int 类型的对象 5，表达式 3.0+2.0 表示 float 类型的对象 5.0。

变量将名称与对象关联起来。例如：

```
pi = 3.14159
radius = 11
area = pi * (radius ** 2)
radius =14
```

这段代码先将 pi 和一个 float 类型的对象绑定，再将 radius 和一个 int 类型的对象绑定，然后将名称 area 绑定到一个 float 类型的对象。如果程序接着执行 radius =14，则名称 radius 会被重新绑定到一个新的 int 类型的对象。在 Python 中，变量仅是名称，所以 Python 中变量的含义不同于 C/C++语言中变量的含义，等号（=）表示的也不是赋值。一个对象可以有一个或多个名称与之关联，就像一个人可以有多个名字一样。

在 Python 中，变量名可以包含大写字母、小写字母、数字（但不能以数字开头）和下画线。Python 变量名的大小写是敏感的。

Python 代码中#符号后面的文本是注释。例如：

```
radius = 11 #圆形的半径
```

用户可以使用命令提示符交互式地执行 Python 代码，这种方式写程序非常不方便。多数程序员更愿意在 IDE 下使用文本编辑器来编写程序。Python 标准安装包中提供了一种 IDE，即 IDLE。随着 Python 逐渐流行，其他 IDE 开始涌现。这些新的 IDE 经常会集成一些常用的 Python 程序库。Anaconda 和 Canopy 就是比较好的、使用广泛的 IDE。

str 类型的对象用来表示由字符组成的字符串。str 类型的字面量可以用单引号或双引号表示，如'abc'或"abc"。如果两个 str 类型的对象相加，则表示两个串相连，即'abc' + " abc"表示串对象'abcabc'。

类型转换在 Python 代码中很常见，我们可以使用类型名称将一个值转换为这种类型的值。例如，int('3') * 4 的值是 12，int(3.9)的值是 3。

在 Python 中，条件语句的形式如下。

```
if 条件表达式:
    语句序列
else:
    语句序列
```

缩进在 Python 中是具有语义的。这种缩进可以确保程序的外观结构准确地表达程序的语义。

下面的这段代码表示变量 x 为偶数时输出 Even，否则输出 Odd。

```
if x % 2 == 0:
    print('Even')
else:
    print('Odd')
```

可以用 while 语句进行循环控制，具体形式如下。

```
while  条件表达式:
    语句序列
```

下面的代码通过重复相加，求 x 的平方。

```
x = 3
ans = 0
count = x
while(count != 0 ):
    ans = ans + x
    count = count - 1
print(str(x) + '*' + str(x) + ' = ' + str(ans))
```

本节介绍的 Python 基础知识，足够我们编写一些简单的小程序。

## 6.6 如何学习程序设计

### 6.6.1 理解程序运行过程

我们编写的程序由一条条语句构成，语句一般情况下按顺序逐条执行，分支语句、循环语句和函数调用语句等可改变语句的运行顺序，但是改变后语句仍然是逐条顺序执行的。在程序运行过程中，会有一些内存空间被划分出来以存储程序运行的中间结果，可以把计算机程序的运行看作一个不断通过程序语句修改内存中的中间结果的过程。计算机程序是求解问题的过程化描述。程序员必须掌握计算机的"计算思维"，要充分理解计算机程序在内存中的运行原理和过程。在程序运行过程中，任意时刻都要清楚语句运行到哪里了，当前存储数据的内存区的内容是什么。只有清楚了这些，才能在程序调试过程中及时找到出错位置，并修改错误，最终让程序按照设计者的意图执行。

### 6.6.2 学习至少一种高级程序设计语言

程序设计语言是描述计算过程的工具，程序员应至少学习一种高级程序设计语言。程序设计语言的本质是相通的，掌握了一种高级程序设计语言，再学习其他高级程序设计语言时，就容易很多。学习高级程序设计语言要掌握两部分内容：一个是语言的基本语法；另一个是语言本身的标准库。学习基本语法就是要了解该语言如何定义变量；如何进行变量的赋值；数据有哪些基本类型；如何使用分支语句、循环语句和控制语句。学习语言的标准库是要了解有哪些基本算法已经在库中，可以直接使用；哪些算法还没有，需要自己去实现。我们写程序很少从零开始，总会用到标准库中已经提供的 API 完成相应的编程需求，以提高程序设计的效率，因为库中的 API 都是经过正确性检验和效率优化的。

在学习过程中，一定要结合实际问题逐步地掌握相应语言的语法和标准库，学习的过程是一个渐进的过程，任何一种语言都是在使用过程中，逐步掌握并有效使用的。

### 6.6.3 掌握一些基本算法

写程序可以从模仿开始,开始时可以学习一些常用的基本计算过程,这样在解决复杂问题之前,手上是有一些基本方法可用的。例如,如何计算一个整数的位数;如何找到一组数中的最大值、最小值;如何判断某个整数是否为质数;如何完成一组数据的排序;如何进行不同的数制转换;如何利用字符串处理函数来解决常见问题;如何处理与日期相关的问题等。

另外,在程序设计过程中常用方法的设计算法也需要掌握一些:枚举思想算法、分治策略算法、递归求解算法、常用的查找和排序算法等。

### 6.6.4 学习完整的解决问题的过程

学习程序设计是为了利用计算机解决一些实际问题,而不是为了学会一种编程语言。因此应该掌握整个程序设计的过程,围绕一些具体的问题实例,通过分析问题,抽象出数学模型,从而设计出计算过程和中间数据的存储方式,最终实现代码并调试成功,只有通过这样一个完整的程序设计过程,才能充分理解写程序是要干什么,并且学会判断什么样的问题是适合用计算机来解决的。

### 6.6.5 多做练习

学习程序设计没有捷径可走,只能通过大量练习来熟悉程序设计语言的语法,感悟用程序解决问题的思路。练习包括阅读优秀代码、模仿样例程序解决类似问题、独立分析问题、设计算法并成功实现代码。在做练习时,要善于总结经验。在熟悉的语法阶段,应该在每次出错后记下出错的原因,同样的错误不应重复。在进入程序设计阶段后,要建立自己的程序设计思路,不同人的程序设计思路不一定相同。同样的问题也可以有多种解题思路。

学习程序设计最有效的方法不是对什么都刨根问底,而是应该先不求甚解,努力实践,把它做出来,然后琢磨为什么这么做。这样的迭代过程可能充满疑惑,甚至可以说是跌跌撞撞的,但这非常重要!正是在跌跌撞撞的过程中,才能体会更深,发现更多疑问,激发主动分析问题和解决问题的热情。严格来说,程序设计并不完全是科学,它更是工程。工程最大的特点之一就是重复性,只要你积累了足够的实践经验,就能掌握它并且可以达到熟能生巧的境界。所以,学习程序设计一定要进行大量的实践,在实践中跨越各种各样的"门槛",你就会成为优秀的程序员。

## 本章小结

软件开发离不开程序设计,程序设计语言包括低级语言和高级语言,低级语言包含机器语言和汇编语言;常见的高级语言有 Java、C 语言、C++语言、Python 等。高级语言又分为面向过程的语言和面向对象的语言,C 语言是面向过程的语言,而 Java 则是面向对象的语言。

由于计算机只能理解由 0、1 序列构成的机器语言,因此高级语言需要翻译。高级语言又分为编译型语言和解释型语言。对于编译型语言,编译器会先将源程序翻译成目标语言程序,然后在计算机上运行目标程序;对于解释型语言,编译器翻译源程序时不会生成独立的目标程序，如 Java 会先把源程序编译成字节码文件，再由解释器解释执行字节码文件。

程序设计语言的基本构成包括数据、运算、控制和传输等。数据是程序操作的对象，需要内存对数据进行存取，数据具有类型、名称、作用域和生存期等属性。运算主要是通过运算符形成的表达式进行运算的，包括算术运算、关系运算和逻辑运算。程序的控制流程是顺序、选择和循环，因此高级程序设计语言都会有选择语句和循环语句。数据传输则是对变量赋值或通过键盘、文件输入数据，将程序的运行结果输出到计算机屏幕或输出到文件中。

C 程序由一个或多个函数组成，每个函数都有一个名字，其中有且仅有一个名字为 main 的函数作为程序运行的入口。C 语言中的函数要掌握函数定义、函数声明和函数调用。

Java 是面向对象的语言，面向对象的语言的核心是封装、继承和多态。

无论是机器语言还是高级语言，无论是面向过程的语言还是面向对象的语言，无论是编译型语言还是解释型语言，它们都会涉及存储和计算。在学习程序设计过程中，不仅要涉及语言的语法，还要涉及各种库的使用，这些都需要通过大量的对具体问题的编程实践，才能较好地掌握一种语言。语言没有绝对的好，绝对的不好，只有适合与不适合，作为初学者可以考虑先学习 C 语言。

# 习题

1. 简述机器语言、汇编语言和高级程序设计语言的主要区别。
2. 为什么有这么多程序语言？
3. 编程基本思想的核心是什么？
4. 什么是编译执行？什么是解释执行？
5. 列举一些常用的数据类型。
6. 数组和结构的区别是什么？
7. 分别用 C 语言、Java 和 Python 编写解决下列问题的源代码。

（1）编写一个程序，要求用户先输入 10 个整数，然后输出其中最大的奇数。如果用户没有输入奇数，则输出一个消息进行说明。

（2）给定一个正整数 $a$，以及另外 5 个正整数，求这 5 个正整数中，小于 $a$ 的正整数的和是多少。

（3）给定 2~15 个不同的正整数，计算这些正整数中有多少个数对满足：数对中一个数是另一个数的两倍。例如，给定 1 4 3 2 9 7 18 22，得到的答案是 3，因为 2 是 1 的两倍，4 是 2 的两倍，18 是 9 的两倍。

## 扩展阅读：量子计算简介

1900 年，Max Planck 提出了"量子"的概念，宣告了"量子"时代的诞生。科学家发现，微观粒子有着与宏观世界的物理客体完全不同的特性。宏观世界的物理客体，要么是粒子，要么是波动，它们都遵循经典物理学的运动规律，而微观世界的所有粒子却同时具有粒子性和波动性，它们显然不遵循经典物理学的运动规律。20 世纪 20 年代，年轻的天才物理学家建立了支配微观粒子运动规律的新理论，这便是量子力学。量子力学的能带理论是晶体管运行的物理基础，晶体管是各种各样芯片的基本单元。光的量子辐射理论是激光诞生的基本原理，而正是该理论的发展才产生了当下无处不在的 Internet。

量子信息技术最终的发展目标就是成功研制量子网络。量子网络的基本要素包括量子节点和量子信道。所有量子节点通过量子纠缠并互相连接，远程信道需要量子中继。量子网络将信息传输和处理融合在一起，量子节点用于存储和处理量子信息，量子信道用于各节点之间的量子信息传送。与经典网络相比，量子网络中信息的存储和传输过程更加安全，信息的处理更加高效，有着更加强大的信息功能。量子节点包括通用量子计算机、专用量子计算机、量子传感器和量子密钥装置等。应用不同量子节点能构成不同功能的量子网络。

中国科学技术大学的潘建伟团队一直在研究光量子信息处理，其研究处于国际领先水平。2017 年，该团队构建了世界上首台超越早期经典计算机（ENIAC）的光量子计算原型机。2020 年 12 月 4 日，中国科学技术大学宣布该校潘建伟团队成功构建了 76 个光子的量子计算原型机"九章"（命名为"九章"是为了纪念中国古代最早的数学专著《九章算术》），用其求解高斯玻色取样问题只需 200s，而目前世界上最快的超级计算机求解高斯玻色取样要用 6 亿年。这一突破使中国成为全球第二个实现"量子优越性"的国家。这一成果使中国成功达到了量子计算研究的第一个里程碑：量子计算优越性（国外也称之为"量子霸权"）。该研究成果于 2022 年 12 月 4 日在线发表于国际学术期刊《科学》，审稿人评价这是"一个最先进的实验"（a state-of-the-art experiment），"一个重大成就"（a major achievement）。

# 第 7 章  数据库技术

**本章学习目标**
- 掌握数据库的基本概念和数据模型的构成
- 掌握关系数据库的重要概念
- 掌握结构化查询语言的基本语句
- 了解数据库设计的步骤
- 了解数据库技术的发展趋势

本章先介绍数据库的基本概念和数据模型的分类,再介绍关系数据库的常用术语、关系模型的 3 种完整性约束和关系模式的规范化方法,然后介绍关系数据库标准语言的数据定义、数据更新、数据查询和数据控制等功能,以及数据库设计的步骤和当前一些主流的数据库管理系统,最后介绍数据库技术的发展趋势,以及数据仓库和数据挖掘技术。

## 7.1 数据库概述

在 20 世纪 60 年代中期,随着计算机硬件、软件的发展,以及计算机在各个领域的应用,产生了数据库技术。数据库技术是计算机科学的重要分支,主要研究数据的存储和管理,是信息系统的核心基础。在信息高速发展的今天,数据库技术在教育、科研、金融、医疗等领域得到了广泛应用,本节首先介绍数据库中的常用术语和基本概念。

### 1. 数据

数据(Data)是数据库中存储的基本对象,是描述事务的符号记录。在日常生活中,数据有多种表现形式,如数字、文字、图像、记录等。为方便计算机存储数据,通常使用抽象出事物特征的记录来描述。例如,学生的信息可以用学号、性别、出生日期、所在专业等描述,用记录形式表示一名学生的信息,如(2018021011,王佳明,男,计算机,171 班,2000-03-02),记录中的每项数据都具有一定的含义,否则无法理解或会产生歧义,所以数据与具体的语义是分不开的。

### 2. 数据库

数据库(DataBase,DB)是长期存储在计算机内、有组织的、可共享的数据的集合。数据库中的数据按一定的数据模型组织、描述和存储,具有冗余度小、数据独立性高、易扩展和可共享的特点。

### 3. 数据库管理系统

数据库管理系统(DataBase Management System,DBMS)是位于用户和操作系统之间的数据管理软件，用户和应用程序需要通过数据库管理系统来访问数据库中的数据。它能对数据库进行统一的管理和控制，以保证数据库的安全性和完整性。用户通过它访问数据库中的数据，数据库管理员（DataBase Administrator，DBA）也通过它进行数据库的维护工作。大部分数据库管理系统都能提供以下功能。

1）数据定义功能

数据库管理系统能提供数据定义语言（Data Definition Language，DDL），用户通过它可以方便地对数据库对象进行定义，如表的创建、修改和删除等。

2）数据操纵功能

数据库管理系统能提供数据操纵语言（Data Manipulation Language，DML），用户通过它对数据进行基本操作，如数据的插入、删除、修改和查询等。

3）数据库管理功能

数据库在创建、运行和维护时由数据库管理系统统一管理和控制，以保证数据库的正确运行，保证数据库的安全性、完整性，多用户对数据的并发操作及发生故障后的系统恢复。

4）数据库建立和维护功能

数据库建立和维护功能包括数据库初始化数据、转换功能，以及数据库的转储、恢复功能，数据库的重组、重构功能和性能监视、分析功能等。

**4．数据库系统**

数据库系统（DataBase System，DBS）是由数据库、数据库管理系统、应用系统和数据库管理员组成的存储、管理和维护数据的系统。

## 7.2 数据模型

数据库技术的发展是以数据模型的发展为基础的。数据模型是对现实世界数据特征的抽象和模拟，即用来描述数据、组织数据和操作数据。由于计算机不能直接处理现实世界中的事物，人们需要将事物数字化，并将具体的事物转换成计算机能够处理的数据，因而数据从现实世界到计算机数据库的抽象表示经历了 3 个阶段，即现实世界、信息世界和机器世界，如图 7.1 所示。

图 7.1　数据抽象的 3 个阶段

为将现实世界中的事物抽象、转化为某一数据库管理系统所支持的数据模型，首先需要将现实世界抽象为信息世界，即对数据和信息进行建模，生成概念模型，然后将概念模型转换成某一数据库管理系统所支持的逻辑模型和物理模型。

### 7.2.1　概念模型

概念模型实际上是介于现实世界和机器世界的一个中间层次。概念模型，即信息模型，是按用户的观点对数据和信息建模的,用于数据库的设计,这就要求概念模型具有较强的语义表达能力,易于表示和理解。对现实世界进行抽象表示时,需要对事物及事物之间的联系进行抽象表示。

**1. 概念模型基本术语**

(1)实体。客观存在并可相互区别的事物称为实体。实体可以是具体的人、事、物或抽象的概念、联系,如一个学院、一名学生、一个玩具、学生的一次选课等都是实体。

(2)属性。实体所具有的某一特性称为属性。一个实体可以由若干个属性来描述,如图书实体可以由图书编号、书名、作者、出版社、出版日期、价格等属性组成。

(3)码。能唯一标识实体的属性集称为码,如图书编号是图书实体的码。

(4)实体型。用实体名及其属性名集合来抽象和描述的同类实体称为实体型,如图书(图书编号、书名、作者、出版社、出版日期、价格)就是一个实体型。

(5)实体集。同一类型实体的集合称为实体集,如图书馆的全部图书就是一个实体集。

(6)联系。现实世界中事物内部及事物之间的联系,在信息世界中反映为实体内部的联系和实体之间的联系。实体内部的联系通常是指组成实体的各属性之间的联系。实体之间的联系通常是指不同实体集之间的联系。

两个实体型之间的联系可以分为三类:一对一联系、一对多联系和多对多联系。

① 一对一联系(1∶1)。如果对于实体集 A 中的每一个实体,实体集 B 中至多有一个(也可以没有)实体与之联系,反之亦然,则称实体集 A 与实体集 B 具有一对一联系,记为 1∶1。例如,班级和班长之间具有一对一联系,即一个班级只有一个班长,一个班长只在一个班中任职。

② 一对多联系($1∶n$)。如果对于实体集 A 中的每一个实体,实体集 B 中有 $n$ 个实体($n \geq 0$)与之联系,反之,对于实体集 B 中的每一个实体,实体集 A 中至多有一个实体与之联系,则称实体集 A 与实体集 B 有一对多联系,记为 $1∶n$。例如,学院与班级之间具有一对多联系,即一个学院中有若干个班级,每个班级只属于一个学院。

③ 多对多联系($m∶n$)。如果对于实体集 A 中的每一个实体,实体集 B 中有 $n$ 个实体($n \geq 0$)与之联系,反之,对于实体集 B 中的每一个实体,实体集 A 中也有 $m$ 个实体($m \geq 0$)与之联系,则称实体集 A 与实体集 B 具有多对多联系,记为 $m∶n$。例如,课程与学生之间是多对多联系,即一个学生可以同时选修多门课程,一门课程同时有若干个学生选修。

**2. 概念模型的表示方法**

概念模型是对信息世界建模,与具体的数据库管理系统无关。概念模型的表示方法很多,其中 E-R 图(Entity-Relationship Diagram,实体-联系图)是最为常用的方法之一。构成 E-R 图的基本要素是实体型、属性和联系。

(1)实体型。用矩形表示,矩形框内要写明实体名。

(2)属性。用椭圆形表示,并用直线与相应实体连接起来。

(3)联系。用菱形表示,菱形框内要写明联系名,并用无向边分别与有关实体连接起来,同时在无向边旁标上联系的类型($1∶1$、$1∶n$ 或 $m∶n$),联系也可以具有属性。

用 E-R 图来表示两个实体型之间的三类关系,如图 7.2 所示。

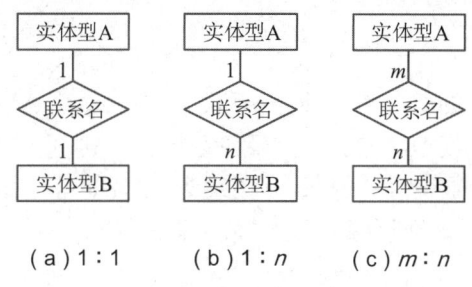

图 7.2 两个实体型之间的三类关系

### 7.2.2 逻辑模型

数据模型是对现实世界数据特征的抽象和模拟。从现实世界抽象出来的概念模型，需要转换为选用的数据库管理系统支持的逻辑数据模型和物理数据模型。

逻辑数据模型是按数据库管理系统的观点对数据建模的，是具体的数据库管理系统所支持的逻辑数据模型，常用的逻辑数据模型有网状模型、层次模型、关系模型、面向对象的数据模型等。例如，将概念模型的 E-R 图转换成具体的数据库产品支持的数据模型，如关系模型，即完成对逻辑模型的设计。

物理数据模型是描述数据在存储介质上的组织结构的数据模型，它不仅与具体的数据库管理系统有关，还与操作系统和硬件有关，每种逻辑模型在实现时都有其对应的物理数据模型。

数据模型都是有严格定义的概念集合，这些概念准确描述了系统的静态特性、动态特性和完整性约束条件。因此，数据模型通常由数据结构、数据操作和数据完整性约束三部分组成。

（1）数据结构。数据结构用于描述系统的静态特性，研究数据的组织形式、存储形式及对象类型的集合。

（2）数据操作。数据操作是对系统动态特性的描述，是对数据库中各种对象（型）是实例（值）允许执行的操作的集合，包括操作及有关的操作规则。数据操作主要有更新（插入、删除和修改）和查询两类。数据模型必须定义这些操作的确切含义、操作符号、操作规则及实现操作的语言。

（3）数据完整性约束。数据完整性约束条件是一组完整性规则的集合。完整性规则是给定的数据模型中数据及其联系所具有的制约和依存规则，用以限定符合数据模型的数据库状态及状态变化，以保证数据的正确、有效和相容。数据模型应能提供定义数据完整性约束条件的机制，以反映具体应用所涉及的数据必须遵守的特定的语义约束条件。

### 7.2.3 物理模型

物理模型是描述数据在存储介质上的组织结构的数据模型，它不仅与具体的数据库管理系统有关，还与操作系统和硬件相关，每种逻辑模型在实现时都有其对应的物理模型。物理模型是数据抽象的最底层，用来描述数据物理存储结构和存储方法。例如，数据库中的数据与索引的存储位置和存储方式、索引结构采用哈希树还是 B+树等。不同的数据库管理系统所提供的物理环境、存取方法和存储结构有很大差别，物理模型的具体实现是数据库管理系统的任务，数据库设计人员要了解和选择物理模型，而最终用户不必考虑物理级的细节问题。

### 7.2.4 常见的逻辑模型

数据模型是数据库系统的核心和基础。各种数据库管理系统软件都是基于某种逻辑模型的。常用的逻辑模型有层次模型、网状模型及关系模型。其中，层次模型和网状模型统称为非关系模型，非关系模型的数据库系统在 20 世纪 70 年代非常流行，而到 20 世纪 80 年代，关系模型的数据库系统以其独特的优势成为主流数据库产品。

#### 1．层次模型

层次模型是用树型结构来表示实体及实体间的联系的。层次数据库系统的典型代表是 1968 年 IBM 推出的 IMS（Information Management System）。它是第一个大型的商用数据库管理系统，曾得到广泛应用。在数据库中定义满足下面两个条件的基本层次联系的集合为层次模型：有且只有一个节点没有双亲节点，这个节点称为根节点；根节点以外的其他节点有且只有一个双亲节点。在现实世界中，如家族关系、行政机构等就可用层次模型来表示。

#### 2．网状模型

网状模型是比层次模型更具普遍性的模型，它采用网状结构来表示实体及实体间的联系。网状模型允许多个节点没有双亲节点、允许节点有多个双亲节点及节点之间有多种联系。网状数据库系统的典型代表是 DBTG 系统，亦称 CODASYL 系统，这是 20 世纪 70 年代数据系统语言研究会（Conference On Data System Language，CODASYL）下属的数据库任务组（Data Base Task Group，DBTG）提出的一个系统方案。DBTG 系统虽然不是实际的软件系统，但是它提出的基本概念、方法和技术具有普遍意义。它对于网状数据库系统的研制和发展产生了重大影响。后来不少系统都采用 DBTG 模型或简化的 DBTG 模型。例如，Cullient Software 公司的 IDMS、UniVac 公司的 DMS1100、Honeywell 公司的 IDS/2、HP 的 IMAGE 等。

#### 3．关系模型

关系模型是用一组二维表来表示实体及实体间的联系的。其理论基础是 1970 年 IBM 研究人员 E.F.Codd 提出的数据库系统的关系模型，他开创了对数据库关系理论和关系方法的研究，为数据库技术奠定了理论基础。

关系模型的优点是结构简单，一个关系对应一张二维表，易于用户掌握，通过简单的查询语句就能对数据库进行各种操作，而层次模型和网状模型设计的数据库系统需要通过指针链查找数据，这是它们之间的根本区别。目前，关系模型是最广泛使用的模型之一，计算机厂商推出的数据库管理系统几乎都支持关系模型。

## 7.3 关系数据库

关系模型是建立在严格的数学概念和方法基础上，由一组关系组成，关系数据库就是采用关系模型作为数据的组织方式，是目前使用最为普遍的数据库之一。

### 7.3.1 关系数据库的基本概念

关系模型中数据的逻辑结构是一张二维表，也称关系，它由行和列组成。下面介绍关系模型中的一些术语。

（1）关系：一个关系对应一张二维表。例如，图 7.3 所示的关系模型中的三张表对应三个关系。

| 学号 | 姓名 | 性别 | 专业 | 班级 | 出生日期 |
|---|---|---|---|---|---|
| 2017021001 | 董林 | 女 | 计算机 | 171 班 | 1999-06-05 |
| 2017021002 | 李明 | 男 | 计算机 | 172 班 | 1998-12-03 |
| 2017021013 | 张佳 | 女 | 电气工程 | 173 班 | 1997-10-25 |
| 2016025111 | 李婷 | 女 | 自动化 | 161 班 | 1996-04-28 |
| 2018031012 | 佟宇 | 男 | 自动化 | 181 班 | 2000-03-06 |

（a）关系 student（学生信息表）

| 课程号 | 课程名 | 学分 |
|---|---|---|
| 21001001 | 数据结构 | 3 |
| 21001002 | 数据库原理 | 3 |
| 21001003 | 离散数学 | 3 |
| 24002003 | 高等数学 | 2 |
| 23001011 | 大学英语 | 2 |

（b）关系 course（课程信息表）

| 学号 | 课程号 | 成绩（分） |
|---|---|---|
| 2017021001 | 21001001 | 81 |
| 2017021002 | 21001002 | 91 |
| 2017021013 | 23001011 | 83 |
| 2016025111 | 24002003 | 82 |
| 2018031012 | 23001011 | 85 |

（c）关系 stu_performance（学生选课信息表）

图 7.3　关系模型

（2）关系模式：关系模式是对关系的描述，一般形式如下。

关系名（属性 1，属性 2，…，属性 $n$）

例如，关系 student 和关系 course 的关系模式如下。

student（学号，姓名，性别，专业，班级，出生日期）

course（课程号，课程名，学分）

（3）记录：表中的一行称为一条记录，也称为元组。例如，课程信息表[见图 7.3（b）]中有 5 行数据，其中一行为一条记录，对应 5 条记录。

（4）属性：表中的一列称为一个属性，属性也称字段。每个属性都有一个名称，称为属性名。例如，学生信息表[见图 7.3（a）]中有 6 个属性，属性名分别为学号、姓名、性别、专业、班级和出生日期。

（5）候选码：表中能唯一确定一条记录的某个属性组，称为候选码，也称候选关键字或码。例如，学生信息表[见图 7.3（a）]中的学号可以唯一确定一条学生记录，因此学号是一个候选码。而姓名可能会出现重名的情况，不能唯一标识一条学生记录，因而姓名不适合作为候选码。

（6）主键（Primary Key）：一个表中可能有多个候选码，在实际应用中通常选择一个候选码作为主键，主键也称主码、主关键字。主键值不能为空。例如，若在学生信息表[见图 7.3（a）]中增加一个字段为身份证号，则学号和身份证号都可作为候选码，但在实际应用中，选用一个作为主键即可。

（7）主属性：关键字中的诸属性称为主属性，不包含在任何关键字中的属性称为非主属性或非码属性。例如，学生信息表[见图 7.3（a）]中的学号就是主属性，姓名是非主属性。

（8）值域：属性的取值范围。值域可以是数值、文本、日期、字符串等，如成绩的值域为 0～100，性别的值域为{男，女}。

（9）外键（Foreign Key）：设 F 是基本关系 R 的一个属性组，但不是 R 的码，$K_s$ 是基本关系 S 的主码，如果 F 与 $K_s$ 相对应，则称 F 是 R 的外键，也称外码。

例 7-1 职工关系和部门关系如下。

职工（职工编号，姓名，部门编号，性别，联系电话）

部门（部门编号，部门名）

在这两个关系中，部门关系的"部门编号"是主码，职工关系的"部门编号"取值必须是已存在的部门编号，即参照部门关系的主码"部门编号"取值，因而职工关系的"部门编号"是外码。

关系模型要求关系必须是规范化的，即要求关系必须满足一定的规范条件，这些条件中最基本的一条就是关系的每个分量必须是不可再分的数据项，即不允许表中有表。

## 7.3.2 关系模型的完整性

关系模型提供了三类完整性约束规则：实体完整性、参照完整性和用户定义完整性。其中实体完整性和参照完整性是关系模型必须满足的完整性约束条件，被称为关系的两个不变性，用户定义完整性是面向应用领域所需遵循的约束条件，体现具体语义的约束。

（1）实体完整性规则。规定关系中主属性值不能为空。例如，学生（学号，姓名，性别，专业，班级，出生日期）关系中，学号是主属性，不能取空值。图 7.3（c）学生选课关系中，学号和课程号联合作为主键，因而学号和课程号都是主属性，都不能取空值。

（2）参照完整性规则。若属性集 F 是关系 R 的外码，它与关系 S 的主码 $K_s$ 相对应（关系 R 和 S 不一定是不同的关系），则 R 中每个元组在 F 上的值等于 S 中某个元组的主码值或者取空值（F 的每个属性值均为空值），这条规则的实质是"不允许引用不存在的实体"，实际上也提供了实现两个关系相联系的方法。

如例 7-1 中，职工关系中的"部门编号"是外码，其取值必须是已存在的部门编号，即参照部门关系中的主码"部门编号"取值，不能把职工分配到一个不存在的部门中去，职工的部门编号也可能取空值，表示该职工尚未分配到任何一个部门。

（3）用户定义完整性规则。用户定义完整性规则是针对某一具体数据库的约束条件，它反映了某一具体应用所涉及的数据必须满足的语义要求，如属性的取值范围、是否能取空值等。图 7.3（b）（课程号，课程名，学分）中，课程名不能取空值，学分只能取值 {1,2,3} 等。

## 7.3.3 关系模式的规范化

关系模式的规范化就是把一个存在数据冗余、插入异常、更新异常和删除异常等情况的关系模式通过模式分解，转换为符合设计要求的关系模式集合。关系数据库的设计，主要是关系模式的设计，而关系模式设计的关键在于关系模式的规范化。关系模式的规范化过程是通过对关系模式的分解来实现的，即把低一级的关系模式分解为若干个高一级的关系模式。

范式是关系模式满足不同程度的规范化要求的标准。满足最低程度要求的范式属于第一范式，简称 1NF，是指关系中的每一个属性都是不可分割的基本数据项。在任何一个关系数据库中，1NF 是对关系模式的基本要求，不满足 1NF 的数据库就不是关系数据库。

在 1NF 中进一步满足一些要求的关系属于第二范式，简称 2NF，依次类推，还有 3NF、BCNF、4NF、5NF，这些都是关系范式。对关系模式的属性间的函数依赖加以不同的限制就形成了不同的范式。这些范式是递进的，即如果一个关系是 1NF，它比不是 1NF 的关系要好；同样，2NF 的关系比 1NF 的关系要好，范式越高、规范化程度越高，关系模式就越好。各种范式之间的关系是 5NF⊂4NF⊂BCNF⊂3NF⊂2NF⊂1NF。

关系模式的规范化就是调整关系模式使之符合特定规范要求的处理过程，规范化的模式可以避免冗余、更新等异常问题，而且让用户使用更加灵活、方便。

## 7.4 结构化查询语言

结构化查询语言（Structured Query Language，SQL）是关系数据库的标准语言，是 1974 年由 Boyce 和 Chamberlin 提出的，1986 年成为美国关系数据库的标准数据库语言，1987 年 ISO 将其批准为国际标准。SQL 是一个通用型、功能强大且简单易学的关系数据库语言，包括数据定义、数据操纵、数据查询、数据控制等功能，它既可以作为交互式数据库语言，也可以嵌入高级语言中使用，即 SQL 标准主要包括四部分内容。

（1）数据定义语言（DDL），用于定义数据库的模式、基本表、视图、索引等结构。

（2）数据操纵语言（DML），分为数据更新和数据查询。其中数据更新包括插入、删除和修改 3 种操作。

（3）数据控制语言（DCL），包括对基本表或视图的授权、完整性规则、事务控制等。

（4）嵌入式 SQL，包括 SQL 语句嵌入在宿主语言程序中的规则。

SQL 的语法接近自然语言，语法结构非常简单，易于记忆和掌握。SQL 仅用少量的语句命令就能实现强大的数据库操作。SQL 常用的命令动词如表 7.1 所示。

表 7.1　SQL 常用的命令动词

| SQL 功能 | SQL 命令动词 |
| --- | --- |
| 数据定义 | CREATE、DROP、ALTER |
| 数据操纵 | INSERT、DELETE、UPDATE |
| 数据查询 | SELECT |
| 数据控制 | GRANT、REVOKE |

当前绝大多数流行的关系数据库管理系统，如 Oracle、SQL Server、MySQL 等都采用了 SQL 标准，并对其进行了一定程度的扩展。

（1）PL/SQL（Procedural Language/SQL，过程化/SQL 语言）是 Oracle 数据库对 SQL 语句的扩展。PL/SQL 将数据库技术和过程化程序设计语言联系起来，它在普通 SQL 语句的使用上增加了编程语言的特点，把数据操作和查询语句组织在 PL/SQL 代码的过程性单元中，通过逻辑判断、循环等操作来实现复杂的功能。

（2）T-SQL（Transact-SQL）是 Microsoft 在 SQL Server 数据库中使用的 SQL 标准的实现，是 Microsoft 对 SQL 的扩展。它具有 SQL 的主要特点，同时增加了变量、运算符、函数、流程控制和注释等语言元素，使其功能更加强大。在 SQL Server 中使用图形界面能够完成的所有功能，都可以利用 T-SQL 来实现。使用 T-SQL 操作时，与 SQL Server 通信的所有应用程序都要通过向服务器发送 T-SQL 语句来进行，而与应用程序的界面无关。

## 7.4.1 数据类型和运算符

在关系数据库创建表时，需要指定表中各个属性的数据类型及长度，SQL 标准支持多种数据类型，对于不同的数据库管理系统所支持的数据类型会有一定的差别。表 7.2 和表 7.3 所示为 MySQL 常用的数据类型和运算符。

表 7.2　MySQL 常用的数据类型

| 数据类型 | | 含义 |
| --- | --- | --- |
| 整型 | TINYINT | 很小的整数，1B |
| | SMALLINT | 小的整数，2B |
| | MEDIUMINT | 中等大小的整数，3B |
| | INT | 普通大小的整数，4B |
| | BIGINT | 大整数，8B |
| 小数类型 | FLOAT | 单精度浮点数，4B |
| | DOUBLE | 双精度浮点数，8B |
| | DECIMAL(m,d) | 定点数，m 为长度，d 为小数后面的位数 |
| 日期和时间类型 | DATE | 日期值，格式为 YYYY-MM-DD |
| | TIME | 时间值，格式为 HH:MM:SS |
| | YEAR | 年份值，格式为 YYYY |
| | DATETIME | 混合日期和时间值，格式为 YYYY-MM-DD HH:MM:SS |
| | TIMESTAMP | 混合日期和时间值、时间戳，格式为 YYYYMMDD HHMMSS |

续表

| 数据类型 | | 含义 |
|---|---|---|
| 字符串类型 | CHAR(n) | 定长字符串，其长度为n，范围为0～255B |
| | VARCHAR(n) | 变长字符串，其最大长度为n，范围为0～65535B |
| | TINYTEXT | 短文本数据 |
| | TEXT | 文本数据 |
| | MEDIUMTEXT | 中等长度文本数据 |
| | LONGTEXT | 极大文本数据 |
| | BLOB | 二进制形式的文本数据 |
| | MEDIUMBLOB | 二进制形式的中等长度文本数据 |
| | LONGBLOB | 二进制形式的极大文本数据 |

表 7.3　MySQL 数据库常用的运算符

| 运算符类型 | 运算符 |
|---|---|
| 算术运算符 | +、-、*、/、% |
| 比较运算符 | =、<、<=、>、>=、!=；LIKE、IN、BETWEEN AND 和 IS NULL |
| 逻辑运算符 | NOT、AND、OR、XOR |

## 7.4.2　数据定义

SQL 的数据定义包括对数据对象（如数据库、基本表、索引和视图）的定义、删除和修改，这 3 个功能分别对应 CREATE 语句、DROP 语句和 ALTER 语句。

### 1．创建数据库

语句格式：

CREATE DATABASE <数据库名>

例 7-2　写出创建一个名为 db_Student 的数据库的 SQL 语句。

CREATE DATABASE　db_Student;

### 2．创建基本表

语句格式：

CREATE TABLE <表名>
　　(<列名> <数据类型> [ <列级完整性约束条件> ]
　　[,<列名> <数据类型> [ <列级完整性约束条件> ] ]　…
　　[,<表级完整性约束条件> ] );

其中，<>括起来的部分是必不可少的，[ ]括起来的部分可有可无。创建表时要指定各个属性对应的数据类型，以及与该表有关的完整性约束条件。列级完整性约束条件是指涉及该属性列的完整性约束条件。表级完整性约束条件是指涉及一个或多个属性列的完整性约束条件。

例 7-3　写出创建学生表、课程表和成绩表的 SQL 语句。

（1）学生表 student。

CREATE TABLE student(
　　stu_id char(10)　　PRIMARY KEY,　　　　　/*学号，PRIMARY KEY 主键*/

```
        stu_name varchar(10)    NOT NULL,        /*姓名，NOT NULL 不允许为空*/
        sex char(2) CHECK(sex in('男','女')),      /*性别，CHECK 约束*/
        major varchar(20) UNIQUE,                 /*专业*，UNIQUE 唯一约束*/
        class_no varchar(10),                     /*班级*/
        birthday date                             /*出生日期*/
);
```

（2）课程表 course。

```
CREATE TABLE course (
        c_id char(8) PRIMARY KEY,                 /*课程号*/
        c_name varchar(10)    UNIQUE    NOT NULL, /*课程名*/
        credit int DEFAULT 0                      /*学分，DEFAULT 默认值*/
);
```

（3）成绩表 stu_performance。

```
CREATE TABLE stu_performance (
        stu_id char(10) NOT NULL,                         /*学号*/
        c_id char(8) NOT NULL,                            /*课程号*/
        score int CHECK(score>=0 AND score<=100),         /*成绩*/
        PRIMARY   KEY(stu_id,c_id),                       /*设置联合主键*/
        FOREIGN KEY(stu_id) REFERENCE student(stu_id),    /*设置外键*/
        FOREIGN KEY(c_id) REFERENCE course(c_id)
);
```

说明：UNIQUE 和 PRIMARY KEY 的区别是，一个表可以有多个字段声明为唯一约束 UNIQUE，但只能有一个 PRIMARY KEY 声明；声明为 PRIMAY KEY 的列不允许有空值，但是声明为 UNIQUE 的字段允许有空值。

NULL 表示该列值允许为空，NOT NULL 表示该列值不允许为空，默认是 NULL。

### 3．修改基本表

语句格式：

```
ALTER TABLE <表名>
[ADD COLUMN <列名> <数据类型> [完整性约束] [FIRST|AFTER 已存在的字段名]]
[CHANGE COLUMN <旧列名> <新列名> <数据类型>]
[ALTER COLUMN <列名> { SET DEFAULT <默认值> | DROP DEFAULT }
[MODIFY COLUMN <列名> <数据类型>]
[DROP COLUMN <列名>]
[RENAME TO <新表名> ];
```

其中，ADD 子句用于增加新列，"FIRST 或 AFTER 已存在的字段名"用于指定新列在表中的位置，如果 SQL 语句中没有这两个参数，则默认将新添加的列设置为表的最后列。

例 7-4 在 student 表中增加"入学时间"列。

ALTER TABLE student ADD COLUMN entime DATE AFTER stu_name;

### 4．删除基本表

语句格式：

DROP TABLE <表名>

例 7-5 删除表 course。
```
DROP TABLE course;
```
若表被删除，则表结构及表中的数据都会被删除，同时建在此表上的索引、触发器等对象也会被删除。

## 7.4.3 数据更新

SQL 的数据更新包括对数据的插入、删除和修改操作，分别对应 INSERT 语句、DELETE 语句、UPDATE 语句。

### 1．数据插入

数据插入是指把新的记录插入到表中。
语句格式：
```
INSERT
INTO <表名> [(<属性列 1>[,<属性列 2 >…)]
VALUES (<常量 1> [,<常量 2>]… );
```
例 7-6 将学生记录插入到学生表中。
```
INSERT
INTO student( stu_id,stu_name,major,class)
VALUES('2018021010', '李明', '计算机', '181');
```

### 2．数据删除

数据删除即删除表中满足条件的记录或删除全部记录。
语句格式：
```
DELETE
FROM   <表名>
[WHERE <条件>];
```
如果省略 WHERE 子句，则会删除全部记录。

例 7-7 删除学号为'2018021010'的学生记录。
```
DELETE
FROM    student
WHERE   stu_id='2018021010';
```
例 7-8 删除所有学生记录。
```
DELETE
FROM    student;
```

### 3．数据修改

数据修改即对表中的一条或多条记录中的某些列值进行修改。
语句格式：
```
UPDATE   <表名>
SET   <列名>=<表达式>[,<列名>=<表达式>]…
[WHERE <条件>];
```
如果省略 WHERE 子句，则要修改表中的所有记录。

例 7-9 修改课程号为'02002003'的课程的学分为 3 学分。
```
UPDATE   course
SET    credit=3
WHERE c_id='02002003';
```

### 7.4.4 数据查询

SQL 能提供 SELECT 语句，可以从数据库表或视图中查询符合条件的记录。

语句格式：

```
SELECT [ALL|DISTINCT] <目标列表达式>[,<目标列表达式>] …
FROM <表名或视图名>[,<表名或视图名>]…|(SELECT 语句)    [AS]<别名>
[WHERE <条件表达式> ]                    /*选择满足条件的记录*/
[GROUP BY <列名 1> [ HAVING <条件表达式> ] ]    /*分组*/
[ORDER BY <列名 2> [ ASC|DESC ] ];          /*排序*/
```

说明：（1）ALL 表示查询满足条件的所有行；DISTINCT 表示查询结果集中，重复的记录只显示一行。

（2）<目标列表达式> 由被查询的字段或表达式组成，指明要查询的字段信息，此处若为 * 号，则表示查询表（或视图）中的所有字段信息。

（3）FROM 后面给出了针对哪些表（或视图）进行查询操作，可以是单个表（或视图），也可以是多个表（或视图）。当查询多个表（或视图）时，表（或视图）名之间用逗号隔开。

（4）WHERE 后面的条件表达式，用于指定查询条件。该项是可选项，既可以不设置查询条件，也可以设置一个或多个查询条件。

（5）GROUP BY <列名 1> 对查询结果按照指定的字段进行分组。

（6）HAVING <条件表达式> 对分组后的查询结果再次设置筛选条件，最后的结果集中只包含满足条件的分组。此子句必须与 GROUP BY 子句一起使用。

（7）ORDER BY <列名 2> [ ASC|DESC ] 对查询结果按照指定的字段进行排序，其中 ASC|DESC 用于指明排序方式，ASC 为升序，DESC 为降序。

#### 1. 单表查询

例 7-10 查询所有学生的信息。

```
SELECT   *                      /* *号表示表中所有字段*/
FROM student;
```

例 7-11 查询所有计算机专业的学生的学号、姓名、专业、班级。

```
SELECT stu_id, stu_name, major, class_no
FROM student
WHERE major='计算机';
```

#### 2. 字符串匹配

```
WHERE <表达式 1>[NOT]LIKE<表达式 2>
```

字符串匹配是一种模式匹配，使用运算符 LIKE 设置过滤条件，过滤条件使用通配符进行匹配运算，运算返回的结果是 TRUE 或 FALSE。利用通配符可以在不完全确定比较值的情形下创建一个比较特定数据的搜索模式，并置于关键字 LIKE 之后。可以在搜索模式的任意位置使用通配符,并且可以使用多个通配符。MySQL 支持的通配符有以下两种。

(1)%(百分号)代表任意长度的字符串。%是 MySQL 中常用的一种通配符,在过滤条件中,百分号可以表示任何字符串,并且该字符串可以出现任意次。使用%通配符要注意 MySQL 默认是不区分大小写的,若要区分大小写,则需要更换字符集的校对规则。%不匹配空值。%可以代表搜索模式中给定位置的 0 个、1 个或多个字符。

(2)_(下画线)代表任意单个字符。_只匹配单个字符,而不是多个字符,也不是 0 个字符。

注意:不要过度使用通配符,数据库系统对通配符检索方式的处理一般会比对其他检索方式的处理花费更长的时间。

例 7-12 查询 student 表中,计算机专业所有刘姓同学的信息。

即在 student 表中,查找计算机专业且姓名以 "刘" 开头的学生的信息。

```
SELECT *
FROM student
WHERE  stu_name  LIKE  '刘%'  AND  major='计算机';
```

### 3. 聚集函数

SQL 提供了大量的聚集函数,用于数据的统计、分类和计算,如表 7.4 所示。

表 7.4　常用聚集函数

| 函数名 | 含义 |
| --- | --- |
| AVG(列名) | 计算某列的平均值 |
| COUNT(*) | 统计记录的个数 |
| COUNT(列名) | 统计某列值的个数 |
| SUM(列名) | 计算某列值的总和 |
| MAX(列名) | 求某列的最大值 |
| MIN(列名) | 求某列的最小值 |

例 7-13 查询计算机专业的学生人数。

```
SELECT COUNT(*)
FROM student
WHERE major='计算机';
```

### 4. 多表查询

若查询涉及两个以上的表,则称多表连接查询。

例 7-14 查询计算机专业的学生选修课程的信息。

```
SELECT student.stu_id,stu_name,c_name,score
FROM student as s ,course as c ,stu_performance as p
WHERE major='计算机'  AND   s.stu_id=p.stu_id  AND   c.c_id=p.c_id;
```

目前,绝大多数流行的关系数据库管理系统,如 Oracle、Sybase、Microsoft SQL Server、MySQL 等都采用了 SQL 标准。虽然很多数据库都对 SQL 语句进行了再开发和扩展,但是包括 SELECT、INSERT、UPDATE、DELETE、CREATE 及 DROP 在内的标准的 SQL 语句,仍然可以用来完成几乎所有的数据库操作。

### 7.4.5 数据控制

**1. 授权**

授权是指将对指定操作对象的指定操作权限授予指定用户。

GRANT 语句的一般格式：

GRANT <权限>[,<权限>]...
[ON <对象类型> <对象名>]
TO <用户>[,<用户>]...
[WITH GRANT OPTION];

例 7-15 把查询 Student 表的权限授给用户 user1。

GRANT　SELECT
ON　　TABLE　Student
TO　　user1;

**2. 回收**

回收是指授予的权限可以由数据库管理员或其他授权者用 REVOKE 语句收回。

REVOKE 语句的一般格式：

REVOKE <权限>[,<权限>]...
[ON <对象类型> <对象名>]
FROM <用户>[,<用户>]...;

例 7-16 收回用户 user1 修改学生学号的权限。

REVOKE UPDATE(stu_id)
ON TABLE Student
FROM user1;

## 7.5 数据库设计

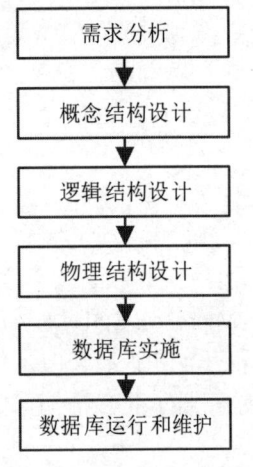

图 7.4 数据库设计的步骤

数据库设计（DataBase Design）是指对于一个给定的应用环境，构造最优的数据库模式，建立数据库及其应用系统，使之能够有效地存储数据，满足各种用户的应用需求。在数据库领域中，常把使用数据库的各类系统称为数据库应用系统。

数据库设计的步骤包括需求分析、数据库结构的设计（概念结构设计、逻辑结构设计、物理结构设计）、数据库实施及数据库运行和维护，如图 7.4 所示，下面简要介绍这几个步骤。

**1. 需求分析**

需求分析阶段是整个数据库设计过程中最重要的阶段之一，是整个设计过程的基础。需求分析的结果是否准确将直接影响后面各个阶段的设计，如果需求分析不充分、准确，将导致整个数据库设计返工。这个阶段的主要任务是准确收集用户的信息需求和处理需求，并对收集的结果进行整理和分析，形成需求规格说明书。这一阶段由数据库设计人员和用户双方共同协作完成，数据库设计人员往往先通过调研、深入业务现场、收集资料、与用户沟通，了解用户的实际需求，并与用户达成共识，然后分析与表达这些需求。需求分析工作主要包括以下过程。

（1）调查、分析用户的活动。调查用户的业务活动，了解其业务流程。

（2）收集和分析需求。在熟悉业务的基础上，协助用户明确系统的各种需求，包括用户的信息需求、处理需求、安全性和完整性需求等。

（3）确定系统边界。在收集各种需求数据后，对调查结果进行初步分析，确定新系统的边界及计算机所能进行的数据处理的范围。

（4）编写需求分析说明书。需求分析说明书也称系统分析报告，内容包括系统目标、范围；系统总体结构；系统功能说明；系统设计阶段划分；系统方案、技术、经济、操作可行性。将需求分析说明书交给用户审阅，并最后达成一致。

2．概念结构设计

这个阶段也是数据库设计的重点，对用户的需求进行综合、归纳、抽象，以形成概念模型。概念模型是各种数据模型的基础，它比数据模型更独立于机器、更抽象，通常采用 E-R 模型（实体-联系模型）来描述。图 7.5 所示为学生选课的 E-R 图。

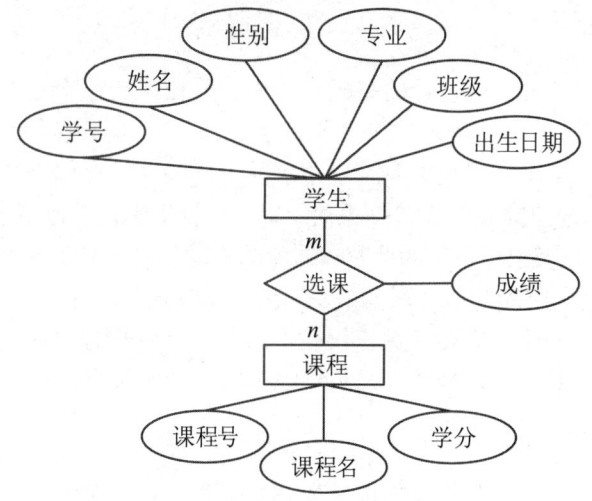

图 7.5　学生选课的 E-R 图

采用 E-R 方法进行数据库概念设计，可以分成三步：首先设计局部 E-R 模式，然后把各局部 E-R 模式综合成一个全局 E-R 模式，最后对全局 E-R 模式进行优化，得到最终的 E-R 模式，即概念模式。

3．逻辑结构设计

这个阶段的主要任务是将概念模型转化为数据库管理系统所支持的数据模型，通常采用关系模型，即建立数据库逻辑模式，并对其进行优化。本节将 E-R 模式转化为关系模式，是要解决如何将实体型和实体型间的联系转换为关系模式，即确定关系模式包含的属性和码。通常一个实体型转换为一个关系模式，实体的属性就是关系的属性，实体的码就是关系的码。而对于实体型间的联系如何转换，需要根据以下不同情况进行具体分析。

（1）一个一对一联系可以转换为一个独立的关系模式，也可以与任意一端对应的关系模式合并。

（2）一个一对多联系可以转换为一个独立的关系模式，也可以与 $n$ 端对应的关系模式合并。

（3）一个多对多联系可以转换为一个关系模式。

根据以上规则，图 7.5 中的 E-R 图转化为关系模式如下。

学生（学号，姓名，性别，专业，班级，出生日期）

课程（课程号，课程名，学分）

选课（学号，课程号，成绩）

逻辑数据库设计的结果是一组关系模式，同时要应用关系规范化理论对这些关系模式进行规范化处理，来获得合理的关系模式集合。另外，还需考虑以下问题。

（1）确定每个关系模式的主键，并考虑实体的完整性。

（2）根据完整性，确定关系模式的外键。

（3）确定每个关系模式中各个属性的数据类型、约束、规则、默认值等，以及用户自定义的完整性。

（4）根据需求设计视图。

（5）考虑用户的使用权限、数据库的安全等问题。

### 4．物理结构设计

物理结构设计是在逻辑结构设计的基础上，为关系模型选取合适的物理结构，包括存储结构和存取方法。由于数据库的物理结构设计完全依赖于给定的数据库管理系统和硬件环境，因此设计人员必须充分了解所用数据库管理系统的内部特征、存储结构、存取路径、存取方法、系统设置等。根据选定的数据库管理系统，确定数据库结构，包括表中属性（字段）的数据类型、长度、精度，以及索引等。因此，数据库的物理结构设计通常分为两步，即确定数据库的物理结构、评价实施空间效率和时间效率。数据库物理结构设计过程中需要对时间效率、空间效率、维护代价和各种用户要求进行权衡，选择一个优化方案作为数据库的物理结构。在数据库物理结构设计中，较有效的方式是集中存储和检索对象。

### 5．数据库实施

根据逻辑结构设计和物理结构设计的结果构建数据库，编写并调试应用程序，组织数据入库，并进行调试及运行。

（1）定义数据库结构。确定数据库的逻辑结构和物理结构后，使用所选定的数据库管理系统提供的数据定义语言来构建数据库。

（2）载入数据。数据库结构确定后，向数据库载入数据，对于数据量较小的系统，可用人工输入的方式组织数据入库。而对于大中型系统，由于数据量大，因此可设计一个数据录入系统辅助数据入库。

（3）调试应用程序。通常数据库应用程序的设计和数据库设计同时进行，因此在数据组织入库后还要调试应用程序，以解决存在的问题。

（4）数据库试运行。使用载入的数据，对数据库系统进行联合调试。

### 6．数据库运行和维护

数据库系统经过试运行后，经过测试无误，即可正式投入运行。在运行过程中如果出现错误，需要及时进行修正，维护阶段要对运行中的数据库系统进行评价、调试和修改，在此期间，用户有可能提出新的需求，如果修改范围不大，开发人员应考虑现有系统和用户的需求，对其加以完善。在数据库运行阶段，对数据库的维护工作主要由数据库管理员完成。维护工作包括以下四方面。

（1）数据库的转储和恢复。数据库的转储和恢复是系统正式运行后最重要的维护工作之一。数据库管理员要针对不同的应用要求制订不同的转储计划，定期对数据库备份，以保证在发生故障后，系统能将数据库恢复到某个一致性状态来减少对数据库的破坏。

（2）数据库的安全性、完整性控制。数据库的安全性是指保护数据库以防止不合法使用所造成的数据泄露、更改或损坏。数据库系统的安全保护措施是否有效是数据库系统的主要技术指标之一。数据库管理员根据需要授予用户不同的操作权限，通过用户身份鉴别、存取控制等方式防止非授权用户对数据库的恶意存取和破坏，通过强制存取控制、数据加密存储和加密传输等方法防止数据库中重要或敏感的数据被泄露。当应用环境发生变化时，数据库的完整性约束条件也会发生变化，需要数据库管理员根据具体情况进行修正来满足用户需求。

（3）数据库性能的监督、分析和改进。数据库管理员在数据库运行过程中，需要运行监督系统，对数据库性能进行监测，并根据性能情况进行改进。目前，大多数关系数据库管理系统都提供了监测系统性能的工具，数据库管理员利用这些工具可获取系统运行过程中的一系列性能参数的值，通过分析这些数据，数据库管理员能够判断当前系统运行状况是否是最佳状态，若不是，则需要做一些改进来提高系统性能。

（4）数据库的重组和重构。数据库在运行一段时间后，由于对记录不断地增、删、改，导致数据库的物理存储结构变坏，使数据库性能下降，这时就需要数据库管理员对数据库进行重组或部分重组，在重组过程中，按原设计要求重新安排存储位置、回收垃圾、减少指针链等，数据库的重组并不会修改数据库原有的设计。数据库管理系统一般也能提供重组数据库的相关功能，以便数据库的维护。而当用户提出新的需求、应用环境发生变化，或取消了某些应用后，原有的数据库设计不能满足要求，就要对其进行重构。例如，增加或删除某个表、在已有的表中增加或删除某些字段，或改变字段的类型等，但数据库的重构是有限的，只能部分修改，若数据库应用变化很大，重构不能解决实质性问题，则应该设计新的数据库。

## 7.6  常用的数据库管理系统

目前，商品化的数据库管理系统以关系型数据库为主导产品，技术比较成熟。面向对象的数据库管理系统虽然技术先进，数据库易于开发、维护，但尚无成熟的产品。国内的关系型数据库管理系统（Relational DataBase Management System，RDBMS）有 Access、MySQL、SQL Server、Oracle、Sybase 和 DB2 等，这些产品都支持多操作系统，如 UNIX、VMS、Windows 等操作系统，但支持的程度不一样。IBM 的 DB2 内嵌于 IBM 的 AS/400 系列机中，只支持 OS/400 操作系统，DB2 也是比较成熟的关系型数据库管理系统。

1. Access

Microsoft Office Access 数据库（简称 Access）是由美国 Microsoft 公司发布的小型关系数据库管理系统，它结合了 Microsoft Jet Database Engine 和图形用户界面两项特点，是 Microsoft Office 的系统程序之一。它能提供表、查询、窗体、报表、宏、模块等数据库系统对象，并能提供向导、生成器、模板，使数据库存储、查询、界面设计、报表生成等操作规范化。由于操作简单、方便，广泛应用于日常办公领域。其具有以下特点。

（1）集成环境界面友好、易操作，能处理多种数据信息。Microsoft Office Access 数据库是基于 Windows 操作系统下的 IDE，该环境集成了各种向导和生成器工具，大大提高了开发人员的工作效率，使建立数据库、创建表、设计用户界面、设计数据查询、打印报表等可以方便、有序地进行。

（2）面向对象。Microsoft Office Access 是个面向对象的开发工具，利用面向对象的方式将数据库系统中的各种功能对象化，将数据库管理的各种功能封装在各类对象中。通过对象的方法、属性完成数据库的操作和管理，极大地简化了用户的开发工作。

（3）存储方式简单，易于维护管理。Microsoft Office Access 数据库管理的对象有表、查询、窗体、报表、页、宏和模块，以上对象都存放在后缀为.mdb 或.accdb 的数据库文件中，以便用户操作和管理。

（4）Microsoft Office Access 数据库支持 ODBC。ODBC（Open DataBase Connectivity，开放数据库互连），利用 Microsoft Office Access 数据库强大的 DDE（动态数据交换）和 OLE（对象的连接和嵌入）特性，可以在数据表中嵌入位图、声音、Excel 表格、Word 文档，还可以建立动态的数据库报表和窗体等。

（5）Microsoft Office Access 数据库还可以将程序应用于网络，并与网络上的动态数据相连接。

（6）Microsoft Office Access 数据库支持广泛、易于扩展、弹性较大，能够通过链接表的方式打开 Excel 文件、格式化文本文件等，这样就可以利用数据库的高效率对其中的数据进行查询、处理，还可以通过以 Microsoft Office Access 数据库作为前台客户端，以 SQL Server 作为后台数据库的方式开发大型数据库应用系统。

Microsoft Office Access 数据库是一款小型数据库，当 Microsoft Office Access 数据库中的数据量超过百兆，或当单表记录数超过百万时，系统性能会变差。Microsoft Office Access 数据库理论上支持 255 个并发用户，但实际上支持不了那么多，因此 Microsoft Office Access 数据库通常用于小型应用程序的开发。

2. MySQL

MySQL 是当前最受欢迎的开放源码的关系型数据库管理系统之一，它由瑞典的 MySQL AB 公司开发，目前属于 Oracle 旗下公司。MySQL 因为其速度、可靠性和适应性而备受关注。大多数人都认为在不需要事务化处理的情况下，MySQL 是数据管理较好的选择。MySQL 主要用于 Web 应用，一般中小型网站的开发都选择用 MySQL 作为网站数据库。MySQL 主要有以下版本。

（1）MySQL Community Server 社区版本，开源免费，但不提供官方技术支持。MySQL Community Server 社区版本是大家广泛使用的 MySQL 版本。根据不同的操作系统平台又分为多个版本。

（2）MySQL Enterprise Edition 企业版本，需付费，可以试用 30 天。

（3）MySQL Cluster 集群版本，开源免费，可将几个 MySQL Server 封装成一个 Server。

（4）MySQL Cluster CGE 高级集群版本，需付费。

（5）MySQL Workbench，一款专为 MySQL 设计的 ER/数据库建模工具。MySQL Workbench 又分为两个版本，分别是社区版本（MySQL Workbench OSS）和商用版本（MySQL Workbench SE）。

MySQL 具有以下特点。

（1）运行速度快。MySQL 体积小，命令执行的速度快。

（2）使用成本低。MySQL 是开源的，且提供免费版本，对大多数用户来说大大降低了使用成本。

（3）使用容易。与其他大型数据库的设置和管理相比，其复杂程度较低，易于使用。

（4）可移植性强。MySQL 能够运行于多种操作系统上，如 Windows、Linux、UNIX 等操作系统。

（5）适用于更多用户。MySQL 支持常用的数据管理功能，适用于中小型企业甚至大型网站。

MySQL 可在多种操作系统上运行。由于 MySQL Community Server 社区版本的性能卓越，搭配 PHP、Linux 和 Apache 操作系统可组成良好的开发环境，经过多年的 Web 技术发展，是业内被广泛使用的一种 Web 服务器解决方案之一，称为 LAMP。Windows 下的 Apache+MySQL+PHP 组成的 WAMP IDE，常用来搭建动态网站或服务器的开源软件，这些软件本身都是各自独立的程序，但是因为常被放在一起使用，拥有了越来越高的兼容度，共同组成了一个强大的 Web 应用程序平台，即 WAMP 集成环境。目前 MySQL 是应用比较广泛的网络数据库之一。

3．SQL Server

SQL Server 是美国 Microsoft 公司推出的一款中大型关系型数据库系统。它只能在 Windows 操作系统上运行，是一个全面集成的、端到端的数据库解决方案，能为企业提供可扩展的、高性能的、适用于分布式系统的数据库管理平台，多用于企业数据管理和商业智能应用，由于其界面友好及易操作性，深受用户的喜爱，目前推出的最新版本是 SQL Server 2018。

4．Oracle

Oracle 是美国 Oracle 公司推出的一款大型数据库管理系统，它在数据库领域一直处于领先地位，它可在所有主流平台上运行，Oracle 具有完备的数据处理和分布式处理功能，适用于高吞吐量的数据库解决方案。Oracle 具有系统可移植性好、使用方便、功能性强、安全性高的特点，适用于各类大、中、小、微型计算机环境，在银行、保险、电信等部门得到了广泛应用。

Oracle 是支持 B/S 和 C/S 架构的数据库管理系统，作为一个通用的数据库系统，它具有完整的数据管理功能；作为一个关系数据库，它是一个完备关系的产品；作为分布式数据库，它实现了分布式处理功能。

Oracle 主要具有以下特点：①支持多用户、大事务量的事务处理；②在保持数据安全性和完整性方面性能优越；③支持分布式数据处理，将分布在不同物理位置的数据用通信网络连接起来，在分布式数据库管理系统（DDBMS）的控制下，组成一个逻辑上统一的数据库，以完成数据处理任务；④具有可移植性，Oracle 可以在 Windows、Linux 等多个操作系统平台上使用，可以在不同操作系统间移植数据库。

Oracle 主要经历了如下几个重要版本。

（1）Oracle 8/Oracle8i：此版本是在 20 世纪 90 年代末推出的，其中 i 表示 Internet，表明 Oracle 开始进军网络。

（2）Oracle 9i：2001 年推出，属于 Oracle 8i 的稳定版本，现在依然大范围使用。

（3）Oracle 10g：2004 年推出，g 代表 Grid，也就是时下流行的网格计算技术，提升了数据库的分布式访问性能。

（4）Oracle 11g：2007 年推出，属于 Oracle10g 的稳定版本，能扩展网格计算，现在新项目使用较多。

（5）Oracle 12c：2013 年推出，c 代表 cloud，指的是云服务的支持。

现在应用较多的是 Oracle11g 和 Oracle12c，目前推出的最新版本是 Oracle 21c。

### 5．Sybase

Sybase 是美国 Sybase 公司研制的一款关系数据库管理系统，是一种典型的在 UNIX 或 Windows NT 平台上的客户机/服务器环境下运行的大型数据库系统。Sybase 能提供一套应用程序编程接口和库，可以与非 Sybase 数据源及服务器集成，允许在多个数据库之间复制数据，适于创建多层应用。Sybase 具有完备的触发器、存储过程、规则及完整性定义，支持优化查询，具有较好的数据安全性。Sybase 主要应用在金融服务业、政府部门、电信、医疗保健和媒体服务业。

### 6．DB2

DB2 是美国 IBM 开发的一套关系型数据库管理系统，它主要的运行环境为 UNIX（包括 IBM 自家的 AIX）、Linux、IBM i（旧称 OS/400）、z/OS，以及 Windows 服务器版本等操作系统。DB2 具有较好的可伸缩性，可支持从大型机到单用户环境，应用于所有常见的服务器操作系统平台。DB2 可以通过使用 Microsoft 的 ODBC 接口，即 Java 数据库连接（JDBC）接口，或者 CORBA 接口代理能被任何应用程序访问。DB2 能提供高层次的数据利用性、完整性、安全性、可恢复性，以及小规模到大规模应用程序的执行能力，具有与平台无关的基本功能和 SQL 命令。DB2 具有很好的网络支持能力，每个子系统可以连接十几万个分布式用户，并可同时激活上千个活动线程，对大型分布式应用系统尤为适用。

## 7.7　数据库技术的新发展

随着计算机应用的普及和数据库技术的不断发展，使数据库管理系统的应用越来越广泛。数据库技术与其他计算机技术相结合是数据库技术发展的显著特征。将数据库技术应用到特定的领域中，出现了分布式数据库、并行数据库、面向对象数据库、多媒体数据库、工程数据库、NoSQL 数据库等多种数据库（见图 7.6），使数据库的应用领域不断扩展。

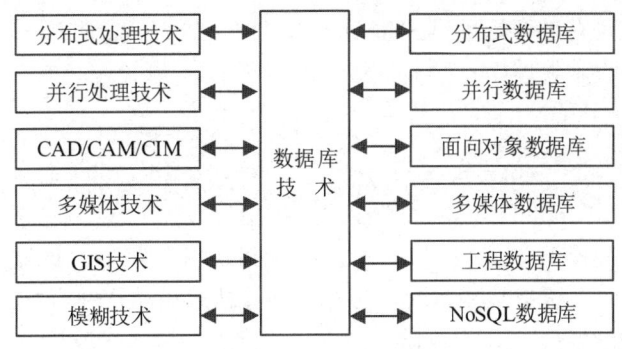

图 7.6　应用到特定领域的数据库技术

## 7.7.1　分布式数据库

数据库技术与分布式处理技术相结合，出现了分布式数据库系统（Distributed DataBase System，DDBS）。分布式数据库系统是在集中式数据库系统的基础上发展起来的，是计算机技术和网络技术结合的产物。分布式数据库系统中的数据分布在计算机网络的不同计算机上，网络中的每个节点（场地）都具有独立处理能力，可以执行局部应用。同时，每个节点也能通过网络通信子系统执行全局应用。

分布式数据库系统适合单位分散的部门，允许各个部门将其常用的数据存储在本地，实现就地存放、本地使用，从而提高响应速度，降低通信费用。分布式数据库系统与集中式数据库系统相比具有可扩展性，通过增加适当的数据冗余来提高系统的可靠性。在集中式数据库系统中，尽量减少冗余度是系统目标之一，其原因是冗余数据浪费存储空间，而且容易造成各副本之间的不一致，而为了保证数据的一致，系统要付出一定的维护代价。减少冗余度是用数据共享来达到的，而在分布式数据库系统中却希望增加冗余数据，在不同的场地存储同一数据的多个副本，这样有助于提高系统的可靠性、可用性。当某一场地出现故障时，系统可对另一场地上的相同副本进行操作，不会因一处故障而造成整个系统的瘫痪，同时提高系统性能。系统可以根据距离选择离用户最近的数据副本进行操作，以减少通信代价，改善整个系统的性能。分布式数据库系统具有以下特点。

（1）物理分布性。数据不是存储在一个场地上，而是存储在计算机网络的多个场地上。

（2）逻辑整体性。数据物理分布在各个场地，但逻辑上是一个整体，它们被所有用户（全局用户）共享，并由一个分布式数据库管理系统统一管理。

（3）场地自治性。各场地上的数据由本地的数据库管理系统管理，具有自治处理能力，能完成本场地的应用（局部应用）。

（4）场地之间协作性。各场地虽然具有高度的自治性，但是又相互协作构成了一个整体。

分布式数据库系统还具有数据独立性，集中与自治相结合的控制机制，能适当增加数据冗余度和事务管理分布性的特点。

从分布式数据库系统的特点可以看出其优点，包括具有灵活的体系结构；适应分布式的管理和控制机构；经济性能优越；系统的可靠性高、可用性好；局部应用的响应速度快；可扩展性好，易于集成现有的系统。同时可以看到分布式数据库系统的缺点，包括系统开销较大，尤其花在通信部分的开销较大；具有复杂的存取结构（如辅助索引、文件的链接技术），这在集中式数据库系统中是有效存取数据的重要技术，但在分布式数据库系统中不一定有效；数据的安全性和保密性较难处理。

### 7.7.2 并行数据库

并行数据库系统（Parallel DataBase System，PDBS）是新一代高性能的数据库系统，是在大规模并行处理（Massively Parallel Processing，MPP）和集群并行计算环境基础上建立的数据库系统，并行数据库系统是数据库技术与并行计算技术相结合的产物。随着处理器、存储、网络等相关基础技术的发展，并行数据库技术的研究上升到一个新的水平，研究的重点也转移到数据操作的时间并行性和空间并行性上。

并行数据库系统要求尽可能地并行执行所有的数据库操作，从而在整体上提高系统的性能。根据计算机间的处理器、内存及存储设备的相互关系，并行数据库可以归纳为 3 种基本的体系结构，即共享内存（Shared-Memory，SM）结构、共享磁盘（Shared-Disk，SD）结构、无共享（Shared-Nothing，SN）结构。目前，SM 结构很少被使用，SD 结构和 SN 结构则由于其各自的优势而得以应用和发展。SD 结构的典型代表是 Oracle 集群，SN 结构的典型代表是 Teradata，IBM DB2 和 MySQL 的集群也使用了这种结构。

并行数据库系统的目标是高性能和高可用性，通过多个处理节点并行执行数据库任务，以提高整个数据库系统的性能和可用性。性能指标关注的是系统的处理能力，具体表现可归结为数据库系统处理事务的响应时间。系统的高性能可以从两个方面理解，即速度提升和范围提升。速度提升是指通过并行处理，可以使用更少的时间完成多个数据库事务。范围提升是指通过并行处理，在相同的处理时间内，可以完成更多的数据库事务。并行数据库系统是基于多处理节点的物理结构，将数据库管理技术与并行处理技术有机结合，从而实现系统的高性能。可用性指标关注的是并行数据库系统的健壮性，也就是当并行处理节点中的一个节点或多个节点部分失效或完全失效时，整个系统对外持续响应的能力。高可用性可以同时在硬件和软件两个方面提供保障。在硬件方面，通过冗余的处理节点、存储设备、网络链路等硬件措施，可以保证当系统中某个节点部分或完全失效时，其他的硬件设备可以接手其处理工作，对外提供持续服务；在软件方面，通过状态监控与跟踪、互相备份、日志等技术手段，可以保证当前系统中某个节点部分或完全失效时，由它所进行的处理或由它所掌控的资源可以无损失或基本无损失地转移到其他节点，并由其他节点继续对外提供服务。

为了实现和保证高性能和高可用性，可扩充性也成为并行数据库系统的一个重要指标。可扩充性是指并行数据库系统通过增加处理节点或硬件资源（如处理器、内存），使其可以平滑地或线性地扩展其整体处理能力的特性。

随着对并行计算技术研究的深入和 SMP（Symmetric Multi-Processing，对称多处理系统）的应用，以及大规模并行处理等处理机技术的发展，使对并行数据库系统的研究也进入了一个新的领域，集群已经成为并行数据库系统中最受关注的热点之一。

### 7.7.3 面向对象数据库

面向对象数据库系统（Object Oriented DataBase System，OODBS）是为了满足新的数据库应用需要而产生的新一代数据库系统，是数据库技术与面向对象程序设计方法相结合的产物。面向对象数据库系统应满足两个标准：首先它是数据库系统，其次它也是面向对象系统。

第一个标准，即作为数据库系统应具备的能力，如持久性、事务管理、并发控制、恢复、查询、版本管理、完整性和安全性等。第二个标准是要求面向对象数据库系统能充分支持完整的面向对象概念和控制机制，如数据抽象、封装性、继承性、多态性、类与对象、可扩充性等。面向对象是一种认识方法学，也是一种程序设计方法学。把面向对象的方法和数据库技术结合起来，可以使数据库系统的分析、设计最大限度地与人们对客观世界的认识相一致。面向对象数据库系统是为了满足新的数据库应用需要而产生的新一代数据库系统。

面向对象数据库的产生主要是为了解决"阻抗失配"，它强调高级程序设计语言与数据库的无缝连接。假设无缝连接不使用数据库，而使用某种编程语言编写一个程序，可以不经任何改动地将它作用于数据库，即可以用编程语言透明访问数据库，就好像数据库根本不存在一样，所以也有人把面向对象数据库理解为语言的持久化。

面向对象方法综合了在关系数据库中发展的全部工程原理，以及系统分析、软件工程和专家系统领域的内容，符合人的思维规律，将现实世界分解成明确的对象。系统设计人员用面向对象数据库系统创建的计算机模型能更直接地反映客观世界，使非计算机专业的最终用户也可以通过这些模型理解和评述数据库系统。这些都是传统数据库系统所缺乏的，因此面向对象数据库系统更能在新兴应用领域中发挥作用，包括工程、多媒体、商业等领域。

随着多媒体数据的大量出现和应用的日益复杂，关系数据库也在不断吸收面向对象数据库的优点，出现了对象关系数据库系统（Object Relational DataBase System，ORDBS），它是关系数据库系统和面向对象数据库系统的结合。它继承了关系数据库系统已有的技术，既支持原有的数据管理，又支持面向对象模型和对象管理，各数据库厂商都在原来的产品基础上进行了扩展。1999 年发布的 SQL 标准也增加了支持面向对象的功能标准。与传统数据库系统相比，对象关系数据库系统具有表示和构造复杂对象的能力，其封装性和信息隐藏技术能提供程序的模块化机制，继承和类层次技术能提供软件的重用机制，动态绑定等技术能提供系统的扩充能力。PostgreSQL 就是对象关系数据库系统，它支持大部分的 SQL 标准并且能提供很多其他特性，如复杂查询、外键、触发器、视图、事务完整性、多版本并发控制等。同样，PostgreSQL 也可以用许多方法扩展。另外，因为许可证可灵活使用，任何人都可以以任何目的免费使用、修改和分发 PostgreSQL。

### 7.7.4 多媒体数据库

随着社会的信息化，各种媒体也逐步数字化。传统数据库通常处理的是字符串、数值型的数据，而现在计算机所处理的数据包括各种多媒体数据，如文本、图形和图像、声音、视频及动画等，这些多媒体数据具有不规则性、结构复杂且信息量大等特点，如何描述、存储和查询多媒体数据是传统数据库无法解决的，因此出现了多媒体数据库。多媒体数据库是数据库技术与多媒体技术结合的产物。

从多媒体数据库的角度来看，其具有以下特征。

（1）多媒体数据库不同于传统数据库，在其处理对象、数据类型、数据结构、数据模型、应用对象等方面都与传统数据库有很大差异。

（2）多媒体数据库存储和处理的是现实世界中的复杂对象，这些对象往往通过多种形式的媒体来综合表现自己，传统数据库对于格式化数据可进行存储和处理，图像或声音媒体都作为非格式化数据存在，而其存储特征则是一类二进制大对象，存储对象的变化使存储技术增加了新的内容，需要进行特殊处理，如数据压缩等。

（3）多媒体数据库是面向应用的，其功能需求与应用密切相关，因此它并不是基于某一特定的数据类型的，而是随着应用领域和对象建立的相应数据模型，如可以将多媒体数据类型划分为简单型、复杂型和智能型，用来表示不同类型的应用。

（4）多媒体数据库从实用性要求出发，强调媒体间的独立性，其概念可以与传统数据库所要求的数据独立性进行对比，即多媒体数据库用户应当能最大限度地忽略各媒体间的差别，从而实现对多媒体数据的操作与管理。

（5）多媒体应用对于对象的物理表示和交付非常重视，多媒体系统的意义和作用在于能将物理存储的信息以多媒体形式向用户表现和提供，因此多媒体数据库更强调用户界面的灵活性和多样性。单媒体显示相对容易，而混合媒体，如声像的表现，由于涉及媒体的同步和集成，因此要复杂得多。

（6）多媒体数据库应具有较强的对象访问手段，如特征访问、浏览访问、近似性查询等，从而使多媒体数据库具有实用价值。

目前，建立多媒体数据模型的方法大多是在共享数据模型和面向对象数据模型基础上进行改进的，主要有下面两种方法。

（1）扩展现有的关系型数据库管理系统，用于支持类似二进制对象的各种多媒体对象，将关系型数据库管理系统从基本的二进制对象扩展到继承和类这一概念。

（2）转变为发展成熟的面向对象数据库，以支持 SQL。将数据库和应用软件转变为面向对象的数据并使用面向对象的语言，如 C++语言，或使用面向对象的 SQL 来开发。

目前，多媒体数据库已经广泛应用于许多领域，如办公自动化、CAD/CAM 和医疗等应用中都涉及大量的图形和图像、声音等多媒体信息，还有犯罪现场录像，犯罪嫌疑人的照片、声音和指纹的采集等。

### 7.7.5 工程数据库

工程数据库是指应用于 CAD、CAM、CIM（Computer Integrated Manufacturing，计算机集成制造）、地理信息处理、军事指挥、控制和通信等工程应用领域，满足人们在工程活动中对数据处理要求的数据库。工程数据库也称 CAD 数据库、设计数据库或技术数据库，能够存储和管理各种工程设计图形和工程设计文档，并能为工程设计提供服务。从产品设计、工程分析到制造过程活动中所产生的全部数据都应存储、维护在同一个工程数据库环境中。

由于工程数据具有结构复杂、相互联系紧密、数据存储量大的特点，因此工程数据库应有以下功能。

（1）支持复杂对象（如图形数据、工程设计文档）的表示和处理，支持可扩展的数据类型。

（2）支持复杂数据的存储和管理。

（3）支持长事务和嵌套事务的并发控制和恢复。

（4）支持不同版本的存储和管理。

（5）支持工程设计的反复迭代、动态模式的修改和扩充。

（6）支持多种工程应用程序。

（7）有自动维护数据一致性的能力。

因此，除数据库的一般功能外，工程数据库必须能解决复杂工程数据的表达和处理、大量工程数据的访问效率、数据库与应用程序的无缝接口等问题，要求工程数据库必须具有强大的建模能力，高效的存取机制，良好的事务处理功能、版本管理功能、模式进化功能，灵活的查询功能、网络和分布式功能等。

由于工程数据的复杂性和管理的特殊要求，目前还没有很合适的数据模型来描述，通常将传统的数据模型加以扩充以适应工程数据的需要，归纳起来主要有扩充的关系模型、扩充的网状模型、语义模型、混合模型。面向对象数据模型比较适合复杂数据的表达与处理，工程数据库的需求也是面向对象数据库系统的研究动因之一。

### 7.7.6 NoSQL 数据库

在大数据时代，面对快速增长的数据规模和日渐复杂的数据模型，关系型数据库有些力不从心，而 NoSQL（Not Only SQL）数据库凭借易扩展、大数据量和高性能，以及灵活的数据模型，更适合处理这些情况。NoSQL 数据库系统，泛指非关系型数据库系统，是在 Internet 大数据应用下发展起来的分布式数据管理系统。NoSQL 数据库通常分为四大类，即键值（Key-Value）存储数据库、列存储数据库、文档型数据库和图形数据库，其中每种类型的 NoSQL 数据库都能够解决关系型数据库不能解决的问题。在实际应用中，NoSQL 数据库的分类界限其实没有那么明显，往往会是多种类型的组合体，如 OrientDB 就是兼具文档型数据库的灵活性和图形数据库管理链接能力的文档-图形数据库管理系统，它是图形数据库，但其中每个节点又都是文档。

## 7.8 数据仓库与数据挖掘

在网络时代，大量的数据信息在给人们带来方便的同时，也带来了一系列问题，如信息量过大、信息的组织形式多样、无法统一处理等，人们逐渐认识到隐藏在这些数据后面的更深层次的内涵信息的重要性。面对海量数据，如何从中提取有价值的知识，以进一步提高信息的利用率，为决策提供支持及预测未来的发展趋势，是当前各领域需要尽快解决的技术问题，因此数据仓库和数据挖掘等技术应运而生。

### 7.8.1 数据仓库

传统的数据库系统适合联机事务处理（On-Line Transaction Processing，OLTP），不能很好地支持决策分析，数据仓库（Data Warehouse，DW）是为了满足企业或组织预测和决策分析的需要而提出来的，是指在传统数据库的基础上产生能够满足预测和决策分析需要的数据环境。

1. 数据仓库的基本特征

数据仓库中的数据具有面向主题、集成性、稳定性和时变性的特征。

（1）数据仓库是面向主题的。数据仓库中的数据是按照一定的主题进行组织的。主题是指用户使用数据仓库进行决策时所关心的重点方面，一个主题通常与多个操作型信息系统相关。

（2）数据仓库是集成的。数据仓库中的数据是从原有的分散的数据库数据中抽取出来的，因此数据在进入数据仓库之前要经过加工与集成、统一与综合，因为原始数据存在单位不统

一、字长不一致、字段同名异义等问题，还需要将原始数据结构从面向应用到面向主题进行转变，因此这也是数据仓库建设中较关键、较复杂的一步。

（3）数据仓库是不可更新的。数据仓库主要是为决策分析提供数据，所涉及的操作主要是数据的查询，一般情况下并不进行修改操作。数据仓库能存储一段时间内的历史数据，是不同时间内数据快照的集合，以及基于这些快照进行统计、综合和重组后导出的数据，而不是进行联机处理的数据，不能更新。

（4）数据仓库是随时间变化的。数据仓库中的数据是随时间变化而不断变化的，表现在数据仓库中就是包含大量综合性数据，这些数据很多与时间相关，如按一定的时间间隔进行数据采样，数据随时间变化而不断增加、删除或重新综合等情况。因此，数据仓库中数据的标识码都包含时间项，以表明数据的历史时期。

**2．数据仓库系统的体系结构**

数据仓库系统的体系结构主要包括前台工具、后台工具、数据仓库服务器和OLAP（on-Line Analytic Processing，联机分析处理）服务器。

（1）前台工具包括报表查询工具、多维分析工具、数据挖掘工具和结果可视化工具等。

（2）后台工具包括数据抽取、清洗、转换、装载和维护工具。

（3）数据仓库服务器负责管理数据仓库中数据的存储管理和数据存取，为OLAP服务器和前台工具提供存取接口。

（4）OLAP服务器能对需要分析的数据进行有效集成，按多维模型予以组织，以便进行多角度、多层次的分析，并发现趋势，为前台工具和用户提供多维数据视图。

### 7.8.2　数据挖掘

数据挖掘和数据仓库一样，是近年来数据管理和应用的重要研究领域，数据挖掘（Data Mining，DM）是指从大量的数据中发现并搜索隐藏其中信息的过程。数据挖掘技术综合了多学科技术，融合了数据库、人工智能、机器学习、统计学、信息科学、高性能计算机及数据可视化等技术。数据挖掘与其他学科的关联如图7.7所示。数据挖掘技术使数据处理技术进入了一个更高级的阶段。它不仅能对过去的数据进行查询，而且能找出过去数据之间的潜在联系，进行更高层次的分析，以便更好地做出理想的决策、预测未来的发展

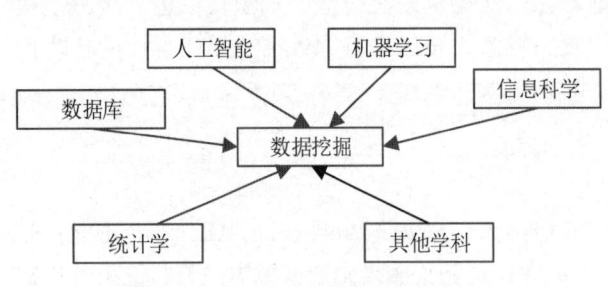

图7.7　数据挖掘与其他学科的关联

趋势等。通过数据挖掘，有价值的知识、规则或高层次的信息就能从数据库的相关数据集合中被抽取出来，从而使大型数据库成为一个丰富、可靠的资源，为知识的提取服务。

**1．数据挖掘的步骤**

数据挖掘是数据库中的知识被发现的过程，从数据本身考虑，数据挖掘主要包括信息收集、数据集成、数据规约、数据清理、数据变换、数据挖掘过程、模式评估和知识表示等步骤。

（1）信息收集。根据确定的数据分析对象，先抽象出在数据分析中所需要的特征信息，

然后选择合适的信息收集方法，将收集的信息存入数据库。对于海量数据，选择一个合适的数据存储和管理的数据仓库是至关重要的。

（2）数据集成。把不同来源、格式、特点的数据组合在一起。

（3）数据规约。执行多数的数据挖掘算法，即使在少量数据上也需要很长时间，而做商业运营数据挖掘时往往数据量非常大。数据规约技术可以用来得到数据集的规约表示，它小得多，但仍然接近于保持原数据的完整性，并且规约后执行的数据挖掘结果与规约前执行的数据挖掘结果相同或几乎相同。

（4）数据清理。在数据库中的数据有些是不完整的（如缺少属性值），有些是含噪声的（如包含错误的属性值），有些是不一致的（如单位不同），因此可以使用工具进行数据清理，将完整、正确、一致的数据信息存入数据仓库中。

（5）数据变换。通过平滑聚集、数据概化、规范化等方式将数据转换成适用于数据挖掘的形式。

（6）数据挖掘过程。根据数据仓库中的数据信息，选择合适的分析工具，应用统计方法、事例推理、决策树、规则推理、模糊集，甚至神经网络、遗传算法等算法处理信息，得到有用的分析信息。

（7）模式评估。根据评估标准从挖掘结果中筛选出有意义的模式知识。

（8）知识表示。将数据挖掘所得到的分析信息以可视化的方式呈现给用户，或作为新的知识存放在知识库中，供其他应用程序使用。

## 2．数据挖掘的功能

数据挖掘是知识发现的过程，主要包括以下功能。

（1）数据特征总结与数据区分。数据特征总结是对目标类数据的一般特征进行汇总，可以用直方图、饼状图、交叉表等多种形式输出，如对某一类顾客的特征进行汇总。数据区分是将目标类对象的一般特性与一个或多个对比类对象的一般特性比较，如对不同年龄段顾客购买行为的比较等。

（2）关联分析。关联分析用来寻找数据库中值的相关性。两种常用的技术是关联规则和序列模式。关联规则是寻找在同一个事件中出现的不同项的相关性，如哪些商品经常一块儿被购买；序列模式与此类似，寻找的是事件之间时间上的相关性，如银行利率调整与随后股市的变化。

（3）分类。分类是指使用一定的函数或模型来描述和区分数据类之间的区别。分类技术在很多领域都有应用，如可以通过客户分类，构造一个分类模型来对银行贷款进行风险评估。

（4）预测。预测是把握分析对象发展的规律，对未来的趋势做出预见，如对销售活动效果的预测。

（5）聚类。聚类是在不考虑已知分类的情况下，对数据类或概念进行区分。它是在未知分类的前提下，将数据分成不同的群组，使群与群之间差别最大化，同时使同一个群之间的数据相似性最大化。例如，在不知道要把客户分成几类的情况下进行客户细分，在此基础上可以制定一些针对不同客户群体的营销方案。

（6）偏差检测。对分析对象少数的、极端的特例进行挖掘，揭示其内在原因。例如，可以从一些信用不良的客户数据中，找出相似特征并预测可能的欺诈交易，以达到减少损失的目的。

数据挖掘技术源于商业的直接需求，尤其在大数据时代下，数据挖掘技术已经广泛应用到各个领域中，成为当今高科技发展的热点问题，无论在软件开发、医疗卫生方面，还是在金融、教育等方面都可以随处看到数据挖掘技术的应用，使用数据挖掘技术发现大数据内在的巨大价值是当前研究的趋势。

## 本章小结

数据库技术是数据管理的有效技术，它能实现对数据的高效存储与管理，从而大幅提升信息处理的效率。本章主要介绍了数据库的基本概念，数据库技术的发展是以数据模型的发展为基础的，通过介绍数据模型，引出关系模型，重点讲解了关系数据库的基本概念、关系模型的3种完整性约束和关系模式的规范化方法。SQL 是关系数据库的标准语言，大部分关系型数据库管理系统都支持 SQL 标准，SQL 分为数据定义、数据操纵、数据查询和数据控制四部分。

构建数据库应用系统，需要数据库设计和应用系统设计相结合，本章重点阐述了数据库设计的步骤，并介绍了当前一些主流的数据库管理系统，最后介绍了数据库技术的发展趋势及数据仓库、数据挖掘技术。

## 习题

### 一、选择题

1. 在数据库发展过程中，出现了许多重要的数据模型，目前应用最广泛的是（　　）。
   A．层次模型　　　　B．网状模型　　　　C．关系模型　　　　D．对象模型
2. SQL 是（　　）的标准语言。
   A．层次数据库　　　B．网络数据库　　　C．关系数据库　　　D．非数据库
3. 下列软件中，不属于数据库管理系统的是（　　）。
   A．Oracle　　　　　B．UNIX　　　　　　C．MySQL　　　　　D．SQL Server
4. E-R 模型属于（　　）。
   A．逻辑模型　　　　B．概念模型　　　　C．物理模型　　　　D．层次模型
5. 关于主键约束的说法错误的是（　　）。
   A．一个表中只能设置一个主键约束
   B．允许空值的字段上不能定义主键约束
   C．允许空值的字段上可以定义主键约束
   D．可以将包含多个字段的字段组合设置为主键
6. 在关系数据库设计中，设计关系模式是数据库设计中（　　）阶段的任务。
   A．逻辑设计阶段　　　　　　　　　　B．概念设计阶段
   C．物理设计阶段　　　　　　　　　　D．需求分析阶段
7. 在数据库的表定义中，限制成绩属性列的取值范围为 0～100，属于数据的（　　）约束。
   A．实体完整性　　　B．参照完整性　　　C．用户自定义　　　D．用户操作

## 二、填空题

1. 数据库的完整性是指数据的（　　　）、（　　　）和（　　　）。
2. 数据模型是由（　　　）、（　　　）和完整性约束三部分组成的。

## 三、简答题

1. 简述数据库管理系统的功能，说说你所知道的数据库管理系统。
2. 解释关系模型中的术语：关系、属性、元组、候选码、主键、外键。
3. 简述数据库设计的基本步骤。
4. 已知系（系编号，系名称，系主任，电话，地点）和学生（学号，姓名，性别，入学日期，专业，系编号）两个关系，则系关系的主键和外键是什么？学生关系的主键和外键是什么？学生关系中的外键取值要求是什么？

### 扩展阅读：MySQL 查询——索引技术

本文索引知识基于 MySQL 的 InnoDB 存储引擎，与其他数据库索引原理类似，可能创建及实现方式不同。首先来看一个应用场景，假设现有一张 100 万条数据的订单表，创建语句如图 7.8 所示。

```
CREATE TABLE `mh_shp_order` (
`id` bigint(20) UNSIGNED NOT NULL,
`mer_id` int(10) UNSIGNED NOT NULL,
`pay_type` varchar(20) CHARACTER SET utf8 COLLATE utf8_general_ci NOT NULL DEFAULT '',
`pay_time` int(10) UNSIGNED NOT NULL,
`created_at` timestamp(0) NOT NULL DEFAULT CURRENT_TIMESTAMP,
`updated_at` timestamp(0) NOT NULL DEFAULT CURRENT_TIMESTAMP ON UPDATE CURRENT_TIMESTAMP(0),
PRIMARY KEY (`id`) USING BTREE,
INDEX `index_1`(`pay_time`, `mer_id`) USING BTREE
) ENGINE = InnoDB CHARACTER SET = utf8 COLLATE = utf8_general_ci COMMENT = '订单主表v5.1.20.2' ROW_FORMAT = Dynamic;
```

图 7.8　订单表创建语句

查询某个商户某天之后的订单数据，SQL 语句如图 7.9 所示（1662088072 是 2022-09-02 11:07:52 的时间戳格式）。

```
SELECT * FROM `mh_shp_order` where pay_time>1662088072 and mer_id=60596103
```

图 7.9　查询订单数据 SQL 语句

这个场景中的语句执行使用索引了吗？什么情况下索引会失效呢？索引要如何使用呢？带着几个问题我们一起来探索一下索引的使用。

### 1. 什么是索引

索引是对数据库表中一列或多列的值进行排序的一种结构。一句话简单来说，索引出现的本质是为了提高数据查询的效率，就像我们使用的词典目录一样。要理解索引必须去了解一种数据结构：平衡树（非二叉），也就是 B Tree 或者 B+Tree，基本上主流关系型数据库管理系统都把平衡树当作数据表的默认索引数据结构，如有兴趣还可以去了解其他常见实现索引的方式，如哈希表、有序数组等。一个没有加主键的表，数据是无序状态的，一行行整齐存储在磁盘存储器上。加了主键的表以树状结构存储，即前面说的"平衡树"结构，此时整个表就变成了一个索引。

## 2. 索引的使用

我们先分析开篇的 SQL 语句。未使用索引如图 7.10 所示，可以看到 type 列为 ALL，key 列为 NULL，即"空"（其他列含义留给想要探索的读者去寻获），表示该语句未使用索引而是做了全表扫描，这是为什么呢？

图 7.10　未使用索引

首先我们将 SQL 语句的查询日期修改一下，使用 2022-10-24 08:00:00 的时间戳进行查询，发现这次使用了索引，如图 7.11 所示，仅是调整了一下日期范围索引就生效了，这又是什么原因呢？

图 7.11　使用索引

我们再来修改一下，这次调整索引顺序，先变为 index_1(mer_id,pay_time)，然后解析不同日期的两个查询语句，发现不管日期范围远近都进行了索引，如图 7.12 所示，这又是为什么呢？

图 7.12　进行索引

要明白上面的问题，就需要先了解索引分类及索引可能失效的情形，如图 7.13 和图 7.14 所示。

| 类型 | 说明 |
| --- | --- |
| 普通索引 | 最基本的索引类型，没唯一性之类的限制 |
| 主键 | 和普通索引基本相同，但所有的索引列只能出现一次，保持唯一性 |
| 唯一索引 | 跟唯一索引一样，不能有重复的列，但本质上，主键不能算是索引，而是一种约束，必须指定为"PRIMARY KEY"（可以去了解它跟唯一索引的区别） |
| 全文索引 | 全文索引的索引类型为 FULLTEXT，可以在 VARCHAR 或者 TEXT 类型的列上创建 |
| 联合索引 | 联合索引其实不是一种索引分类，就是包含多个字段的普通索引。联合索引中遵循最左匹配原则：以最左为起点任何连续的索引都能匹配上，同时遇到范围查询(>、<、between、like)就会停止匹配，如index(a, b)，采用a=1和b=1或 a=1 作为查询条件都能走索引，但如果单独用 b=? 作为查询条件就不会走索引了；又比如建立(a,b,c,d)顺序的索引，用 a = 1 和 b = 2 and c > 3 and d = 4这样的查询条件搜索，d 是用不到索引的，因为 c字段是一个范围查询，它之后的字段会停止匹配 |

图 7.13　索引分类

| 失效情形 | 说明 |
|---|---|
| 索引列用函数或表达式 | select * from test where num + 1 = 5或<br>select * from test where lower(user_name)='sandy' |
| 存在 NULL 值条件 | select * from test where user_id is not null; |
| 用 or 表达式作为条件，有一个列没有索引，那么其他列的索引都不起作用 | 只对user_id做了索引<br>select * from test where user_id = 1 or user_name = "张三"; |
| 列与列对比，某个表有两列（id 和 u_id）都建了单独索引 | select * from test where id = u_id; |
| 数据类型的转换，如字符串转整型，日期转整型或字符串等 | 对user_name做了索引<br>select * from test where user_name = 123; |
| 当查询条件为非时，执行计划可能更倾向于全表扫描，如 <>、NOT、in、not exists | select * from test where user_id<>500; |
| like 查询是以 %开头 | 对user_name做了索引<br>select * from test where user_name like '%张'; |
| 多列索引，没有遵循最左匹配原则 | 如index(a,b,c)<br>select * from test where a=1 and b>3 and c=2或<br>select * from test where c=2 |

图 7.14　索引可能失效的情形

上面示例就是使用了联合索引，我们来总结一下示例中索引失效及相应修改后使用索引的原因。

（1）当调整日期范围索引生效：在数据库进行查询时，当数据库的分析器分析、判断使用索引效率不如直接全表扫描效率时就会导致索引失效；示例的调整日期范围就属于这种情况，当然这时数据库可能存在误判，就如我们例子中的语句，如果想要生效则需要强制使用索引：SELECT * FROM `mh_shp_order` force index(pay_time,mer_id) where pay_time>1662088072 and mer_id=60596103。

（2）修改索引顺序后索引生效：其原理与（1）是一样的，数据库认为使用索引更高效。为什么高效呢？数据库判断先日期后商户是先查出日期内的订单再从中筛选某个商户的订单，效率没有先锁定某个商户再按照日期查询高（多个商户的订单量肯定大于 1 个商户）。此处要注意联合索引的顺序其实对查询效率影响不大，只是数据库会分析、判断得到一个认为效率更高的方式而已；当然实际业务中我们还需要将高频使用的列放前面，根据最左匹配原则让查询语句更易命中索引，更高效。

3．索引的优缺点

使用索引的优势。
（1）索引能够大大提高数据检索的效率，降低数据库的 I/O 成本。
（2）通过创建唯一性索引，可以保证数据库表中每行数据的唯一性。
（3）加速两个表之间的连接时间，一般是在外键上创建索引。
索引会产生的副作用。
（1）创建索引和维护索引要耗费时间，这种时间会随着数据量的增加而增加。
（2）索引是一种数据结构，会占据磁盘空间。
（3）当对表中的数据进行增加、删除和修改的时候，索引也要动态地被维护，降低了数据的更新速度。

4．需创建索引和避免创建索引的情况

需创建索引的情况。

（1）主键，自动建立唯一索引。
（2）频繁作为查询条件的字段。
（3）查询中与其他表关联的字段存在外键关系。
（4）查询中的排序字段，排序字段若通过索引去访问将大大提高排序的速度。
（5）查询中统计或者分组字段。

避免创建索引的情况。

（1）数据唯一性差的字段，如性别，text、image 类型不要使用索引，这些列要么取值很少要么数据量相当大，不利于使用索引。

（2）频繁更新的字段不要使用索引，频繁变化导致索引也频繁变化，增大了数据库的工作量，降低了效率。

（3）字段不在 where 语句出现时不要添加索引。

（4）数据量少的表不要使用索引，使用了改善也不大，还增加了额外的资源消耗。

# 第8章 软件工程与开发方法

**本章学习目标**
- 了解软件危机产生的原因
- 掌握软件工程的定义、本质特性和基本原理
- 理解软件生命周期和各阶段的开发方法

本章先从软件危机产生的原因引发思考,进而引入软件工程的定义和基本原理;然后用生命周期的观点,将软件开发的过程串连起来,介绍生命周期各阶段的开发方法。

软件工程和硬件工程都可以看成计算机系统工程的一部分。用于计算机硬件的工程技术是由电子设计技术发展起来的,而且在几十年的时间里已经达到了比较成熟的水平,虽然制造方法仍在不断改进,但硬件的可靠性已经是一种可以期待的现实而不再是一种愿望。

但是,软件工程还处于某种困境之中。在以计算机为基础的系统中,软件已经取代硬件,成为系统设计中较困难、较不容易成功的部分。一方面,不能按时完成项目或实际成本超出预计的开发成本等,而且软件管理是长期而复杂的。另一方面,随着以计算机为基础的系统在数量、复杂程度和应用范围上的不断增长,对软件的需求有增无减。软件工程就是建立在这样的现实基础之上。

## 8.1 软件危机

在计算机系统发展的早期(20世纪60年代中期前),通用硬件相当普遍,软件却是为每个具体应用而专门编写的。这时的软件通常是规模较小的程序,编写者和使用者往往是同一个(或同一组)人。这种个体化的软件环境,使软件设计通常是人们头脑中进行的一个隐性的过程,除程序清单之外,没有其他文档资料被保存下来。

20世纪60年代中期到70年代中期是计算机系统发展的第二代时期,这个时期的一个重要特征是出现了"软件作坊",开始广泛使用产品软件。但是,"软件作坊"基本上仍然沿用早期形成的个体化软件开发方法。随着计算机应用的日益普及,软件数量急剧膨胀。在程序运行时发现的错误必须设法改正,当用户有新的需求时必须相应地修改程序;当硬件或操作系统更新时,通常需要修改程序以适应新的环境。上述种种软件维护工作,以令人吃惊的比例耗费资源。更严重的是,许多程序的个体化特性使它们最终成为不可维护的。"软件危机"就这样出现了。1968年北大西洋公约组织(NATO)的计算机科学家在德国召开国际会议,讨论软件危机问题,在这次会议上正式提出并使用了"软件工程"这个名词,一门新兴的工程学科就此诞生。

### 8.1.1 软件危机的表现

软件危机是指在计算机软件的开发和维护过程中所遇到的一系列严重问题。这些问题绝不仅是"不能正常运行的"软件才具有的，实际上几乎所有软件都会不同程度地存在这些问题。概括地说，软件危机包含下述两方面的问题：如何开发软件，怎样满足对软件的日益增长的需求；如何维护数量不断膨胀的已有软件。具体地说，软件危机主要有下述一些表现。

（1）对软件开发成本和进度的估计很不准确。实际成本比估计成本有可能高出一个数量级，实际进度比预期进度拖延几个月甚至几年的现象并不罕见。

（2）用户对"已完成的"软件系统不满意的现象经常发生。软件开发人员常在对用户要求只有模糊的了解，甚至对所要解决的问题还没有确切认识的情况下，就仓促上阵匆忙着手编写程序。

（3）软件产品的质量往往靠不住。软件可靠性和质量保证的确切的定量概念刚刚出现不久，软件质量保证技术（审查、复审和测试）还没有坚持不懈地应用到软件开发的全过程中，这些都导致软件产品发生质量问题。

（4）软件常常是不可维护的。很多程序中的错误是非常难改正的，实际上不可能使这些程序适应新的硬件环境，也不能根据用户的需要在原有程序中增加一些新的功能。"可重用的软件"还是一个没有完全做到的、正在努力追求的目标，人们仍然在重复开发类似的或基本类似的软件。

（5）软件通常没有适当的文档资料。计算机软件不仅是程序，而且应该有一整套文档资料。这些文档资料应该是在软件开发过程中产生出来的，而且应该是"最新式的"，即和程序代码完全一致。

（6）软件成本在计算机系统总成本中所占的比例逐年上升。软件成本随着通货膨胀及软件规模和数量的不断扩大而持续上升。1985年美国的软件成本大约占计算机系统总成本的90%。

（7）软件开发生产率提高的速度，远远跟不上计算机应用迅速普及深入的趋势。软件产品"供不应求"的现象使人类不能充分利用现代计算机硬件提供的巨大潜力。

### 8.1.2 软件危机产生的原因

在软件开发与维护的过程中存在这么多严重问题，一方面与软件本身的特点有关，另一方面也和软件开发与维护的方法不正确有关。

软件不同于硬件，它是计算机系统中的逻辑部件而不是物理部件。

软件缺乏可见性，在写出程序代码并在计算机上试运行之前，软件开发过程的进展情况较难衡量，软件开发的质量也较难评价。

软件在运行过程中不会因为使用时间过长而被"用坏"，如果运行中发现错误，则很可能是遇到了一个在开发时期引入的在测试阶段没能检测出来的故障。因此，软件维护通常意味着改正或修改原来的设计，这在客观上使软件较难维护。

软件不同于一般程序，它的一个显著特点是规模庞大，而且程序复杂性将随着程序规模的增加而呈指数上升。目前相当多的软件专业人员对软件开发和维护还有不少糊涂观念，在实践过程中或多或少地采用了错误的方法和技术，这可能是使软件问题发展成软件危机的主要原因。对用户需求没有完整、准确的认识就匆忙着手编写程序是许多软件开发工程失败的主要原因之一。

### 8.1.3 如何应对软件危机

为了消除软件危机，首先应该对计算机软件有一个正确的认识，应该彻底消除在计算机系统早期发展阶段形成的"软件就是程序"的错误概念。一个软件必须由一个完整的配置组成，事实上，软件是程序、数据及相关文档的完整集合。其中，程序是能够完成预定功能和性能的可执行的指令序列；数据是使程序能够适当地处理信息的数据结构；文档则能描述和规定软件设计和实现细节，通常以书面形式表达，其还能在软件维护遇到问题时使用，如需求和功能可以根据软件文档的描述进行更快速的修改。

软件开发不是某种个体劳动的神秘技巧，而是一种组织良好、管理严密、各类人员协同配合、共同完成的工程项目。我们必须充分吸取和借鉴人类长期以来从事各种工程项目所积累的行之有效的原理、概念、技术和方法，特别要吸取几十年来人类从事计算机硬件研究和开发的经验教训。

我们应该推广、使用在实践中总结出来的开发软件的成功的技术和方法，并且研究、探索更有效的技术和方法，尽快消除在计算机系统早期发展阶段形成的一些错误概念和做法，并应该开发和使用更好的软件工具。正如机械工具可以"放大"人类的体力一样，软件工具可以"放大"人类的智力。

## 8.2 软件工程

软件产业发展至今，软件工程已经是一门交叉性学科，它是解决软件问题的工程，对它的理解不应是静止和孤立的。软件工程是应用计算机科学、数学及管理科学等原理，借鉴传统工程的原则、方法来创建软件的，从而达到提高质量、降低成本的目的。其中，计算机科学和数学用于构造模型、分析算法，工程科学用于制定规范、明确风格、评估成本、确定权衡，管理科学用于进度、资源、质量、成本等的管理。

软件工程的目标是明确的，就是研制、开发与生产具有良好质量和费用合算的软件产品。费用合算是指软件开发、运行的整个开销能满足用户的要求，软件质量是指该软件能满足明确的和隐含的需求能力的有关特征和特性的总和。

软件工程的基础是一些指导性的原则，有以下几点。

（1）必须认识软件需求的变动性，并采取适当措施来保证结果产品能忠实地满足用户的要求。在软件设计中，通常要考虑模块化、抽象与信息隐蔽、局部化、一致性等原则。

（2）稳妥的设计方法方便软件开发，为达到软件工程的目标，软件工具与环境对软件设计的支持来说，颇为重要。

（3）软件工程项目的质量与经济开销直接取决于对它所提供的支撑的质量与效用。

（4）有效的软件工程只有在对软件过程进行有效管理的情况下才能实现。

### 8.2.1 软件工程的定义及本质特性

1968 年在第一届 NATO 会议上将软件工程这个术语定义为"软件工程就是为了经济地获得可靠的而且能在实际机器上有效地运行的软件,而建立和使用完善的工程原理"。

1993 年 IEEE 更全面更具体的定义:"软件工程是:①把系统的、规范的、可度量的途径应用于软件开发、运行和维护过程,也就是把工程应用于软件;②研究①中提到的途径"。

总之,软件工程是指导计算机软件开发和维护的一门工程学科,采用工程的概念、原理、技术和方法来开发与维护软件,把经过时间考验而证明正确的管理技术和当前能够得到的最好的技术方法结合起来,经济地开发高质量的软件并有效地维护它,这就是软件工程。

软件工程具有下述本质特性。

#### 1. 软件工程关注大型程序的构造

把一个人在较短时间内写出的程序称为小型程序,把多人合作用时半年以上才写出的程序称为大型程序,即程序系统。

#### 2. 软件工程的中心课题是控制复杂性

软件的复杂性主要不是由问题的内在复杂性造成的,而是由必须处理的大量细节造成的。

#### 3. 软件经常变化

无论是从用户需求角度还是社会发展角度来看,软件都会经常变化。

#### 4. 开发软件的效率非常重要

软件供不应求现象日益严重。

#### 5. 和谐合作是开发软件的关键

纪律是成功地完成软件开发项目的关键。

#### 6. 软件必须有效地支持它的用户

仅用正确的方法构造系统还不够,还必须构造正确的系统,以提供产品、用户手册、培训资料。

#### 7. 在软件工程领域中由具有一种文化背景的人替具有另一种文化背景的人创造产品

软件工程师不仅缺乏应用领域的实际知识,而且缺乏应用领域的文化知识。

### 8.2.2 软件工程的基本原理

著名的软件工程专家 B. W. Boehm 综合了这些学者的意见并总结了 TRW 公司多年来开发软件的经验,于 1983 年在一篇论文中提出了软件工程的 7 条基本原理。他认为这 7 条基本原理是确保软件产品质量和开发效率的原理的最小集合。这 7 条基本原理是互相独立的,其中任意 6 条基本原理的组合也不能代替另一条原理。然而这 7 条基本原理又是相当完备的,人们虽然不能用数学方法严格地证明它们是一个完备的集合,但是可以证明在此之前已经提出的 100 多条软件工程原理都可以由这 7 条基本原理的任意组合包含或派生。

下面简要介绍软件工程的 7 条基本原理。

### 1. 用分阶段的生命周期计划严格管理

生命周期是人们用工程化观点进行软件产品生产过程管理和控制的重要手段。软件生命周期分为各个阶段，有利于将复杂任务进行分解，使软件生产的任务具体化，让开发人员更合理地安排人力、物力和财力，有助于分工明确、和谐合作。

### 2. 坚持进行阶段评审

有两个理由：第一，大部分错误是在编码之前造成的。例如，根据 Boehm 等人的统计，设计错误占软件错误的 63%，编码错误仅占软件错误的 37%；第二，错误发现与改正得越晚，所需付出的代价就越高。

### 3. 实行严格的产品控制

当改变需求时，为了保持软件各个配置成分的一致性，必须实行严格的产品控制，其中主要是实行基准配置管理。所谓基准配置又称基线配置，它们是经过阶段评审后的软件配置成分（各个阶段产生的文档或程序代码）。基准配置管理也称变动控制，一切有关修改软件的建议，特别是涉及对基准配置的修改建议，都必须按照严格的规程进行评审，获得批准以后才能实施修改。绝对不能谁想修改软件（包括尚在开发过程中的软件），就随意进行修改。

### 4. 采用现代程序设计技术

人们一直把主要精力用于研究各种新的程序设计技术。20 世纪 60 年代末提出的结构程序设计技术，已经成为绝大多数人公认的先进的程序设计技术。后来又进一步发展了各种结构化分析（Structured Analysis，SA）技术与结构化设计（Structured Design，SD）技术。实践表明，采用先进的技术既可以提高软件开发的效率，又可以提高软件维护的效率。

### 5. 结果应能清楚地被审查

软件产品不同于一般的物理产品，它是看不见摸不着的逻辑产品。软件开发人员（或开发小组）的工作进展情况可见性差，难以准确度量，从而使软件产品的开发过程比一般产品的开发过程更难于评价和管理。为了提高软件开发过程的可见性，更好地进行管理，应该根据软件开发项目的总目标及完成期限，规定开发组织的责任和产品标准，从而使所得到的结果能够清楚地被审查。

### 6. 软件开发小组成员应该少而精

这条基本原理的含义是，软件开发小组成员的素质应该好，且人数不宜过多。成员的素质和数量是影响软件产品质量和开发效率的重要因素。素质高的成员的开发效率比素质低的成员的开发效率可能高几倍至几十倍，而且素质高的成员所开发的软件中的错误明显少于素质低的成员所开发的软件中的错误。此外，随着开发小组成员数目的增加，因为交流情况讨论问题而造成的通信开销也急剧增加。当开发小组成员数为 $N$ 时，可能的通信路径有 $N(N-1)/2$ 条，可见随着人数 $N$ 的增加，通信开销也会急剧增加。因此，组成少而精的开发小组是软件工程的一条基本原理。

7. 承认不断改进软件工程实践的必要性

遵循上述 6 条基本原理,就能够按照当代软件工程基本原理实现软件的工程化生产,但是,仅有上述 6 条基本原理并不能保证软件开发与维护的过程能赶上时代前进的步伐,能跟上技术的不断进步。因此,Boehm 提出应把承认不断改进软件工程实践的必要性作为软件工程的第 7 条基本原理。按照这条基本原理,不仅要积极主动地采纳新的软件技术,而且要注意不断总结经验。

### 8.2.3 软件工程方法学

通常把在软件生命周期全过程中使用的一整套技术方法的集合称为软件工程方法学,也称为"范型"。在软件工程领域,这两个术语的含义基本相同。

软件工程方法学包括 3 个要素:方法、工具和过程。

方法:完成软件开发的各项任务的技术方法。

工具:运用方法提供的自动的或半自动的软件工程支撑环境。

过程:为了获得高质量的软件所要完成的一系列任务框架,规定了完成各项任务的工作步骤。

目前使用较广泛的软件工程方法学分别是传统方法学和面向对象方法学。

#### 1. 传统方法学

传统方法学又称生命周期方法学或结构化范型。软件工程采用的生命周期方法学就是先从时间角度对软件开发和维护的复杂问题进行分解,把软件生命的很长周期依次划分为若干个阶段,每个阶段都有相对独立的任务;然后逐步完成每个阶段的任务。对于任何两个相邻的阶段而言,前一阶段的结束标准就是后一阶段的开始标准。在每个阶段结束之前都必须进行正式、严格的技术审查和管理复审,从技术和管理两方面对这个阶段的开发成果进行检查,通过之后这个阶段才算结束;如果检查通不过,则必须进行必要的返工,并且返工后还要再经过审查。审查的一条主要标准就是每个阶段都应该交出"最新式的"(即和所开发的软件完全一致的)高质量的文档资料,从而保证在软件开发工程结束时有一个完整、准确的软件配置来交付使用。

#### 2. 面向对象方法学

面向对象方法学是一种以数据为主线,把数据和对数据的操作紧密地结合起来的方法。面向对象方法学具有下述 4 个要点。

(1) 把对象作为融合了数据及在数据上的操作行为的统一的软件构件。

(2) 把所有对象都划分成类。

(3) 按照父类与子类的关系,把若干个相关类组成一个层次结构的系统。

(4) 对象彼此间仅能通过发送消息互相联系。

面向对象方法学的出发点和基本原则是尽量模拟人类习惯的思维方式,使开发软件的方法与过程尽可能地接近人类认识世界、解决问题的方法与过程,从而使描述问题的问题空间(也称问题域)与实现解法的解空间(也称求解域)在结构上尽可能一致。

## 8.3 软件生命周期及其模型

### 8.3.1 软件生命周期

软件生命周期是软件工程中的一个基础概念。国家标准《信息技术 软件工程术语》(GB/T 11457—2006)定义了软件生命周期,即从设计软件产品开始到产品不能使用时为止的时间周期。亦即一个计算机软件,从出现一个构思之日起,经过开发成功投入使用,在使用中不断增补修订,直到最后决定停止使用,并被另一个软件代替之时止,因此软件生命周期也被称为生存周期、生存期。

一个软件产品的生命周期可以划分成若干个互相区别而又有联系的阶段,每个阶段中的工作均以上一阶段工作的结果为依据,并为下一阶段的工作提供前提。经验表明,失误造成的差错越是发生在生存周期的前期,在系统交付使用时造成的影响和损失就越大,要纠正它所花费的代价也就越高。因而在前一阶段工作没有做好之前,决不能草率地进入下一阶段。

一般来说,软件生命周期由软件定义、软件开发和软件维护3个时期组成,每个时期又进一步划分成若干个阶段。

软件定义时期通常进一步划分成3个阶段,即问题定义、可行性研究和需求分析。

软件开发时期具体设计和实现在前一个时期定义的软件,它通常由下述4个阶段组成:总体设计、详细设计、编码和单元测试、综合测试。其中前两个阶段称为系统设计,后两个阶段称为系统实现。

软件维护时期的主要任务是使软件持久地满足用户的需要。具体地说,当软件在使用过程中发现错误时应该加以改正;当环境改变时应该修改软件以适应新的环境;当用户有新要求时应该及时改进软件以满足用户的新需要。

1. 问题定义

问题定义阶段必须回答的关键问题是:"要解决的问题是什么?"。

2. 可行性研究

对于上个阶段所确定的问题有行得通的解决办法吗?

3. 需求分析

这个阶段的任务仍然不是具体地解决问题,而是准确地确定"为了解决这个问题目标系统必须做什么",主要是确定目标系统必须具备哪些功能。这个阶段的一项重要任务是用正式文档准确地记录对目标系统的需求,产生规格说明书。

4. 总体设计

这个阶段必须回答的关键问题是:"概括地说,应该怎样实现目标系统"。应设计低成本、中等成本、高成本3种方案,推荐最佳方案。

5. 详细设计

这个阶段的关键问题是"应该怎样具体实现这个目标系统"。设计每个模块,以确定实现模块功能所需要的算法和数据结构。

#### 6．编码和单元测试

这个阶段的关键任务是写出正确的，容易理解、容易维护的程序模块。

#### 7．综合测试

这个阶段的关键任务是通过各种类型的测试使软件达到预定要求。

集成测试：根据设计的软件结构，把经过单元检验的模块按某选定的策略结合起来，在装配过程中对程序进行必要的测试。

验收测试：按照规格说明书的规定，由用户对目标系统进行验收。

#### 8．软件维护

通常有四类软件维护活动。

改正性维护：诊断和改正在使用过程中发现的软件错误。

适应性维护：修改软件以适应环境的变化。

完善性维护：根据用户的要求改进或扩充软件使它更完善。

预防性维护：修改软件为将来的维护活动做准备。

这种看法把软件开发之前和软件交付使用之后的一些活动都包括在软件生命周期之内。应当注意的是，软件系统的实际开发工作不可能直线地通过分析、设计、编程和测试等阶段，出现各阶段间的回溯是不可避免的。

软件生存周期的每个阶段都会产生一定规格的软件文件（文档）移交给下一阶段，使下一阶段在此基础上继续开展工作。

软件生存周期过程中阶段的划分，有助于软件研制管理人员借用传统工程的管理方法（重视工程性文件的编制，采用专业化分工方法，在不同阶段使用不同的人员等），提高软件质量、降低成本、合理使用人才，进而提高软件开发的劳动生产率。

### 8.3.2 软件生命周期模型

软件生命周期模型（又称软件开发模型）是软件工程的一个重要概念，它可以定义为一个框架，它含有遍历系统从确定需求到终止使用这一生命周期的软件产品的开发、运行和维护中需要实施的过程、活动和任务。

软件生命周期模型能清晰、直观地表达软件开发的全过程，明确规定开发工作各阶段所要完成的主要活动和任务，以作为软件项目开发工作的基础。对于不同的软件系统，可以采用不同的开发方法、使用不同的程序设计语言及各种不同技能的人员参与工作、运用不同的管理方法和手段等，以及允许采用不同的软件工具和不同的软件工程环境。软件生命周期模型是稳定有效和普遍适用的。

在软件生命周期过程中，软件生命周期模型仅对软件的开发、运作和维护过程有意义，常见的软件生命周期模型有瀑布模型、渐增模型、演化模型、螺旋模型、喷泉模型和智能模型等。

下面介绍最具代表性的软件生命周期模型之一——瀑布模型。瀑布模型是 1970 年由 W. Royce 提出的最早的软件开发模型，它将软件开发过程中的各项活动规定为依固定顺序连接的若干阶段工作，形如瀑布流水，如图 8.1 所示，最终得到软件系统或软件产品。换句话说，它将软件开发过程划分成若干个互相区别而又彼此联系的阶段，每个阶段中的工作都以上个阶段工作的结果为依据，同时为下个阶段的工作提供前提。

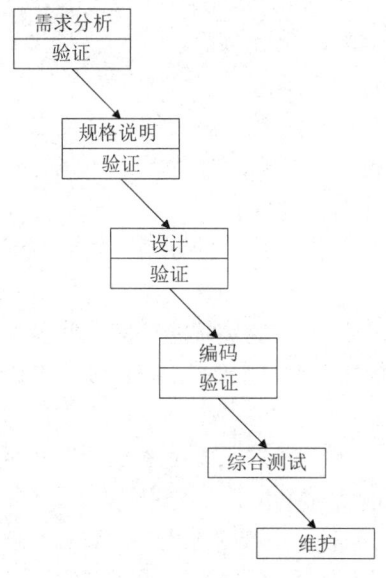

图 8.1　瀑布模型

瀑布模型的特点。

（1）阶段间具有顺序性和依赖性。

这个特点有两重含义：第一，必须等前一阶段的工作完成之后，才能开始后一阶段的工作；第二，前一阶段的输出文档就是后一阶段的输入文档，因此只有前一阶段的输出文档正确，后一阶段的工作才能获得正确的结果。

（2）推迟实现的观点。

实践表明，对于规模较大的软件项目来说，往往编码开始得越早最终完成开发工作所需要的时间越长。

瀑布模型在编码之前设置了系统分析与系统设计的各个阶段，系统分析与系统设计阶段的基本任务规定，这两个阶段主要考虑目标系统的逻辑模型，不涉及软件的物理实现。

清楚地区分逻辑设计与物理设计，尽可能推迟程序的物理实现，是按照瀑布模型开发软件的一条重要的指导思想。

（3）质量保证的观点。

软件工程的基本目标是优质、高产。在瀑布模型的每个阶段都应坚持两个重要做法。

第一，每个阶段都必须完成规定的文档，没有交出合格的文档就是没有完成该阶段的任务。完整、准确的合格文档不仅是软件开发时期各类人员之间相互通信的媒介，也是运行时期对软件进行维护的重要依据。

第二，每个阶段结束前都要对所完成的文档进行评审，以便尽早发现问题、改正错误。

事实上，越是早期阶段犯下的错误，暴露出来的时间就越晚，排除故障、改正错误所需付出的代价也就越高。因此及时审查是保证软件质量、降低软件成本的重要措施。

瀑布模型的成功在很大程度上是因为它基本上是一种文档驱动模型。

## 8.4 分析阶段的开发方法

整个开发过程始于分析阶段,包括可行性研究和需求分析。

可行性研究可以从以下几个方面进行考量。

(1)技术可行性:使用现有的技术实现这个系统。

(2)经济可行性:这个系统的经济效益能否超过开发成本。

(3)操作可行性:系统的操作方式在这个用户组织内是否行得通。必要时还应该从法律和社会效益等方面研究每种方式的可行性。

可行性研究需要的时间长短取决于系统的规模,可行性研究的成本只是预期工程总成本的 5%~10%。

软件需求分析的任务是,不仅要确定系统怎样完成它的工作,而且要确定系统必须完成哪些工作,也就是对目标系统提出完整、准确、清晰、具体的要求。软件需求分析是一个不断进行揭示和判断的过程。

在这个阶段,系统分析员会定义需求,指出系统所要实现的目标。这些需求通常用户能理解的术语来表述。分析阶段有 4 个步骤。

(1)定义用户。软件可以为一般用户或特殊用户而设计,必须很清楚地划分软件的使用者。

(2)定义要求。确定用户以后,系统分析员开始定义要求。在这个阶段,最好的答案来自于用户,用户或用户代表要能清楚地定义他们对软件的期望。

(3)定义需求。在用户要求的基础上,系统分析员能够准确地定义系统的需求。例如,假设一个软件在月底给每个雇员打印账单,则需要说明该软件能实现怎样的安全和精度等级。

(4)定义方法。在清晰定义好需求之后,系统分析员应选择适当的方法来满足这些需求。

### 8.4.1 与用户沟通获取需求的方法

#### 1. 访谈

访谈是最早开始使用的获取用户需求的技术之一,也是迄今为止仍然广泛使用的需求分析技术。访谈有两种基本形式,分别是正式访谈和非正式访谈。

当需要调查大量人员的意见时,先向被调查人分发调查表是一个十分有效的做法,然后有针对性地访问一些用户,以便向他们询问在分析调查表时发现的新问题。

在访问用户的过程中使用情景分析技术往往非常有效。所谓情景分析就是对用户将来使用目标系统解决某个具体问题的方法和结果进行分析。

情景分析技术的用处主要体现在以下两个方面。

第一,它不仅能在某种程度上演示目标系统的行为,以便用户理解,而且能进一步揭示一些分析员目前还不知道的需求;第二,由于情景分析较易被用户理解,使用这种技术能保证用户在需求分析过程中始终扮演一个积极主动的角色。

#### 2. 面向数据流自顶向下求精

结构化分析方法就是面向数据流自顶向下逐步求精进行需求分析的方法。通过可行性研究已经得出目标系统的高层数据流图,需求分析的目标之一就是把数据流和数据存储定义到元素级。通常从数据流图的输出端着手分析,这是因为系统的基本功能是产生这些输出的,输出数据决定了系统必须具有的最基本的组成元素。

### 3. 简易的应用规格说明技术

使用传统的访谈或面向数据流自顶向下求精方法定义需求时,用户处于被动地位而且往往有意无意地与开发者区分"彼此"。

面向团队的需求收集法,称为简易的应用规格说明技术。这种方法提倡用户与开发者密切合作、共同标识问题、提出解决方案要素、商讨不同方案并指定基本需求。目前,简易的应用规格说明技术已经成为信息系统领域使用的主流技术。

使用简易的应用规格说明技术分析需求的典型过程如下。

(1) 进行初步访谈。
(2) 开发者和用户双方组织代表出席会议。
(3) 每个小组为每张列表中的项目制定小型规格说明。
(4) 根据会议成果起草完整的软件需求规格说明书。

这种方法的优点是:开发者与用户不分彼此,齐心协力、密切合作;即时讨论并求精;有能导出规格说明的具体步骤。

### 4. 快速建立软件原型

快速建立软件原型是最准确、最有效、最强大的需求分析技术之一。快速建立软件原型就是快速建立起来旨在演示目标系统主要功能的可运行的程序。构建原型的要点是,它应能实现用户看得见的功能,如屏幕显示或打印报表,省略目标系统的"隐含"功能,如修改文件等。

快速建立软件原型应该具备的第一个特性是"快速",目的是尽快向用户提供一个可在计算机上运行的目标系统的模型。因此,原型的某些缺陷是可以忽略的,只要这些缺陷不严重损害原型的功能,不会使用户对产品的行为产生误解即可。

快速建立软件原型应该具备的第二个特性是"容易修改"。在实际开发软件产品时,原型的"修改-试用-反馈"过程可能会重复多遍,如果修改耗时过多,则势必会延误软件开发时间。图 8.2 展示了利用快速建立软件原型模型进行软件开发的过程。

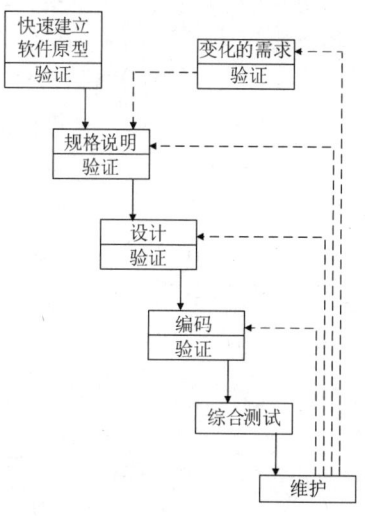

图 8.2 快速建立软件原型模型

### 8.4.2 分析建模与规格说明

**1．分析建模**

为了更好地理解复杂事物，人们常采用建立事物模型的方法。所谓模型，就是为了理解事物而对事物做出的一种抽象，是对事物的一种无歧义的书面描述。通常模型由一组图形符号和组织这些符号的规则组成。结构化分析实质上是一种创建模型的活动。为了开发出复杂的软件系统，系统分析员应该从不同角度抽象目标系统的特性，使用精确的表示方法构造系统模型，验证模型是否满足用户对目标系统的需求，并在设计过程中逐渐把和实现有关的细节加进模型中，直至最终用程序实现模型。

**2．模型与工具**

根据结构化分析准则，分析阶段应该建立 3 种模型，它们分别是数据模型、功能模型和行为模型。

（1）数据模型：可以采用实体-联系图描述。
（2）功能模型：可以采用数据流图描述。
（3）行为模型：可以采用状态转换图描述。

**3．软件需求规格说明**

除了分析阶段产生的模型，还应该写出软件需求规格说明书，它是需求分析阶段得出的最主要的文档之一。

通常要能用自然语言完整、准确、具体地描述系统的数据要求、功能需求、性能需求、可靠性和可用性要求、出错处理需求、接口需求、约束、逆向需求及将来可能提出的要求。自然语言的规格说明具有容易书写、容易理解的优点，被大多数人所欢迎和采用。

## 8.5 设计阶段的开发方法

经过需求分析阶段的工作，系统必须"做什么"已经清楚了，现在是决定"怎样做"的时候。总体设计的基本目的就是回答"概括地说，系统应该如何实现？"这个问题。因此，总体设计又称概要设计或初步设计。通过这个阶段的工作将划分出组成系统的物理元素——程序、文件、数据库、人工过程和文档等，但是每个物理元素仍然处于黑盒子级，这些黑盒子里的具体内容会在以后被仔细设计。总体设计阶段的另一项重要任务是设计软件的结构，也就是要确定系统中每个程序是由哪些模块组成的，以及这些模块相互间的关系。

详细设计之前先进行总体设计，可以站在全局高度上，花较少的成本，从较抽象的层次上分析、对比多种可能的系统来实现方案和软件结构，从中选出最佳方案和最合理的软件结构，从而用较低成本开发出较高质量的软件系统。

### 8.5.1 设计的基本原理

**1．模块化**

模块是由边界元素限定的相邻程序元素（如数据说明、可执行的语句）的序列，而且有一个总体标识符代表它。像 Pascal 或 Ada 这样的块结构语言中的 Begin…End 对，或者 C 语言、C++语言和 Java 中的{...}对，都是边界元素的例子。按照模块的定义，过程、函数、子程序和宏等，都可作为模块。面向对象方法学中的对象是模块，对象内的方法（或称服务）也是模块。模块是构成程序的基本构件。

模块化就是把程序划分成独立命名且可独立访问的模块，每个模块能完成一个子功能，把这些模块集成起来构成一个整体，可以完成指定的功能以满足用户的需求。

有人说，模块化是为了使一个复杂的大型程序能被人的智力所管理，是软件应该具备的唯一属性。如果一个大型程序仅由一个模块组成，它将很难被人所理解。下面根据人类解决问题的一般规律，论证上面的结论。

设函数 $C(x)$ 定义问题 $X$ 的复杂程度，函数 $E(x)$ 确定解决问题 $X$ 需要的工作量（时间）。对于两个问题 $P_1$ 和 $P_2$，如果 $C(P_1)>C(P_2)$，则 $E(P_1)>E(P_2)$。

根据人类解决一般问题的经验，另一个有趣的规律是

$$C(P_1+P_2)>C(P_1)+C(P_2)$$

也就是说，如果一个问题由 $P_1$ 和 $P_2$ 两个问题组合而成，那么它的复杂程度大于分别考虑每个问题时的复杂程度之和。

综上所述，得到下面的不等式：

$$E(P_1+P_2)>E(P_1)+E(P_2)$$

这个不等式导致"各个击破"的结论——把复杂问题分解成许多容易解决的小问题，原来的问题也就容易解决了，这就是模块化的根据。

由上面的不等式似乎还能得出下述结论：如果无限地分割软件，最后为了开发软件而需要的工作量也就小得可以忽略了。事实上，还有另一个因素在起作用，从而使上述结论不能成立。最小成本区如图 8.3 所示。当模块数目增加时每个模块的规模会减小，开发单个模块需要的成本（工作量）也会减少；但是随着模块数目的增加，设计模块间接口所需的工作量也将增加。根据这两个因素，得出了图 8.3 中的软件总成本曲线。每个程序都相应地有一个最适当的模块数目 $M$，使系统的开发成本最小。

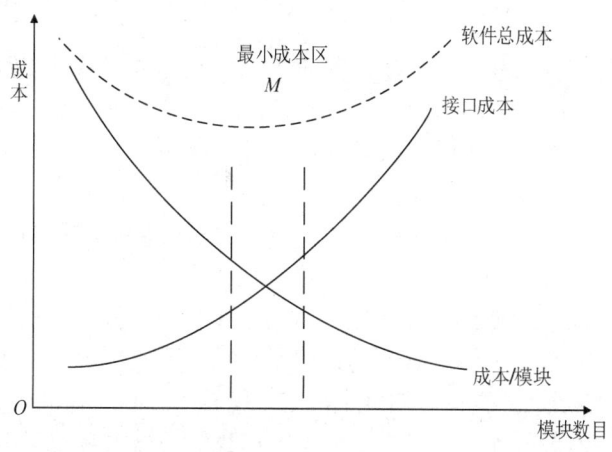

图 8.3　最小成本区

虽然目前还不能精确地决定 $M$ 的数值，但是在考虑模块化的时候总成本曲线确实是有用的指南。后面将介绍的启发式规则，可以在一定程度上帮助我们确定合适的模块数目。

采用模块化原理可以使软件结构清晰，不仅容易设计也容易阅读和理解。因为程序错误通常局限在有关的模块及它们之间的接口中，所以模块化使软件容易测试和调试，因而有助于提高软件的可靠性。因为变动往往只涉及少数几个模块，所以模块化能够提高软件的可修改性，也有助于软件开发工程的组织管理，一个复杂的大型程序可以由许多程序员分工编写不同的模块，并且可以进一步分配技术熟练的程序员编写困难的模块。

### 2. 抽象

人们在认识复杂现象的过程中使用的较强有力的思维工具是抽象。人们在实践中认识到，在现实世界中一定事物、状态或过程之间总存在某些相似的方面（共性）。把这些相似的方面集中和概括起来，暂时忽略它们之间的差异，这就是抽象。或者说抽象就是抽出事物的本质特性而暂时不考虑它们的细节。

由于人类思维能力的限制，如果每次面临的因素太多，是不可能做出精确思维的。处理复杂系统的唯一有效的方法是用层次的方式构造和分析它。一个复杂的动态系统首先可以用一些高级的抽象概念构造和理解，这些高级概念又可以用一些较低级的概念构造和理解，如此进行下去，直至最低层次的具体元素。

这种层次的思维和解题方式必须反映在定义动态系统的程序结构之中，每级的一个概念将以某种方式对应程序的一组成分。

当考虑对任何问题的模块化解法时，可以提出许多抽象的层次。在抽象的最高层次使用问题环境的语言，以概括的方式叙述问题的解法；在较低抽象层次采用更过程化的方法，把面向问题的术语和面向实现的术语结合起来叙述问题的解法；最后在最低的抽象层次用可以直接实现的方式叙述问题的解法。

软件工程过程的每一步都是对软件解法的抽象层次的一次精化。在可行性研究阶段，软件作为系统的一个完整部件；在需求分析期间，软件解法是使用在问题环境内熟悉的方式描述的；当由总体设计向详细设计过渡时，抽象的程度也就随之减少；最后，当源程序写出来以后，就达到了抽象的最低层次。

### 3. 逐步求精

逐步求精是人类解决复杂问题时采用的基本方法，也是许多软件工程技术的基础，可以把逐步求精定义为"为了能集中精力解决主要问题而尽量推迟对问题细节的考虑"。

逐步求精之所以如此重要，是因为人类的认知过程遵守 Miller 法则：一个人在任何时候都只能把注意力集中在（7±2）个知识块上。

但是，在开发软件的过程中，软件工程师在一段时间内需要考虑的知识块数远多于 7。例如，一个程序通常不只使用 7 个数据，一个用户也往往不只有 7 个方面的需求。逐步求精方法的强大作用在于，它能帮助软件工程师把精力集中在与当前开发阶段最相关的方面上，而忽略那些对整体解决方案来说虽然是必要的，但是目前还不需要考虑的细节，这些细节将留到以后再考虑。Miller 法则是人类智力的基本局限，我们不可能战胜自己的自然本性，只能接受这个事实，承认自身的局限性，并在这个前提下尽我们的最大努力工作。

逐步求精和模块化的概念与抽象是紧密相关的。随着软件开发工程的进展，软件结构每层中的模块都表示了对软件抽象层次的一次精化。事实上，软件结构顶层的模块，控制了系统的主要功能并且影响了全局；在软件结构底层的模块，能完成对数据的一个具体处理，用自顶向下由抽象到具体的方式分配控制，简化了软件的设计和实现，提高了软件的可理解性和可测试性，并且使软件更容易维护。

逐步求精最初是由 Niklaus Wirth 提出的一种自顶向下的设计策略。按照这种设计策略，程序的体系结构是通过逐步精化处理过程的层次而设计出来的。通过逐步分解对功能的宏观陈述而开发出层次结构，直至最终得出用程序设计语言表达的程序。

Niklaus Wirth 本人对逐步求精策略曾做过如下的概括说明。

"我们对付复杂问题的最重要的办法是抽象，因此，对一个复杂的问题不应该立刻用计算机指令、数字和逻辑符号来表示，而应该用较自然的抽象语句来表示，从而得出抽象程序。抽象程序对抽象的数据进行某些特定的运算并用某些合适的记号（可能是自然语言）来表示。对抽象程序做进一步的分解，并进入下一个抽象层次，这样的精细化过程一直进行下去，直到程序能被计算机接受为止。这时的程序可能是用某种高级语言或机器指令书写的。"

### 4. 信息隐藏和局部化

应用模块化原理时，自然会产生的一个问题是"为了得到最好的一组模块，应该怎样分解软件呢？"信息隐藏原理指出：应该这样设计和确定模块，使一个模块内包含的信息（过程和数据）对于不需要这些信息的模块来说，是不能访问的。

局部化概念和信息隐藏概念是密切相关的。所谓局部化是指把一些关系密切的软件元素物理地放得彼此靠近。在模块中使用局部数据元素是局部化的一个例子。显然，局部化有助于实现信息隐藏。

实际上，应该隐藏的不是有关模块的一切信息，而是模块的实现细节。因此，有人主张把这条原理称为"细节隐藏"。"隐藏"意味着有效的模块化可以通过定义一组独立的模块而实现，这些独立的模块彼此间仅交换那些为了完成系统功能而必须交换的信息。

如果在测试期间和以后的软件维护期间需要修改软件，那么使用信息隐藏原理作为模块化系统设计的标准就会带来极大好处。因为绝大多数数据和过程对于软件的其他部分而言是隐藏的（也就是"看"不见的），在修改期间由于疏忽而引入的错误就很少会传播到软件的其他部分。

### 5. 模块独立

模块独立的概念是模块化、抽象、信息隐藏和局部化概念的直接结果。

开发具有独立功能且和其他模块之间没有过多的相互作用的模块，就可以做到模块独立。换句话说，希望这样设计软件结构，使每个模块都能完成一个相对独立的特定子功能，并且和其他模块之间的关系很简单。

为什么模块的独立性很重要呢？主要有两条理由：第一，有效的模块化（具有独立的模块）的软件比较容易开发出来。这是由于其能够分割功能而且接口可以简化，当许多人分工合作开发同一个软件时，这个优点尤其重要。第二，独立的模块比较容易测试和维护。这是因为相对说来，修改设计和程序需要的工作量比较小，错误传播范围小，需要扩充功能时能够"插入"模块。总之，模块独立是好设计的关键，而设计又是决定软件质量的关键环节。

模块独立程度可以由两个定性标准度量，这两个标准分别称为内聚和耦合。耦合衡量不同模块彼此间互相依赖（连接）的紧密程度；内聚衡量一个模块内部各个元素彼此结合的紧密程度。

## 8.5.2 设计的启发式规则

人们在开发计算机软件的长期实践中积累了丰富的经验，总结这些经验得出了一些启发式规则。这些启发式规则虽然不像 8.5.1 节讲述的基本原理和概念那样普遍适用，但是在许多场合仍然能给软件工程师有益的启示，往往能帮助他们找到改进软件设计、提高软件质量的途径。下面介绍几条启发式规则。

### 1. 改进软件结构提高模块独立性

设计出软件的初步结构以后，应该审查、分析这个结构，通过模块分解或合并，力求降低耦合提高内聚。例如，多个模块共有的一个子功能可以独立成一个模块，由这些模块调用；有时可以通过分解或合并模块以减少控制信息的传递及对全程数据的引用，并且降低接口的复杂程度。

### 2. 模块规模应该适中

经验表明，一个模块的规模不应过大，最好能写在一页纸内（通常不超过 60 行语句）。有人从心理学角度研究得知，当一个模块包含的语句数超过 30 行以后，模块的可理解程度会迅速下降。

过大的模块往往是因分解不充分造成的，但是进一步分解必须符合问题结构，一般来说，分解后不应该降低模块的独立性。

过小的模块开销大于有效操作，而且模块数目过多会使系统接口复杂。因此过小的模块有时不值得单独存在，特别是在只有一个模块调用它时，通常可以把它合并到上级模块中而不必单独存在。

### 3. 深度、宽度、扇出和扇入都应适当

深度表示软件结构中控制的层数，它往往能粗略地标志一个系统的大小和复杂程度。深度和程序长度之间应该有粗略的对应关系，当然这个对应关系是在一定范围内变化的。如果层数过多则应该考虑是否有许多管理模块过于简单，能否适当合并。

宽度是软件结构内同一个层次上的模块总数的最大值。一般说来，宽度越大系统越复杂。对宽度影响最大的因素是模块的扇出。

扇出是一个模块直接控制（调用）的模块数目，扇出过大意味着模块过于复杂，需要控制和协调过多的下级模块；扇出过小（如总是1）也不好。经验表明，一个设计得好的典型系统的平均扇出通常是 3 或 4（扇出的上限通常是 5～9）。

扇出太大一般是因为缺乏中间层次，应该适当增加中间层次的控制模块。扇出太小可以把下级模块进一步分解成若干个子功能模块，或者合并到它的上级模块中去。当然分解模块或合并模块必须符合问题结构，不能违背模块独立原理。

一个模块的扇入表明有多少个上级模块直接调用它，扇入越大则共享该模块的上级模块数目越多，这是有好处的，但是不能违背模块独立原理单纯地追求高扇入。

观察大量软件系统后发现，设计得很好的软件结构通常顶层扇出比较高，中层扇出较少，底层扇入到公共的实用模块中去（底层模块有高扇入）。

### 4. 模块的作用域应该在控制域之内

模块的作用域定义为受该模块内一个判定影响的所有模块的集合。模块的控制域是这个

模块本身及所有直接或间接从属于它的模块的集合。

到底采用哪种方法改进软件结构，需要根据具体问题统筹考虑。一方面应该考虑哪种方法更现实，另一方面应该使软件结构能更好地体现问题原来的结构。

#### 5. 力争降低模块接口的复杂程度

模块接口复杂是软件发生错误的一个主要原因，应该仔细设计模块接口，使信息传递简单并且和模块的功能一致。

例如，求一元二次方程的根的模块 QUAD_ROOT(TBL,X)，其中用数组 TBL 传送方程的系数，用数组 X 回送求得的根。这种传递信息的方法不利于对这个模块的理解，不仅在维护期间容易引起混淆，而且在开发期间可能会发生错误。下面这种接口可能是比较简单的。

QUAD_ROOT(A,B,C,ROOT1,ROOT2)，其中 A、B、C 是方程的系数，ROOT1 和 ROOT2 是算出的两个根。

接口复杂或不一致（看起来传递的数据之间没有联系），是紧耦合或低内聚的征兆，应该重新分析这个模块的独立性。

#### 6. 设计单入口单出口的模块

这条启发式规则警告软件工程师不要使模块间出现内容耦合。当从顶部进入模块并且从底部退出来时，软件是比较容易理解的，因此也是比较容易维护的。

#### 7. 模块功能应该可以预测

如果一个模块可以当作一个黑盒子，也就是说，只要输入的数据相同就会产生同样的输出，这个模块的功能就是可以预测的。带有内部"存储器"的模块的功能可能是不可预测的，因为它的输出取决于内部存储器（如某个标记）的状态。由于内部存储器对于上级模块而言是不可见的，所以这样的模块既不易理解又难于测试和维护。

以上列出的启发式规则多数是经验规律，对改进设计、提高软件质量，往往有重要的参考价值；但是，它们既不是设计的目标也不是设计时应该普遍遵循的原理。

## 8.6 实现阶段的开发方法

通常把编码和测试统称为实现。

所谓编码就是把软件设计结果翻译成用某种程序设计语言书写的程序。

### 8.6.1 程序设计语言的选择

程序设计语言是人和计算机通信的最基本的工具之一，它的特点是：影响人的思维和解题方式；影响人和计算机通信的方式和质量；影响其他人阅读和理解程序的难易程度。因此，编码之前的一项重要工作就是选择一种适当的程序设计语言。

适当的程序设计语言能使人根据设计去完成编码时困难最少，可以减少需要的程序测试量，并且可以得出更容易阅读和更容易维护的程序。

使用汇编语言编码需要把软件设计翻译成机器操作的序列，由于这两种表示方法很不相同，因此汇编程序设计既困难又容易出差错。一般来说，高级语言的源程序语句和汇编代码指令之间有一句对多句的对应关系。统计资料表明，程序员在相同时间内可以写出的高级语言语句数和汇编语言指令数大体相同，因此用高级语言写程序比用汇编语言写程序生产率可以提高好几倍。高级语言一般都容许用户给程序变量和子程序赋予含义鲜明的名字，通过名字可以很容易地把程序对象和它们所代表的实体联系起来；此外，高级语言使用的符号和概念更符合人的习惯。因此用高级语言写的程序容易阅读、容易测试、容易调试、容易维护。

总的说来，高级语言明显优于汇编语言，因此，除在很特殊的应用领域（如对程序执行时间和使用的空间都有很严格限制的情况；需要产生任意的甚至非法的指令序列；体系结构特殊的微处理机，以致在这类机器上通常不能实现高级语言编译程序），或者大型系统中执行时间非常关键的（或直接依赖于硬件的）一小部分代码需要用汇编语言书写之外，其他程序应该一律用高级语言书写。

下面是主要的使用标准。
（1）系统用户的要求。
（2）可以使用的编译程序。
（3）可以得到的软件工具。
（4）工程规模。
（5）程序员的知识。
（6）软件可移植性要求。
（7）软件的应用领域。
因此，选择语言时应该充分考虑目标系统的应用范围。

### 8.6.2 软件测试的相关技术

软件测试在软件生命周期中横跨两个阶段。通常在编写每个模块之后要对它做必要的测试（称为单元测试），模块的编写者和测试者是同一个人，编码和单元测试属于软件生命周期的同一个阶段。在这个阶段结束之后，对软件系统还应该进行各种综合测试，这是软件生命周期中的另一个独立阶段，通常由专门的测试人员承担这项工作。

大量统计资料表明，软件测试的工作量往往占软件开发总工作量的40%以上，在极端情况下，测试关系人的生命安全的软件所花费的成本，可能相当于软件工程其他开发步骤总成本的3倍到5倍。因此必须高度重视软件测试工作，绝不能认为写出程序之后软件开发工作就完成了，实际上，大约还有同样多的开发工作量需要完成。

仅就软件测试而言，它的目标是发现软件中的错误，但是发现错误并不是最终目的。软件工程的根本目的是开发出高质量的完全符合用户需要的软件，因此通过软件测试发现错误之后还必须诊断并改正错误，这就是调试的目的。调试是软件测试阶段较困难的工作。

一旦程序设计完成，必须进行软件测试。软件测试阶段是在程序开发中非常单调且很花费时间的部分。程序员负责测试他们编写的程序（单元测试）。在大型开发项目中，通常有专家担任测试工程师，负责测试整个系统（组装测试），这种测试将确保所有的程序都能一起工作。

测试的主要类型有两种：黑盒测试和白盒测试。

1．黑盒测试

黑盒测试即在不知道程序内部构造也不知道程序是怎样工作的情况下测试程序。换言之，程序就像看不见内部的黑盒。

简单地说，黑盒测试计划是从需求说明发展起来的。这就是为什么有一组好的需求说明如此重要的原因之一。测试工程师通过利用这些需求说明和他的系统开发知识及用户的工作环境来产生测试计划。这个计划主要用于系统的整体测试。在测试程序之前，测试人员应当查看和了解这些测试计划。

2．白盒测试

白盒测试与黑盒测试假设对程序代码的一无所知相反，白盒测试假设你知道有关程序的一切。在这种情况下，程序就像玻璃房子，其中的一切都是可见的。

白盒测试主要是程序员的责任，他们准确地知道程序内部发生了什么。他们必须确保每条指令和每种可能情况都已经被测试过。这不是一个简单的工作。

经验将帮助程序员设计好的测试数据，但是程序员从一开始就能做的事是养成撰写测试计划的习惯，还在设计阶段时就应该开始编制测试计划。

大型软件系统通常由若干个子系统组成，每个子系统又由许多模块组成，因此大型软件系统的测试过程基本上由下述几个步骤组成。

1）模块测试

在设计好的软件系统中，每个模块都能完成一个清晰定义的子功能，而且这个子功能和同级其他模块的功能之间没有相互依赖关系。因此有可能把每个模块作为一个单独的实体来测试，而且通常比较容易设计检验模块正确性的测试方案。模块测试的目的是保证每个模块作为一个单元能正确运行，所以模块测试通常又称单元测试。在这个测试步骤中发现的往往是编码和详细设计的错误。

2）子系统测试

子系统测试是把经过单元测试的模块放在一起形成一个子系统来测试。模块相互间的协调和通信是这个测试过程中的主要问题，因此这个步骤着重测试模块的接口。

3）系统测试

系统测试是把经过测试的子系统装配成一个完整的系统来测试。在这个过程中不仅应该发现设计和编码的错误，还应该验证系统确实能提供需求说明书中指定的功能，而且系统的动态特性也符合预定要求。在这个测试步骤中发现的往往是软件设计中的错误，也可能发现需求说明中的错误。

不论是子系统测试还是系统测试，都兼有检测和组装两重含义，通常被称为集成测试。

4）验收测试

验收测试把软件系统作为单一的实体进行测试，测试内容与系统测试基本类似，但是它是在用户积极参与下进行的，而且可能主要使用实际数据（系统将来要处理的信息）进行测试。验收测试的目的是验证系统确实能够满足用户的需要，在这个测试步骤中发现的往往是系统需求说明书中的错误。验收测试也被称为确认测试。

5）平行运行

关系重大的软件产品在验收之后往往并不会立即投入生产性运行，而是要经过一段平行运行时间的考验。所谓平行运行就是同时运行新开发出来的系统和将被它取代的旧系统，以便比较新旧两个系统的处理结果。这样做的具体目的有如下几点。

（1）可以在准生产环境中运行新系统而又不冒风险。

（2）用户能有一段熟悉新系统的时间。

（3）可以验证用户指南和使用手册之类的文档。

（4）能够以准生产模式对新系统进行全负荷测试，可以用测试结果验证性能指标。

软件测试自动化是一项让计算机代替测试人员进行软件测试的技术，它可以让测试人员从烦琐和重复的测试活动中解脱出来，专心从事有意义的测试、设计等活动。如果采用自动比较技术，还可以自动完成测试用例、执行结果的判断，从而避免人工比对存在的疏漏问题。在大多数情况下，软件测试自动化可以减少开支，增加有限时间内可执行的测试，在执行相同数量测试时节约测试时间。

以上集中讨论了与测试有关的概念，但是测试作为软件生命周期的一个阶段，它的根本任务是保证软件质量，因此除进行测试之外，还有另外一些与测试密切相关的工作应该完成。

### 8.6.3  软件调试

调试（也称纠错）作为成功测试的后果出现，也就是说，调试是在测试发现错误之后排除错误的过程。虽然调试应该是一个有序过程，但是目前它在很大程度上仍然是一项技巧。软件工程师在评估测试结果时，往往仅面对软件错误的症状，也就是说，软件错误的外部表现和它的内在原因之间可能并没有明显的联系。调试就是把症状和原因联系起来的尚未被人深入认识的智力过程。

调试结果总会有以下两种结果之一：一种是找到了问题的原因并把问题改正和排除掉；另一种是没有找到问题的原因。在后一种情况下，调试人员可以猜想一个原因，并设计测试用例来验证这个假设，重复此过程直至找到原因并改正错误。

调试是软件开发过程中最艰巨的脑力劳动之一。调试工作如此困难，可能心理方面的原因多于技术方面的原因，但是软件错误的下述特征也是相当重要的原因。

（1）症状和产生症状的原因可能在程序中相距甚远，也就是说，症状可能出现在程序的一个部分，而实际的原因可能是与之相距很远的另一部分。紧耦合的程序结构更加剧了这种情况。

（2）当改正了另一个错误之后，症状可能就暂时消失了。

（3）实际上症状可能并不是由错误引起的（如舍入误差）。

（4）症状可能是由不易跟踪的人为错误引起的。

（5）症状可能是由定时问题而不是由处理问题引起的。

（6）系统可能很难重新产生完全一样的输入条件（如输入顺序不确定的实时应用系统）。

（7）症状可能时有时无，这种情况在硬件和软件紧密地耦合在一起的嵌入式系统中特别常见。

（8）症状可能是由分布在许多任务中的原因引起的，这些任务运行在不同的处理机上。

在调试过程中会遇到从恼人的小错误（如不正确的输出格式）到灾难性的大错误（如系统失效导致严重的经济损失）等各种不同的错误。错误的后果越严重，查找错误原因的压力也就越大。通常，这种压力会导致软件开发人员在改正一个错误的同时引入两个甚至更多个错误。

无论采用什么方法，调试的目的都是寻找软件错误的原因并改正错误。通常需要把系统分析、直觉和运气组合起来，才能实现上述目标。一般来说，有下列 3 种调试途径可以采用。

### 1. 蛮干法

蛮干法可能是寻找软件错误原因的较低效的方法。仅当所有其他方法都失败了的情况下，才使用这种方法。按照"让计算机自己寻找错误"的策略，这种方法能印出内存的内容，激活对运行过程的跟踪，并在程序中到处都写上 WRITE（输出）语句，希望在这样生成的信息海洋的某个地方发现错误原因的线索。虽然所生成的大量信息也可能最终导致调试成功，但是在更多情况下这样做只会浪费时间和精力。在使用任何一种调试方法之前，首先必须进行周密的思考，必须有明确的目的，应该尽量减少无关信息的数量。

### 2. 回溯法

回溯是一种相当常用的调试方法，当调试小型程序时这种方法是有效的。具体的做法是，从发现症状的地方开始，人工沿程序的控制流往回追踪并分析源程序代码，直到找出错误原因为止。但是，随着程序规模的扩大，应该回溯的路径数目也变得越来越大，以至彻底回溯变成完全不可能。

### 3. 原因排除法

对分查找法、归纳法和演绎法都属于原因排除法。

例如，对分查找法就是一种典型的原因排除法，它的基本思路是，如果已经知道每个变量在程序中若干个关键点的正确值，则可以先用赋值语句或输入语句在程序中点附近"注入"这些变量的正确值，然后运行程序并检查所得到的输出。如果输出结果是正确的，则错误原因在程序的前半部分；反之，错误原因在程序的后半部分。对错误原因所在的那部分重复使用这个方法，直到把出错范围缩小到容易诊断的程度为止。

## 8.7 维护阶段的相关技术

在软件产品被开发出来并交付用户使用之后，就进入了软件的维护阶段。这个阶段是软件生命周期的最后一个阶段，其基本任务是保证软件在一个相当长的时期能够正常运行。

软件维护需要的工作量很大，平均来说，大型软件的维护成本高达开发成本的 4 倍。目前国外许多软件开发组织把 60%以上的人力用于维护已有的软件，而且随着软件数量增多和使用寿命延长，这个百分比还在持续上升。将来维护工作甚至可能会束缚软件开发组织的手脚，使他们没有余力开发新的软件。

软件工程的目的是提高软件的可维护性、减少软件维护所需要的工作量、降低软件系统的总成本。

### 8.7.1 维护活动的分类

所谓软件维护就是在软件已经交付使用之后，为了改正错误或满足新的需要而修改软件的过程，可以通过描述软件交付使用后可能进行的 4 项活动，具体地定义软件维护。

因为软件测试不可能暴露一个大型程序中所有潜藏的错误，所以必然会有第一项维护活动:在任何大型程序使用期间,用户必然会发现程序错误,并且把他们遇到的问题报告给维护人员。我们把诊断和改正错误的过程称为改正性维护。

计算机科学技术领域的各个方面都在迅速进步,一方面,大约每过 36 个月就有新一代的硬件宣告出现,经常推出新操作系统或旧操作系统的修改版本,时常增加或修改外部设备和其他系统部件;另一方面,应用软件的使用寿命很容易超过 10 年,远远长于最初开发这个软件时的运行环境的寿命。因此适应性维护,是为了和变化了的环境适当地配合而进行的修改软件的活动,是既必要又经常的维护活动。

当一个软件系统顺利运行时,常常出现第 3 项维护活动:在使用软件的过程中用户往往会提出增加新功能或修改已有功能的建议,还可能提出一般性的改进意见。为了满足这类要求,需要进行完善性维护。这项维护活动通常占软件维护工作的大部分。

当为了改进未来的可维护性或可靠性,以及为了给未来的改进奠定更好的基础而修改软件时,出现了第 4 项维护活动。这项维护活动通常被称为预防性维护,目前这项维护活动相对比较少。

从上述关于软件维护的定义不难看出,软件维护绝不仅限于纠正使用中发现的错误,事实上在全部维护活动中一半以上是完善性维护。国外的统计数据表明,完善性维护占全部维护活动的 50%~66%,改正性维护占全部维护活动的 17%~21%,适应性维护占全部维护活动的 18%~25%,其他维护活动只占全部维护活动的 4%左右。

应该注意,上述 4 项维护活动都必须应用于整个软件配置,维护软件文档和维护软件的可执行代码是同样重要的。

4 项维护活动:改正性维护,即诊断和改正在使用过程中发现的软件错误;适应性维护,即修改软件以适应环境的变化;完善性维护,即根据用户的要求改进或扩充软件使它更完善;预防性维护,即修改软件为将来的维护活动做准备。

虽然没有把维护阶段进一步划分成更小的阶段,但是实际上每项维护活动都应该经过提出维护要求(或报告问题)、分析维护要求、提出维护方案、审批维护方案、确定维护计划、修改软件设计、修改程序、测试程序、复查验收等一系列步骤,因此实质上是经历了一次压缩和简化了的软件定义和开发的全过程。

每项维护活动都应该准确地被记录下来,作为正式的文档资料加以保存。

### 8.7.2 非结构化维护与结构化维护

维护活动可分为非结构化维护和结构化维护,两者差别巨大。

#### 1. 非结构化维护

如果软件配置的唯一成分是程序代码,那么维护活动就要从艰苦地评价程序代码开始进行,而且经常由于程序内部文档不足而使评价更困难,对于软件结构、全程数据结构、系统接口、性能和设计约束等经常会产生误解,而且对程序代码所做的改动的后果也是难以估量的。因为没有测试方面的文档,所以不可能进行回归测试(指为了保证所做的修改没有在以前可以正常使用的软件功能中引入错误而重复过去做过的测试)。非结构化维护需要付出很大的代价(浪费精力并且遭受挫折的打击),这种维护方式是没有使用良好定义的方法学开发出来的软件的必然结果。

## 2. 结构化维护

如果有一个完整的软件配置存在，那么维护工作从评价设计文档就开始确定软件重要的结构特点、性能特点及接口特点，估量要求的改动将带来的影响，并且计划实施途径。首先修改设计并且对所做的修改进行仔细复查，然后编写相应的源程序代码，使用在测试说明书中包含的信息进行回归测试，最后把修改后的软件再次交付使用。

刚才描述的事件构成了结构化维护，它是在软件开发早期应用软件工程方法学的结果。虽然有了软件的完整配置并不能保证维护中没有问题，但是确实能减少精力的浪费并且能提高维护的总体质量。

在过去的几十年中，软件维护的费用稳步上升。1970 年用于维护已有软件的费用只占软件总预算的 35%～40%，1980 年上升为 40%～60%，1990 年上升为 70%～80%。

维护费用只不过是软件维护的较明显的代价，其他一些现在还不明显的代价将来可能更被人们所关注。因为可用的资源必须供维护任务使用，以致耽误甚至丧失了开发良机，这是软件维护的一个无形代价。其他无形代价还有：

（1）当看来合理的有关改错或修改的要求不能及时满足时将引起用户不满。

（2）由于维护时的改动，在软件中引入了潜伏的错误，从而降低了软件质量。

（3）当必须把软件工程师调去从事维护工作时，会在开发过程中造成混乱。

软件维护的最后一个代价是生产率的大幅度下降，这种情况在维护旧程序时常常遇到。

用于维护工作的劳动可以分成生产性活动（如分析评价、修改设计和编写程序代码）和非生产性活动（如理解程序代码的功能，解释数据结构、接口特点和性能限度）。下述表达式给出了维护工作量的一个模型：

$$M = P + K \cdot \exp(c-d)$$

式中，$M$ 是维护用的总工作量；$P$ 是生产性工作量；$K$ 是经验常数；$c$ 是复杂程度（非结构化设计和缺少文档都会增加软件的复杂程度）；$d$ 是维护人员对软件的熟悉程度。模型表明，如果软件的开发途径不好（没有使用软件工程方法学），而且原来的开发人员不能参加维护工作，那么维护工作量和费用将呈指数增加。

与软件维护有关的绝大多数问题，都可归因于软件定义和软件开发的方法。在软件生命周期的头两个时期没有严格而又科学的管理和规划，必然会导致在最后阶段出现问题。下面列出和软件维护有关的部分问题。

（1）理解别人写的程序通常非常困难，而且困难程度随着软件配置成分的减少而迅速增加。如果仅有程序代码没有说明文档，则会出现严重的问题。

（2）需要维护的软件往往没有合格的文档，或者文档资料显著不足。认识到软件必须有文档仅仅是第一步，容易理解并且和程序代码完全一致的文档才真正有价值。

（3）当要求对软件进行维护时，不能指望由开发人员给我们仔细说明软件。由于维护阶段持续的时间很长，因此当需要解释软件时，往往原来的开发人员已经不在附近了。

（4）绝大多数软件在设计时没有考虑将来的修改，除非使用强调模块独立原理的设计方法学，否则修改软件既困难又容易发生差错。

（5）软件维护不是一项吸引人的工作，形成这种观念很大程度上是因为维护工作经常遭受挫折。

上述种种问题在现有的没采用软件工程思想开发出来的软件中，都或多或少地存在。不应该把一种科学的方法学视为万应灵药，但是软件工程至少部分地解决了与维护有关的每一个问题。

## 本章小结

软件工程关注的是大型软件的开发过程，以工程化的观点把控软件开发的全过程。它作为一门交叉性学科，是解决软件问题的工程，对它的理解也不应是静止和孤立的。软件工程的目标是明确的，就是开发与生产具有良好质量和费用合算的软件产品，评价的标准是看它是否满足用户需求。它借鉴传统工程的原理、方法来创建软件，从而达到提高质量、降低成本的目的。

## 习题

### 一、多项选择题

1. 以下（　　）属于软件危机的表现。
   A. 用户对"已完成的"软件系统不满意的现象经常发生
   B. 软件常常是不可维护的
   C. 软件通常没有适当的文档资料
   D. 软件开发成本和进度的估计常常很不准确
   E. 软件成本在计算机系统总成本中所占的比例逐年上升
2. 软件的生命周期包括（　　）阶段。
   A. 可行性研究　　　B. 需求分析　　　C. 总体设计
   D. 详细设计　　　　E. 编码与测试
3. 根据结构化分析准则，需求分析过程应该建立3种模型，分别是（　　）。
   A. 交互模型　　B. 数据模型　　C. 功能模型　　D. 行为模型
4. 从是否能够看到程序代码的角度，可以把测试分为（　　）和（　　）。
   A. 系统测试　　B. 黑盒测试　　C. 白盒测试　　D. 验收测试
5. 软件维护通常包括（　　）。
   A. 改正性维护：诊断和改正在使用过程中发现的软件错误
   B. 适应性维护：修改软件以适应环境的变化
   C. 完善性维护：根据用户的要求改进或扩充软件使它更完善
   D. 预防性维护：修改软件为将来的维护活动做准备

### 二、思考题

1. 人们应该如何应对软件危机？
2. 什么是软件工程？
3. 瀑布模型是怎样的设计思想？
4. 联系实际，论述软件设计需要哪些基本原理。

5. 联系实际，思考人机界面设计中应该注意哪些问题。
6. 学习软件工程，对我们进行软件开发有哪些帮助？

**扩展阅读：软件工程管理软件应用示例**

软件工程的目标是在给定成本、进度的前提下，开发出具有适用性、有效性、可修改性、可靠性、可理解性、可维护性、可重用性、可移植性、可追踪性、可互操作性和满足用户需求的软件产品。追求这些目标有助于提高软件产品的质量和开发效率，减少维护的困难。在软件开发过程中科学地运用软件工程方法，可以显著提升软件开发的质量，通过不断优化软件功能，可以促进整个开发系统的发展，提高软件开发的效率，减少开发者的调试频率，让开发速度得到有效提升。

以开发某智慧海关项目为例，该软件的主要目的为实现智能化自动报关。该海关每天报关量超过 1 万单，在较高业务量的情况下，如何能高效、准确地判定哪些报关行为具有较大风险成为海关工作面临的一个挑战。软件设计的难点包括实现短时间内（10 分钟）车辆通关、风险水平量化、低比例布控等。采用大数据和人工智能技术，利用历史报关数据，历史查获违法报关的数据、商品归类数据，先通过人工智能学习提炼海关关员布控的特征，然后对实时报关单进行即决式布控。某智慧海关项目整体架构图如图 8.4 所示。

图 8.4 某智慧海关项目整体架构图

由于开发过程中容易发生偏差，从而造成目标和成本发生偏差，而好的软件工程方法可以为项目质量提供保证。因此，在该软件开发过程中可使用多种软件工程管理软件来提高项目管理水平，工具示例如表 8.1 所示。

表 8.1　项目中使用软件工程管理软件工具示例

| 工具类型 | 工具名称 | 使用阶段 |
| --- | --- | --- |
| 需求文档编写工具 | Word、Visio | 开发全过程 |
| 原型工具 | Axure | 原型设计 |
| 项目管理 | 禅道 | 立项之后的全过程 |
| 分析与设计工具 | Powerdesigner、Visio | 设计 |
| 版本控制工具 | CVS | 设计、实现 |
| 配置管理工具 | Git | 设计、实现 |
| 测试工具 | LoadRunner、Postman | 实现、测试 |

编写需求文档时需要的流程图等采用 Visio 绘制；Axure 是一个专业的快速原型设计工具，能为产品经理提供软件原型设计时常用的线框图，还可以通过加载的方式随时添加项目中用到的新组件，能够快速、高效地设计产品原型，同时支持多人协作设计和版本控制管理。

禅道项目管理软件是国产开源项目管理软件，基于敏捷和 CMMI 管理的思想设计，具有产品管理、项目管理、质量管理、文档管理、组织管理和事务管理功能。在项目中，项目组主要使用其项目管理和质量管理功能。通过禅道项目管理软件，项目组中每个人都能随时了解自己的任务、进展，管理者也能通过该软件随时了解项目与计划的偏离度及偏离原因，随时调整资源以保证项目进度和质量。

Powerdesigner 是 Sybase 公司提供的 case 工具集，支持所有主流关系型数据库管理系统。数据工程师通过它可以建立系统概念数据模型，之后自动生成物理数据模型，大大减少了数据工程师的工作量，也减少了数据模型的维护成本。

LoadRunner 是压力测试软件，可以模拟上千万用户实施并发负载及通过实时性能检测来验证软件的架构问题，在大数据软件开发中具有重要意义，能大大缩短测试时间、优化性能和加速应用系统的发布时间。

Postman 是接口测试工具，它可以模拟用户发起的各类超文本传输协议（HTTP）请求，将请求数据发送至服务器端并获取对应的响应结果。在开发过程中，后台完成接口开发后，可以通过 Postman 测试接口功能检测其是否符合产品需求设计。

作为软件开发人员，不但要有开发能力，而且要掌握主流的软件工程管理工具的使用。软件工程管理工具有很多种，每个公司可根据自身情况选择不同的产品，基本功能大同小异，一通百通。

# 第 9 章 多媒体与数字媒体技术

**本章学习目标**
- 了解媒体的含义、多媒体计算机系统
- 掌握媒体的分类和媒体间的关系
- 掌握多媒体技术的概念和特点
- 理解多媒体技术的研究内容和应用领域

本章从媒体、多媒体的概念入手，介绍国际电信联盟对于媒体的分类，这对于我们理解多媒体技术的研究热点与发展方向非常重要。

## 9.1 媒体的基础知识

### 9.1.1 媒体的含义

多媒体领域的第一个概念无疑是媒体。媒体是一个使用频率很高的词，在当今社会，强大的媒体系统对社会生活有着广泛、深刻的影响。从语义上看，媒体（Media）是指信息的载体，其本质是信息传播的技术和手段。人们每天都在收听广播，收看电视，阅读报刊，获取各种时政消息、财经报道、娱乐新闻等，因此广播、电视、报刊是非常典型的媒体。不过这 3 种媒体已经伴随人类很长时间了，所以人们常把这 3 种媒体称为传统媒体，如图 9.1 所示。

图 9.1　传统媒体

然而，随着计算机、通信和数字技术的兴起，人们越来越依赖 Internet、PC、移动终端等手段获取信息。基于 Internet、PC 和移动终端技术的数字媒体被称为新媒体，如图文网站、微博、微信、智能手机 App、移动电视、网络视频等。

需要指出的是，媒体这个词也指专门从事信息传播工作的组织或个人，如报社、电视台、传媒公司、门户网站、社交网站等，人们常说要学会与媒体打交道，就是在这个语境下使用的概念。在此强调，本书所研究的媒体指技术范畴的媒体，至于作为社会组织、管理者和运营者的媒体，则不是本书直接研究的对象。

我们生活在一个信息时代，每时每刻都在传播或接受纷繁多样的信息。而信息是依附于人能感知的方式进行传播的，即信息的传播必须有载体。媒体作为信息传递与传输的载体，是人们为表达思想或感情所使用的一种手段、方式或工具，包含以下两个含义。

一是指存储信息的实体，如书本、报刊、穿孔纸带、磁带、磁盘、光盘、半导体存储器；二是指承载信息所使用的符号系统，即信息的表现形式，如摩尔斯码、数字、文字、声音、图形和图像、二维码、条形码等，如图 9.2 所示。

摩尔斯码　　　　　　条形码　　　　　　二维码

图 9.2　表达信息使用的符号

## 9.1.2　媒体的分类

深化对媒体的认识需要了解媒体的分类。国际电信联盟（International Telecommunication Union，ITU）早在 1990 年就对媒体进行了详细划分。按照国际电信联盟下属的国际电报和电话咨询委员会（International Telegraph and Telephone Consultative Committee，CCITT）的定义，媒体可分为 5 种：感觉媒体、表示媒体、显示媒体、存储媒体和传输媒体。

（1）感觉媒体（Perception Medium）：直接作用于人的感觉器官并使人产生直接感觉的媒体，其功能是反映人类对客观世界的感知，表现为听觉、视觉、触觉、嗅觉、味觉等的感觉形式。这类媒体内容有各种声音、文字、语音、音乐、图形和图像、动画、影像等。例如，人们通过听觉器官（耳朵）可以感知声音信息，通过视觉器官（眼睛）可以感知数字、文本、图形和图像等信息，通过嗅觉器官（鼻子）可以感知气味信息，通过触觉器官（神经末梢）可以感知温度、粗糙度等信息，通过味觉器官（舌头）可以感知酸甜苦辣等信息。

人类感知信息的各通道贡献的信息量不同，如人类从外部世界获取的信息中，约 65%是通过视觉感知的，20%是通过听觉感知的，10%是通过触觉感知的，5%是通过嗅觉和味觉感知的。虽然嗅觉、味觉带来的信息量比较小，但是往往有出其不意的效果。研究表明，人的情绪有 75%是由嗅觉产生的，消费者如果身处宜人气味的环境，像是充满了咖啡香或饼干香的空间，不但心情会变好，而且会让他们的行为举止更迷人，甚至出现利他的友善表现。因此，现在越来越多的商家开始关注嗅觉领域的营销，利用气味在"空气中悄悄地"改变我们的情绪与决策行为。

目前，在人类的感知中，视觉和听觉都已经充分做到了信息化，如在采样、模拟、远程传输、存储与还原等环节都有悠久的历史和成熟的技术。视频聊天、远程直播等早已成司空见惯的日常生活，虚拟现实（VR）等技术已让人类端坐家中便可身临其境般环游世界。

触觉的信息化也能看到大体的框架，如 Dexta robotics 公司研发推出的 Demo，是一款以机械捕捉作为其动作捕捉方案基础的动作捕捉器，如图 9.3 所示。其机械式的外骨骼设计可以准确地追踪使用者手部的关节活动，利用设备搭载的即时力反馈（Instant Force Feedback）技术，使用者不仅可以实现与 VR 环境的交互，还可以感受到 VR 环境物体的尺寸、形状、弹性和硬度。

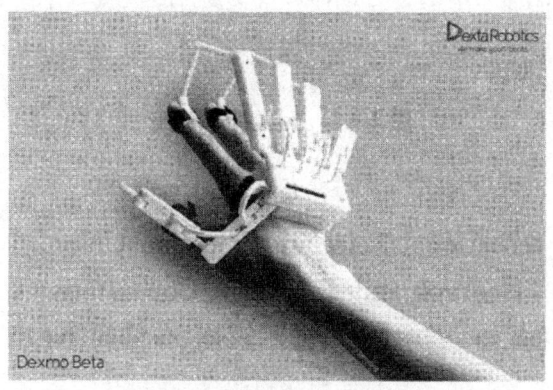

图 9.3　Demo 动作捕捉器

近几年在嗅觉和味觉的数字化方面也出现了不少新尝试。例如，为了给予用户更加逼真的 VR 体验，FeelReal 公司推出了一款神奇的面具 FeelReal mask，如图 9.4 所示，可帮助用户还原虚拟场景中的真实嗅觉。新加坡国立大学的一个团队探索出一个新的方法，用数字方式模拟味觉，可以传递和控制主要的味觉体验，如图 9.5 所示。

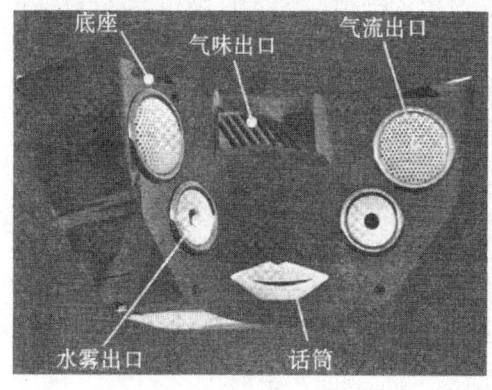

图 9.4　FeelReal mask

图 9.5　用数字方式模拟味觉

（2）表示媒体（Representation Medium）：为了处理和传输感觉媒体而人为地研究、构造出来的一类媒体，其目的是使计算机能够方便、有效地加工、处理和传输感觉媒体，通常表现为各种感觉媒体的编码，如图像编码（JPEG、MPEG）、文本编码（ASCII 码、GB2312）和声音编码（PCM、MP3）等。由于感觉媒体的多样性，人们可以听到声音，看到文字和图像，但是在计算机等硬件系统内部，声音和图像是看不见摸不着的。表示媒体依据不同的编码方式，呈现了多样的发展趋势。仅图像就有 JPEG、RAW、MPFG、BMP、PNG 等多种不同的编码方式。

每种算法均有其优缺点和适用范围，如 RAW 作为 CMOS 或 CCD 图像感应器将捕捉的光源信号转化为数字信号的原始数据，记录了数码相机传感器的原始信息，同时记录了由相机拍摄所产生的一些元数据（如 ISO 的设置、快门速度、光圈值、白平衡）。作为"数字底片"，RAW 占据了较多的存储空间，但是摄影师可以通过后期处理软件对 RAW 图片的曝光、锐度、色温、色彩、镜头畸变等各方面进行几乎无损的调节，从而最大限度地发挥自己的艺术才华。如果存储空间有限，后期创作需求不大，那么体积小巧、兼容性好的 JPG 格式图片则不失为摄影爱好者的一个好的选择。人们熟知的计算机系统中的 ASCII 码、国家标准汉字字符集的区位码、字符的点阵码等，还有我们在数字媒体技术中深入学习的音频、图像与视频编码，都属于编码形态的表示媒体。编码是信息技术的核心，这一认识极为重要。作为计算机导论课程，没有展开讨论音频、图像、视频等媒体的编码形态。但对多媒体技术人员、研究开发人员来说，理解和掌握多媒体编码技术是最为关键的任务之一。

（3）显示媒体（Presentation Medium）：将编码形式的媒体显示成感觉媒体的设备或技术，以完成感觉媒体和计算机中电信号相互转换的一类媒体，即用于将感觉媒体进行计算机输入/输出的设备，它又分为信息输入媒体和信息输出媒体。

信息输入媒体：键盘、鼠标、话筒、扫描仪、摄像机、手写笔等。

信息输出媒体：喇叭、显示器、打印机、投影仪、绘图仪等。

严格地讲，多媒体技术包含了上述这些硬件系统的工作原理和实现方法，但是，从开发与应用的角度看硬件系统比较稳定，而软件系统则更加灵活，因此，人们会比较多地关注多媒体软件的学习和研究。

（4）存储媒体（Storage Medium）：用于存储表示媒体（存储将感觉媒体数字化以后的代码）的物理介质。常见的存储媒体包括软盘、U 盘、硬盘等。

曾经大行其道的 3.5in（in=0.0254m）软盘就属于软盘的一种。然而作为移动存储设备，软盘无法克服容量小、速度慢、安全性差等弊端，现在已经很少使用。

U 盘作为闪存芯片，具有体积小、重量轻、功能多、携带方便、不易损坏、容量相对小等特点，适合随身携带，可以随时随地地进行数据交换，作为理想的数据存储媒体，目前被广泛应用。

硬盘作为主要的存储媒体，其技术也比较成熟，其中固态硬盘、机械硬盘、混合硬盘是较为常见的 3 种硬盘。

（5）传输媒体（Transmission Medium）：媒体从一个地方传输到另一个地方的物理介质，是通信的信息载体，如双绞线、同轴电缆、光缆、微波等都是常用的传输媒体。电磁波比较特殊，尽管也是看不见摸不着的，但确实是一种物质存在，本质就是电磁场。

了解媒体的分类很有意义。至少，当人们从事一种媒体技术工作时，需要明确自己的工作处于什么层面，主要与什么类型的媒体打交道，与其他媒体技术的关系是什么。例如，从事版面设计工作（如平面媒体视觉设计、Web 页面视觉设计、手机 App 界面设计、桌面应用 UI 设计）的技术人员，实际上主要与感觉媒体打交道，他们考虑的核心问题是字体、图像、色彩、声音、布局、内容编排等可视化方式对受众的心理作用，因此有效和灵活地运用感知心理学是关键。又如，从事图像和视频处理研究的技术人员主要涉及编码形态的媒体；也就是与表示媒体打交道，他们应当深刻理解各种媒体数据的编码原理，懂得不同编码形式之间的转换，懂得编码对传输、存储和显示过程产生的影响。但是，大部分媒体工程技术人员并不是只与同一种媒体技术打交道，而是需要综合应用多种类型的媒体技术来达到自己的目标，这就需要了解各种媒体技术的特性及它们之间的相互关系。例如，高级 Web 应用系统开发人员需要同时理解媒体的感知特性、编码属性、存储方式、显示模式和传输方法。可以看出，多媒体学科正是为实现这类综合应用发展起来的。

## 9.1.3 媒体间的关系

在自然状态下，感觉媒体直接作用于人的感觉器官。在计算机处理媒体信息的过程中，表示媒体是各类媒体的核心。首先需要通过显示媒体的输入设备将感觉媒体转换成表示媒体，并存放在存储媒体中，然后计算机从存储媒体中获取表示媒体信息后进行加工处理，最后利用显示媒体的输出设备将表示媒体还原为感觉媒体，并最终反馈给应用者。媒体间的关系如图 9.6 所示。然而在多媒体技术中，所说的媒体一般是指感觉媒体。

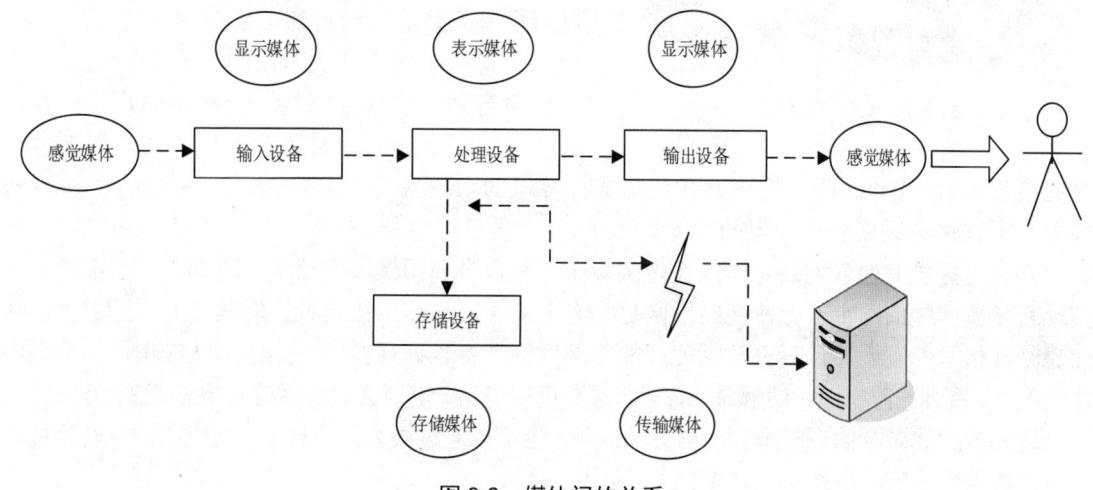

图 9.6　媒体间的关系

## 9.2 多媒体技术

多媒体是由两种以上单一媒体融合而成的信息综合表现形式，是多种媒体的综合、处理和利用的结果。多媒体实质上是先把文本、图形、图像、动画和声音等不同表现形式的各类媒体信息数字化，然后利用计算机对数字化的媒体信息进行加工和处理，通过逻辑连接形成有机的整体，并通过计算机进行综合处理和控制，使其能支持完成一系列交互式操作。

### 9.2.1 多媒体的构成要素

多媒体的构成要素通常分为六大类，即文本、声音、图形、图像、动画、视频。

（1）文本。文本是指在屏幕上显示的，以文字、数字和各种符号表达的信息形式，是多媒体的基本对象，是现实生活中使用较多、较快捷的一种信息存储和传递方式。用文本表达信息可以给人保留充分的想象空间，主要用于对知识的描述性表示，如阐述概念、定义、原理和问题及显示标题、菜单等。

通常文本具有多种格式，一般的多媒体编辑软件都支持对文字的字体、粗细、大小、颜色等各种格式的设定。字体方面，如操作系统或软件自带的字体无法满足创作需求时，可以到专门的网站下载并安装特定的字体文件。如果现有的字体仍无法满足需求，则可通过软件，设计、制作个性化的字体文件，还可以将自制的字体文件分享到网上。

图 9.7 文字的设计

对文字的设计除要关注字体、颜色、大小等美观因素外,还要注意排列顺序、组合方式等其他因素,如图 9.7 所示。

(2)声音。声音是携带信息的重要媒体,是用来传递信息、交流感情最方便、最熟悉的方式之一。各种语言、音乐(如各种歌声、乐声、乐器的旋律)、物体碰撞声、机器轰鸣声、动物鸣叫声和风雨声等人耳能听到的都可以归为声音的范畴。

多媒体中的声音通常指数字音频,它是一个表示声音强弱的数据序列。音频是由模拟声音经采样(每隔一个时间间隔在模拟声音波形上取一个幅度值)、量化和编码(把声音数据写成计算机的数据格式)后得到的。通过数字-模拟转换器,可以将音频恢复成模拟的声音。

声音可提供其他任何媒体不能实现的效果,将声音和图像(如动画、电影)一起播放,以实现音频和视频的同步,会使视频图像更具有真实性,从而烘托气氛、增强活力。随着多媒体信息处理技术的发展、计算机数据处理能力的增强,音频处理技术得到了广泛应用,如视频图像的配音、配乐,静态图片的解说,背景音乐、可视电话、电视会议的话音和电子读物的声音等。

除回放预先录制的声音来实现语音输出外,也可以通过语音合成技术,将文字信息转换成流畅自然的语音输出,并且可以支持语速、音调、音量、音频码率设置,甚至可以定制某个人的声音。语音识别技术可将人类语音中的词汇内容转换为计算机可读的输入,为信息输入提供新途径。基于语音合成、语音识别、人工智能等技术发展起来的语音助手产品(如 Siri、Google now),打破了传统文字式人机交互的方式,让人机沟通更自然,也为生活与工作提供了更多的便利。

(3)图形。图形是指通过计算机软件绘制的从点、线、面到三维空间的各种有规律的几何图形,如直线、矩形、圆、多边形及其他可用角度、坐标、距离等参数来表示的几何图形。由于图形文件中只记录了生成图的算法和图上的某些特征点(如几何图形的大小、形状及其位置、维数),因此称为矢量图。图 9.8 所示的图形就是典型的计算机程序绘制的矢量图形。

图 9.8 计算机程序绘制的矢量图形

图形文件是由一组描述点、线、面等几何元素特征的指令集合组成的。绘图程序通过读取图形格式指令并将其转换为屏幕上可显示的形状和颜色。因此,图形文件的大小与图形的复杂程度相关,而与图形的尺寸关联度不大。但由于每次屏幕显示时都需要重新计算,因此图形显示速度没有图像快。另外,当图形放大时,不会像图像那样发生失真现象。

（4）图像。图像又称位图或点阵图，是由称作像素的单个点组成的画面。图 9.9 所示为一张 JPG 格式的图像素材。当图像的像素足够多，颜色足够丰富时，画面看起来比较真实，但将图像放大到一定程度时就会发现这些像素点。图像的大小和质量是由图像中的像素点的数量和像素点的密度决定的。像素点密度越大，图像越清晰，图像放大时的模糊速度越慢；像素点数量越多，图像数据量越大。

图像表现力强、细腻、富于层次感，适用于表现含有大量细节（如明暗变化、场景复杂、轮廓色彩丰富）的对象，如照片、绘图等。图像可以通过

图 9.9 一张 JPG 格式的图像素材

照相机、扫描仪、摄像机等输入设备捕捉实际的画面获得，也可以通过其他设计软件生成。通过图像软件可进行复杂图像的处理以得到更清晰的图像或产生特殊效果。

（5）动画。动画是基于人眼的视觉暂留原理创建的一系列静止的图像。人眼在观察事物时，光线对视网膜所产生的视觉刺激在光停止作用后，仍会保留一段时间，这种现象叫作视觉暂留，如在黑暗中挥动点燃的火把，会看到一道发光的亮线。将内容相关的静止图像以 15～20 帧/s 的速度播放，由于眼睛能够长时间地保留图像并允许大脑以连续的序列把帧连接起来，所以就会产生图像内容运动的错觉。中国人最先发现了视觉暂留现象，"走马灯"便是历史记载中最早的视觉暂留现象的应用之一。

计算机动画是在图形和图像处理技术的基础上，借助编程或动画处理软件生成的一系列景物画面，通过连续播放静止图像的方法来产生物体运动的效果。动画可以清晰地表现一个事件的过程，也可以展现生动的画面。相比传统手工制作与拍摄的动画，计算机的加入使动画制作更加灵活、简单，人物动作更容易控制，内容更加丰富绚丽，动画效果也更逼真。

（6）视频。视频泛指将一系列静态影像以电信号的方式加以捕捉、记录、处理、储存、传送与重现的各种技术。视频与动画一样，也是利用人眼的视觉暂留原理，由一系列连续的图像组成并按照一定的速率播放的。视频常与声音媒体配合进行，两者的共同基础是时间连续性。因此当谈到视频时，往往也包含声音媒体。

随着移动终端的普及和网络的提速，时长在 5min 以内的短视频已成为 Internet 新媒体的新宠，基于移动终端的视频类 App 将视频制作与传播技术简化，让更多人可以随时随地拍摄、制作和发布创意视频。短视频以时长短、信息承载量高、生动形象的特点使观众得以充分利用碎片时间观看，更符合当下手机网民的行为习惯。有关数据显示，移动短视频用户规模不断扩大，2017 年达 2.42 亿人。近几年，数量更是不断攀升。2021 年上半年，中国短视频用户分析数据显示，用户规模达 8.88 亿人。

为了使作品更富表现力，往往将各媒体构成要素以整合的形式出现，整合方式通常分为两种，即空间方式和时间方式。例如，在文字的旁边配上相关图片就是空间整合方式，而在视频播放的同时配上背景音效就是一种时间整合方式。

## 9.2.2 计算机与多媒体

传统的媒体主要包括广播、电视、报纸、杂志等，随着科学技术的发展，基于传统媒体，

逐渐衍生出新的媒体，如 IPTV、电子杂志等。计算机技术也逐渐成为信息社会的核心技术，基于计算机的多媒体技术得到越来越多人的关注。

多媒体技术最早起源于 20 世纪 80 年代中期。

1984 年，美国 Apple 推出了世界上第一台具有多媒体特性的 Macintosh 计算机，其具有图形用户界面，并可用鼠标进行交互。

1985 年，美国 Commodore 推出了世界上第一台真正的多媒体系统 Amiga，其具有完备的视听处理功能，CD-ROM 则实现了大容量多媒体信息的存储和处理，促进了多媒体技术的发展。

1986 年，Philips 和 Sony 联合研制并推出了 CD-I 标准，使多媒体信息的存储规范化和标准化，用户可以通过交互的方式播放光盘中的内容。

1987 年，美国无线电公司推出了交互式数字视频系统，规范化和标准化了交互式视频技术，用标准光盘来存储和检索静止图像、活动图像、声音等多种信息媒体。

1990 年，Microsoft 和 Philips 等 14 家知名厂商制定了多媒体个人计算机标准 MPC1，对多媒体计算机所需配置的软硬件规定了最低标准和量化指标，随后又陆续发布了 MPC2、MPC3、MPC4 标准。

1996 年，数字环绕音响 AC97 标准的推出，使听觉达到了环绕立体声的效果。

1997 年，Intel 推出了具有多媒体扩展（Multimedia eXtension，MMX）技术的奔腾处理器，成为多媒体计算机的新标准。

多媒体，一般被理解为多种媒体的综合，但并不是各种媒体的简单叠加，而是代表数字控制和数字媒体的汇合。

### 9.2.3 多媒体技术的概念

多媒体技术是指以计算机为平台综合处理多种媒体信息（如文本、图形和图像、声音、动画、视频），在多种媒体信息之间建立逻辑连接，并具有人机交互功能的集成系统。

在数字、文字、声音、图形和图像等多种媒体信息处理方面，计算机经历了漫长的发展过程。在发展初期，计算机只能识别、处理与输出用 0 和 1 两种符号表示的信息，只有少量的计算机专业人员才能与计算机进行信息交流，使计算机的应用受到了很大限制。到了 20 世纪 50 年代至 70 年代，随着高级语言的出现，计算机可以识别与输出以英文文本表现的信息，使具有一般文化程度的科技人员也能和计算机进行信息交流，扩大了计算机的应用范围。20 世纪 80 年代开始，新一代计算机向智能化、家用化、便携化方向发展，计算机开始识别、处理与输出声音、图形和图像等信息载体，受到广大用户的欢迎，应用范围迅速扩大。由此可见，多媒体技术的发展是普及计算机应用、拓宽计算机处理信息类型的必然趋势。

随着信息时代的到来，仅依靠单一的媒体元素来传递信息已经不能满足信息传播的日常需求，这就迫切需要一种手段和技术能够使多媒体元素快速整合海量的信息，并将这些整合好的信息以一个整体的、可交互的方式呈现给用户，而这就是多媒体技术所要解决的中心问题。

多媒体的形成过程如图 9.10 所示，可以看出，多媒体技术是一门综合性的信息技术。它首先通过计算机数字技术和通信、广播等技术对各种媒体元素进行数字化存储、传输、处理和控制；然后通过各种计算机软硬件技术对不同的媒体元素进行编辑并在它们之间建立逻辑连接，使之成为一个整体；最后通过用户界面和交互技术（实质上也是计算机软硬件技术）进行封装之后展示在用户面前。

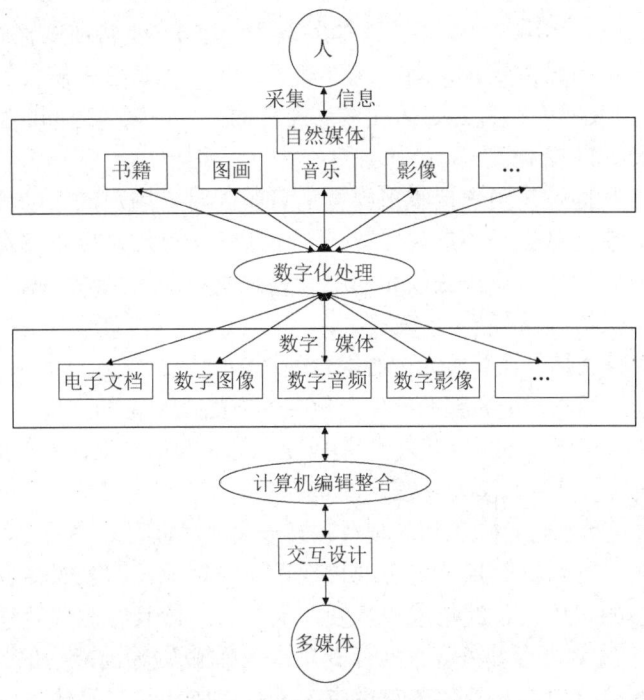

图 9.10 多媒体的形成过程

多媒体技术通常分为两个层面的内容：一个是媒体元素的编辑和整理技术，主要解决多媒体数据的采集和整理问题；另一个是交互方式的实现技术，主要解决多媒体内容的呈现形式问题。

媒体元素的编辑和整理技术流程为：首先是信息的采集，包括文本信息的录入、声音的录制、图形的绘制、图像的捕获、动态影像的摄制等；其次是将采集到的信息通过进行数字化处理，形成电子文档、像素或矢量图片、数字音频及数字视频等多媒体数据。与信息采集相关的硬件有各种文字录入设备、扫描仪、数码相机、数码摄像机、声音采集设备等，通过这些设备，人们先将所要传达的信息初步整理成"原始数据"，然后通过计算机对这些原始数据进行文本的排版、图片的修饰、声音的提纯及影像的剪辑等处理。

当所有媒体元素被处理好之后，就可利用交互设计方面的软硬件对整个产品各项媒体元素之间的内在逻辑联系进行定义和技术实现，如建立媒体元素之间的相互关联关系；定义用户和多媒体产品之间进行交流的方式；编写计算机程序将这些内在联系和当时定义转换成计算机所能理解的代码；设计用户界面，将所有这些媒体元素和关联方式封装起来，以一个样式统一且容易使用的方式将整个多媒体产品展现在用户面前。

### 9.2.4 多媒体技术的特点

多媒体技术的主要特点包括信息载体的多样性、实时性、交互性和集成性。

（1）多样性。多样性主要是指表示媒体的多样性，体现在信息采集、传输、处理和显示过程中，要涉及多种表示媒体的相互作用。多媒体技术将计算机所能处理的信息空间扩展和放大；将媒体元素先从无声的数字和文本，扩大到静止的图形图像，再延伸到有声的动画画面乃至活动影像；将计算机的使用与操作变得更加人性化，使计算机所能处理的信息空间、时间范围得到拓展和放大，使人机交互具有更广阔的、更加自由的空间。

（2）实时性。实时性指用户可以通过操作命令（如语言、手势或其他肢体动作）实时控制相应的多媒体信息，也指媒体元素之间的同步性，即在人的感官系统能够接受的情况下进行多媒体交互时，文字、图像、声音等媒体元素是连续的。多种媒体之间的协同性及时间、空间的协同性是多媒体的关键技术之一。

（3）交互性。交互性是在用户接收多媒体信息的同时，用户的活动也可作为一种媒体加入信息传播过程中，使信息交互的参与各方，不论是发送方还是接收方都可以对信息进行编辑、控制和传递。交互性使用户在获取和使用信息时变被动为主动，增加了对信息的注意和理解，延长了信息的保留时间。

（4）集成性。集成性是以计算机为中心综合处理多种信息媒体的特性，即将不同的媒体信息有机地组合在一起，形成一个完整的整体，包括两方面：一方面把单一的、零散的媒体信息（如文字、图形和图像、音频、视频）有效地集成在一起，即信息媒体的集成。信息媒体的集成体现在信息的多通道统一获取、多媒体信息的统一组织和存储、多媒体信息表现合成等方面，即各种信息媒体不再是单独进行加工和处理及相互分离的，而是一个统一的整体。另一方面，集成性还表现在存储、处理这些媒体信息的物理设备的集成，即多媒体各种设备集成在一起成为一个整体。实现的媒体设备的集成：从硬件上来说应该具有能够处理多媒体信息的高速并行的 CPU 系统、大容量内存和外存，具有多媒体信息输入/输出能力的外设，具有足够带宽的通信信道和通信网络接口；从软件上来说应该具有集成化的多媒体操作系统，适应多媒体信息管理的操作系统、创作工具和应用软件等。

## 9.3 多媒体计算机系统

在多媒体计算机出现之前，传统 PC 处理的信息仅限于文字和数值，这是计算机应用的初级阶段。在这个阶段中，由于人机之间的交互只能通过键盘和显示器进行，信息交流的途径缺乏多样性。后来，为了改进人机交互界面，使计算机能够集声、文、图、像处理于一体，就诞生了有多媒体处理能力的计算机。与普通计算机系统类似，多媒体计算机系统也是由多媒体硬件系统和多媒体软件系统两大部分组成的。

### 9.3.1 多媒体硬件系统

为促进多媒体计算机的标准化，由 Microsoft、Philips 等 14 家厂商组成的多媒体市场协会分别在 1991 年、1993 年和 1995 年推出了第一代、第二代和第三代多媒体个人计算机（Multimedia Personal Computer，MPC）标准，即 MPC1 标准、MPC2 标准及 MPC3 标准。按照 MPC 标准，多媒体个人计算机包括个人计算机（PC）、只读光盘驱动器（CD-ROM）、声卡、Windows 操作系统、音箱或耳机。同时对主机的 CPU 性能、内存（RAM）的容量、外存（硬盘）的容量及屏幕显示能力有相应的限定。但现在看来，MPC 标准规定的基本配置是比较低的，随着计算机软硬件技术的迅猛发展，目前市场上销售的 MPC 几乎都高于 MPC 标准。

在多媒体技术发展初期，多媒体系统以多媒体计算机系统为主体，几乎没有包含多媒体通信系统。随着网络的发展与普及，多媒体计算机系统与多媒体通信系统相互融合，使多媒体系统越来越依靠网络获取服务、交换信息，如多媒体会议系统、视频点播系统、远程教育系统等。图 9.11 所示为一个典型的多媒体计算机硬件系统,它除包括一个基本的微型计算机的主要配置外,还包括音频处理设备、视频处理设备、图像 I/O 设备、网络连接设备等各种外部设备及与各种外部设备的控制接口卡。

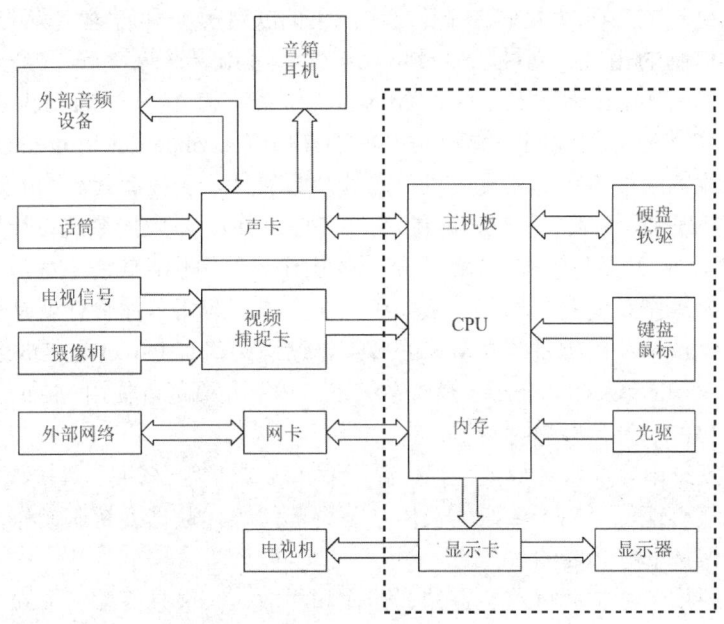

图 9.11 一个典型的多媒体计算机硬件系统

目前的多媒体系统中都运用了多媒体数字化技术(计算机信息处理技术),因此多媒体计算机硬件系统是一切多媒体系统的基础。

### 9.3.2 多媒体软件系统

多媒体计算机的软件系统按功能划分为系统软件和应用软件。系统软件在多媒体计算机系统中负责资源的配置和管理、多媒体信息的加工和处理;应用软件则是在多媒体创作平台上设计、开发面向应用领域的软件系统。多媒体计算机软件系统的层次结构如图 9.12 所示。

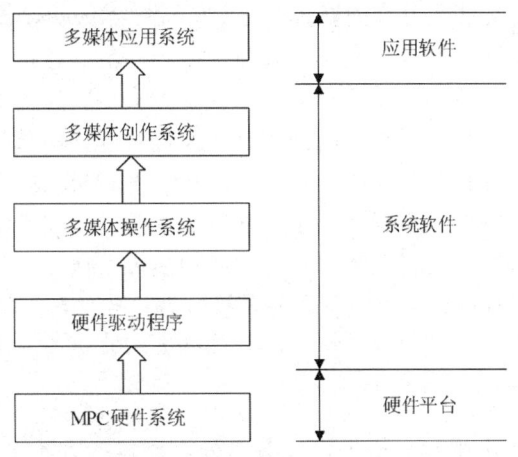

图 9.12 多媒体计算机软件系统的层次结构

多媒体操作系统是计算机必备的系统软件之一。计算机硬件的功能在操作系统的控制下才能正常发挥，才可以方便地实施多媒体技术所要求的人机交互。多媒体操作系统在上述功能的基础上增加了对多媒体技术的支持，以实现多媒体环境下的多任务调度，保证音频、视频同步及信息处理的实时性，提供对多媒体信息的各种操作和管理。另外，多媒体操作系统还具有对设备控制的相对独立性，以及可操作性、可拓展性等特点。PC 上运行的多媒体操作系统，常见的有 Microsoft 开发的 Windows 操作系统和 Apple 的 Macintosh 操作系统。

主流操作系统都能提供不同领域的应用程序接口（Application Programming Interface，API），为各种应用系统的设计和实现提供可能性与灵活性。一般而言，API 是指一组数量可观、结构复杂的子程序、函数、变量、常量、类、数据结构，是应用系统设计与实现的软件资源。API 通常作为软件开发包（SDK）的一部分随操作系统提供，或者下载后安装在特定的操作系统中，被视为操作系统的一部分。从某种意义上说，应用程序设计就是一个使用这些软件资源的过程。Windows 操作系统中常见的多媒体编程接口有 DirectX、Direct Show、Media Foundation、Silverlight 等。在 Android 操作系统下，开发人员可以使用 Media API 来实现移动设备上的 MP3、MP4、高清视频播放等。

编解码器是系统中完成媒体数据压缩、解压缩、格式转换（转码）等操作的软件，在多媒体操作系统中居核心地位。由于多媒体应用涉及频繁的媒体数据编解码操作，因此由系统管理和调度编解码器是十分必要的。

编解码器主要用于音视频捕获、存储、传输和播放，一般是终端（前端）的系统支撑软件。编解码器本身是根据复杂的编码算法实现的，多媒体技术的一个重要任务就是分析和介绍主流的音视频编解码算法，如 PCM 音频编码技术及各类视频编解码技术。另外，多媒体技术的研究还涉及标准音视频编解码器的使用。

有一点需要强调，由于多媒体应用注重多种媒体数据的协同工作，一些多媒体数据流需要同时包含音频数据和视频数据，这时通常会加入一些用于音频数据和视频数据同步的元数据。这 3 种数据流可能会被不同的程序、进程或硬件处理，但是当它们传输或存储的时候，这 3 种数据总是被封装在一起。通常这种封装通过音视频格式文件来实现。例如，常见的多媒体文件类型有 MPG、AVI、MOV、MP4、WMV、WMA 等，在这些格式文件中，有些只能使用某些编解码器来处理，而更多的是通过容器的方式使用各种编解码器。多媒体技术人员要分析主要的多媒体数据文件或容器的格式，这对专业技术人员来说是十分关键的。

多媒体创作系统是帮助开发人员创作多媒体应用程序的软件，可以是程序设计语言，也可以是具有特定功能的多媒体创作系统，以提供将各种类型的媒体对象编辑、集成到多媒体作品中的功能，并支持各种媒体对象之间的超链接设置及媒体对象呈现时的过渡效果设置。常用于多媒体创作的编程语言有 Visual Basic、Visual C++、Delphi 等。

对于多媒体对象，如图像、声音、动画及视频影像等的创建和编辑，一般需要借助多媒体素材编辑工具软件。多媒体素材编辑工具软件多种多样，包括文字处理软件、绘图软件、图像处理软件、动画制作软件、声音编辑软件及视频编辑软件等。

### 9.3.3　多媒体外围设备

多媒体计算机除包括常规计算机硬件设备之外，还包括大容量存储设备（如 CD-ROM、VCD、刻录机、U 盘存储器、移动硬盘、存储卡、固态硬盘）、图形图像设备（如手写板、扫描仪、摄像机、照相机)、音频设备(如声卡、麦克风)、视频设备(如显卡、显示器、视频采集卡)、网络连接设备(如网卡)等外围设备。外围设备(简称"外设")是计算机系统中输入/输出设备(包括外存储器)的统称,对数据和信息起传输、转送和存储的作用,是多媒体计算机系统中的重要组成部分。图9.13列举了常见的外围设备。

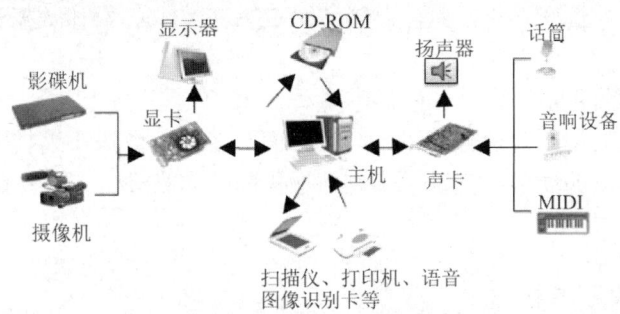

**图9.13 常见的外围设备**

现代多媒体计算机平台从外围设备的硬件配置上看,主要包括如下几个方面。

(1) 光盘驱动器。光盘驱动器包括可重写光盘驱动器、WORM 光盘驱动器和 CD-ROM 驱动器。CD-ROM 驱动器可以存储程序、文本、声音、图形、动画、图像、音频等资源,而可重写光盘驱动器、WORM 光盘驱动器也非常普及。另外,DVD 的存储量更大,双面可达 17GB,是性价比很高的存储产品。

(2) 音频卡。在音频卡上连接的音频 I/O 设备包括话筒、音频播放设备、MIDI 合成器、耳机、扬声器等。数字音频处理是多媒体计算机的重要功能,音频卡具有 A/D 和 D/A 音频信号的转换功能,可以合成音乐、混合多种声源,还可以外接 MIDI 电子音乐设备。

(3) 图形加速卡。图文并茂的多媒体表现需要分辨率高、显示色彩丰富的显示卡的支持,同时要求有图形加速功能。目前,带有图形处理器的图形加速卡使系统的显示速度大幅提高。

(4) 视频卡。视频卡可细分为视频捕捉卡、视频处理卡、视频播放卡及 TV 编码器等专用卡,其功能是连接摄像机、VCR、TV 等设备,以便获取、处理和表现各种动画和数字化视频媒体。

(5) 扫描卡。扫描卡用来连接各种图形扫描仪,是常用的静态照片、文字、工程图的输入设备。

(6) 打印机接口。打印机接口用来连接各种打印机,包括普通打印机、激光打印机、彩色打印机等,打印机现在是最常用的多媒体输出设备之一。

(7) 交互控制接口。交互控制接口用来连接触摸屏、鼠标、光笔等人机交互设备,这些设备将大大方便用户对 MPC 的使用。

(8) 网络接口。网络接口是实现多媒体通信的重要扩充部件。当前正处于计算机和通信技术高度融合的时代,这就需要专门的多媒体外部设备将数据量庞大的多媒体信息传送出去或接收进来,通过网络接口连接的设备包括可视电话机、视频终端、传真机等。

## 9.4 多媒体技术的研究内容

多媒体涉及的技术范围很广,技术很新、研究内容很深,是多种学科和多种技术交叉的领域。主要技术范畴如下。

（1）多媒体表示与操作，包括数字声音及处理、数字图像及处理、数字视频及处理、数字动画等技术。

（2）多媒体压缩，包括通用压缩编码、专门压缩编码（如声音、图像、视频）等技术。

（3）多媒体存储与管理，包括光盘存储（如CD、DVD）、媒体数据管理、多媒体版权保护等技术。

（4）多媒体传输，包括流媒体、P2P等技术。

多媒体技术研究的主要内容包括以下几个方面：多媒体数据压缩技术、多媒体数据的组织与管理、多媒体信息的展现与交互、多媒体通信与分布处理、多媒体数据库和基于内容检索、VR技术等。

### 9.4.1 多媒体数据压缩技术

在多媒体系统中，处理的媒体信息主要是非常规数据类型（如图形和图像、音频、视频），并且这些媒体信息数据量非常大。例如，一幅具有中等分辨率（640像素×480像素）的真彩色图像（24位/像素），它每帧的数据量约为7.37Mbit。若要达到25帧/s的全动态显示要求，每秒所需的数据量为184Mbit，而且要求系统的数据传输速率必须达到184Mbit/s，这在目前是很难达到的。同时，媒体数据中间常存在一些多余成分，即冗余度。例如，在图像中，某些颜色会重复出现，或某些颜色比其他颜色出现得更频繁，这些冗余部分便可在数据编码中被除去或减少。媒体数据中间尤其是相邻的数据之间，常存在相关性，如视频中相邻两帧之间可能只有少量的变化，音频信号中具有一定的规律性和周期性等，可以利用某些变换来尽可能地去掉这些相关性。此外，人们在欣赏音像节目时，由于耳、目对信号的时间变化和幅度变化的感受能力都有一定的极限，如人眼对影视节目有视觉暂留效应、人眼或人耳对低于某一极限的幅度变化已无法感知等，故可将信号中这部分感觉不出的分量压缩掉或"掩蔽掉"。因此，为了使多媒体技术达到实用水平，除采用新技术手段增加存储空间和通信带宽外，对数据进行有效压缩是多媒体技术发展中必须要解决的最关键技术之一。

压缩技术经过40多年的发展及研究，从PCM编码理论开始，到现今成为多媒体数据压缩标准的JPEG和MPEG，已经产生了各种各样针对不同用途的压缩算法、压缩手段和实现这些算法的大规模集成电路或计算机软件。

### 9.4.2 多媒体数据的组织与管理

多媒体数据具有数据类型繁多、数据量大、关系复杂等特点。传统数据库系统的能力和方法在处理多媒体数据时往往难以适用，如何组织存储多媒体数据？以什么样的数据模型表达和模拟这些多媒体信息空间？如何管理多媒体数据？如何操纵和查询多媒体数据？因此多媒体数据的组织和管理是多媒体信息系统要解决的核心问题。目前，人们利用面向对象方法和机制开发了新一代面向对象数据库，结合超媒体技术的应用，为多媒体信息的建模、组织和管理提供了有效方法。但是面向对象数据库和多媒体数据库的研究还不成熟，这一课题是多媒体技术从业者的一个研究方向。

### 9.4.3 多媒体信息的展现与交互

在多媒体系统中，各种媒体信息并存，适用于传统文本式的"显示"方式显然已无法满足视觉、听觉、触觉、味觉和嗅觉等多种媒体信息的综合与合成。同时，在多媒体系统开发时还要考虑各种媒体的时空安排和效应，相互之间的同步和合成效果，相互作用的解释和描述等问题。尽管影视声像技术被广泛应用，但多媒体的时空合成、同步效果，可视化、可听化及灵活的交互方法等仍是多媒体领域需要研究和解决的棘手问题。

### 9.4.4 多媒体通信与分布处理

由于多媒体信息数据量大、实时性强，因此电话网、广播电视网和计算机网络等通信网络的传输性能都不能很好地满足多媒体数据数字化通信的需求。计算机网络及其在网络上的分布式与协作操作是广泛实现信息共享的前提。多媒体空间的合理分布和有效协作操作将缩小个体与群体、局部与全球的工作差距。超越时空限制、充分利用信息、协同合作、相互交流、节省时间和经费等是多媒体信息分布的基本目标。多媒体通信与分布处理对多媒体产业的发展、普及和应用有着举足轻重的作用，构成了整个产业发展的关键和瓶颈。

### 9.4.5 多媒体数据库和基于内容检索

随着多媒体技术的迅速普及与应用，Internet 上涌现出大量的多媒体类型数据。例如，在遥感、医疗、安全、商业等部门中每天都会产生大量的图像信息，这些信息的有效组织管理和检索都依赖于基于图像内容的检索。基于图像内容的检索已成为近年来多媒体信息检索领域中最为活跃的研究课题之一。基于图像内容的检索是根据其可视特征，如颜色、纹理、形状、位置、运动、大小等，从图像库中检索出与所描述的图像内容相似的图像。利用图像可视特征索引，可以大大提高图像系统的检索能力。

百度图片等多个网络搜索引擎都相继推出了以图搜图功能，使图形和图像搜索更加便捷。常规的图片搜索，是通过输入关键词的形式搜索 Internet 上相关的图片资源的，而以图搜图则能实现用户通过上传图片或输入图片的 URL 地址，从而搜索出 Internet 上与这张图片相似的其他图片资源，同时找到这张图片的相关信息。

在音频方面，借助机器学习领域深度学习研究的发展，以及大数据语音材料的积累，语音识别技术得到了突飞猛进的发展，新一代移动智能终端已经可以通过对话这一较自然的交流手段实现人机交互。语音识别领域的研究方兴未艾，新算法、新思想和新的应用系统不断涌现。新的热点包括对非特定人、大词汇量、连续语音的听写机系统和实用化系统的研究。

### 9.4.6 VR 技术

VR（Virtual Reality，虚拟现实）技术是当今多媒体技术研究中的热点技术之一。它综合了计算机图形学、人机交互、传感、人工智能等领域的最新成果，以生成一个具有逼真的三维视觉、听觉、触觉及嗅觉的模拟现实环境。图 9.14 所示为利用 VR 技术模拟飞行实景。

图 9.14 飞行模拟

VR 是由计算机硬件、软件及各种传感器所构成的三维信息的人工环境，即虚拟环境，是可实现的和不可实现的物理上的、功能上的事物和环境，当用户投入这种环境中，就可与之进行交互作用。沉浸、交互和构想是 VR 的基本特征。VR 在娱乐、医疗、工程和建筑、教育和培训、军事模拟、科学和金融可视化等方面得到了应用，有很大的发展空间。

采用计算机技术建立感观世界，包含三层含义：首先，VR 是用计算机生成的一个逼真的实体，即能达到三维视觉、听觉和触觉等效果；其次，用户可以通过人的自然技能（五官与四肢）与这个环境进行交互；最后，VR 往往要借助一些三维传感技术为用户提供一个逼真的操作环境。VR 系统的硬件主要有数据手套、头盔、轨迹追踪装置、语音识别装置及摄像机等，VR 软件一般涉及数据输入和准备、仿真和显示、交互媒体的设备及控制等功能。

VR 是多媒体发展的更高境界，具有更高层次的集成性和交互性，成为多媒体技术研究中十分活跃的一个领域。

## 9.5 多媒体技术的应用领域

多媒体技术改善了用户操作计算机的交互感受，为信息的表达提供了一种全新的方式。多媒体技术与信息高速公路的结合给人类社会的工作和生活带来了极其深远的影响，为计算机家庭应用提供了广阔的前景，典型的应用领域包括以下几个方面。

### 9.5.1 教育与培训

教育与培训是多媒体应用最活跃的领域之一。人们大都认可这样一种说法：学习者能够记住 20%他们听到的，40%他们同时听到和看到的；75%他们听到、看到，并且动手做到的。显然，采用多媒体技术的教学和培训能够更有效地提高学习者的兴趣，使学习者的注意力更加集中，并且能加快知识消化和吸收的速度。

多媒体教学和培训的形式非常多样，典型的是采用多媒体教室。一种方式是教师利用图 9.15 所示的多媒体教学系统，以及计算机为核心的各种多媒体设备，通过图、文、声并茂甚至活动影像促进学生理解，加深学习印象，从而大大提高学生的学习效率。另一种方式是借助交互式多媒体教学程序，让学生在交互式学习环境中按照自己的学习基础、学习兴趣来选择自己所要学习的内容，以实现自定步调、自主学习。

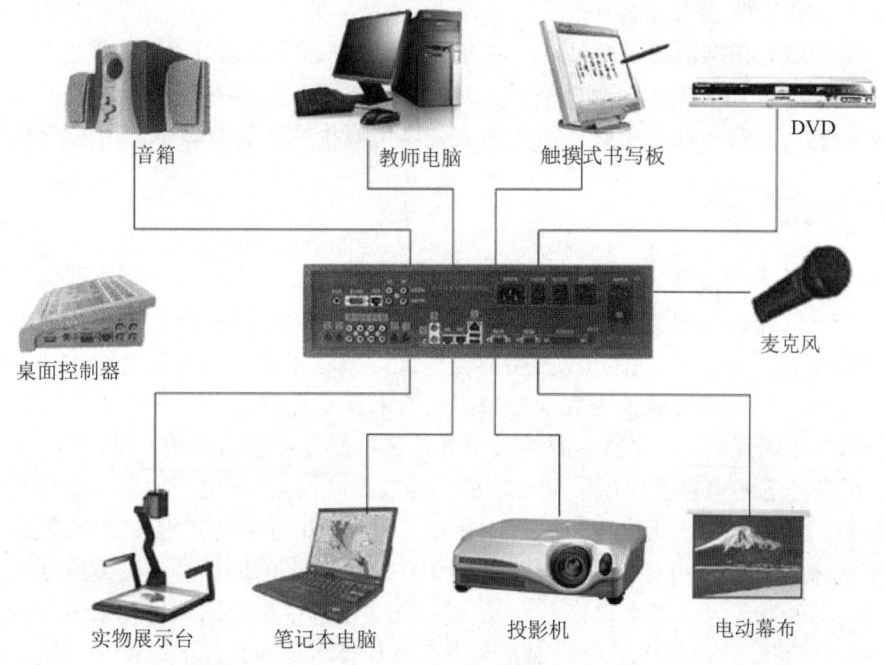

图 9.15　多媒体教学系统

与 Internet 紧密结合的远程教育是多媒体教学的另一种常见形式。在远程教育中，多媒体信息是通过网络进行传播的，从而使学习者能随时随地共享高水平的教学，如微课、慕课等教学资源。

此外，结合了 VR 技术的多媒体培训还可用于一些特殊场合，如培训飞行员时使用计算机学习驾驶飞机、培训消防员在虚拟的火灾现场掌握灭火技能等，从而降低培训的费用和风险。

### 9.5.2　过程模拟

科学家在设备运行、洋流分布、天体演化、生物进化等过程中采用多媒体技术进行过程模拟，使人们生动、形象地了解事物变化的原理和关键环节，为揭示事物变化规律和本质起到重要作用。若进一步实现智能过程模拟，则会获得更好的效果和更理想的过程。

例如，20 世纪 60 年代发现的 ras 蛋白的基因，作为第一个发现的与人类癌症相关的基因，研究发现有超过三分之一的癌症与这个蛋白的突变相关。如果科学家能够对 ras 蛋白形成的聚集簇及其相互作用的蛋白有更深入的了解，则会使我们对癌症有进一步的了解。研究人员利用德州高级计算中心的超级计算机对 ras 蛋白在细胞膜表面的形态做了动态模拟，模拟发现了 ras 蛋白新的结合位点。研究人员试图对一些新的结合位点做小分子的结合实验，以探究 ras 蛋白的活性，更进一步地筛选可能的药物来治疗癌症。这是多媒体技术在过程模拟应用场景中的典型实例。

### 9.5.3　商业广告

在商业活动中，使用多媒体技术能够图文并茂地展示产品、游览景点和其他宣传内容。

用户在与多媒体系统交互过程中，能获取商品更多的信息，商家也可通过对商品的多媒体形象进行选择与加工，吸引潜在客户。

例如，淘宝电商在推销某一商品时，可将该商品的外貌、材质、用途、规格等用文字、图形和图像表现出来，还可制作多媒体视频并加入对应的解说，顾客通过观看商品网页上的信息就可以对所购商品有直观的了解，从而最大限度地减少购买后商品不适用的情况发生。

### 9.5.4　影视娱乐

随着多媒体技术的发展，影视与游戏娱乐产业作为计算机应用的一个重要领域也发生了翻天覆地的变化。传统的电影大多采用真人演绎、实景拍摄制作完成。多媒体技术的出现，突破了现实的束缚，声、文、图并茂的实体模型或虚拟背景可以最大限度地实现主创人员的天马行空，逼真的画面与音效也为观众带来了前所未有的视听盛宴。

20 世纪 80 年代开始，计算机多媒体技术开始在电影行业崭露头角。1982 年，在电影《星际旅行 2：可汗怒吼》中首度使用了全数字的动画技术。同年，《电子世界争霸战》成为第一部有明显计算机动画场景的真人电影，片中包括了超过 20 分钟的三维计算机动画。20 世纪 90 年代，计算机动画特效开始大量用于真人电影中，较著名的例子有《魔鬼终结者》、《侏罗纪公园》、《阿甘正传》及《泰坦尼克号》。同时，在动画片中也开始采用越来越多的计算机动画。1995 年，皮克斯公司制作了第一部完全用三维计算机动画制作的剧情片《玩具总动员》并获得了空前的成功。21 世纪，计算机动画特效越来越多地应用于真人电影。最著名的例子之一就是《阿凡达》，虽然该影片仅 25% 的内容使用了传统的外景拍摄，但使用了大量的数字影像捕捉技术，由此来满足现场和后期的高质量影像合成的需要。

在游戏制作方面，多媒体技术的应用简化了游戏开发环节，大量精良、价廉物美的游戏产品备受人们的欢迎，成为启迪儿童智慧、丰富成年人娱乐活动的有益补充。

### 9.5.5　旅游业

以 Internet 为依托的多媒体呈现技术具有信息立体化、形式多样化、多向分散性等特点。这种新型的传播模式模糊了信息与广告的界限，及时互动、双向沟通等特征正迎合网络时代中游客对旅游的新需求。因此，多媒体呈现技术必将成为旅游产品宣传、推广的最佳媒体之一及未来的发展趋势。

旅游广告的制作者与广告受众的互动，向用户提供了丰富的、立体化的、直接的信息，有效满足了不同受众、不同需要和习惯，实现了广告的个性化。此外，数字多媒体呈现技术借助网络社交媒体获得了梦寐以求的受众资源。例如，2009 年火爆全球的澳大利亚大堡礁"护岛人"的全球选拔，这份"世界上最好的工作"，只需用 6 个月的时间在风景如画的岛屿上散散步、喂喂鱼、写写博客，告诉外面的人自己在岛屿上的"探索之旅"，就可以得到 15 万澳元（约为 70 万人民币）的薪酬。这个工作其实是昆士兰旅游局精心策划的大堡礁旅游产业推广活动。与其说是护岛人，其实是大堡礁的体验者。昆士兰旅游局通过体验式营销的方式来向世界宣扬大堡礁的美妙之处，同时充分利用招聘过程的吸引力成功进行营销、造势，以吸引全世界旅游者的关注，大大提升了大堡礁在全球的知名度。

### 9.5.6 通信领域

现代通信系统是人类为克服时空限制而发展的信息传播技术。数字通信是用数字信号作为载体来传输信息的，或先用数字信号对载波进行数字调制再传输的通信方式。它可传输电报、数字数据等数字信号，也可传输经过数字化处理的语音和图像等模拟信号。数字通信系统通常由用户设备、编码和解码、调制和解调、加密和解密、传输和交换设备等组成。多媒体通信是指在一次呼叫过程中能同时提供多种媒体信息，如声音、图像、图形、数据、文本等的新型通信方式，所以，它是通信技术和多媒体技术相结合的产物。

视频会议是最典型的多媒体通信系统之一，它由视频会议终端、会议服务器、多点控制单元等子系统构成。多媒体技术在视频会议终端中占有重要地位，主要包括音视频数据的采集、编码、解码、传输与呈现等。

上述多媒体技术的应用领域只是多媒体技术众多应用中的一部分。随着计算机技术的普及，多媒体技术也将深入到社会生活的各个方面。

## 本章小结

通过本章的学习，我们了解了多媒体技术是计算机技术的重要分支。多媒体技术是一种迅速发展的计算机技术，它给传统的计算机系统、音频和视频设备带来了方向性的变革，对大众传媒产生了深远的影响。多媒体计算机正加速计算机进入社会各个方面的进程，给人们的工作、生活和娱乐带来了深刻的影响。

## 习题

### 一、多项选择题

1. 国际电信联盟将媒体分为（　　）等几类。
   A．感觉媒体　　　　B．表示媒体　　　　C．表现媒体
   D．存储媒体　　　　E．传输媒体
2. 感觉媒体是人们通过感官直接感受到的，包括（　　）。
   A．文字　　　　　　B．图形　　　　　　C．图像
   D．音频　　　　　　E．视频
3. 下面属于表示媒体的有（　　）。
   A．ASCII 码　　　　B．PCM 编码　　　　C．GKS 编码
   D．JPG 格式　　　　E．AVI 格式
4. 多媒体系统硬件配置包括（　　）。
   A．声卡　　　　　　B．图形加速卡　　　C．视频卡　　　　　D．网卡
5. 多媒体技术的研究内容包括（　　）。
   A．多媒体表示与操作　　　　　　　　　B．多媒体存储与管理
   C．多媒体压缩　　　　　　　　　　　　D．多媒体传输

## 二、简答题

1. 简述点阵图与矢量图的区别。
2. 简述多媒体技术的特点。
3. 简述多媒体系统包括哪些部分。

## 三、思考题

1. 讨论在现实生活中,利用人眼视觉暂留现象的场景。
2. 论述多媒体技术的应用领域。
3. 结合自身,你希望在多媒体技术的哪些领域深入研究?

**扩展阅读:30 年前,钱学森就给 VR 取了个名字!**

要说当下最火的概念,元宇宙当占一席。元宇宙一词诞生于 1992 年的科幻小说 *Snow Crash*,小说描绘了一个庞大的 VR 世界。在原著中,元宇宙(Metaverse)是由 Meta 和 Verse 两个单词组成的,Meta 表示超越,Verse 代表宇宙(Universe),合起来即为"超越宇宙"。其概念为一个平行于现实世界运行的人造空间,是 Internet 的下一个阶段,由 AR、VR、3D 等技术支持的 VR 的网络世界。可是,你知道吗?早在 30 年前,世界著名科学家、中国两弹一星功勋奖章获得者钱学森就预言过元宇宙!

钱学森,世界著名科学家,空气动力学家,中国载人航天奠基人,中国科学院及中国工程院院士,中国两弹一星功勋奖章获得者,被誉为"中国航天之父"、"中国导弹之父"、"中国自动化控制之父"和"火箭之王"。20 世纪 90 年代初,钱学森开始了解到 Virtual Reality(VR 技术),立刻想到将之应用于人机结合和人脑开发的层面,并给其取名为"灵境"。他认为,灵境的产生和发展会扩展人脑的感知和人机结合的体验,使人与计算机的结合进入深度结合的时代。

那么,元宇宙是什么呢?清华大学的 2021 年元宇宙研究报告指出,"元宇宙是整合多种新技术而产生的新型虚拟相融的 Internet 社会形态,它基于扩展现实技术提供沉浸式体验,基于数字孪生技术生产现实世界的镜像,基于区块链技术搭建经济体系,将虚拟世界与现实世界在经济系统、社交系统、身份系统上密切融合,并且允许每个用户进行内容生产和世界编辑"。由于元宇宙是虚拟与现实的全面交织,因此元宇宙的技术支持包括 5G、云计算、人工智能、机器人、脑机接口、拓展现实(VR、AR、MR)、数字孪生及区块链等。未来元宇宙会在教育、医疗、社交、金融、政府公共服务、工业制造等领域发挥巨大作用。

# 第 10 章　数据通信与计算机网络

**本章学习目标**
- 了解数据传输与数据交换的基本概念
- 掌握计算机网络体系结构的基本概念
- 了解下一代 Internet 及新技术

本章先介绍数据通信的相关技术，再介绍计算机网络的组成及体系结构，最后介绍 Internet 提供的服务、下一代 Internet 及新技术的相关知识。

通信技术是一门经典技术，19 世纪 30 年代发明了电报，19 世纪 70 年代发明了电话，而计算机是 20 世纪中叶的重要发明。最初是将一台计算机通过通信线路与多个终端互连，经过多年的飞速发展，计算机网络变得结构异常复杂和功能极其强大。随着在半导体技术，主要是在大规模集成电路和超大规模集成电路技术上取得的成就与进展，计算机网络迅速地应用到计算机和通信两个领域。而通信网络为计算机与计算机之间的数据传输和交换提供了必要手段。

## 10.1　数据通信基础

计算机网络是现代计算机技术和通信技术密切结合的产物，以满足社会对信息共享和信息传递的需求。在计算机网络中，任何两台计算机之间的数据交换都是借助通信手段来实现的，从本质上看，都是数据通信问题。

### 10.1.1　数据和信号

数据和信号是任何计算机网络与通信的两个基本要素。

数据是传递信息的实体，也是信息的具体表现形式。例如，文本、图像、音频、视频等。数据分为两种：模拟数据和数字数据。模拟数据取连续值，数字数据取离散值。模拟数据反映的是连续消息，如话音和图像等，数字数据反映的是离散消息，即其用一系列符号代表，而每个符号只可以取有限个值，如 ASCII 码。

我们要将数据经由网络进行传输，无论使用物理线路还是无线电波，都需要将数据转换成信号。因此，信号是数据的电磁编码，也是数据的传输方式。它也分两种：模拟信号和数字信号。模拟信号是一种连续变化的电信号，它能用电信号模拟要传递的数据。模拟信号的取值可以有无限多个。传输模拟信号的系统被称为宽带系统。数字信号是一种离散信号，它的取值是有限个，如计算机及其外围设备产生和交换的信息都是比特信息。传输数字信号的系统为基带系统。

数据和信号都可以表示为模拟或数字的形式，因此有如下几种情况。

（1）使用数字信号传输数字数据。

数字数据可直接用二进制数字脉冲信号来表示，但为了改善其传输的特性，一般先要对其二进制数据进行编码，称为信道编码。采用数字数据网（Digital Data Network，DDN）通信是其应用实例。

（2）使用模拟信号传输数字数据。

使用调制解调器（Modem）可以把数字数据调制成模拟信号，也可以把模拟信号解调成数字数据。使用调制解调器进行拨号上网就是其应用实例。

（3）使用数字信号传输模拟数据。

对于声音（模拟信号）数据来说，完成模拟数据和数字信号转换功能的设备是编解码器。在发送端编解码器将直接表示声音数据的模拟信号编码转换成用二进制码流近似表示的数字信号；在线路另一端的编解码器，则将二进制码流恢复成原始的模拟数据。

（4）使用模拟信号传输模拟数据。

模拟数据是时间的函数，并占有一定的频率范围，即频带。这种数据可以直接用占有相同频带的电信号，即对应的模拟信号来表示。电话通信就是它的一个应用实例。

通信的实质，就是沿着合适的媒体传播电信号，选择使用模拟信号还是数字信号通常取决于使用的传输设备和信号必经的环境。

## 10.1.2 数据通信主要技术指标

### 1．数据传输速率

比特率和波特率是描述系统传输速率的两个不同的参量，是通信技术中的重要指标。

1）比特率

比特率 $S$ 是一种数字信号的传输速率，它表示单位时间内所传送二进制代码的有效位（bit）数，单位用比特/秒表示，记为 bit/s。在实际应用中，常用的数据传输速率单位有 kbit/s、Mbit/s、Gbit/s 和 Tbit/s。

2）波特率

波特率 $B$ 是一种调制速率，也称波形速率或码元速率。波特率是指模拟信号传输过程中，线路上每秒传送的波形个数，其单位为波特（Baud）。从调制速率的意义来理解，波特率是脉冲信号经过调制后的传输速率，通常用于表示调制解调器之间传输信号的速率。

比特率 $S$ 和波特率 $B$ 的关系：

$$S = B\log_2 N$$

式中，$N$ 为一个脉冲信号所表示的有效状态数。在二进制中，一个脉冲的"有"和"无"表示 1 和 0 两个状态。在二相调制中，$N$ 取 2，故 $S$ 等于 $B$，即比特率与波特率相等。但在更高相数的多相调制中，$S$ 与 $B$ 则不相同。例如，在四相调制中，$N$ 取 4，如果 $B$ 为 1200bit，则信号传输速率 $S$ 为 2400bit/s。

比特率和波特率的区别与联系如图 10.1 所示。

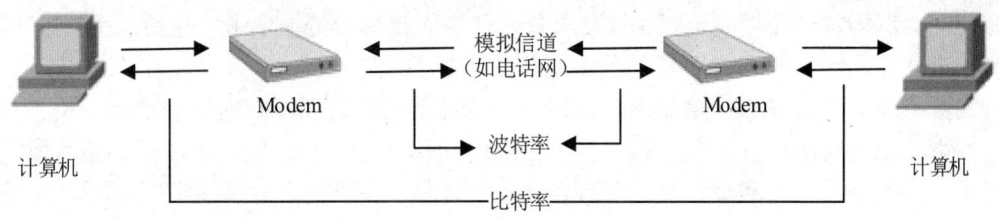

图 10.1 比特率和波特率的区别与联系

2．误码率

误码率是指码元在数据传输过程中被传错的概率，也称出错率，它是衡量数据通信系统数据传输可靠性的重要指标。在计算机网络中，一般要求误码率低于 $10^{-6}$，若实际误码率达不到这个指标，则可通过差错控制方法进行检错和纠错处理。

3．信道容量

信道容量是指信道能传输信息的最大能力，一般用带宽来描述。模拟信道容量指信道传输信号的频率可接受的范围，其带宽为传输信号的最高频率和最低频率的差值。例如，话音电路接受的语音频率为 300～3400Hz，则其带宽为 3100Hz（一般话音电路带宽取 4kHz）。而在数字信道中，一般用单位时间内最大可传送的比特数来描述带宽，如某传输介质最大的传输速率为 9600bit/s，则其带宽为 9600bit/s。

## 10.1.3 数据传输

数据传输的基本方式分为并行传输与串行传输两种。

1）并行传输

并行通信是指数据的各位同时进行传输的一种通信方式。若一次传输 $n$ 位并行数据，则需要 $n$ 条信道对应 $n$ 位并行信号。由于每位传输要求单独的信道支持，因此通信成本较高。在远距离传输时，可靠性较低。例如，计算机内部的数据总线就采用并行传输数据，有 8 位、16 位、32 位和 64 位等数据总线。

2）串行传输

串行传输是指数据一位一位地在一条信道上传输。在计算机网络中，计算机内的发送设备会先将多位并行数据经并-串转换变成串行方式，再经过传输线路逐位传送到接收端。因此，串行传输比并行传输慢得多，但成本较低，被广泛应用于远程数据传输。通常，通信网和计算机网络中的数据传输都以串行方式进行。

根据串行通信的方向性特征及结构的不同，可分为 3 种基本工作方式。

（1）单工通信。单工通信是指数据信号固定地从发送端 A 传送到接收端 B。理论上只需要一根线，但实际中还有一根控制信号线。例如，无线电广播或计算机与打印机、键盘之间的数据传输。

（2）半双工通信。半双工通信允许数据信号双向传送，但不能同时进行。该方式要求 A、B 端都有发送装置和接收装置。若想改变传输方向，则要利用开关进行切换，如无线电对讲机。

（3）全双工通信。全双工通信是指通信双方可以同时发送和接收信息，这要求通信双方具有同时运作的发送和接收装置，且要求有两条性能对称的传输信道。全双工通信效率最高，控制相对复杂，这种方式广泛应用于计算机通信中。

在数字通信中还有一个重要问题，就是要求通信的收发两端在时间基准上保持一致，即接收方必须知道它所接收的数据每一位的开始时间与传输持续时间，才能正确接收发送方发来的数据。由于发送端和接收端的时钟信号不可能做到绝对一致，因此必须采取一定的同步技术方式。实际上，同步技术方式会直接影响通信质量，质量差的同步会使通信系统不能正常工作。常用的同步技术方式有两种。

（1）异步传输方式。异步传输方式规定在传送字符的首末位置分别设置 1 位起始位和 1.5 位或 2 位停止位，它们分别表示字符的开始和结束。在异步传输方式中，每个字符所含比特数相同。传送每个字符所用的时间为一固定值，起始位起了一个字符内各比特同步的作用。异步传输方式实现简单，但传输效率低，因为每个字符都需补加专门的同步信息，增加了传输字符的辅助开销。异步传输方式主要适用于低速（每秒 10～1500 个字符）的终端设备。

（2）同步传输方式。在同步传输中，信息不是以字符而是以数据块的方式传输的。一个数据块往往包含许多连续的字符。一般在传送一组字符之前会加入 1 个或 2 个同步（Synchronous，SYN）字符，同步字符之后可以连续发送任意多个字符，每个字符不需任何附加位，因此同步字符表示字符传送的开始。发送前，发送端和接收端要先约定同步字符的个数及每个同步字符的代码，以便实现接收与发送同步。同步传输方式主要适用于快速和较大规模的数据传输过程。例如，可一次将储存于磁盘或磁带中的一批数据发送出去，或应用于计算机网络中的数据通信。

### 10.1.4 数据交换技术

交换的概念最早来自电话系统。当用户进行拨号时，电话系统中的交换机（Telephone-Switch）会在呼叫者的电话与接收者的电话之间建立一条实际物理线路，通话便建立起来，此后两端的电话独享该线路，直到通话结束。数据在通信线路上进行传输，最简单的形式是用传输线直接将两个终端相连进行数据通信，即点对点通信。但采用这种技术，要实现网络中所有设备之间的通信是不现实的，这会使系统成本增加，同时效率降低。为了降低通信线路的造价，大型骨干网络主要采用部分连接方式这一拓扑结构。通常，两个端节点之间的通信连接一般都要通过中间节点的转接，中间节点用传输链路相互连接，会构成具有某种交换能力的网络，从而实现两个互连终端间的通信。信息从一个节点发出，经过中间节点将数据逐点传送到目的端，这就是数据交换。

数据交换技术已经经历了 4 个发展阶段，即电路交换、报文交换、分组交换和快速分组交换。

#### 1. 电路交换

电路交换的通信过程可分为 3 个阶段，即电路建立阶段、数据传输阶段和电路拆除阶段。

在传输数据之前，必须建立两站之间的连接。如果连接成功，则会在主叫端到被叫端之间建立一条物理通路，两站便可以进行数据传输。数据传输完毕后，需要拆除电路连接，通常由通信双方中任一方完成，发出的拆除信号必须传送到各个节点，以便释放占用的资源。通常将这种建立连接、通信、释放连接的连网方式称之为面向连接方式。例如，在电话交换网中，用户线由电话用户专用，而交换机之间拥有大量话路的中继线则是许多用户共享的，正在通话的用户只占用了其中的几个话路，而在通话的全部时间内用户始终占用端到端的固定传输带宽。

电路交换的通信线路为通信双方用户专用，传输数据时延小，通信实时性强，不存在失序问题，适用于传输模拟信号，也适用于传输数字信号。但其物理通路被通信双方独占，因而信道利用率低。由于电路交换只建立一次连接就可以传送大量信息，所以电路交换适合远程批处理、文件传递等。

### 2. 报文交换

报文交换是根据数据特点提出的。报文交换方式的数据传输单位是报文。所谓报文就是站点一次性要发送的数据块，其长度不限且可变。不同的网络可能采用不同的协议，因而报文信息格式也不尽相同。报文交换不需要在两个站点之间建立专用通路，传送方式采用存储-转发方式。当一个站点要发送报文时，它会把一个目的地址附加到报文上，网络节点先根据报文上的目的地址信息把报文发送到下一个节点，然后逐节点传送到目的节点。端与端之间无须先通过呼叫建立连接。

在电路交换网络中，每个节点都是一个电子的或机电结合的交换设备，通常这种设备发送二进制位的速度与接收二进制位的速度一样快。而报文交换节点通常为一台计算机，它具有足够的存储空间来缓存接受进入的报文。报文在每个节点的延迟时间等于接收报文所需时间加上向下一个节点转发所需的排队延迟时间。

由于多个报文可以分时共享两个节点间的通道，因此对于同样的通信量，对线路传输能力要求不高，当通信量大时仍可接收报文，但传送延迟会增加。同时，报文交换机制不能满足实时或交互式通信要求。当节点收到过多数据而无空间存储或不能及时转发时，会造成报文丢失。由于发出的报文并非按序到达目的地，因此需要对收到的信息重组，增加了通信开销。

### 3. 分组交换

分组交换是报文交换的一种改进，也是采用存储-转发的交换机制，以分组（Packet）为单位在网络内传输数据。分组交换是计算机网络中使用最广泛的交换技术之一。网络发送节点首先对从终端设备送来的数据报文进行接收与存储，然后将报文划分成一定长度的分组，并以分组为单位进行传输和交换。每个分组传送可独立、互不相关。接收节点能接收来自网络具有该节点地址的分组，并重新将分组组装成信息或报文。分组也可以称为包，因此分组交换技术也叫作包交换技术。

分组交换有两种方式：虚电路（Virtual Circuit，VC）分组方式和数据报（Datagram，DG）分组方式，采用两种不同的方式来管理被传输的分组数据流。虚电路是指两个数据终端设备在进行通信之前通过网络建立的逻辑上的连接，虚电路交换是一种面向连接（Connection Oriented，CO）的网络服务方式。

数据报是面向无连接（Connectionless，CL）的数据传输方式，工作过程类似于报文交换。当采用数据报方式传输时，被传输的分组称为数据报。在这种传输方式中，每个报文分组都作为独立的信息单位被传送，与前后分组无关，数据报每经一个中继节点，都需要进行路由选择。

采用存储转发的分组交换，实质上是采用在数据通信的过程中断续或动态分配传输带宽的策略，使通信线路的利用率大幅提高，非常适合传送突发式的计算机数据。分组交换也存在一些问题。分组在各节点存储转发时，因为需要排队，所以会造成一定的时延。当网络通信量过大时，这种延迟可能会很大。此外，各分组必须携带的控制信息也造成了一定的开销。整个分组交换网的管理和控制也比较复杂。

#### 4．快速分组交换

目前，数据通信网已广泛采用快速分组交换技术，帧中继就是以分组交换技术为基础的快速分组交换技术，针对 X.25 分组交换通信协议进行了简化与改进。而异步传输方式交换是在快速分组交换基础上结合电路交换优点而产生的另一种高速异步传输方式。

## 10.2 计算机网络概述

计算机网络是指将地理位置不同的具有独立功能的多台计算机及其外部设备，通过通信线路连接起来，在网络操作系统、网络管理软件及网络通信协议的管理和协调下，实现资源共享和信息传递的计算机系统。计算机网络对人们的生活产生了深远影响：人们出门旅行可以通过网络订购全国任何车次的车票和任何航班的飞机票；付账时也不用带现金，只需要在某个银行开户存钱，在全国乃至全世界都可以提取，可以足不出户在家购物等。计算机网络是信息社会的基础，它使信息的收集、存储、加工和传播不再是互相分离的几个部分，而是一个有机整体。原始信息可以从网络的任何一个终端输入，经过处理软件的加工，存储在网络数据库中，并按需要分发到网络的任何一个地方。人们只需要简单地敲击一下键盘或单击鼠标，便能获得各种信息，而不用了解这些信息存放在哪里。

### 10.2.1 计算机网络的产生与发展

计算机网络的发展可划分为 4 个阶段，即初始阶段、Internet 产生阶段、Internet 普及阶段和 Internet 发展阶段。

#### 1．初始阶段

1964 年 8 月，美国兰德公司提出《论分布式通信》的研究报告。这篇报告使美国军方一些高层人士对通信系统有了新的设想：建立一个类似于蜘蛛网的网络系统，在现代战争的通信网络中的某一个交换节点被破坏时，系统能够自动寻找另外的路径，从而保证通信畅通并可共享计算机中的信息资源。1968 年，加州大学洛杉矶分校的贝拉涅克领导的研究小组开始研究这个项目，1969 年 8 月，该小组成功推出了由 4 个交换节点组成的分组交换式计算机网络系统 ARPANET，即计算机网络的雏形。这 4 个节点是 UCLA（加州大学洛杉矶分校）、UCSB（加州大学圣芭芭拉分校）、SRI（斯坦福研究院）和 UTAH（犹他大学）。每个节点当中都包含许多不同类型且完全不兼容的主机。

1972 年，ARPANET 成功传输了世界上第一封电子邮件。1973 年，ARPANET 与卫星通信系统 SAT 建立了网络连接。1974 年，美国人温顿·瑟夫和鲍勃·卡恩共同设计开发了著名的 TCP/IP（Transmission Control Protocol / Internet Protocol），并把它插入了 UNIX 操作系统内核中，为各种类型的计算机通信子网的互相连接提供了标准与接口。

ARPANET 最初出现时并没有得到工业界的认可。从 20 世纪 70 年代初期开始，各计算机公司都纷纷加大在计算机网络方面的研究与开发力度，提出了自己的网络体系结构，其中的典型代表为 IBM 的 SNA 网络、DEC 公司的 DNA 网络等，但是不同体系结构中的计算机网络无法互相连接和通信。为了解决这个问题，国际标准化组织 ISO 在 20 世纪 70 年代末成立了开放系统互连（Open System Interconnection，OSI）委员会，提出了 OSI 参考模型，以使各种计算机厂商能够遵循该模型来开发相应的网络产品，从而便于不同厂商的计算机网络软硬件产品能够互相连接和互相通信与操作。

OSI 参考模型对于推动计算机网络理论与技术的研究和发展起了巨大的作用。但是，因为 OSI 参考模型所规定的网络体系结构在实现上的复杂性，以及 ARPANET 与 UNIX 操作系统的迅速发展，TCP/IP 逐渐得到了工业界、学术界及政府机构的认可，从而得到了迅速发展，以致形成了当今广泛应用的实现计算机互连的 Internet。

### 2．Internet 产生阶段

ARPANET 于 1983 年被正式分成两大部分：美国国家基金会资助的 NSFNET 和军方独立的国防数据网。在美国国家基金会的支持下，许多地区和院校的网络开始使用 TCP/IP 来和 NSFNET 连接。使用 TCP/IP 连接的各个网络被正式改名为 Internet。

1986 年，美国 Cisco 成功开发了世界上首台多协议路由器。

1989 年，日内瓦欧洲粒子物理实验室成功开发了实现信息互相连接的万维网（World wide Web，WWW），为运用 Internet 存储、发布和交换超文本的图文信息提供了强有力的工具。

1986—1989 年，Internet 的用户主要集中在大学和有关研究机构，学术界认为 Internet 与 TCP/IP 会向 OSI 参考模型转换。OSI 参考模型无论在学术界还是在工业界和政府部门都具有相当大的影响力。

### 3．Internet 普及阶段

1990 年开始，FTP（File Transfer Protocol）服务、电子邮件、消息组等 Internet 应用越来越广泛。

1993 年，美国伊利诺依大学国家超级计算中心成功开发了网上浏览工具 Mosaic，后来发展成 Netscape。通过使用 Mosaic 或 Netscape，Internet 用户可以在 Internet 上自由地浏览和下载 WWW 服务器上发布和存储的各种软件与文件，WWW 与 Netscape 的结合引发了 Internet 的第二次大发展高潮。各种商业机构、机关团体、军事机构、政府部门和个人开始大量进入 Internet，一个网络上的虚拟空间开始形成。

随着 Internet 规模的日益扩大，不同地域和国家之间开始建立相应的交换中心。Internet 的管理中心开始把相应的 IP 地址分配权交给各地区交换中心。

### 4．Internet 发展阶段

从 1993 年开始，OSI 参考模型已不是计算机网络发展的主流，从学术界、工业界、政府部门到广大用户纷纷开始支持和使用 Internet。以 Internet 为代表的计算机网络进入了迅速发展阶段。

1993 年，美国宣布正式实施国家信息基础设施计划。美国国家科学基金会也宣布，自 1995 年开始不再向 Internet 注入资金，使其完全进入商业化运作。

光纤通信技术的发展，极大地促进了计算机网络技术的勃兴。光纤作为一种高速率、高带宽、高可靠性的传输介质，为建立高速的网络奠定了基础。网络带宽的不断提高，更加刺激了网络应用的多样化和复杂化，使网络应用迅速朝着宽带化、实时化、智能化、集成化和多媒体化的方向发展。

计算机科学技术已进入了以网络为中心的历史阶段。1996 年出现了跨平台的分布式 Java 和网络计算机概念，1997 年提出了 Internet NG1（Next Generation Internet）和 Internet II 等新研究计划。网格计算、对等计算、云计算和普适计算等已成为计算机科学技术研究的热点，物联网（The Internet of Things）的出现是计算机科学技术的新挑战。物联网通信无处不在，几乎所有的物体从洗衣机到冰箱、从房屋到汽车都可以通过物联网进行信息交换。物联网技术融入了射频识别技术、传感器技术、纳米技术、智能技术与嵌入技术。物联网技术是改变人们生活和工作方式的重要技术。

### 10.2.2　计算机网络的定义与功能

计算机网络是将各式各样的计算机设备用通信线路连接起来，并实现相互进行信息（数据）交换的集群系统。从宏观上看计算机网络包括计算机设备、各种网络设备、各种网络系统软件、网络传输介质及网络通信系统等。

**1．从 Internet 出发的定义**

在 Internet 建成后，计算机网络被定义为"以共享（硬件、软件和数据）资源方式连接起来，且各自具有独立功能的计算机系统的集合"。该定义着重于应用目的，而没有指出网络的物理结构与特征。

**2．从网络物理结构视角的定义**

从网络物理结构视角看，计算机网络被定义为"在网络协议控制下，由多台主计算机、终端、数据传输设备及计算机与计算机间、终端与终端间进行通信的设备所组成的计算机复合系统"。

**3．从通信角度的定义**

从通信角度看，计算机网络被定义为"利用各种通信手段，如电报、电话、微波通信等，把地理上分散的计算机有机地连在一起，以达到相互通信且共享软件、硬件和数据等资源的系统"。

总之，不论何种定义，其基本要素都是利用传输介质连接各种连网硬件，通过通信协议实现资源共享，这也是计算机网络的基本功能。

### 10.2.3　计算机网络的拓扑结构

拓扑（Topology）的概念是由图论中的相关概念演变而来的，是一种研究与大小、形状无关的点、线、面特点的数学方法。所谓网络拓扑结构，是指以拓扑系统的方法来研究计算机网络的结构。在计算机网络中，抛开网络中的各种具体的设备，把工作站、服务器、网络连接器等网络节点的实体抽象为"点"，把网络中的通信介质抽象为"线"。从拓扑学的观点看网络系统，就抽象出网络系统的具体化的结构，形成"点"与"线"组成的几何图形关系，即网络拓扑结构。网络拓扑结构可分为星型、树型、总线型、环型与网状（全连接、部分连接）5

种主要的类型，如图 10.2 所示。

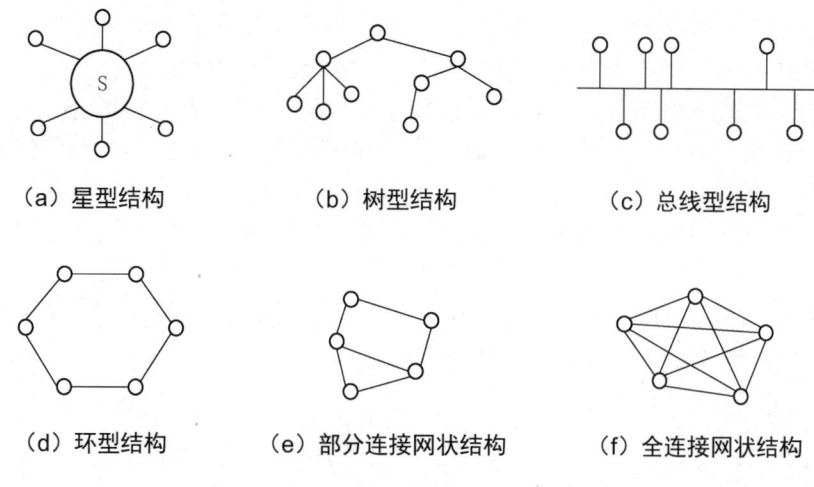

(a) 星型结构　　　　(b) 树型结构　　　　(c) 总线型结构

(d) 环型结构　　(e) 部分连接网状结构　　(f) 全连接网状结构

图 10.2　网络拓扑结构

### 1．星型结构

星型结构由一个功能较强的转接中心（中心节点）及连到转接中心的从节点组成。各从节点之间不能直接进行通信，其通信必须经过转接节点来实现。星型结构如图 10.2（a）所示。转接中心可以是一个功能很强的计算机，除了具有转接功能，还可以进行数据处理，此时其资源可被多个从节点共享。星型结构简单、建网容易，但对中心节点依赖度大，若中心节点出现故障，则全网瘫痪。

### 2．树型结构

网络中的节点以树型方式组成，如图 10.2（b）所示。每个节点可以是网络设备或计算机，根节点一般是处理能力较强的计算机。树型结构也叫作层次结构，只有两级的树型结构，即变为星型结构。树型结构相比星型结构通信线路的总长度短，网络建设成本低，易于推广。

### 3．总线型结构

总线型结构是由一条公用线路连接若干节点所形成的网络，如图 10.2（c）所示。总线型结构网络采用广播通信方式，即由一个节点发出的信息可被网络上的所有其他节点所接收。因多个节点连到一条公用总线上，所以必须采取一种网络介质访问的规程来分配信道，以保证在一段时间内，只允许一个节点传输信息。受线路负载能力限制，总线型结构网络中节点的个数是有限的。总线型结构具有良好的扩展性，节点增删容易，信道利用率高。但需要解决多站争用总线的问题，控制算法比较复杂。

### 4．环型结构

环型结构由通信线路将各个节点连接成一个闭合的环。数据在环上实施单向流动，每个节点按位转发所经过的信息，使用令牌控制、协调各节点的发送，任意两节点都可通信。环型结构如图 10.2（d）所示。环型结构简单，但环路上任一节点出现故障均会导致环路不能正常工作，可靠性差。环路的维护处理比较复杂，节点的加入和撤出过程比较复杂。

5. 网状结构

网状结构如图 10.2（e）、（f）所示。它可细分为全连接网络和部分连接网络两种。全连接网络中任意两节点间都有直接的线路相连，故其通信速度快、可靠性高，但建网投资大、灵活性差，主要应用在节点少、可靠性要求高的军事或工业控制场合。而部分连接网络中各节点的连接没有一定的规则，一般节点的地理位置分散。因此，通信线路作为设计中的主要考虑因素时，多采用不规则型网络。其主要缺点是通信算法实现起来比较复杂，必须采用路由选择算法与流量控制算法。广域网和在特殊地理环境下构造的网络基本都采用这种结构。

在实际应用中，每一种拓扑结构都有其优点与缺点，没有一种拓扑结构对所有情况都是最好的。在计算机网络中采用多种拓扑结构的组合，可以充分发挥各种拓扑结构的优点，优化网络整体结构的性能。

### 10.2.4 计算机网络的分类

计算机网络可以从不同角度进行分类。按所覆盖的地理范围可将计算机网络分为 3 类。

（1）局域网（Local Area Network，LAN）。局域网是指在一定范围内使各种数据设备互连在一起，其作用范围一般为几十米到数千米，在此范围可进行数据通信的计算机网络。通常，局域网是局限在一个地点、一幢建筑或一组建筑的网络。局域网由多种组件构成，如台式机、打印机、服务器及其他存储设备。局域网内的通信与数据传输速率较高。一个局域网通常由单一的组织者进行管理。

（2）广域网（Wide Area Network，WAN）。广域网一般能覆盖几十到几千千米。广域网是相对局域网而言的，一般网络节点之间在地理位置上跨距较大，如跨城市或地区。广域网能提供数据、声音、图像及视频信息的长距离传输服务，以覆盖一个国家甚至整个世界的广大区域。广域网可利用公共的、租赁的或私有的通信设备，通常将这些设备组合使用，因而能够跨越无限的地理距离。Internet 就是广域网最好的例子之一。相比局域网，广域网的数据传输速率较低。

（3）城域网（Metropolitan Area Network，MAN）。城域网的作用范围通常在广域网与局域网之间。城域网通常是跨越一个城市或一个大型校园的大规模计算机网络。城域网通常使用高容量的骨干网技术（光纤链路）来互联多个局域网。一般而言，城域网设计能覆盖整个城市，这意味着它可能是一个单一的网络（如有线电视网络），也可能是将多个局域网连接起来而形成的一个更大规模的网络。

按照使用范围分类，计算机网络可分为公用网和专用网。

（1）公用网一般是国家的电信部门建造的网络。公用的含义是指按电信部门规定缴纳费用的个人或组织都可以使用，因此公用网也被称为公众网。

（2）专用网是某个组织或部门根据本系统的特殊业务工作需要而建造的网络。这种网不向本系统以外的人提供服务，如军队、铁路、电力等系统均有本系统的专用网。

公用网和专用网都可以传送多种业务，如要传送计算机数据，公用网和专用网都可以完成，只是使用的范围不同。

按传输的媒体不同，计算机网络又可以分为有线网络和无线网络。

（1）有线网络。采用双绞线、同轴电缆、光纤等物理介质连接的计算机及网络设备构成的网络被称为有线网络。双绞线是常用在局域网络中的连网介质,其特点是价格便宜、安装方便、抗干扰能力差。光纤网络传输距离长、传输速率高、抗干扰能力强,但价格较高。同轴电缆网络较经济、安装较方便,抗干扰能力一般。

(2)无线网络。采用微波、红外线和无线电短波作为传输介质的计算机网络被称为无线网络。无线网络安装、使用方便,但传输率低、误码率高、站点之间容易存在干扰。

按网络操作方式划分,计算机网络还可以分为对等式网络和主从式网络。主从式网络中的计算机可以分为客户端和服务器,客户端可以向服务器请求资源。对等式网络中的每台计算机都可以同时扮演客户端和服务器的角色,都可以为其他计算机提供资源。

(1)对等式网络。对等式网络是最简单的网络之一,在对等式网络中,每台计算机都可以是客户端或服务器,没有集中式的资源存储系统,数据和资源分布在网络中,并且为用户共享。对等式网络的主要优点是不易出现数据传输瓶颈、架设容易、成本低廉,适用于小型网络。

(2)主从式网络。在主从式网络中,可以设有数据服务器,为客户端提供所需的资源。这些服务器可以根据所提供的服务而配备较好的硬件设备。例如,对于文件服务器可以配备容量大、访问速度较快的硬盘等。主从式网络的主要优点是适用于较大的网络,由于资源存于服务器上,在管理和访问上,比对等式网络容易实现。

### 10.2.5 网络系统的实体组成

#### 1. 通信子网与资源子网

网络组成元素主要分为两大类:网络节点和通信链路。网络节点分为端节点和转接节点。端节点指通信的源节点和宿节点,如服务器和工作站。转接节点指网络通信过程中起控制和转发作用的节点,如交换机、集线器、接口信息处理机等。

通信链路指传输信息信道或传输介质,可以是电话线、同轴电缆、双绞线、光纤及无线电(如红外线、微波线路)等。

这些网络组成要素在特定的网络软件协同下,构成了可以实现通信的网络。通常,网络软件主要包括网络协议、协议软件及网络通信软件等。其作用是对网络资源进行管理、合理分配与调度资源、对系统用户进行控制、对网络运行实施监管等。

#### 2. 主要的网络设备

计算机网络设备主要有以下几种:各种服务器设备(大型、超级计算机)、网络物理存储器、各种网络终端设备、网络连接器(如路由器、交换机、网桥、网络适配器)等。

1)服务器

服务器通常是高性能的计算机,具有较高的计算能力和存储功能。通常分为文件服务器、数据库服务器、应用程序服务器和存储服务器等。大型网络的服务器常构成集群形式,从几台到几十台,甚至上万台。相对于普通台式机来说,服务器在稳定性、安全性、性能等方面都要求更高,因此服务器的 CPU、芯片组、内存、磁盘系统、网络等与普通台式机有所不同。从网络角度看,服务器是一个管理网络资源,并为用户提供服务的计算机软硬件系统。

2）工作站

工作站（终端）是相对服务器而言的，是客户机的一种。计算机工作站一般指以 PC 和分布式网络计算机为基础，主要面向专业应用领域，具备强大的数据运算与图形和图像处理能力，为满足工程设计、动画制作、科学研究、软件开发、金融管理、信息服务、模拟仿真等专业领域而设计开发的高性能计算机。通常，连入网络而有别于网络服务器的计算机工作站、PC、移动设备（如手机、掌上电脑）、网络终端等都可看作是工作站。

早期的网络终端是指不含有 CPU、内存、硬盘和主板的计算机，它利用网络操作系统本身具备的多用户操作特性，使若干台终端共用主机，每台网络终端都用自己的用户名登录，独立使用主机的各种应用程序并互不影响。网络终端相当于一台主机，可大大缩减对主机的需求量，降低硬件投入。不过，在现代网络中，终端的概念越来越模糊，常常把区别于服务器的网络上的计算机都称为终端，且很多终端均设有 CPU 等设备。

3）网络适配器

网络适配器也叫作网络接口卡，或网卡（Network Interface Card，NIC），通常配置在各种网络设备的物理设备中，是设备与网络的硬接口，其功能是用于实现设备与网络的连接。网络适配器分为内置型网络适配器和外置型网络适配器，内置型网络适配器通常集成在设备上，外置型网络适配器通常为一个独立装置的板卡设备，设置有与计算机的接口（插槽式或 USB）。网络适配器在网络中扮演着发送和接收数据通信源的角色。图 10.3 所示为台式机内置的网络适配器，图 10.4 所示为某笔记本电脑外置的网络适配器。

图 10.3　台式机内置的网络适配器　　图 10.4　某笔记本电脑外置的网络适配器

每块网络适配器都拥有一个唯一的媒体访问控制（Media Access Control，MAC）地址来指引信息的流向。这个唯一的 MAC 地址能确保信息只被发送到某个特定名字的计算机。MAC 地址也叫硬件地址，是一个 12 位的十六进制数字。MAC 地址由两部分组成：第一部分表示设备来自哪个供应商，第二部分则是一个对制造商来说唯一的序列号。如下是 3 个 MAC 地址的例子。

B0-D0-86-BB-F7　　01-23-45-67-89-AB　　00-1C-B3-09-85-15

网络适配器所执行的功能如下：它能将来自并行数据总线的数据翻译为一个串行的比特流，以便通过网络进行传送；依照协议来格式化数据包；根据网络适配器的硬件地址来传输和接收数据。

4）中继器和集线器

中继器是一种接收信号并将其以更高功率重新发出的电子设备，如图 10.5 所示。因此中继器由信号接收器、放大器和传输器组成。中继器常用于海底通信电缆，当信号传出很远的距离之后会衰减为一个随机噪声。不同类型的中继器根据其所传输的媒介不同，会有不同的配置。如果媒介是微波,那么中继器可能由天线和波导管组成。如果媒介是光,那么中继器可能含有光探测器和光发射器。中继器不会对数据执行任何其他操作。早期,中继器是一个独立的设备,在今天,中继器可以是独立的设备,也可以被合并到集线器中。

集线器(Hub)通常用于连接局域网的网段,如图10.6所示。其主要功能是将信号广播到局域网中的所有端口。一台集线器有多个端口,当数据包抵达某个端口时,会被复制到集线器的所有端口(广播)。在复制数据包时帧中的目的地址不会变为广播地址。集线器能使用一种简单的方法来实现这一效果:它只是简单地将数据复制到与之相连的所有节点。

图 10.5　中继器　　　　　　　　　图 10.6　集线器

5)路由器、交换机与网桥

路由器(Router)是连接Internet中各局域网、广域网的设备,如图10.7所示。路由器是Internet的枢纽,能实现各种骨干网内部连接、骨干网互联和骨干网与Internet互联。路由器的作用是根据信道情况自动选择和设定路由,以最佳路径、顺序发送信号,在网络之间进行数据包的转发。路由器内部维护着一张关于可用路径及其状况的表(称为路由表),它能使用这些信息,以及距离和代价算法来确定某个数据包的最优路径。一般来说,一个数据包在到达其目的地之前都可能要经过一系列有路由器的网络控制点。

交换机(Switch)是一种常用在局域网之间进行数据包过滤和转发的设备,如图10.8所示。它是基于MAC地址做决策,来完成封装转发数据包功能的网络设备。交换机能"学习"和"记忆"MAC地址,并把其存放在内部地址列表中,通过在数据帧的始发者和目标接收者之间建立临时的交换路径,使数据帧直接由源地址到达目的地址。从传输介质和传输速度上交换机可分为以太网交换机、快速以太网交换机、千兆以太网交换机、FDDI交换机、异步传输方式交换机等。从规模应用上又可分为企业级交换机、部门级交换机和工作组交换机等。

图 10.7　路由器　　　　　　　　　图 10.8　交换机

网桥(Bridge)是一个局域网与另一个局域网之间建立连接的桥梁。网桥也叫作桥接器,是连接两个局域网的一种存储/转发设备,它能将一个大的局域网分割为多个网段,或将两个以上的局域网互联为一个逻辑局域网,使局域网上的所有用户都可访问服务器。简单的网桥有两个端口,复杂些的网桥有更多的端口。网桥的每个端口与一个网段相连。它对数据帧进行转发,根据 MAC 划分区块,可隔离碰撞,连接方式如图 10.9 所示。网桥只能连接同构网络(同一网段),不能连接异构网络(不同网段)。早期的两端口网桥,每个端口分别有一条独立的交换信道,不是共享一条背板总线,其性能比集线器更好,集线器上各端口都是共享同一条背板总线的。随着硬件技术不断发展,网桥被具有更多端口、同时可隔离冲突域的交换机所取代。

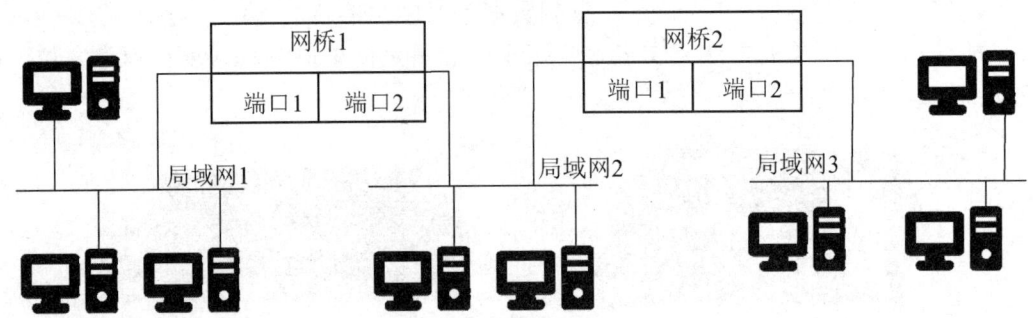

图 10.9 网桥连接方式

**3. 网络操作系统**

网络操作系统使网络上各计算机能方便而有效地共享网络资源,为网络用户提供所需的各种服务软件和有关规程。网络操作系统与通常的操作系统有所不同,它除具有通常的操作系统应具有的处理机管理、存储器管理、设备管理和文件管理外,还具有以下两大功能。

(1)提供高效、可靠的网络通信能力。

(2)提供多种网络服务功能,如远程作业录入并进行处理的服务功能;文件传输服务功能;电子邮件服务功能;远程打印服务功能。

常见的应用于局域网中的操作系统主要有以下几种。

1)Windows 类

该类操作系统是全球最大的软件开发商之一——Microsoft 开发的。Microsoft 的 Windows 操作系统不仅在个人操作系统中占有绝对优势,它在网络操作系统中也具有非常强劲的力量。这类操作系统配置在整个局域网配置中较常见,但由于它对服务器的硬件要求较高,且稳定性能不是很高,所以 Microsoft 的网络操作系统一般只用在中低档服务器中,高端服务器通常采用 UNIX、Linux 或 Solaris 等非 Windows 操作系统。在局域网中,Microsoft 的网络操作系统主要有 Windows NT 4.0 Server 操作系统、Windows 2000 Server/Advance Server 操作系统,以及最新的 Windows 2003 Server/ Advance Server 操作系统等,工作站系统可以采用任一 Windows 或非 Windows 操作系统,包括个人操作系统,如 Windows 7/8/10 操作系统等。

在整个 Windows 操作系统中较为成功的要数 Windows NT 4.0 操作系统,它几乎成为中、小型企业局域网的标准操作系统,首先它继承了 Windows 操作系统统一的界面,使用户学习、使用起来更加容易;其次它的功能比较强大,基本上能满足所有中、小型企业的各项网络需求。虽然相比 Windows 2000/2003 Server 操作系统,它在功能上要逊色许多,但它对服务器的硬件配置要求低,可以更大限度地满足许多中、小企业的 PC 服务器配置需求。

2）NetWare 类

NetWare 操作系统对网络硬件的要求较低，早期主要应用于无盘工作站组网环境。它能兼容 DOS 命令，其应用环境与 DOS 相似，经过长时间的发展，具有相当丰富的应用软件支持，技术完善、可靠。目前常用的版本有 3.11、3.12 和 4.10、V4.11、V5.0 等中英文版本，NetWare 服务器对无盘站和游戏的支持较好，常用于教学网和游戏厅。目前这种操作系统市场占有率不高，主要被 Windows NT/2000 操作系统和 Linux 操作系统取代。

3）UNIX

该系统是由 AT&T 和 SCO 推出的，目前常用的 UNIX 操作系统版本主要有 UNIX SUR4.0、HP-UX 11.0，SUN 的 Solaris 8.0 等。其支持网络文件系统服务，能提供数据服务等应用，功能强大。UNIX 操作系统稳定和安全性能非常好，但由于它多数是以命令方式来进行操作的，对初级用户来说不容易掌握。正因如此，小型局域网基本不使用 UNIX 操作系统，UNIX 操作系统一般用于大型的网站或大型的企、事业局域网。UNIX 操作系统历史悠久，其良好的网络管理功能已被广大网络用户所接受，拥有丰富的应用软件的支持。

4）Linux

Linux 操作系统最大的特点之一就是源代码开放，可以免费得到许多应用程序。目前也有中文版本的 Linux 操作系统，如 REDHAT（红帽子）操作系统、红旗 Linux 操作系统等。它与 UNIX 操作系统有许多类似之处，主要体现在它的安全性和稳定性方面，在国内得到了用户充分的肯定。这类操作系统目前主要应用于中、高档服务器中。

总的来说，对特定计算环境的支持使每个操作系统都有适合自己的应用场景，这就是操作系统对特定计算环境的支持。例如，Windows 2000 Professional 操作系统适用于桌面计算机，Linux 操作系统目前较适用于小型网络，而 Windows 2000 Server 操作系统和 UNIX 操作系统则适用于大型服务器应用程序。因此，对于不同的网络应用，需要选择合适的操作系统。

## 10.3 计算机网络体系结构

### 10.3.1 网络体系结构

#### 1. 分层原理

计算机网络具有复杂的系统结构，而处理复杂问题，通常采用的策略是"分而治之"。这如同在结构化的程序设计中解决复杂问题需要进行模块划分处理一样，在处理计算机网络复杂系统时也需要分层处理，每层完成其特定的功能，各层协调合作来实现系统的完整功能。为了明确各层是如何组合在一起，并协同工作以完成整个网络功能的，需要建立网络模型。网络体系结构是网络中分层模型及各层功能的精确定义。对网络体系结构的描述必须包含足够的信息，使实现者可为每一功能层进行硬件设计或软件程序编写，并符合相关的规则。网络协议的实现细节隐含在计算机内部，对外不可见。

所谓网络体系就是为完成计算机之间的通信合作，将互连功能划分为有明确定义的各个层，并规定同层的进程通信协议，以及相邻层之间的接口和所提供的服务。

为了减少计算机网络设计的复杂性，人们按功能将计算机网络划分为多个不同的功能层。网络中同等层之间的通信规则就是该层使用的协议，如有关第 $N$ 层的通信规则的集合，就是第 $N$ 层的协议。同一计算机的不同功能层之间的通信规则称为接口。协议为不同计算机同等层之间的通信约定，接口为同一计算机相邻层之间的通信约定。

分层优点在于独立性强。独立性是指被划分的层具有独立的功能，每个分层无须知道下一层如何工作，只需要知道下一层通过层间接口提供的服务是什么，本层向上一层提供的服务是什么即可，每层只负责完成特定的任务。当任何一层发生变化时，只要层间接口不发生变化，变化就不会影响到其他层。

### 2．网络通信协议

要想使两台计算机进行通信，必须使它们采用统一的信息交换规则。在计算机网络中，把用于规定信息格式及如何发送和接收信息的一套规则（标准、约定）称为网络协议（或通信协议）。在计算机网络中要做到有条不紊地交换数据，就必须遵守一些事先约定好的网络协议。一个网络协议主要由以下 3 个要素组成。

语法：数据与控制信息的结构、格式和编码。

语义：需要发出何种控制信息、完成何种动作及做出何种应答。

同步：事件实现顺序的详细说明。

由此可见，网络协议是计算机网络的不可缺少的组成部分。

根据分层原理，同等层之间的通信都由该层的协议支持。人们将实现网络系统所需的一组协议称为协议栈（Protocol Stack）或协议族（Protocol Suite）。

### 3．网络体系结构

网络体系结构是指网络中分层模型和各层协议的集合。网络体系结构的描述必须包括足够的信息，以便为每一功能层进行硬件设计或程序编写，并使之符合相关协议。值得注意的是，网络协议实现的细节不属于网络体系结构的内容，因为它们隐含在机器内部，对外部来说是不可见的。总之，网络体系结构是抽象的，而实现是具体的。下面介绍两个重要的网络体系结构模型。

## 10.3.2　OSI 模型

自从 ARPANET 出现后，市场上推出了许多商品化的网络系统，这些系统都是由各公司自行设计开发的，在体系结构上存在很大差异，导致它们相互之间不兼容，更难于互连，为此许多标准化组织积极开展了网络体系结构标准化方面的工作，其中较有权威的就是国际标准化组织 ISO 提出的 OSI 模型。它的目标是将各种开放式系统连接在一起。该模型得到了工业界的广泛认可，是较具影响力的网络模型。而网络模型除了解决兼容问题，还因为网络工作原理极其复杂，创建模型时要将复杂变为具体和简单。OSI 模型提供了层次分析工具，是理解互连技术、当前及未来网络发展的重要基础。OSI 模型能分解为 7 层，分别是物理层（Physical Layer）、数据链路层（Data Link Layer）、网络层（Network Layer）、传输层（Transport Layer）、会话层（Session Layer）、表示层（Presentation Layer）和应用层（Application Layer），如图 10.10 所示。

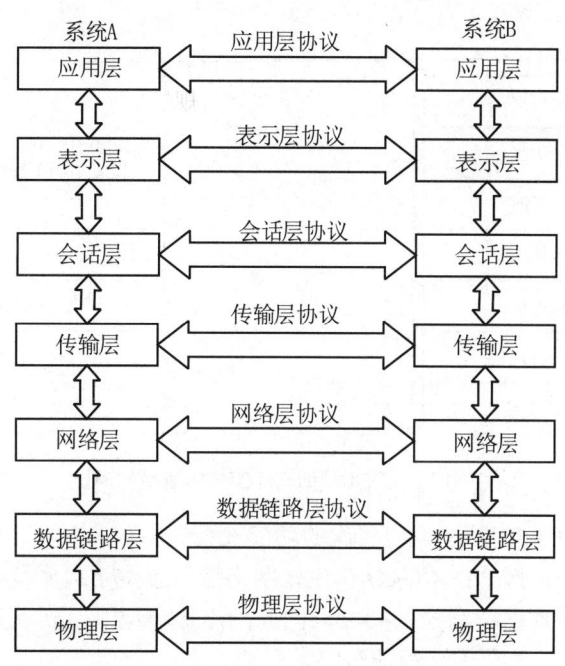

图 10.10　OSI 模型 7 层结构

　　OSI 模型能描述每层如何与其他节点上的对应层进行通信。在第一个节点上，最终用户会创建数据，发送到其他节点，如电子邮件，在应用层，数据加入了应用层报头。表示层在从应用层接收的数据上加入了它自己的报头，每层再从上层收到的数据加入自己的报头。在较低层，数据分隔为较小的信元，并在每个信元上加入报头。例如，传输层具有较小的数据报文，网络层有数据包，数据链路层有帧，物理层能处理原始比特流中的数据。当该比特流到达目的地时，数据在每层上重新集合，并去除每层的报头，直至最终用户可阅读电子邮件。

### 10.3.3　TCP/IP 模型

　　TCP/IP 最初是为 ARPANET 开发的网络体系结构，该体系结构主要由两个重要协议，即 TCP 和 IP 而得名，实际上，TCP/IP 体系包含了大量的协议和应用，它是由大量协议组成的集合，简称 TCP/IP 族。TCP/IP 不是 ISO 倡导的标准，但在一定程度上参考了 OSI 的体系结构。随着 Internet 的产生与发展，TCP/IP 有了广泛的商业应用，因此 TCP/IP 成为一种事实上的工业标准。由于 Internet 已经得到了全世界的承认，因此 Internet 所使用的 TCP/IP 体系在计算机网络领域中占有特殊重要的地位。

　　由于 TCP/IP 体系中没有考虑具体的物理传输介质，因此在 TCP/IP 标准中并没有对数据链路层和物理层做出规定，只是规定了与物理网络的接口，即最低的层为网络接口层，然后由低层向高层，依次为网络互联层、传输层和应用层。也就是说 TCP/IP 模型是 4 层结构，而不是 OSI 模型的 7 层结构，图 10.11 所示为这两种模型的对比。

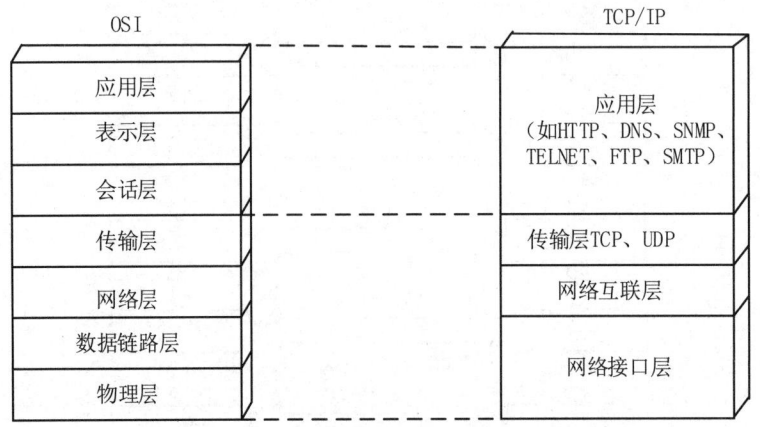

图 10.11 OSI 模型与 TCP/IP 模型的对比

接下来简单介绍 TCP/IP 模型 4 个层次的功能及相关协议。

(1) 网络接口层: 在 TCP/IP 体系结构中, 网络接口层位于最底层。由于网络接口层兼顾了 OSI 模型的物理层和数据链路层的功能, 因此网络接口层既是传输数据的物理媒介, 又能为网络层互相连接提供一条准确无误的线路。

(2) 网络互联层: 网络互联层简称网络层, 在 TCP/IP 模型中位于网络接口层之上。在 TCP/IP 模型中网络层可以进行网络连接的建立和终止及 IP 地址的寻找等。因此, 除了无连接的 IP, 还有与协议配合使用的 Internet 控制报文协议(Internet Control Message Protocol, FTP)、地址解析协议(Address resolution protocol, ARP)和逆地址解析协议(Reverse Address Resolution Protocol, RARP)。

(3) 传输层: 作为 TCP/IP 模型的第三层, 传输层在整个 TCP/IP 模型中起中流砥柱的作用。在该层, 除了面向连接的 TCP, 还有一种是无连接的用户数据报协议(User Data Protocol, UDP)。传输层传送的数据单位是报文(Message)或数据流(Stream)。

(4) 应用层: 应用层是 TCP/IP 模型的最高层, 是直接为应用进程提供服务的。对不同种类的应用程序它们会根据自己的需要来使用应用层的不同协议, 邮件传输应用使用简单邮件传送协议(Simple Mail Transfer Protocol, SMTP)、WWW 应用使用超文本传输协议(HyperText Transfer Protocol, HTTP)、远程登录服务应用使用 TELNET 协议等。应用层还能加密、解密、格式化数据, 并能建立或解除与其他节点的联系, 这样可以充分节省网络资源。

## 10.3.4 IP 地址

### 1. IP 地址的表示方法

Internet 是由多个物理网络的通信链路连接而成的, 连入 Internet 的所有设备都要遵循一定的规则, 即 TCP/IP。在 Internet 中使用 TCP/IP 的每台设备, 都有一个 MAC 地址, 该地址固化在网卡中且全球唯一, 但该地址不能直接作为 Internet 中传递信息的地址来使用。为了提高寻址效率, 在遵循 TCP/IP 的网络中, 使用 IP 地址来传递数据信息。

在 IPv4(Internet Protocol version 4)编址技术中, IP 地址由 32 位二进制数组成, 这 32 位二进制数被划分为两部分, 即网络号和主机号, 由此可确认网络中的任何一个网络和计算机,如图 10.12 所示。为了便于记忆,将它们分为 4 组,每组 8 位,由小数点分开,用 4B 来表示,而且,用点分开的每字节的数值范围是 0~255,这种书写方法叫作点分十进制数表示法。

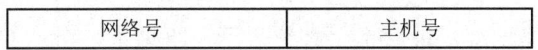

图 10.12 IP 地址组成

例如,二进制 IP 地址:11001010 01110100 00000000 00000001
其十进制表示为 202.116.0.1

一般将 IP 地址按节点计算机所在网络规模的大小分为 A、B、C、D 和 E 五类,其中前三类被用作全球唯一的单播地址,后两类为组播地址和试验留用地址。默认的网络屏蔽是根据 IP 地址中的第一个字段确定的。IP 地址划分如图 10.13 所示。

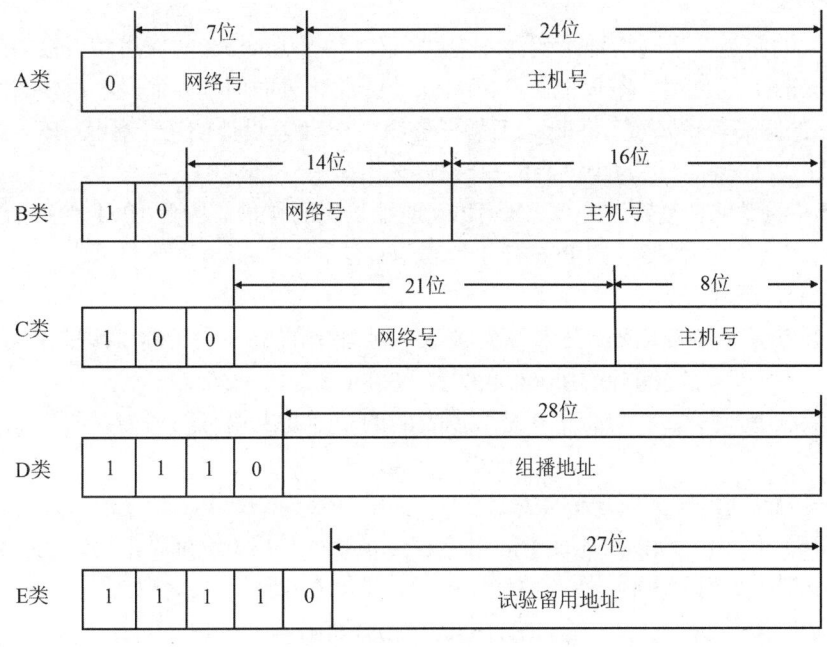

图 10.13 IP 地址划分

子网掩码(Subnet Mask)又叫作网络掩码、地址掩码、子网络遮罩,子网掩码是一个 32 位地址,子网掩码不能单独存在,它必须结合 IP 地址一起使用,将某个 IP 地址划分成网络地址和主机地址两部分。它的主要作用有两个,一是用于屏蔽 IP 地址的一部分,以区别网络标识和主机标识,二是用于将一个大的 IP 网络划分为若干个小的子网络。

A 类网络:最高位为 0,主要是大型网络,默认的子网掩码为 255.0.0.0,它使用 IP 地址中的第 1 个 8 位表示网络地址,其余 3 个 8 位表示主机地址。所以 A 类地址使网络的主机数非常多。由于最高位为 0 所以十进制点分的范围为 0~127,但由于 127.x.x.x 和 0.x.x.x 分别作为回路测试和广播地址,所以 A 类地址可以有 126 个网络。由于后 3 个 8 位用来表示主机地址,所以每个 A 类网络的主机数可以达到 $2^{24}$,但全 0 表示"本主机",而全 1 表示"所有",即该网络上所有主机,所以主机个数的运算方法是 $2^N-2$,其中 $N$ 是主机地址位数,即 A 类地址拥有主机数的最大数为 16777214($2^{24}-2$)。

B 类网络：最高两位为 10，支持中大型网络，默认子网掩码为 255.255.0.0，它使用前两个 8 位表示网络地址，后两个 8 位表示主机地址，所以 B 类地址网络表示范围为 128.0.0.0～192.255.0.0，即网络数为 $2^{14}$ 个，每个网络拥有的主机个数为 65534($2^{16}$-2)个。

C 类网络：最高 3 位为 110，支持大量的小型网络，默认的子网掩码为 255.255.255.0，它使用前 3 个 8 位表示网络地址，最后 1 个 8 位表示主机地址，所示 C 类地址拥有的网络数目为 192.0.0.0～223.255.255.0，但每个网络拥有的主机数很少。C 类地址的网络数为 $2^{21}$ 个，每个网络拥有的主机数为 254($2^8$-2)个。

D 类网络：最高 4 位为 1110，这类地址只用来进行组播。利用组播地址可以把数据发送到特定的多个主机。当然发送组播需要特殊的路由配置。

E 类网络：最高 5 位为 11110，也就是在 240～254，E 类地址不用来分配给用户使用，只用来进行试验和科学研究。

### 2．IPv6

IPv4 最大的问题在于网络地址资源不足，严重制约了 Internet 的应用和发展。IPv6（Internet Protocol Version 6）的使用，不仅能解决网络地址资源数量的问题，而且能解决多种接入设备连入 Internet 的障碍。IPv6 是 Internet 工程任务组（IETF）设计的用于替代 IPv4 的下一代 IP 地址，其地址数量号称可以为全世界的每一粒沙子编上一个地址。

由于 IPv6 的地址长度为 128 位，是 IPv4 地址长度的 4 倍。因此 IPv4 点分十进制格式不再适用，要采用十六进制表示。IPv6 有 3 种表示方法。

1）冒分十六进制表示法

格式为 X:X:X:X:X:X:X:X，其中每个 X 表示地址中的 16 位，以十六进制表示。例如，

2001:0DB8:0000:0023:0008:0800:200C:417A

这种表示法中，每个 X 的前导 0 是可以省略的，因此上例可简写为

2001:DB8:0:23:8:800:200C:417A

2）0 位压缩表示法

在某些情况下，一个 IPv6 地址中间可能包含很长的一段 0，可以把连续的一段 0 压缩为"::"。但为保证地址解析的唯一性，地址中的"::"只能出现一次。例如，

FF01:0:0:0:0:0:0:1101

可压缩表示为

FF01::1101

而

0:0:0:0:0:0:0:1 或 0:0:0:0:0:0:0:0

可分别压缩表示为

::1 或 ::

3）内嵌 IPv4 地址表示法

为了实现 IPv4 与 IPv6 的互通，IPv4 地址会嵌入 IPv6 地址中，此时地址常表示为

X:X:X:X:X:X:d.d.d.d

其中前 96 位采用冒分十六进制表示法表示，而后 32 位地址则使用 IPv4 点分十进制表示。例如，

::192.168.0.1 或 ::FFFF:192.168.0.1

就是两个典型的例子。在前 96 位中，0 位压缩表示法依旧适用。

IPv6 主要定义了 3 种地址类型：单播地址（Unicast Address）、组播地址（Multicast Address）和任播地址（Anycast Address）。与 IPv4 相比，新增了任播地址，取消了 IPv4 地址中的广播地址，因为在 IPv6 中的广播功能是通过组播来完成的。

单播地址：用来唯一标识一个接口，类似于 IPv4 中的单播地址。发送到单播地址的数据报文将被传送给此地址所标识的一个接口。

组播地址：用来标识一组接口（通常这组接口属于不同的节点），类似于 IPv4 中的组播地址。发送到组播地址的数据报文被传送给此地址所标识的所有接口。

任播地址：用来标识一组接口（通常这组接口属于不同的节点）。发送到任播地址的数据报文被传送给此地址所标识的一组接口中距离源节点最近（根据使用的路由协议进行度量）的一个接口。

与 IPv4 相比，IPv6 具有以下几个主要优势。

（1）IPv6 具有更大的地址空间。IPv4 中规定 IP 地址的长度为 32，最大地址个数为 $2^{32}$；而 IPv6 中 IP 地址的长度为 128，最大地址个数为 $2^{128}$。

（2）IPv6 使用更小的路由表。IPv6 地址分配一开始就遵循聚类（Aggregation）原则，这使路由器能在路由表中用一条记录（Entry）表示一片子网，大大减小了路由器中路由表的长度，提高了路由器转发数据包的速度。

（3）IPv6 增加了增强的组播支持及对流控制，这使网络上的多媒体应用有了长期发展的机会，为服务质量（Quality of Service，QoS）控制提供了良好的网络平台。

（4）IPv6 加入了对自动配置（Auto Configuration）的支持，使对网络（尤其是局域网）的管理更加方便和快捷。

（5）IPv6 具有更高的安全性。在使用 IPv6 网络中用户可以对网络层的数据进行加密并对 IP 报文进行校验，极大地增强了网络的安全性。

（6）允许扩充。如果新的技术或应用需要时，IPv6 允许协议进行扩充。

虽然 IPv6 在全球范围内还处于研究阶段，许多技术问题还有待进一步解决，并且支持 IPv6 的设备也非常有限。但总体来说，全球 IPv6 技术的不断发展，特别是在中国，通过一些国家级的项目，推动了 IPv6 下一代 Internet 全面部署和大规模商用。随着 IPv6 各项技术的日趋完美，其成本过高、发展缓慢、支持度不够等问题将很快得到改善和解决。

## 10.4  Internet 及应用

### 10.4.1  Internet 在中国的发展

1987 年 9 月 20 日，按照 TCP/IP，中国兵器工业计算机应用技术研究所成功发送了中国第一封电子邮件，这封邮件以英、德两种文字书写，内容是"Across the Great Wall we can reach every corner in the world"（越过长城，走向世界），标志着中国与国际计算机网络已成功连接。此后，中国用了近 7 年的时间真正接入 Internet。

1990 年，中国注册了国际顶级域名 CN，在 Internet 上有了自己唯一的标识。最初，该域名服务器架设在卡尔斯鲁厄大学计算机中心，直到 1994 年才移交给中国互联网信息中心。

1992 年 12 月，清华大学校园网（Tsinghua University Network，TUNet）建成并投入使用，是中国第一个采用 TCP/IP 体系结构的校园网。

1993 年 3 月，中国科学院高能物理研究所接入美国斯坦福线性加速器中心（Stanford Linear Accelerator Center，SLAC）的 64K 专线，正式开通了中国连入 Internet 的第一根专线。

1994 年 4 月，中国实现了与 Internet 的全功能连接，成为接入 Internet 的第 77 个国家。

1995 年 4 月，中国科学院启动了京外单位联网工程（俗称"百所联网"工程），实现了国内各学术机构的计算机互连并和 Internet 相联。在此基础上，网络不断扩展，逐步连接了中国科学院以外的一批科研院所和科技单位，成为一个面向科技用户、科技管理部门及与科技有关的政府部门服务的全国性网络，取名"中国科技网"（CSTNet）。

1996 年 1 月，中国公用计算机 Internet（CHINANET）全国骨干网建成并正式开通，全国范围的公用计算机 Internet 开始提供服务。

1996 年 9 月，中国金桥信息网（CHINAGBN）连入美国的 256K 专线正式开通，主要提供专线集团用户和个人用户的 Internet 接入服务。

1999 年 1 月，中国教育和科研计算机网（CERNET）的卫星主干网全线开通，大大提高了网络的运行速度。

1999 年开始，中国 Internet 进入普及和应用的快速增长期。随着移动互联时代的到来，AI 时代已经融入我们的生活，Internet 将每个人紧紧地"连"在了一起。

### 10.4.2 Internet 提供的服务

Internet 能够提供的服务有很多，最初都是免费的。随着 Internet 的发展，商业化服务会越来越多。目前应用比较广泛的包括 WWW 服务、电子通信服务、信息检索、电子商务等。

#### 1．WWW 服务

WWW 服务是目前应用较广的一种基本 Internet 应用，它是一种建立在超文本基础上的浏览、查询 Internet 信息的方式，它以交互方式查询并且访问存放于远程计算机的信息，能为多种 Internet 浏览与检索访问提供一个单独一致的访问机制。Web 页将文本、超媒体、图形和声音结合在一起，以便 Internet 用户通信及获取资源。该服务用到的技术包括 HTTP 与超文本标记语言（HyperText Markup Language，HTML）。其中，HTTP 是 WWW 服务使用的应用层协议，用于实现 WWW 客户机与 WWW 服务器之间的通信；HTML 是 WWW 服务的信息组织形式，用于定义在 WWW 服务器中存储的信息格式。

WWW 浏览器是用来检索、展示及传递 Web 信息资源的应用程序。Web 信息资源由统一资源标识符（Uniform Resource Identifier，URI）所标记，它可以是一张网页、一张图片、一段视频或任何在 Web 上所呈现的内容。使用者可以借助超级链接（Hyperlinks），通过浏览器浏览互相关联的信息。常用的浏览器有 IE 浏览器、Chrome 浏览器、Firefox 浏览器、Safari 浏览器等几大类。

（1）IE 浏览器。IE 浏览器是 Microsoft 推出的 Windows 操作系统自带的浏览器，它的内核是由 Microsoft 独立开发的，简称 IE 内核，该浏览器只支持 Windows 平台。国内大部分浏览器，都是在 IE 内核基础上提供了一些插件，如 360 浏览器、搜狗浏览器等。

（2）Chrome 浏览器。Chrome 浏览器是由 Google 独立开发的一款浏览器，该浏览器既支持 Windows 操作系统，又支持 Linux 操作系统、macOS 操作系统，还能提供移动端的应用（如 Android 和 iOS 系统）。

（3）Firefox 浏览器。Firefox 浏览器是开源组织提供的一款开源浏览器，它开源了浏览器的源码，同时提供了很多插件，以便用户使用，支持 Windows 操作系统、Linux 操作系统和 macOS 操作系统。

（4）Safari 浏览器。Safari 浏览器主要是 Apple 为 macOS 操作系统量身打造的一款浏览器，主要应用在 macOS 操作系统和 iOS 操作系统中。

（5）其他浏览器，如猎豹安全浏览器，是由猎豹移动公司（原金山网络公司）推出的一款浏览器，以安全和极速为特色。它对 Chrome 浏览器的 Webkit 内核进行了技术优化，提升了网页访问速度，同时保证了兼容性。

Web 服务器是指支持解析 Web 后台语言的服务器，而非硬件上的服务器。常用的服务器有以下几种。

（1）IIS（Internet Information Services）服务器。IIS 服务器是 Microsoft 提供的一种 Web 服务器，它主要是解析 Microsoft 提供并开发的 ASP（Active Server Pages）和 ASP.NET 等后台语言，运行在 Windows 操作系统下，对 IE 内核的浏览器支持良好，并且有些调用 Windows 操作系统接口的 Web 应用程序只能采用 IIS 服务器进行解析。

（2）Apache 服务器。Apache 服务器是开源基金组织 Apache 提供的一种 Web 服务器，主要是解析 PHP 文件，是一款功能强大的免费软件，支持多个操作系统，如 Windows、Linux、macOS 等操作系统。

（3）Tomcat 服务器。Tomcat 服务器也是开源基金组织 Apache 提供的一种支持 JSP 组件的 Web 服务器，它支持 Windows、Linux、macOS 等多个操作系统，安装简便，使用也较方便。

（4）其他服务器，如 JBoss、Weblogic、WebSphere 等服务器，这些服务器由于在商业上使用较多，也有部分需要付费，可到相应的官方网站上获取。

### 2. 信息通信服务

在 Internet 上，我们可以使用网络电话、可视电话等即时通信方式进行通信，使用此种方式进行通信时，要求通信双方必须同时在线；若通信双方不能同时在线，我们也可以使用 E-mail、公告板系统（Bulletin Board System，BBS）、博客等非实时通信方式进行通信。

E-mail 也就是电子邮件，电子邮件是一种用电子手段提供信息交换的通信方式，是 Internet 应用最广的服务之一。通过网络的电子邮件系统，用户可以以非常低廉的价格（不管发送到哪里，都只需要负担网费）、非常快速的方式（几秒钟之内可以发送到世界上任何指定的目的地），与世界上任何一个角落的网络用户联系。电子邮件在 Internet 上发送和接收的原理与我们日常生活中邮寄包裹的过程类似。Internet 中有大量的电子邮件服务器，负责接收用户送来的邮件，根据邮件所要发送的目的地址，将其传送到对方的邮件服务器中；同时它还负责接收从其他邮件服务器发来的邮件，根据收件人的不同将邮件分发到相应的电子邮箱中。收发邮件示意图如图 10.14 所示。

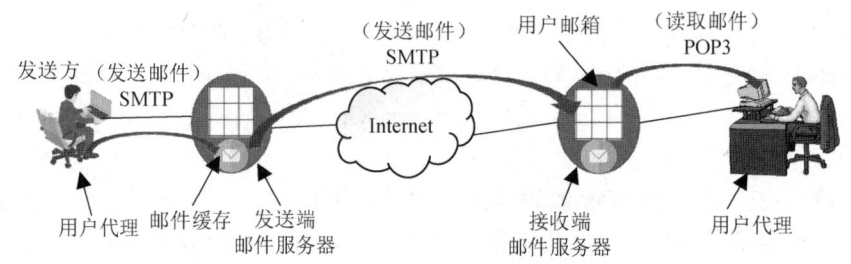

图 10.14  收发邮件示意图

常见的电子邮件协议有以下几种：简单邮件传输协议（Simple Mail Transfer Protocol，SMTP）、邮局协议（Post Office Protocol Version 3，POP3）、Internet 邮件访问协议（Internet Message Access Protocol，IMAP），这几种协议都是由 TCP/IP 体系定义的。

SMTP：SMTP 主要负责底层的邮件系统，将邮件从一台机器传至另外一台机器。

POP：版本为 POP3，POP3 是把邮件从电子邮箱中传输到本地计算机的协议。

IMAP：版本为 IMAP4，是 POP3 的一种替代协议，能提供邮件检索和邮件处理的新功能，这样用户可以完全不必下载邮件正文就可以看到邮件的标题摘要，从邮件客户端软件就可以对服务器上的邮件和文件夹目录等进行操作。IMAP 可以记忆用户在脱机状态下对邮件的操作（如移动邮件、删除邮件），在下一次打开网络连接的时候会自动执行。

BBS 即布告栏系统或公告板系统，是 Internet 上的一种电子信息服务系统，我们也称之为网络论坛，是一个和网络技术有关的网上交流场所。BBS 最早是用来公布股市价格等信息的，不具备文件传输的功能，只能在 Apple 计算机上运行。早期的 BBS 与一般街头和校园内的公告板性质相同，只不过是通过计算机来传播或获得消息而已。PC 普及之后，有些人尝试将 Apple 计算机上的 BBS 转移到 PC 上，BBS 才开始渐渐普及开来。近些年来，由于爱好者的努力，BBS 的功能得到了很大扩充。大约从 1991 年开始，中国出现了第一个 BBS 站。目前，通过 BBS 可随时取得国际最新的软件及信息，也可以通过 BBS 和别人讨论计算机软件、硬件、Internet、多媒体、程序设计及医学等各种有趣的话题，更可以利用 BBS 来刊登一些"征友"、"廉价转让"及"公司产品"等启事。国内的一些比较著名的论坛包括搜狐论坛、新浪论坛、百度贴吧、天涯论坛等，图 10.15 所示为北大未名 BBS。

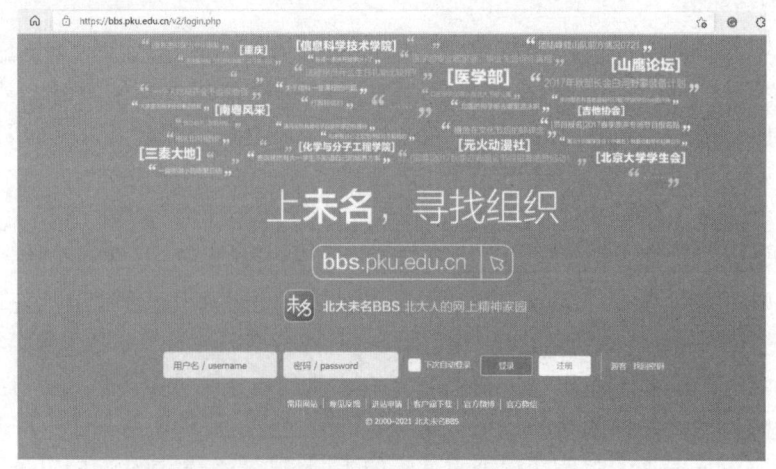

图 10.15  北大未名 BBS

博客（Blog），又称为网络日志、部落格式等，是一个通常由个人管理、不定期张贴新文章的网站，博客页面如图10.16所示。博客最初的名称是Weblog，由web和log两个单词组成，按字面意思为网络日记，是继电子邮件、BBS等之后出现的又一种网络交流方式。博客是一个网页，通常由简短且经常更新的帖子（Post，张贴的文章）构成，这些帖子以文字为主，也有一些博客专注于艺术、摄影、视频、音乐等各种主题，读者可以互动的方式留下意见。由于其沟通方式比电子邮件、讨论群组更简单和容易，博客已成为家庭、公司、部门和团队之间越来越盛行的沟通工具，也逐渐被应用在企业内部网络（Intranet）中。在中国，提供博客服务的平台有很多，如百度空间、新浪、博客大巴、搜狐、网易等。

图 10.16　博客页面

基本博客，是博客中最简单的形式之一。通过单个作者对于特定的话题提供相关的资源，发表简短的评论。而微型博客，是目前全球最受欢迎的博客形式之一，博客作者不需要撰写很复杂的文章，而只需要抒写140字（大部分微博的字数限制），如新浪微博、腾讯微博。Vlog也是博客的一种类型，全称是Video Blog或Video Log，意思是视频记录、视频博客、视频网络日志，强调时效性。Vlog的作者以影像代替文字或相片写个人网志，上传到网络上与网友分享。YouTube平台对Vlog的定义是创作者通过拍摄视频记录日常生活，这类创作者被统称为Vlogger。

有许多开源博客程序可供开发者使用，如Bo-Blog。Bo-Blog是一款基于PHP的、以MySQL为数据库支持的免费博客程序，其特点包括基于XHTML+CSS+div布局的模板结构；可自由定制的页面模块、插件与模板；支持多语言及UTF-8国际编码；内置留言本、天气、表情、置顶、验证码、头像等。再如WordPress，WordPress是一种使用PHP和MySQL开发的开源、免费的博客引擎，用户可以在支持PHP和MySQL的服务器上建立自己的博客。其插件众多，易于扩充功能，安装和使用都非常方便。

网络电话，又称 VoIP（Voice over Internet Protocol），能通过 Internet 直接拨打对方的固定电话和手机，可以分为软件电话和硬件电话。软件电话是先在计算机上下载软件，然后购买网络电话卡，最后通过耳麦实现和对方（固话或手机）的通话；硬件电话比较适合公司、话吧等使用，首先要有一个语音网关，网关一边接到路由器上，另一边接到普通电话机上，然后普通电话机即可直接通过网络自由呼出。网络电话的原理是首先把语音信号经过数字化处理、压缩编码打包、通过网络传输，然后解压、把数字信号还原成声音，让通话对方听到。

话音从源端到达目的端的基本过程如下。

（1）声电转换：通过压电陶瓷等类似装置将声波变换为电信号。

（2）量化采样：将模拟电信号按照某种采样方法（如脉冲编码调制，即 PCM）转换成数字信号。

（3）封包：将一定时长的数字化之后的语音信号组合为一帧，被封装到一个 RTP（Realtime Transport Protocol，实时传输协议）报文中，并进一步被封装到 UDP 报文和 IP 报文中。

（4）传输：IP 报文在 IP 网络中由源端传递到目的端。

网络电话被认为是传统电话业务的一项颠覆性替代业务。根据国际上公认的分类方式，网络电话有 4 种实现方式：Phone-Phone、Phone-PC、PC-Phone 和 PC-PC。而中国工业和信息化部颁布的《电信业务分类目录》中，把 Phone-Phone 及 PC-Phone 的 IP 电话明确确定为第一类基础电信业务，只有几大基础电信运营商有资格运营。

可视电话是利用电话线路实时传送人的语音和图像（如用户的半身像、照片、物品）的一种通信方式。可视电话系统由电话机、摄像设备、电视接收显示设备及控制器组成。可视电话的电话机和普通电话机一样都是用来通话的；摄像设备的功能，是将摄取的本方用户的图像传送给对方；电视接收显示设备，其作用是接收对方的图像信号并在荧光屏上显示对方的图像。

随着移动通信技术的发展和智能手机的普及，越来越多的支持移动端语音通话及视频通话的小程序被开发出来，使人们的交流越来越便捷，如腾讯公司开发的一款通信服务应用程序——微信，就是为智能终端提供即时通信服务的免费应用程序。

Internet 的信息服务除传统的电子邮件服务以外，还有文件传输、远程登录，以及网络信息检索服务等。网络信息检索服务包括名录、索引、交互式服务及数字图书馆服务等。

### 3. 信息检索

随着现代科学技术尤其是计算机技术和网络技术的迅猛发展，社会信息量激增，信息呈现"爆炸式"的增长趋势。然而在"信息的汪洋"之中，存在着大量虚假信息和无用信息，这使获取有用的信息资源变得越来越困难。

信息检索（Information Retrieval）是用户进行信息查询和获取的主要方式，是查找信息的方法和手段。狭义的信息检索仅指信息查询（Information Search），即用户根据需要，采用一定的方法，借助检索工具，从信息集合中找出所需要信息的查找过程。广义的信息检索是信息先按一定的方式进行加工、整理、组织并存储起来，再根据信息用户特定的需要将相关信息准确查找出来的过程，又称信息的存储与检索。一般情况下，信息检索是指广义的信息检索。由信息检索原理可知，信息的存储是实现信息检索的基础。本节要存储的信息不仅包括原始文档数据，还包括图片、视频和音频等，首先要将这些原始信息进行计算机语言的转换，并将其存储在数据库中，否则无法进行机器识别。待用户根据意图输入查询请求后，检索系统会根据用户的查询请求在数据库中搜索与查询相关的信息，通过一定的匹配机制计算信息的相似度大小，并按从大到小的顺序将信息转换输出。

按存储与检索对象划分，信息检索可以分为文献检索、数据检索和事实检索。其中，数据检索和事实检索是要检索包含在文献中的信息本身，而文献检索则要检索包含所需要信息的文献。按存储的载体和实现查找的技术手段划分，信息检索可以分为手工检索、机械检索及计算机检索，其中发展比较迅速的是计算机检索，即网络信息检索，也被称为网络信息搜索，是指 Internet 用户在网络终端，通过特定的网络搜索工具或浏览方式，查找并获取信息的行为。而若按照检索途径划分，信息检索又可以分为直接检索和间接检索。由于计算机检索具有速度快、效率高、数据内容新、范围广、数量大、操作简便、检索时不受国家和地理位置的限制等特点，已成为人们获取信息的主要手段之一，因此本节主要介绍计算机检索系统。

简单地说，计算机检索系统主要由计算机硬件（服务器）、检索软件、数据库（网络数据库）、通信网络等组成。计算机硬件主要包括中心计算机、检索终端、数据输出设备等。检索软件是计算机检索系统的灵魂，负责管理数据库和处理检索提问，它决定了系统的检索能力。数据库是计算机检索系统的信息源，是检索作业的对象。通信网络是信息传递的设施，其主要作用是在检索终端和中心计算机之间进行信息传递。其特点是检索方法比较简单，检索灵活、方便，及时性好。

那么用户如何在成千上万个网站中快速、有效地查找其想要得到的信息呢？这就要借助 Internet 中的搜索引擎。

搜索引擎，就是根据用户需求与一定算法，运用特定策略从 Internet 检索特定信息并反馈给用户的一门检索技术。搜索引擎依托多种技术，如网络爬虫技术、检索排序技术、网页处理技术、大数据处理技术、自然语言处理技术等，能为信息检索用户提供快速、高相关性的信息服务。目前 Internet 上的搜索引擎种类很多，常用的网页搜索引擎有 Google、百度、搜狐及新浪等。

搜索引擎是伴随 Internet 的发展而产生和发展的，Internet 已成为人们学习、工作和生活中不可缺少的平台，几乎每个人上网都会使用搜索引擎。搜索引擎大致经历了四代的发展。

第一代搜索引擎：1994 年第一代真正基于 Internet 的搜索引擎 Lycos 诞生，它以人工分类目录为主，代表厂商是 Yahoo，特点是在人工分类存放网站的各种目录中，用户能通过多种方式寻找网站，现在也有这种方式存在。

第二代搜索引擎：伴随着用户希望对内容进行查找的需求，出现了第二代搜索引擎，即利用关键字来查询，较具代表性也较成功的是 Google，它建立在网页链接分析技术的基础上，使用关键字对网页进行搜索，能够覆盖 Internet 的大量网页内容，该技术可以通过分析网页的重要性将重要结果呈现给用户。

第三代搜索引擎：可以满足用户希望，能快速且准确查找到自己所要的信息。其特点是更加注重个性化、专业化、智能化，使用自动聚类、分类等人工智能技术，采用区域智能识别及内容分析技术，利用人工介入，实现技术和人工的完美结合，增强搜索引擎的查询能力。

第四代搜索引擎：面向主题搜索引擎，这种搜索引擎采用特征提取和文本智能化等策略，相比前三代搜索引擎更准确、有效。

搜索引擎的整个工作过程可简略分为三部分：一是在 Internet 上爬行和抓取网页信息，并存入原始网页数据库；二是对原始网页数据库中的信息进行提取和组织，建立索引库；三是根据用户输入的关键词，快速找到相关文档，对找到的结果进行排序，将查询结果返回给用户。其工作原理如下。

（1）网页抓取。当搜索引擎程序遇到新文档时，会以 B/S 模式搜索其页面的链接网页，把获取的 HTML 代码存入原始页面数据库。该搜索引擎程序也被称为引擎蜘蛛，搜索引擎使用多个引擎蜘蛛分布爬行以提高爬行速度。在抓取网页时，搜索引擎会建立两张不同的表，一张表记录已经访问过的网站，另一张表记录没有访问过的网站，以保证多个引擎蜘蛛不会重复访问同一个已被记录的链接。

（2）预处理，建立索引。为了便于用户在数万亿级别以上的原始网页数据库中快速、便捷地找到搜索结果，搜索引擎需要对抓取的原始 Web 页面做预处理。网页预处理的主要过程是为网页建立文档索引和关键词索引。文档索引能为每个网页分配文档索引号，分词系统能将文档自动切分成单词，并为每个单词赋予唯一的单词索引号，将这些关键信息与其他辅助信息一起记入索引数据库，以便后续计算、查询和相似度检测等操作。

（3）查询服务。在搜索引擎界面输入关键词，单击"搜索"按钮，搜索引擎程序会对搜索词进行预处理，把包含搜索词的相关网页从索引数据库中找出，对网页进行排序，最后按照一定格式返回"搜索"页面。查询服务的一项重要工作是搜索结果排序，实际搜索结果排序的因素有很多，一般将网页内容相关度作为一项比较重要的排序因素。

### 4．电子商务

电子商务通常是指在全球各地广泛的商业贸易活动中，在 Internet 开放的网络环境下，基于客户端/服务端应用方式，买卖双方不谋面地进行各种商贸活动，以实现消费者的网上购物、商户之间的网上交易和在线电子支付，以及各种商务活动、交易活动、金融活动和相关的综合服务活动的一种新型的商业运营模式。电子商务是以商务活动为主体，以计算机网络为基础，以电子化方式为手段，在法律许可范围内进行的商务活动交易过程。电子商务是基于计算机技术、网络技术和远程通信技术的网上商务活动。IBM 于 1996 年提出了 Electronic Commerce（E-Commerce）的概念，到了 1997 年，该公司又提出了 Electronic Business（E-Business）的概念，我们在使用时都翻译成电子商务。电子商务是一个不断发展的概念，特别是随着移动通信技术、短距离通信技术、其他信息处理技术的发展，以及智能手机的普及，移动电子商务成为电子商务的常见形式。

电子商务涵盖的范围很广，涉及代理商、企业和消费者（Agent、Business、Consumer，ABC），主要有企业对企业（Business to Business，B2B）、企业对消费者（Business to Consumer，B2C）、消费者对消费者（Consumer to Consumer，C2C）、企业对政府（Business to Government）、线上对线下（Online to Offline，O2O）、商业机构对家庭（Business to Family）、供给方对需求方（Provide to Demand）、门店在线（Online to Partner，O2P）8 种模式。随着国内 Internet 使用人数的增加，利用 Internet 进行网络购物并以银行卡付款的消费方式已日渐流行，市场份额也在迅速增长，使电子商务网站层出不穷。

电子商务可提供网上交易和管理等全过程的服务。因此，它至少要具有广告宣传、网上订购、网上支付、电子账户、交易管理等功能。

1）广告宣传

广告宣传是指凭借企业的 Web 服务器和客户的浏览器架构，在 Internet 上发布各类商业信息。客户可借助网上的检索工具迅速找到所需的商品信息，而商家可利用网上主页和电子邮件在全球范围内做广告宣传。

2）网上订购

电子商务可借助 Web 页面提交订购单。当客户填完订购单后，系统通常会回复确认信息单来保证订购信息的收悉。订购信息也可采用加密方式使客户和商家的商业信息不会泄露。

3）网上支付

网上支付是电子商务的重要环节。客户和商家之间可采用信用卡账号实施支付。在网上直接采用电子支付手段可省略交易中很多人员的开销。网上支付需要更为可靠的信息传输安全性控制，以防止欺骗、窃听、冒用等非法行为。

4）电子账户

网上支付必须有电子金融来支持，即银行或信用卡公司，甚至需要保险公司等金融单位提供保障性服务，而电子账户管理是其基本的组成部分。信用卡号或银行账号都是电子账户的一种标志，而其可信度和安全性需要必要的技术措施来保证，如数字凭证、数字签名、加密等，这些手段的应用能提供电子账户操作的安全性。

5）交易管理

整个交易管理涉及人、财、物多个方面，企业和企业、企业和客户及企业内部等各方面的协调和管理。因此，交易管理是涉及商务活动全过程的管理。

## 10.5 下一代 Internet 及新技术

随着网络应用的广泛与深入，通信业呈现 3 个重要的发展趋势：移动通信业务超越了固定通信业务；数据通信业务超越了语音通信业务；分组交换业务超越了数据交换业务。由此引发了 3 项技术的基本形成：计算机网络的 IP 技术可将传统电信业的所有设备都变成 Internet 终端；软交换技术可使各种新的电信业务方便地加载到电信网络中，以加快电话网、移动通信网与 Internet 的融合；第四代移动通信技术的发展，将数据业务带入了移动计算时代，第五代移动通信技术已经成为通信业和学术界探讨的热点。由此，未来会实现计算机网络、电信网络与有线电视网的"三网融合"，并促进基于 IP 技术的新型公共电信网的快速发展，即下一代 Internet（Next Generation Internet，NGI）。

### 10.5.1 下一代 Internet

第一代 Internet 经过多年的发展，原来的 IPv4 已经出现明显的局限，IP 地址已经不能满足需要。IPv4 的 IP 地址大约为 40 多亿个，目前 IP 地址面临枯竭，以 IPv6 为核心的下一代 Internet 被提上日程。美国政府 1993 年提出的"信息高速公路"计划不仅推动了 Internet 本身的发展，也促进了对下一代 Internet 的研究。1996 年 10 月，美国政府宣布启动"下一代 Internet"研究计划，并建立了相应的高速网络试验床 vBNS。1998 年，"先进 Internet 开发大学组织 UCAID"成立，开始 Internet2 的研究计划，并建立了高速网络试验床 Abilene。2001 年欧盟建成 GEANT 高速试验网。2002 年，各国发起"全球高速 InternetGTRN"计划，积极推动下一代 Internet 技术的研究和开发。中国下一代 Internet（CNGI）示范工程项目是由国家发展和改革委员会主导，中国工程院、科技部、教育部、中国科学院等八部门联合于 2003 年酝酿并启动的。

Internet 的更新换代是一个渐进的过程。虽然学术界对于下一代 Internet 还没有统一定义，但对其主要特征已达成如下共识。

（1）更大的地址空间：采用 IPv6，使下一代 Internet 具有巨大的地址空间，网络规模更大，接入网络的终端种类和数量更多，网络应用更广泛。

（2）更快：100MB/s 以上端到端的高性能通信。

（3）更安全：可进行网络对象识别、身份认证和访问授权，具有数据加密和完整性，以实现一个可信任的网络。

（4）更及时：提供组播服务，进行服务质量控制，可开发大规模实时交互应用。

（5）更方便：无处不在的移动和无线通信应用。

（6）更可管理：有序的管理、有效的运营、及时的维护。

（7）更有效：有盈利模式，可创造重大社会效益和经济效益。

下一代 Internet 不仅是一个高度融合的网络，而且会促使经济模式从 Internet 经济向光速经济变革，其高度融合的网络特征主要体现在如下几个方面。

（1）技术融合。电信技术、数据通信技术、移动通信技术、有线电视技术及计算机技术相互融合，出现了大量的混合各种技术的产品，如路由器支持话音、交换机提供分组接口等。

（2）网络融合。传统独立的网络，即固定与移动、话音和数据开始融合，逐步形成一个统一的网络。

（3）业务融合。未来的电信经营格局绝对不是数据和话音的地位之争，而更多的是数据、话音两种业务的融合和促进。同时，图像业务也会成为未来电信业务的有机组成部分，从而形成话音、数据、图像三种在传统意义上完全不同的业务模式的全面融合。大量话音、数据、视频融合的业务，如视频点播（Video On Demand，VOD）、VoIP、IP 智能网、Web 呼叫中心等业务不断广泛应用，网络融合使网络业务表现更为丰富。

（4）产业融合。网络融合和业务融合必然导致传统的电信业、移动通信业、有线电视业、数据通信业和信息服务业的融合，使数据通信厂商、计算机厂商进入电信制造业。

### 10.5.2　5G 技术

第五代移动通信技术（5th Generation Mobile Communication Technology，简称 5G）是 4G 的进一步演进，定义了增强型移动宽带（enhanced Mobile Broadband，eMBB）、大规模机器类通信（massive Machine Type of Communication，mMTC）和超可靠低时延通信（Ultra Reliable Low Latency Communication，uRLLC）三大应用场景。

**1．5G 的核心网**

在 5G 中，大量应用了网络功能虚拟化（Network Functions Virtualization，NFV）技术，硬件采用 x86 处理器平台的通用刀片服务器，软件基于 Open Stack 等开源云平台，可开发各种虚拟化平台，提供传统核心网功能。

5G 核心网采用基于服务的架构，体现了模块化、软件化。5G 借鉴了服务计算领域的微服务理念，即原来具备多功能的整体，被分拆为多个具有独立功能的个体，不同个体能实现不同的微服务，如接入管理、认证服务管理、移动性管理、会话管理、用户平面管理、统一数据管理、策略管理、网络存储管理、网络开发管理等。

5G 还引入了网络切片概念。基于一个 5G 物理网络的元素连接，能切出多张虚拟网络，即网络切片。它们彼此间逻辑独立、互不影响，从而面向不同应用场景，支持更多业务，满足多样化需求。不同切片从无线接入网到承载网再到核心网，逻辑隔离，且每个切片至少包括无线子切片、承载子切片和核心网子切片，以适配各类业务，体现了端到端的按需定制和隔离性。实现端到端网络切片的关键是 NFV，如在核心网中，NFV 从传统网络设备中分离软硬件，硬件由通用服务器统一管理，软件则体现不同的网络功能，共享物理和虚拟资源池，灵活地进行资源重组，以灵活满足不同业务的需求。

**2．5G 的关键技术**

在 5G 中，除了应用 NFV 技术，还应用了许多新颖的关键技术，列举部分如下。

1）软件定义网络

随着网络覆盖范围、终端数量和流量与日俱增，日趋庞大的网络基础设施（如路由器、交换机）的固化对安全、管理、灵活性、可扩展性等的限制愈发明显。鉴于此，软件定义网络（Software Defined Network，SDN）的概念被提出，它是一种可编程网络架构，具有控制平面和数据平面分离、控制平面可编程两个特性。控制平面可编程可通过软件方便地对网络进行管理、调整、升级等。

2）移动边缘计算

边缘计算（Edge Computing）是网络边缘的一种新型计算模式，即在靠近物体或数据源头的一侧，采用集网络、计算、存储、应用核心能力于一体的开放平台，提供最近端服务。而移动边缘计算（Mobile Edge Computing，MEC）利用无线接入网络，就近进行边缘计算。

3）软件定义无线电

软件定义无线电（Software Defined Radio）可在软件中定义部分或全部物理层功能，实现调制、解调、滤波、信道增强、频率选择等传统物理层功能，软件计算可以在通用芯片、GPU、数字信号处理器（Digital Signal Processor，DSP）、现场可编程门阵列（Field Programmable Gate Array，FPGA）中完成。

4）自组织网络

自组织网络（Self-Organizing Network，SON）能运用自动感知等调控技术自动协调相邻小区，自动配置和优化网络，以实现最佳系统性能，降扰提效。

5）大规模多入多出

大规模多入多出（Massive Multiple Input Multiple Output，M-MIMO）是指采用更大规模天线（如 64×64），提升无线容量，扩大覆盖范围，有效提高频谱效率。但面临信道估计准确性、多终端同步、功耗和信号处理计算复杂性等挑战。

6）毫米波

毫米波频段一般为 30～300GHz，在频谱资源紧缺的情况下，采用毫米波通信能够有效提升通信容量。毫米波具有波束窄的特点，且有很强的抗干扰能力。空气对毫米波的吸收，会减小相邻基站间的干扰，适合小区、室内、固定无线、回传等场景。

7）带内全双工无线电

利用该技术，在相同的频谱上，通信收发双方能同时发射和接收信号，突破频分双工

（Frequency Division Duplexing，FDD）和时分双工（Time Division Duplexing，TDD）方式的频谱资源使用限制，使频谱资源的使用更加灵活，但需要消除自干扰，降低复杂度和成本。

8）设备间直接通信

两个或多个移动终端设备直接通信，无须基站转发。

9）双连接

手机连接网络可同时使用至少两个不同基站资源（分主站和从站，如 4G 和 5G 共存），分组数据汇聚层将数据分流到两个基站，主站负责协议数据单元编号、主从站间数据分流和聚合等功能。

10）低时延

面向自动驾驶、远程控制等超低时延场景时，无线空口侧能缩短发送时间间隔和增强调度算法，有线回传侧能通过 MEC 使数据和计算更接近用户。

### 3. 5G 的应用场景

5G 的应用领域很广泛，可应用于多种业务场景，列举如下。

（1）媒体直播。户外直播、固定场馆直播、VR 直播等。

（2）智慧物流。园区智能安防、智慧停车、远程操控、智能 AGV（自动搬运车）、AR 拣选、无人机配送、货运跟踪等。

（3）智能制造。生产过程可视化（远程控制、远程维护、预防维护）、云化 AGV、智能仓储、自动物料搬运、园区安防、园区虚拟网、AR/VR 培训等。

（4）视频安防。视频监控接入、移动巡查、智慧警务、智慧工地、平安校园等。

（5）智慧医疗。远程会诊、远程影像诊断、远程手术示教、远程急救、远程操控（如超声手术）、医院机器人、平安医院等。

（6）智慧教育。远程互动教学、VR/AR 沉浸教学、VR/AR 实训教学、校园直播、校园设备管理、教育教学智能评测等。

（7）智慧交通。道桥监测与安全感知、交通视频云、车辆主动安全防控、视频巡检、机坪异物检测、人员主动识别、车路协同、智慧公交、VR/AR 远程维修、VR/AR 远程培训、智慧公路协同感知、自动驾驶汽车等。

（8）智慧能源。虚拟园区组网、施工现场远程作业、智能运输、危险行为自动识别和智能巡检（机器人或无人机+AI）等。

（9）智慧金融。电子货币、移动支付、自动银行等。

在 5G 的研发和标准制定过程中，国内企业如华为、中兴、中国移动和中国电信等，国外企业如高通、三星、爱立信和 Intel 等都踊跃参与，研发投入巨大。目前，5G 在中国已获得应用，已有研究者前瞻性地提出 6G 网络设想。自 20 世纪 80 年代初的 1G 以来，大约每 10 年更新一代，从概念研究到成熟商用需要 10 年左右。预计 2030 年 6G 开始应用及推广，以满足彼时的信息社会需求。2019 年底，国际电信联盟初步确定 275～296GHz、306～313GHz、318～333GHz 和 356～450GHz 频段共 137GHz 的带宽资源可用于未来 6G 的固定和陆地移动业务应用，这将为全球太赫兹（THz）通信产业发展和应用提供基础资源保障。美国政府提出要尽快发展 6G，将其视为事关未来竞争优势的关键领域，贝尔实验室、华为、三星、爱立信等也在积极布局 6G。

### 10.5.3 物联网

**1. 物联网概念**

物联网（Internet of Things，IoT）最初于 1999 年由美国麻省理工学院的 Auto-ID 研究中心提出，被定义为把所有物品通过射频识别技术（Radio Frequency Identification，RFID）和条码等信息传感设备与 Internet 连接起来，以实现智能化识别与管理功能的网络。

2005 年，国际电信联盟在"*The Internet of Things*"报告中对物联网概念进行了扩展，提出了任何时刻、任何地点、任何物体之间的互连，无所不在的网络与无所不在的计算的发展愿景，除 RFID 技术外，传感器技术、智能终端技术等将得到更广泛的应用。

2009 年，欧盟 RFID 与物联网研究项目簇（Cluster of European Research Projects on The Internet of Things：CERP-IoT）发布了"物联网战略研究路线图"研究报告，提出了新的物联网概念，认为物联网是未来 Internet 的组成部分，可被定义为基于标准的和可互操作的通信协议，并具有自配置能力的动态全球网络基础架构。物联网中的"物"都具标识、物理属性和实质上的个性，使用智能接口能实现与信息网络的无缝整合。

从通信对象和过程来看物联网的基本特征，物与物、人与物之间的信息交互是物联网的核心。物联网示意图如图 10.17 所示。物联网的基本特征可概括为整体感知、可靠传输和智能处理。

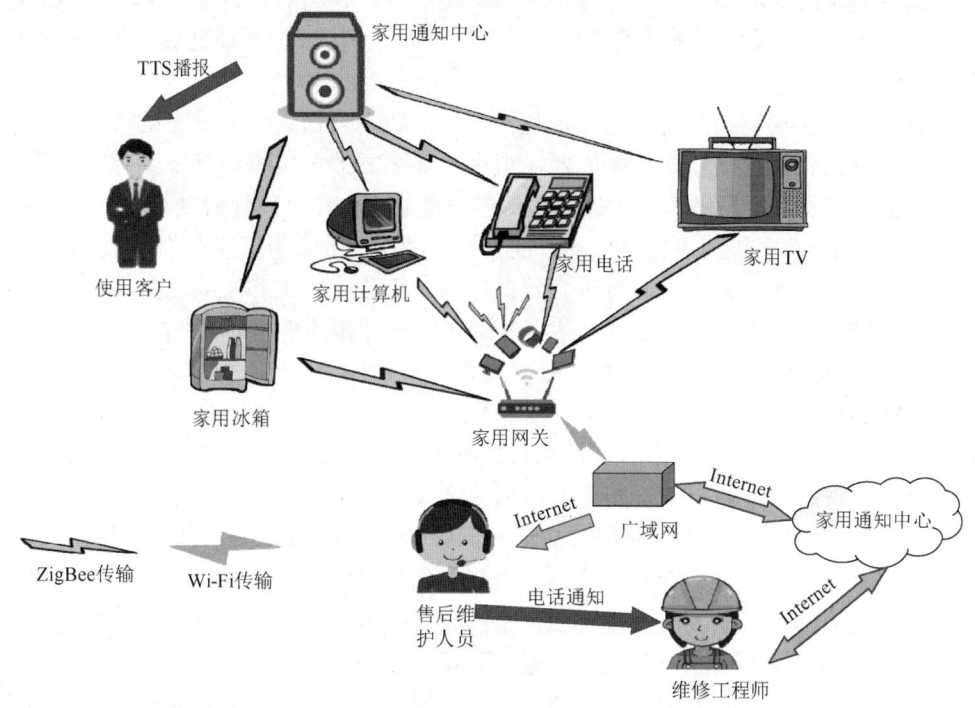

图 10.17 物联网示意图

整体感知即可以利用射频识别、二维码、智能传感器等感知设备感知并获取物体的各类信息。

可靠传输是指通过对 Internet、无线网络的融合，将物体的信息实时、准确地传送，以便信息交流和分享。

智能处理是指使用各种智能技术，对感知和传送的数据、信息进行分析及处理，以实现监测与控制的智能化。

**2．物联网关键技术**

1）RFID

谈到物联网，就不得不提物联网发展中备受关注的 RFID。RFID 是一种简单的无线系统，由一个询问器（或阅读器）和很多应答器（或标签）组成。标签由耦合元件及芯片组成，每个标签都具有扩展词条唯一的电子编码，附着在物体上标识目标对象，它通过天线将射频信息传递给阅读器，阅读器就是读取信息的设备。RFID 让物品能够"开口说话"，赋予了物联网一个特性，即可跟踪性。人们可以随时掌握物品的准确位置及其周边环境。据 Sanford C. Bernstein 公司的零售业分析师估计，关于物联网 RFID 带来的这一特性，可使沃尔玛每年节省 83.5 亿美元，其中大部分是因为不需要人工查看进货条码而节省的劳动力成本。

2）传感网

传感网是传感器网络的简称，它是将大量多种类传感器节点（集传感、采集、处理、收发于一体）组成自治的网络，实现对物理世界的动态智能协同感知。传感网的网络结构可以分为感知域、网络域和应用域 3 个域，其中感知域主要实现传感网信息的采集和处理，目前采用的主要技术有 RFID、ZigBee、Bluetooth 等；网络域主要实现传感网信息的承载和传输；应用域主要实现信息的表示和应用。随着传感器种类的丰富和功能、性能的完善，承载网络的丰富、融合和演进，以及应用领域的拓展和普及，3 个域的内涵会不断延展和丰富，彼此的关系也会更加紧密。

通过物联网能够实现物品对人的监控与保护。例如，当遇到酒后驾车的情况时，如果在汽车和汽车点火钥匙上都植入微型感应器，那么当喝了酒的司机掏出汽车钥匙时，钥匙就能透过气味感应器察觉到一股酒气，通过无线信号立即通知汽车"暂停发动"，汽车便会处于休息状态。同时"命令"司机的手机给他的亲朋好友发短信，告知司机所在位置，提醒亲朋好友尽快来处理。不仅如此，未来衣服可以"告诉"洗衣机放多少水和洗衣粉最经济；文件夹会"检查"我们忘带了什么重要文件；食品蔬菜的标签会向顾客的手机介绍"自己"是否真正"绿色安全"。这就是物联网世界中被"物"化的结果。

3）M2M 系统框架

M2M 是 Machine-to-Machine/Man 的简称，是一种以机器终端智能交互为核心的、网络化的应用与服务，它能使对象实现智能化的控制。M2M 技术涉及 5 个重要的技术部分：机器、M2M 硬件、通信网络、中间件、应用。基于云计算平台和智能网络，人们可以依据传感器网络获取的数据进行决策，对改变对象的行为进行控制和反馈。以智能停车场为例，当该车辆驶入或离开天线通信区时，天线会以微波通信的方式与电子识别卡进行双向数据交换，从电子车卡上读取车辆的相关信息，从司机卡上读取司机的相关信息，并自动识别电子车卡和司机卡，判断电子车卡是否有效和司机卡的合法性，核对车道控制计算机显示的与该电子车卡和司机卡对应的车牌号码及驾驶员资料等信息；车道控制计算机会自动将通过时间、车辆和驾驶员的有关信息存入数据库中，根据读到的数据判断是正常卡、未授权卡、无卡还是非法卡，据此做出相应的回应和提示。另外，家中老人戴上嵌入智能传感器的手表，在外地的子女可以随时通过手机查看父母的血压、心跳是否稳定；在主人上班时，智能化住宅中的传感器会自动关闭水、电、气和门窗，定时向主人的手机发送消息，汇报安全情况。

## 10.5.4 工业互联网

工业互联网（Industrial Internet）是新一代信息通信技术与工业经济深度融合的新型基础设施、应用模式和工业生态，通过对人、机、物、系统等的全面连接，构建覆盖全产业链、全价值链的全新制造和服务体系，为工业乃至产业数字化、网络化、智能化发展提供实现途径，是第四次工业革命的重要基石。工业互联网不是 Internet 在工业的简单应用，而是具有更为丰富的内涵和外延。它以网络为基础、平台为中枢、数据为要素、安全为保障，既是工业数字化、网络化、智能化转型的基础设施，又是 Internet、大数据、人工智能与实体经济深度融合的应用模式，同时是一种新业态、新产业，将重塑企业形态、供应链和产业链。

**1．工业互联网的构成**

工业互联网包含网络体系、平台体系、数据、安全保障四大体系。

1）网络体系

工业互联网平台功能结构图如图 10.18 所示。工业互联网网络体系包括网络互联、数据互通和标识解析三部分。

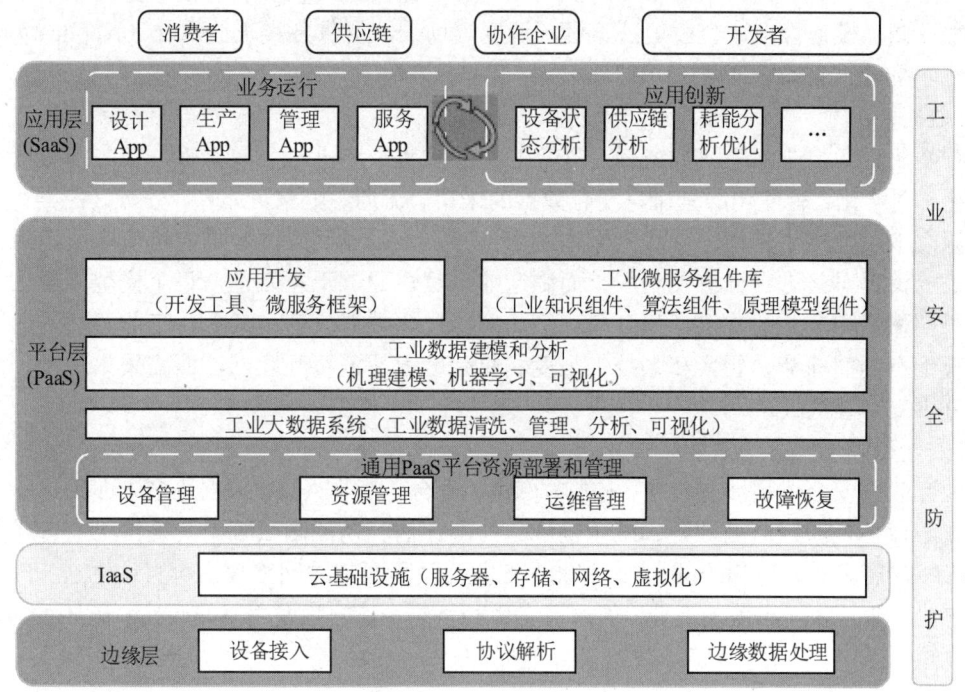

图 10.18 工业互联网平台功能结构图

网络互联能实现要素之间的数据传输，包括企业外网、企业内网。典型技术包括传统的工业总线、工业以太网及创新的时间敏感网络（Time Sensitive Networking，TSN）、确定性网络、5G 等。企业外网用于连接企业各地机构、上下游企业、用户和产品。企业内网用于连接企业内人员、机器、材料、环境和系统。

数据互通是通过对数据进行标准化描述和统一建模，实现要素之间传输信息的相互理解的，数据互通涉及数据传输、数据语义语法等不同层面。其中，数据传输的典型技术包括嵌入式过程控制统一架构、消息队列遥测传输、数据分发服务等；数据语义语法主要指信息模型，典型技术包括语义字典、自动化标记语言（Automation Markup Language）、仪表标记语言（Instrument Markup Language）等。

标识解析体系能实现要素的标记、管理和定位，由标识编码、标识解析系统和标识数据服务组成，通过为物料、机器、产品等物理资源和工序、软件、模型、数据等虚拟资源分配标识编码，实现物理实体和虚拟对象的逻辑定位和信息查询，支撑跨企业、跨地区、跨行业的数据共享和共用。

2）平台体系

平台体系是工业互联网的中枢部分，包括边缘层、IaaS、PaaS 和 SaaS（IaaS、PaaS 和 SaaS 详见 11.1.3 节）4 个层级，相当于工业互联网的"操作系统"，有 4 个主要作用。一是数据汇聚，将网络层面采集的多源、异构、海量数据，传输至工业互联网平台，为深度分析和应用提供基础；二是建模分析，提供大数据、人工智能分析的算法模型和物理、化学等各类仿真工具，结合数字孪生、工业智能等技术，对海量数据进行挖掘、分析，以实现数据驱动的科学决策和智能应用；三是知识复用，将工业经验知识转化为平台上的模型库、知识库，并通过工业微服务组件方式，以便二次开发和重复调用，加速共性能力沉淀和普及；四是应用创新，面向研发设计、设备管理、企业运营、资源调度等场景，提供各类工业 App（Application）、云化软件，帮助企业提质增效。

3）数据

数据是要素。工业互联网数据有 3 个特性：重要性、专业性和复杂性。首先，数据是实现数字化、网络化、智能化的基础，没有数据的采集、流通、汇聚、计算、分析，各类新模式就是无源之水，数字化转型也就成为无本之木；其次，工业互联网数据的价值在于运用行业知识和工业机理对其进行分析及利用，而制造业千行百业、千差万别，每个模型、算法背后都需要长期积累和专业的队伍，只有精耕细作才能发挥数据价值；最后，工业互联网运用的数据来源于不同的环节、要素和系统，维度和复杂度远超消费互联网，面临采集困难、格式各异、分析复杂等挑战。

4）安全保障

工业互联网安全体系涉及设备、控制、网络、平台、工业 App、数据等多方面网络安全问题，其核心任务是通过监测预警、应急响应、检测评估、功能测试等手段确保工业互联网的健康、有序发展。与传统 Internet 安全相比，工业互联网面临的网络攻击可直达生产一线，涉及范围广。工业互联网涵盖制造业、能源等实体经济领域，一旦发生网络攻击、破坏行为，将会造成严重影响。

**2. 工业互联网的典型模式**

工业互联网融合应用推动了一批新模式、新业态的孕育及兴起，初步形成了平台化设计、智能化制造、网络化协同、个性化定制、服务化延伸、数字化管理六大类典型应用模式。

平台化设计依托工业互联网平台，汇聚人员、算法、模型、任务等设计资源，以实现高水平、高效率的轻量化设计、并行设计、敏捷设计、交互设计和基于模型的设计，变革传统设计方式，提升研发质量和效率。

智能化制造是 Internet、大数据、人工智能等新一代信息技术在制造业领域加速创新应用，其能实现材料、设备、产品等生产要素与用户之间的在线连接和实时交互，逐步实现机器代替人生产，智能化代表制造业未来发展的趋势。

网络化协同通过跨部门、跨层级、跨企业的数据互通和业务互连，推动供应链上的企业和合作伙伴共享客户、订单、设计、生产、经营等各类信息资源，以实现网络化的协同设计、协同生产、协同服务，进而促进资源共享、能力交易及业务优化配置。

个性化定制面向消费者的个性化需求，通过客户需求准确获取和分析、敏捷产品开发设计、柔性智能生产、精准交付服务等，实现用户在产品全生命周期中的深度参与，是以低成本、高质量和高效率的大批量生产实现产品个性化设计、生产、销售及服务的一种制造服务模式。

服务化延伸是制造与服务融合发展的新兴产业形态，指企业从原有制造业务向价值链两端高附加值环节延伸，从以加工组装为主向"制造+服务"转型，从单纯出售产品向出售"产品+服务"转变，具体包括设备健康管理、产品远程运维、设备融资租赁、分享制造、Internet金融等。

数字化管理是指企业通过打通核心数据链，贯通生产制造全场景、全过程，基于数据的广泛汇聚、集成优化和价值挖掘，优化、创新乃至重塑企业的战略决策、产品研发、生产制造、经营管理、市场服务等业务活动，构建数据驱动的高效运营管理新模式。

### 3. 工业互联网的应用

目前工业互联网涉及原材料、装备、消费品、电子等制造业各大领域，以及采矿、电力、建筑等实体经济重点产业，实现了更大范围、更高水平、更深程度的发展，形成了千姿百态的融合应用实践。

## 10.5.5 无线车载网络和智能交通

车载网络（Vehicle Networking）也被称为车载自组织网络（Vehicle ad hocNetworks，VANET）或车联网（Internet of Vehicles，IoV），是智能交通的核心技术基础。它可实现车辆间（Vehicle to Vehicle，V2V）、车辆与路边基础设施（Vehicle to Infrastructure，V2I）间的无线通信，利用各种传感、通信、计算、控制等技术，对车辆、道路和交通进行全面感知，以实现大范围、多系统、大容量、高度实时的数据交互，提升交通效率和保障交通安全。

智能交通系统（Intelligent Transportation System，ITS）是指将通信、电子、计算机、控制等各种信息技术应用于交通运输行业而形成的信息化、智能化、社会化的新型运输系统。智能交通系统能实时采集、传输和处理交通信息，借助各种技术手段和设备，协调处理各种交通问题，建立实时、准确、高效的综合运输管理体系，充分利用交通设施，实现智能化的交通运输管理。

在无线车载网络和智能交通系统中，车辆应配备车载设备（On-Board Equipment，OBE），包括多个功能模块，如定位导航、传感检测、信息采集、数据处理、无线通信、控制器等。而路边基础设施也被称为路边设备（Road Side Equipment，RSE），能提供一定范围内的数据交换、存储转发、信息处理等功能，从一定意义上可看作无线车载网络的"基站"。以日本的智能交通系统架构和标准为例，日本的智能交通系统架构应用示意图如图10.19所示。其车载单元（On-Board Unit，OBU）和路边单元（Road Side Unit，RSU）分别等同于OBE和RSE。OBU可在车辆中为应用程序提供运行时的环境、定位、安全和通信功能，也可提供与其他车辆和实体的接口，这种实体可以是服务提供商的中心服务器，可使用无线网络技术与 OBU 通信。RSU 分布于道路、交叉口及需要及时通信的任何位置，主要通过 5.8GHz 的 DSRC（Dedicated Short Range Communications，专用短距离通信）为 OBU 提供通信支持。RSU 可与网络实体通信，如服务供应商、道路管理服务器和汽车导航系统，这些实体可相距很远，通过使用 Internet 架构通信。DSRC 链路是同步的，使用 TDMA/FDD（时分复用/频分双工）技术，不同于 IEEE802.11p。

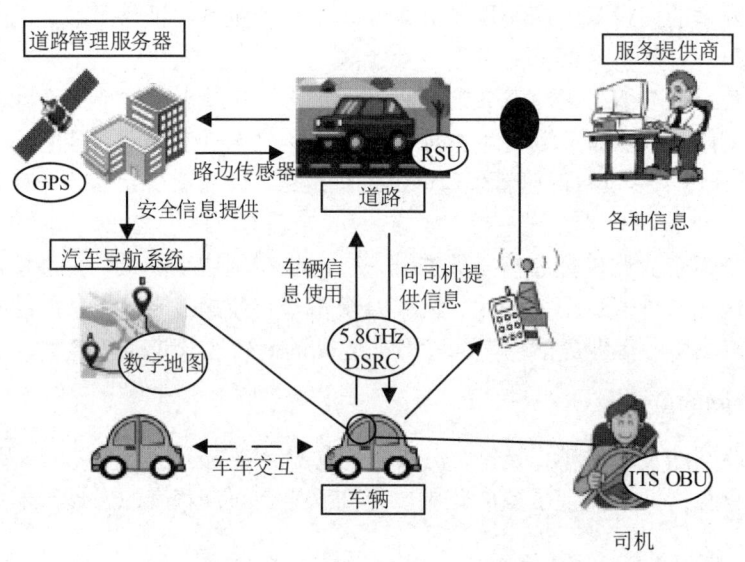

图 10.19　日本的智能交通系统架构应用示意图

　　智能交通系统的具体应用包括交通管理指挥、行车诱导、数字化公共交通、不停车收费和泊车诱导等。本节以电子不停车收费（Electronic Toll Collection，ETC）系统为例说明。车辆经过收费站时，通过车载设备能实现车辆识别、入口信息写入、出口从绑定卡或账户上扣除相应费用的自动化流程，可广泛应用于道路、桥梁、隧道和停车场管理。ETC 系统包括后台系统、车道系统、RSE 和 OBE 等。车道系统包括车道控制器、电子标签读写天线、车辆检测器、抓拍摄像机、费额显示器、通行信号灯、声光报警器、自动栏杆和字符叠加器等。当车辆进入 ETC 系统通信范围后，ETC 系统先通过读写天线与车载电子标签通信，读取有关车辆信息（如类别、车主、牌号），判断车辆是否有效；然后根据道路运行征费状态和收费标准等，计算本次收费信息，从车辆对应的预付卡中扣除本次道路通行费。在整个过程中，系统控制栏杆会根据交易成功与否降下或抬升。在中国实际应用的 ETC 系统中，车载电子标签频率主要为 43MHz，通信（读写）距离可大于 10m，车辆速度最高可达 120km/h。ETC 系统提升了车辆收费过程的效率，对收费管理、交通管理和司机来说都极为便利。

　　而各种新应用，尤其是自动驾驶汽车，对无线车载网络技术支持有不同要求，也提出了大量技术挑战。例如，寻址与地理寻址、风险分析和管理、以数据为中心的信任和验证、匿名、隐私和责任、安全定位、路由转发、时延限制、数据包优先级和拥塞控制、传输层和网络层间的可靠性和跨层等。

## 本章小结

计算机网络是现代计算机技术和通信技术密切结合的产物,以满足社会对信息共享和信息传递的需求。数据和信号是任何计算机网络与通信的两个基本要素。数据和信号都可以表示为模拟形式或数字形式。数据通信主要技术指标包括数据传输速率、误码率、信道容量等。数据传输的基本方式分为并行传输与串行传输两种。多路复用技术使在同一传输介质上可传输多个不同信源发出的信号,从而充分利用通信线路的传输容量,提高传输介质的利用率。网络数据交换技术已经经历了 4 个发展阶段,即电路交换、报文交换、分组交换和快速分组交换。

计算机网络的发展可划分为 4 个阶段,即初始阶段、Internet 产生阶段、Internet 普及阶段和 Internet 发展阶段。计算机网络是将许多各式各样的计算机设备用通信线路连接起来,并实现相互进行信息(数据)交换的集群系统。从宏观上看,计算机网络包括计算机设备、各种网络设备、各种网络系统软件、网络传输介质及网络通信系统等。计算机网络拓扑结构主要有总线型、星型、环型、树型与网状 5 种主要的类型。按覆盖的地理范围可将计算机网络分为局域网、广域网和城域网;按照使用范围分类,计算机网络可分为公用网和专用网;按传输的媒体不同,计算机网络又可以分为有线网络和无线网络。

TCP/IP 族在一定程度上参考了 OSI 的体系结构,随着 Internet 的产生与发展,其成了一种事实上的工业标准,并在计算机网络领域中占有重要的地位。Internet 相关新技术包括 5G、物联网、工业互联网、无线车载网络与智能交通等。

## 习题

### 一、选择题

1. 计算机网络是（　　）和（　　）的结合。
   A. 计算机技术　　　　　　　　　B. 虚拟现实技术
   C. 人工智能技术　　　　　　　　D. 通信技术
2. 下列（　　）是中国基础网络服务运营商,提供 Internet 接入服务。
   A. 中国电信　　　　　　　　　　B. 中国移动
   C. 中国联通　　　　　　　　　　D. 中国电力
3. 计算机网络按地理覆盖范围,可简单地划分为（　　）。
   A. 校园网　　　B. 局域网　　　C. 城域网　　　D. 广域网
4. 下列选项中不属于有线传输介质的是（　　）。
   A. 双绞线　　　B. 同轴电缆　　C. 光纤　　　　D. 蓝牙
5. TCP/IP 又称（　　）。
   A. Internet　　B. 万维网　　　C. 网络通信协议　D. IP 地址协议

### 二、简答题

1. 简述什么是 Internet。
2. 简述什么是 TCP/IP。

3. 简述计算机网络的体系结构。

### 三、思考题

1. 讨论计算机网络协议的作用。
2. 讨论计算机网络的发展历程。
3. 比较电路交换、报文交换与分组交换。

**扩展阅读：快速发展的移动通信技术**

移动通信（Mobile Communication）是移动体之间的通信，或移动体与固定体之间的通信。移动体可以是人，也可以是汽车、火车、轮船、收音机等在移动状态中的物体。

移动通信技术是进行无线通信的现代化技术，这种技术是电子计算机与移动Internet发展的重要成果之一。移动通信技术经过第一代、第二代、第三代、第四代技术的发展，目前已经迈入了第五代移动通信技术（5G）时代，这也是目前改变世界的几种主要技术之一。第六代移动通信技术也已经在研发之中。

第一代移动通信技术（1G）是指最初的模拟、仅限语音的蜂窝电话标准，制定于20世纪80年代。1G主要采用的是模拟技术和频分多址（FDMA）技术。美国的AT&T的贝尔实验室开发了第一代蜂窝通信技术。1G有很多不足之处，如容量有限、制式太多、互不兼容、保密性差、通话质量不高、不能提供数据业务和不能提供自动漫游等。

第二代移动通信技术（2G）以数字语音传输技术为核心，用户体验速率为10kbit/s，峰值速率为100kbit/s。一般定义为无法直接传送电子邮件、软件等信息；只具有通话和一些如时间、日期等传送的手机通信技术规格。不过手机短信在它的某些规格中能够被执行。世界上最流行的两种2G空中接口是全球移动通信系统（GSM）和码分多址（CDMA）系统。

第三代移动通信技术（3G）是指支持高速数据传输的蜂窝移动通信技术。3G服务能够同时传送声音及数据信息。3G是将无线通信与国际Internet等多媒体通信结合的一代移动通信技术。3G无线网络可以对不同数据传输的速率进行充分的支持，即无论是在室内外，还是在行车环境下，都可以提供最少为2Mbit/s、384kbit/s与144kbit/s的数据传输速率。WCDMA、TD-SCDMA、CDMA2000均为通用的3G标准。TD-SCDMA是以中国知识产权为主的、被国际上广泛接受和认可的无线通信国际标准，也被国际电信联盟正式列为第三代移动通信空中接口技术规范之一。

第四代移动通信技术（4G）集3G与无线局域网于一体，能够传输高质量视频图像且图像传输质量与高清晰度电视不相上下。4G具有的优势很多，主要体现在以下几方面：首先4G的数据传输速率较快，可以达到100Mbit/s，与3G相比，是其20倍；其次4G具有较强的抗干扰能力，可以利用正交分频多任务技术，进行多种增值服务，以防止信号对其造成的干扰；最后4G的覆盖能力较强，在传输过程中智能性极强。中国是在2001年开始研发4G的，并在2011年正式投入使用。中国企业在4G基础专利的份额约为16%。

第五代移动通信技术（5G）作为一种新型移动通信技术，不仅要解决人与人的通信，为用户提供增强现实、虚拟现实、超高清视频等身临其境的极致业务体验，而且要解决人与物、物与物的通信问题，以满足移动医疗、车联网、智能家居、工业控制、环境监测等物联网的应用需求。最终，5G将渗透到经济社会的各行业各领域，成为支撑经济社会数字化、网络化、智能化转型的关键新型基础设施。2021 年，中国已建成的 5G 基站超过了 115 万个，占全球的 70%以上，是全球规模最大、技术最先进的 5G 独立组网网络之一。截至 2021 年 12 月 31 日，整个中国企业所持有的 5G 必要标准专利占比在 31%以上。

第六代移动通信技术（6G）标准，主要促进的是物联网的发展。截至 2019 年 11 月，6G 仍在研发阶段。6G 的传输能力可能会比 5G 提升 100 倍，网络延迟也可能从毫秒降到微秒级。2022 年 6 月 21 日，在"2022 科技周暨移动信息产业链创新大会"上中国移动发布了"6G 网络架构技术白皮书"，这是业界首次发布 6G 网络的系统化架构设计，体现了中国移动 6G 网络架构团队的最新成果。2022 年 10 月，研究机构 Market Research Future（MRFR）最新发布了《6G 市场研究分析报告》，数据显示，全球有近 50%的 6G 专利申请来自中国，其余来自其他国家和地区，中国在 6G 上的研发领先全球。

移动通信延续着每十年一代技术的发展规律，已历经 1G、2G、3G、4G 的发展，目前处于 5G 时代。每一次代际跃迁，每一次技术进步，都极大地促进了产业升级和经济社会的发展。从 1G 到 2G，实现了模拟通信到数字通信的过渡，移动通信走进了千家万户；从 2G 到 3G、4G，实现了语音业务到数据业务的转变，传输速率呈百倍提升，促进了移动 Internet 应用的普及和繁荣。当前，移动网络已融入社会生活的方方面面，深刻改变了人们的沟通、交流乃至整个生活方式。在中国政府和科技工作者的不断努力下，中国的移动通信技术也已经从最开始的落后于世界，转变为目前的领跑世界。

# 第 11 章　云计算与大数据

**本章学习目标**
- 了解云计算的服务类型和部署方式
- 了解云计算的关键技术和云计算的应用
- 理解大数据处理的主要过程

本章先介绍云计算的基本概念、云计算的服务类型与部署，再介绍云计算的关键技术及应用，以及云计算与其他集群计算的比较，最后介绍大数据的相关概念、大数据处理系统实例及大数据应用。

## 11.1　云计算基础

### 11.1.1　云计算简介

近年来，随着 Internet 应用需求的增加及海量待处理数据涌进 Internet，使云计算（Cloud Computing）技术得到了业界的广泛关注。美国国家标准与技术研究院（NIST）对云计算的定义：云计算是对基于网络的、可配置的共享计算资源池的方便、按需访问的一种模式。共享计算资源池即"云"，包括网络、服务器、存储、应用和服务。因此，云计算是基于 Internet 的相关服务的增加、使用和交付模式，通过 Internet 提供动态易扩展的资源。支持现代应用的传统数据中心架构会使软硬件成本大幅增加，而云计算的动态、已扩展的计算方式和信息处理方式，以及其理论上可无限增大的计算能力和存储能力，使其能够满足当前 Internet 快速增长的业务需求。云计算的原理是使用特定的软件，按照指定的优先级和调度算法，将数据计算和数据存储分配到云计算集群中的各个节点计算机上，并行运算的节点计算机能处理存储在本节点上的数据，并返回结果。

云计算是传统计算机技术和网络技术融合发展的产物，它涉及网络存储技术（Network Storage Technologies）、分布式计算（Distributed computing）、并行计算（Parallel Computing）、虚拟化（Virtualization）、负载均衡（Load Balance）、效用计算（Utility Computing）、热备份冗余（High Available）等。除此之外，云计算还要关注系统的扩展及方便管理、降低成本等方面的问题。

云计算是依托 Internet 提供服务的。例如，通过海量的销售记录计算某个品牌化妆品彩妆类的销量，可以将此任务提交给云计算服务前端，由云返回计算结果；用户还可以向云计算服务前端申请一台服务器，包括软硬件需求，如对操作系统的要求、CPU 需求、内存需求、硬盘需求等，云将按此需求虚拟一台服务器供用户使用。除此之外还可以有其他的服务，如云存储、云安全等。对于用户来说，只需向云提出服务要求，不需要了解云内部的细节。云实际上是一个大量硬件和软件的集合体，这些软硬件集合通过网络和相关软件连接和组织在一起，向用户提供各种服务。在前面的例子中，用户并不知道 CPU 和内存来源于哪里，销售量运算究竟是哪几台机器完成的，这些都是由云软件组织调配资源完成的。云软件可以看作云资源集合的操作系统，负责管理软硬件资源和任务调度，提供人机界面，可以向该集合体内增加软硬件资源，也可以将部分软硬件资源分离出去。

因此，云计算可以看成是一种信息技术资源的交付和使用模式，用户通过网络，以按需、易扩展的方式获得所需的资源。云中的资源在使用者看来是可以无限扩展的，可以随时获取、按需使用、按需付费。这种特性被人们形象地称为像使用水电一样使用信息技术资源，取用方便，先通过 Internet 进行传输，使用完后再还给云，由云提供给其他用户使用。云计算也被认为是继 PC 及 Internet 革命之后，信息技术产业的第三次变革。

## 11.1.2 云计算的发展历程

1983 年，Sun Microsystems 提出"网络是电脑"，2006 年 3 月，Amazon 推出弹性计算云（Elastic Compute Cloud，EC2）服务。

2006 年 8 月 9 日，Google 首席执行官埃里克·施密特在搜索引擎大会（SES San Jose 2006）首次提出"云计算"的概念。Google "云计算"源于 Google 工程师克里斯托弗·比希利亚所做的"Google 101"项目。

2007 年 10 月，Google 与 IBM 开始在美国大学校园，包括卡内基梅隆大学、麻省理工学院、斯坦福大学、加州大学伯克利分校及马里兰大学等，推广云计算计划，这项计划希望能降低分布式计算技术在学术研究方面的成本，并为这些大学提供相关的软硬件设备及技术支持。而学生则可以通过网络开发各项以大规模计算为基础的研究计划。

2008 年 1 月 30 日，Google 宣布在中国台湾启动"云计算学术计划"，与台湾大学、台湾交通大学等学校合作，将这种先进的大规模、快速云计算技术推广到校园。

2008 年 2 月 1 日，IBM 宣布在中国无锡太湖新城科教产业园为中国的软件公司建立全球第一个云计算中心（Cloud Computing Center）。

2008 年 7 月 29 日，Yahoo、HP 和 Intel 宣布了一项涵盖美国、德国和新加坡的联合研究计划，推出了云计算研究测试床，以推进云计算。该计划要与合作伙伴创建 6 个数据中心作为研究试验平台，每个数据中心配置 1400～4000 个处理器。这些合作伙伴包括新加坡资讯通信发展管理局、德国卡尔斯鲁厄大学 Steinbuch 计算中心、美国伊利诺伊大学香槟分校、Intel 研究院、HP 实验室和 Yahoo。

2008 年 8 月 3 日，美国专利商标局网站信息显示，Dell 正在申请"云计算"商标，此举旨在加强对这一未来可能重塑技术架构的术语的控制权。

2010 年 3 月 5 日，Novell 与云安全联盟（CSA）共同宣布了一项供应商中立计划，名为"可信任云计算计划"。

2010 年 7 月，美国国家航空航天局和包括 Rackspace、AMD、Intel、Dell 等的支持厂商共同宣布"OpenStack"开放源代码计划，Microsoft 在 2010 年 10 月表示支持 OpenStack 与 Windows Server 2008 R2 的集成；而 Ubuntu 已把 OpenStack 加至 11.04 版本中。

2011 年 2 月，Cisco 系统正式加入 OpenStack，重点研制 OpenStack 的网络服务。

2014 年，Microsoft 新任 CEO 萨蒂亚·纳德拉上任后明确指出，Microsoft 正以"基于云计算的人工智能业务"为引领走向新时代。

2009年1月,阿里软件在江苏南京建立了中国首个"电子商务云计算中心"。

2009年7月,中国首个企业云计算平台"中化企业云计算平台"诞生。

2009年11月,中国移动云计算平台"大云"计划启动。

云计算的两个关键问题:一是底层基础设施的构建,使应用能够扩展到很大的规模;二是上层应用软件的开发与应用,在网络服务上能提供更加丰富的用户体验。云计算虽然是一种新型的计算模式,但是在现实中需要为云计算提供良好的发展机遇,未来会有更多的云计算系统投入使用,为不同需求的用户提供各种付费服务。

### 11.1.3 云计算的服务类型

按照提供服务的层次和类别,云计算包括以下几个层次的服务:基础设施即服务(Infrastructure as a Service,IaaS)、平台即服务(Platform as a Service,PaaS)、软件即服务(Software as a Service,SaaS)。其中,"基础设施"是一个应用系统的硬件平台,处于应用系统的下端;"平台"包括操作系统、中间件和函数库;"软件"就是整个应用系统。在不同服务类型下,用户通过云计算获取的服务内容如图11.1所示。

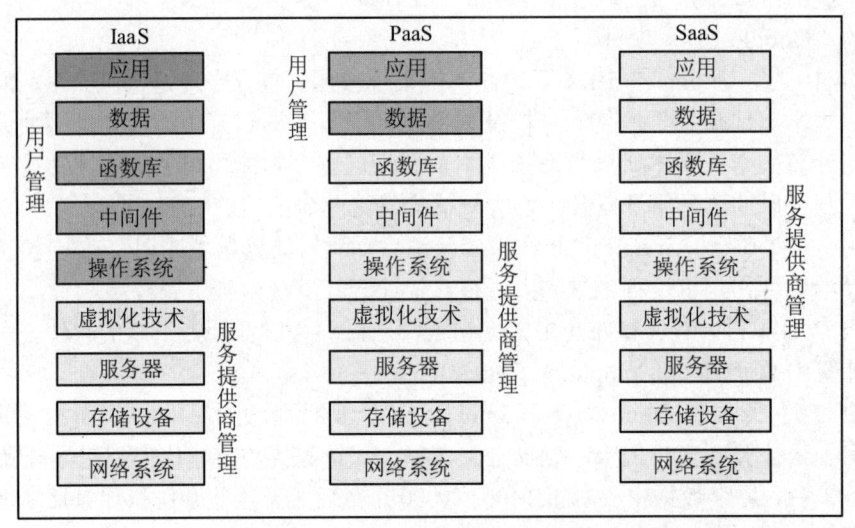

图11.1 不同服务类型下,用户通过云计算获取的服务内容

#### 1. IaaS

IaaS能为用户提供计算基础架构,通常指提供物理机、虚拟机、网络资源及其他资源,如虚拟机映像库、块存储或基于文件的存储、防火墙、负载均衡、IP地址、虚拟局域网等。在传统的数据处理业务中,如果要在企业平台运行一些企业应用,则需要购买服务器及其他价格昂贵的硬件来支持。现在,用户可以使用IaaS方式将硬件外包,IaaS公司能提供虚拟服务器、存储和网络硬件,用户可以租用来运行企业应用,有效节省了办公场地和维护成本。用户可以在任何时候利用租来的硬件运行其应用。目前主要的IaaS提供商和产品有Amazon的AWS、Microsoft的Azure、Rackspace的OpenStack、IBM的SoftLayer、VMware的VCloud等。中国有阿里云、青云及大云等,它们都是采用虚拟技术来提供虚拟机IaaS的。

## 2. PaaS

PaaS 也被称为中间件服务，为用户提供的服务平台包括操作系统、编程语言运行环境、数据库和大数据集处理、Web 服务器等。PaaS 把开发环境作为一种服务来提供，可以使用中间商的设备和软件开发自己的程序，通过服务器和 Internet 传给用户。软件公司的软件开发和软件运行都可以在这一层进行，节省了时间和资源。PaaS 公司在网上提供了各种开发和分发应用的解决方案，其开发的应用能调用 PaaS 平台的 API，运行时使用 PaaS 平台的软硬件，节省了硬件开销，也使处在分散工作场地之间的合作变得更加容易。PaaS 能提供网页应用管理、应用设计、应用虚拟主机、存储、安全及应用开发协作工具等。主要的服务平台有 Amazon 的 AWS Elastic Beanstalk、Google 的 GAE（Google App Engine）、新浪的 ASE、百度云的开发引擎、大数据处理系统 Hadoop 等。

## 3. SaaS

SaaS 是为用户提供按需支付费用的应用软件。用户不必操心各种应用程序的安装、设置和运行维护，一切都由 SaaS 提供商来完成。用户只需要支付费用，通过可视化的客户端来使用它，如 Google 的 Apps、Microsoft 的 Office 365、Citrix 的 CloudStack，以及目前流行的各种云存储（网盘）、云相册、云备份、云打印、云监控等针对个人使用的云服务产品。

### 11.1.4 云计算的部署

云计算的部署方式有 4 类，介绍如下。

#### 1. 公有云

公有云是当前最主流且最受欢迎的云计算部署形式之一。公有云由服务供应商运行，为用户提供各种各样的信息技术资源。使用信息技术资源时，用户只需要为其所使用的资源付费，而无须关心从物理基础设施到应用程序的管理、部署和维护。因此，公有云具有规模大、价格低廉、使用灵活、功能全面等优势，但对数据的安全性用户无法掌控。

#### 2. 私有云

私有云主要为企业内部提供云服务，在企业的防火墙内工作，由企业自行管理。企业可独自构建，也可通过购买商业解决方案加以实现。因此，在数据安全、服务质量及对企业现有硬件资源的充分利用方面可以给企业带来更大的自主性与灵活性。该部署方式的不足之处在于，私有云部署在企业内部，增加了企业的成本开支，并且需要由专业的云计算管理团队进行管理，增加了运营成本。

#### 3. 混合云

混合云是公有云和私有云的融合，是近年来云计算的主要模式和发展方向。出于安全考虑，企业更愿意将数据存放在私有云中，而将一些非关键的应用部署到公有云上，让用户在私有云的私密性和公有云的灵活与低成本之间做出权衡。目前可供选择的混合云产品较少。

#### 4. 社区云

社区云是指在一定的地域范围内，面向两个及两个以上组织开放的云计算服务，该范围内的用户一般具有共同的需求，如云服务模式、安全级别等。例如，某地区的酒店联盟组建了酒店社区云，以满足数字化客房建设和酒店结算的需要；某区域的多家医院组建了区域医疗社区云，各家医院能通过社区云共享病例和各种检测、化验数据等。

在云部署与云计算的应用过程中，不同阶段存在不同角色，它们分别能提供云服务和使用云服务。云计算产业链图如图11.2所示。供应商包括基础设施制造商、基础设施运营商、云计算服务提供商；用户包括政府用户、企业用户和个人用户；涉及的行业包括政府、教育、医疗、通信和Internet企业等。

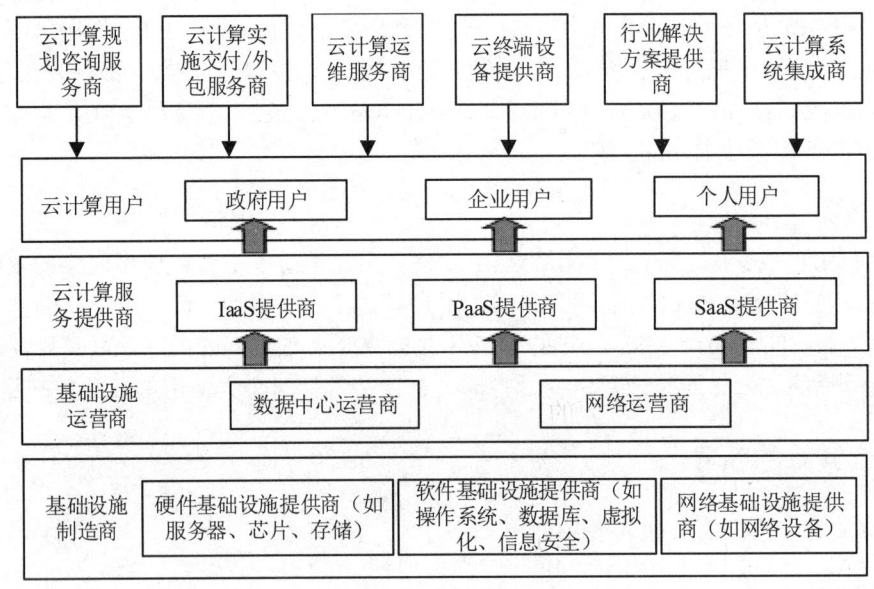

图 11.2　云计算产业链图

2014年，包括华为、华胜天成在内，越来越多的云服务企业和用户开始使用开源云平台，并且参与开源云平台的建设。目前，华为已经成为OpenStack峰会的金牌会员，围绕OpenStack构建云计算解决方案的研发人员已超过500人。进军云计算市场的国内企业有中国移动、中国电信、中国联通等传统电信领域的运营商；专注Internet数据中心布局的世纪互联、万国数据、中金数据等企业；现有的大型电子商务企业，如阿里巴巴等；Internet企业，如搜索引擎、门户网站；大型的主机租用服务商，如各地的数据中心、计算中心等；计算机硬件制造企业，如联想、曙光、浪潮等。中国云计算的市场发展空间巨大，同时对中国的Internet产业、软件和服务产业及涉及信息技术行业的发展会产生较大的影响。

## 11.1.5　云计算的特点

云计算运行在"云"上，"云"是一个由大量硬件和软件组成的集合体，硬件通常指一个由高速网络连接在一起的计算机集群，云软件组织调配资源，提供图形化界面或API。

### 1. 超大规模

云计算中心较传统的集群结构规模要大很多，如Google云计算拥有几百万台服务器，Amazon、IBM、Microsoft、Yahoo等拥有的云计算服务器数量也很庞大。一般大型企业的私有云拥有数百台服务器。超大规模的计算机集群能赋予用户前所未有的计算和存储能力。

## 2. 虚拟化

虚拟化包括资源虚拟化和应用虚拟化。资源虚拟化是指异构硬件在用户面前表现为统一资源；应用虚拟化是指应用部署的环境和物理平台无关，可通过虚拟平台对应用进行扩展、迁移和备份，这些操作都是通过虚拟化层完成的。虚拟化技术支持用户在任意位置使用各种终端来获取应用服务，用户无须了解应用运行的具体位置，只需要一台计算机或一部手机，就可以通过网络实现用户所需的服务。

## 3. 高可靠性

云计算平台使用数据多副本容错、计算节点同构可互换等措施，把用户的应用和计算分布在不同的物理服务器上，以实现服务的高可靠性。即使单点失败，仍然可以通过动态扩展功能部署新的服务器，保证应用和计算的正常运转。

## 4. 高可扩展

云计算能够弹性、灵活地提供服务，服务使用的资源能快速扩展和快速释放。对用户来说，如果所需资源无法满足用户需求，则可通过动态扩展资源节点增加资源来满足需求。当资源冗余时，可以添加、删除、修改云计算环境的资源节点。这种弹性可以通过资源调度机制来实现，使资源可以流转到需要的地方。例如，在应用系统业务整体升高的情况下，可以启动闲置资源加入云计算平台中，以提高整个云平台的承载能力来应对系统业务的提升；在整个应用系统业务负载低的情况下，可以将业务集中起来，并将闲置下来的资源转入节能模式，以提高部分资源的利用率，节省能源。

## 5. 通用性

云计算不针对特定的应用，在"云"的支撑下可以构造千变万化的应用，同一个"云"可以同时支撑不同的应用运行。

## 6. 按需部署

供应商的资源保持高可用和高就绪状态，用户可以按需自助获得资源。云计算平台支持资源按需动态流转，通过虚拟拆分技术，实现计算资源的动态部署。例如，针对用户不同的应用需求，可以提供一台计算机或上千台计算机的计算能力。

## 7. 高性价比

"云"的自动化集中式管理使大量企业无须负担日益高昂的数据中心管理成本，"云"的通用性使资源的利用率较之传统系统大幅提升，因此用户可以充分享受"云"的低成本优势。同时，云服务供应商可以使用廉价的 x86 结构的 PC 组成计算机集群，采用虚拟资源池的方法管理所有资源，计算性能可超过大型主机，性价比较高。

## 8. 动态资源池

供应商的计算资源可以被整合成一个动态资源池，以多租户模式为不同用户提供不同服务，不同的物理和虚拟资源可以根据用户的需求动态分配。用户一般不需要知道资源的确切地理位置，但在需要的时候可以指定资源的位置（如哪个数据中心）。

9．支持海量信息处理

由于云计算要为大量用户提供各种基于存储、计算等的服务。因此云计算需要有高效、稳定的海量数据通信和存储系统的支撑来应对海量的信息交互。

10．可计量的服务

服务的收费可以是基于计量的一次一付，也可以是基于广告的收费模式。系统可针对不同的服务需求（如 CPU 时间、存储空间、带宽，甚至按用户的使用率高低）来计量资源的使用情况和定价，以提高资源的管控能力和优化利用。

## 11.2 云计算的关键技术

云计算是分布式处理、并行处理和网格计算的发展，要实现云计算的按需部署、按需服务，必须解决好资源的动态重构、自动化部署及可靠性、安全性等问题，需要以下的技术支持。

1．云计算体系结构

云计算体系结构包括几个主要部分，即资源层、平台层、应用层、管理层和用户访问层。资源层是指为用户提供服务的物理资源的集合，这些物理资源可以是地点上分散的，如服务器、网络设备、存储设备等。平台层能为用户提供对资源层服务的封装接口，包括并行程序设计和开发环境，一些管理系统和管理工具的中间件、数据库等。应用层面向用户提供软件服务和用户交互接口，能为用户搭建信息化所需要的所有网络基础设施及软硬件运作平台。管理层能提供对所有层次云计算服务的管理功能，包括部署管理、服务目录管理、服务使用计量管理、服务质量管理、服务监控和安全管理等。用户访问层能提供方便用户使用云计算服务所需的各种支撑服务，为使用每个层次的云计算服务提供相应的访问接口。

2．弹性计算技术

按需部署是云计算的核心，要解决按需部署，必须解决资源的动态可重构、监控和自动化部署等。而这些需要以虚拟化、高性能存储、处理器、高速 Internet 等技术为基础，所以云计算除要仔细研究其体系结构外，还要研究资源的动态可重构、自动化部署、资源监控、虚拟化、高性能存储、处理器等关键技术。

3．海量分布式存储技术

为实现高可用、高可靠和经济性，云计算采用分布式冗余存储的方式来存储数据，以高可靠架构和软件、数据的冗余来弥补硬件的不可靠，提供廉价可靠的系统。云计算系统需要同时满足大量用户的需求，并行地为大量用户提供服务。因此，云计算的数据存储技术必须具有高吞吐率和高传输率的特点。云计算的数据存储技术主要有 Google 文件系统（Google File System，GFS）和 Hadoop 开发团队开发的分布式文件系统（Hadoop Distributed File System，HDFS），GFS 是开源实现的。目前这两种技术已经成为事实标准。

4．并行编程模式

为了高效利用云计算的资源，使用户能更轻松享受云计算带来的服务，云计算的编程模型必须保证后台复杂的并行执行和任务调度,向用户和编程人员透明。云计算采用 MapReduce 编程模型,将任务自动分成多个子任务,通过映射(Map)和化简(Reduce)两步实现任务在大规模计算节点中的调度和分配。该模型是一种处理和产生大规模数据集的编程模型,其不仅是一种编程模型,也是一种高效的任务调度模型。这种编程模型不仅适用于云计算,在多核和多处理器、Cell Processor 及异构机群上同样具有良好性能。

在 MapReduce 编辑模型中,执行程序的 5 个步骤包括:①输入文件;②将文件分配给多个计算节点并行地执行 Map;③写中间文件(本地写);④多个 Reduce 节点计算机同时运行;⑤输出最终结果。程序员在 Map 函数中能指定对各分块数据的处理过程,在 Reduce 函数中能指定如何对分块数据处理中间结果进行归约,用户只需要指定 Map 函数和 Reduce 函数来编写分布式并行程序即可。在集群上运行 MapReduce 程序时,程序员不需要关心如何将输入的数据分块、分配和调度,这些工作都由系统软件完成,同时系统还能处理集群内节点失败和节点间通信的管理等。执行 Reduce 函数时,根据主控接电计算机获得的中间文件的位置信息,Reduce 函数可使用远程过程调用,从中间文件所在节点读取所需的数据。

MapReduce 编程模型具有很强的容错性,当计算节点出现错误时,只需将该计算节点屏蔽在系统外等待修复,并将该计算节点上执行的程序迁移到其他计算节点上重新执行,同时将该迁移信息通过主控节点发给需要该节点处理结果的节点。MapReduce 编程模型使用检查点的方式来处理主控节点出错失败的问题。当主控节点出现错误时,可以根据最近的一个检查点重写并选择一个节点作为主控节点,由此检查点位置继续运行。

总之,MapReduce 编程模型通过 Map 函数和 Reduce 函数进行运算,用户只需要提供自己的 Map 函数及 Reduce 函数就可以在集群上进行大规模的分布式数据处理。MapReduce 编程模型不仅是一种编程模型,也是一种高效的任务调度模型,该模型仅适用于编写任务内部松耦合、能够高度并行化的程序。

### 5. 数据管理技术

云计算的数据管理技术包括可存储海量数据、读取海量数据后进行大量的分析、使用列存储的数据管理模式、列存储读优化数据管理等技术。这些技术可以高效分析、处理大型数据,快速搜索特定数据。云计算的数据管理技术中较著名的是 Google 的 BigTable 数据管理技术。Hadoop 也拥有类似 BigTable 的开源数据管理模块 HBASE。由于采用列存储的数据管理模式管理数据,如何提高数据的更新速率,以及进一步提高随机读速率,是未来数据管理技术必须解决的问题。

### 6. 分布式资源管理技术

分布式资源管理技术是并发执行环境下保证系统状态正确性的关键技术。系统状态需要在计算机集群中的节点之间同步,关键节点出现故障时需要使用迁移服务。分布式资源管理技术通过锁机制协调多任务对资源的使用,从而保证数据操作的一致性。Google 的 Chubby 是著名的分布式资源管理系统。

### 7. 云计算平台管理技术

云计算资源规模庞大,数据中心可能跨越几个不同的物理地点,系统中同时运行着成百上千种应用。要有效管理这些服务器,保证这个庞大的系统能够提供不间断服务是一个巨大的挑战。云计算平台管理技术能够使大量的服务器协同工作,以便进行业务部署,并方便户通过平台获取各种所需服务，通过自动化、智能化实现大规模系统的可运营和可管理。

## 11.3 云计算的应用

### 11.3.1 云计算平台

目前，Google、Amazon、IBM、Microsoft、Sun 等公司提出的云计算基础设施或云计算平台对于研究云计算具有一定的参考价值。针对目前商业云计算解决方案存在的各种问题，开源组织和学术界也纷纷提出了相应的云计算系统或平台解决方案。

**1. Google 云计算平台**

Google 是云计算最大的实践者之一，运营较接近云计算特征的商用平台为在线应用服务托管平台 Google 应用引擎（GAE）。软件开发者可以在此之上编写应用程序。

企业用户可以使用其定制化的网络服务。例如，开发人员根据提供的服务可以编译基于 Python 的应用程序，并可免费使用 Google 的基础设施进行托管（最高存储空间达 500MB）。对于超过上限的存储空间，Google 按"每 CPU 内核每小时"10～12 美分及 1GB 空间 15～18 美分的标准进行收费。典型的应用方式有 Gmail、Google Picasa Web 及可收费的 Google 应用软件套件。

Google 的云计算基础设施最初是在为搜索应用提供服务的基础上逐步扩展的，针对内部网络数据规模大的特点，Google 提出了一整套基于分布式并行集群方式的基础架构，主要由 GFS、BigTable、MapReduce、Chubby 等几个相互独立又紧密结合的系统组成。GFS 是一个分布式文件系统，其能够处理大规模的分布式数据，每个 GFS 集群由一个主服务器和多个块服务器组成，被多个客户端访问。主服务器负责管理元数据、存储文件和块的命名空间、文件到块之间的映射关系及每一个块副本的存储位置；块服务器能存储块数据，把文件分割成固定尺寸（64MB）的块，块服务器把块作为 Linux 文件保存在本地硬盘上。为了保证可靠性，每个块默认保存 3 个备份。主服务器通过客户端向块服务器发送数据请求，而块服务器则将取得的数据直接返回给客户端。

**2. 开源云计算平台**

Hadoop 是 Apache 基金会的开源云计算平台项目（分布式系统基础架构），是从 Nutch 项目发展而来的，专门负责分布式存储及分布式运算的项目。由于 Yahoo、Amazon 等公司的直接参与和支持，Hadoop 已成为目前应用最广、最成熟的云计算开源项目之一。Hadoop 由 HDFS、MapReduce、锁服务、结构化数据存储附属等组成，是 GFS 与 MapReduce 分布式计算框架及相关基础服务的开源实现。此外，国内外很多开源云计算平台项目也都提出了较为完整的体系结构设计，比较成熟的有 AbiCloud、Eucalyptus、MongoDB、ECP、Nimbus 等，这些均有助于对云计算平台的理解。

**3. Amazon 的 AWS 云服务**

Amazon 是以在线书店和电子零售业发展起来的，如今已在业界享有盛誉，它的云计算服务不涉及应用层面的计算，主要是基于虚拟化技术提供底层的可通过网络访问的存储、计算机处理、信息排队和数据库管理系统等租用式服务。Amazon 的云计算建立在其公司内部的大规模集群计算平台之上,并提供托管式的计算资源出租服务,用户可通过远端的操作界面选择和使用服务。

Amazon 是最早提供云计算服务的公司之一,该公司的弹性计算云(Elastic Compute Cloud,EC2)平台建立在公司内部的大规模计算机、服务器集群上,能为用户提供网络界面操作在云端运行的虚拟机实例。用户只需要为自己所使用的弹性计算云平台实例付费即可,运行结束后计费也会随之结束。弹性计算云用户使用客户端,通过 SOAP over HTTP 与弹性计算云内部的实例进行交互。弹性计算云平台能为用户或开发人员提供一个虚拟的集群环境,在用户具有充分灵活性的同时,减轻其拥有者(Amazon)的管理负担。弹性计算云中的每个实例代表一个运行中的虚拟机。用户对自己的虚拟机具有完整的访问权限,包括针对此虚拟机操作系统的管理员权限。虚拟机的收费也是根据虚拟机的能力进行费用计算的。实际上,用户租用的是虚拟的计算能力,通过这种方式,用户不必自己去建立云计算平台。总之,Amazon 通过提供弹性计算云,满足了小规模软件开发人员对集群系统的需求,减轻了维护负担。其收费方式相对简单明了,用户只需要为这一部分使用的资源付费即可。

#### 4. IBM 的 SmartCloud 云计算平台

IBM 的 SmartCloud 云计算平台是一套软硬件平台,将 Internet 上使用的技术扩展到企业平台上,使数据中心可使用类似于 Internet 的计算环境。它由一个数据中心、IBM Tivoli 监控软件(Tivoli Monitoring)、IBM DB2 数据库、IBM Tivoli 部署管理软件(Tivoli Provisioning Manager)、IBM WebSphere 应用服务器和开源虚拟化软件,以及一些开源信息处理软件共同组成。SmartCloud 云计算平台采用了 Xen、PowerVM 虚拟技术和 Hadoop 技术,以期帮助用户构建云计算环境。SmartCloud 云计算平台的特点主要体现在虚拟机及其所采用的大规模数据处理软件 Hadoop 上,侧重云计算平台的核心后端,未涉及用户界面。由于该架构是完全基于 IBM 的产品设计的,所以也可以理解为 SmartCloud 云计算平台的产品架构。2008 年 2 月,IBM 成功在无锡科教产业园设立了中国第一个商业化运营的云计算中心。它提供了一个可运营的支撑体系,当一个公司入驻科教产业园后,其部分软硬件可以通过云计算中心来获取和使用,大大降低了基础设施的建设成本。

#### 5. Microsoft 的 Azure 云平台

Microsoft 于 2008 年 10 月推出了 Windows Azure 操作系统,是继 Windows 取代 DOS 之后的又一次颠覆性转型,通过在 Internet 架构上打造新云计算平台,让 Windows 真正由 PC 延伸到"蓝天"上。Microsoft 的 Azure 云平台包括 4 个层次:底层是 Microsoft 全球基础服务(Global Foundation Service,GFS)系统,由遍布全球的第四代数据中心构成;云基础设施服务(Cloud Infrastructure Service)层以 Windows Azure 操作系统为核心,主要从事虚拟化计算资源管理和智能化任务分配;Windows Azure 操作系统之上是一个应用服务平台,它发挥着构件的作用,能为用户提供一系列服务,如 Live 服务、NET 服务、SQL 服务等;再往上是 Microsoft 提供给开发者的 API、数据结构和程序库,是 Microsoft 为用户提供的服务(Finished Service),如 Windows Live、Office Live、Exchange Online 等。

#### 6. Sun 云基础设施

Sun(Sun 已于 2010 年被 Oracle 收购)提出的云基础设施体系结构包括服务、应用程序、中间件、操作系统、虚拟服务器和物理服务器，形象地体现了其提出的"云计算可描述在从硬件到应用程序的任何传统层级提供的服务"的观点。

### 11.3.2 云计算衍生产品

#### 1．云存储

云存储系统是在云计算概念上延伸和发展出来的一个新的概念，是指通过集群应用、网格技术或分布式文件系统等功能，将网络中大量不同类型的存储设备通过应用软件集合起来协同工作，共同对外提供数据存储和业务访问功能的一个系统。当云计算系统运算和处理的核心是大量数据的存储和管理时，云计算系统就需要配置大量的存储设备，那么云计算系统就转变成一个云存储系统，所以云存储系统是一个以数据存储和管理为核心的云计算系统。

典型的云存储系统包括百度云、阿里云、网盘等，其能为用户提供存储和下载大容量文件服务，许多信息技术厂商为了捆绑客户，也开始有自己的云存储服务，如联想的"乐云"、华为的网盘、百度网盘（见图11.3）等。

图 11.3　百度网盘界面图

#### 2．云安全

云安全是在 Internet 和云计算融合时代，信息安全的最新发展之一，包括以下两方面内容。

1）云计算技术在安全领域的应用

云安全技术是指信息安全产品和服务提供商利用云计算技术手段提供信息安全服务的模式，属于云计算 SaaS 模式的一种。瑞星、趋势科技、卡巴斯基、McAfee、Symantec、江民科技、熊猫安全、金山、360安全卫士等都推出了云安全解决方案。云安全的核心是对海量未知恶意文件或网页进行实时处理。

云安全是网络时代信息安全的最新体现，其融合了并行处理、网格计算、未知病毒行为判断等新兴技术和概念，通过网状的大量客户端对网络中软件行为的异常进行监测，以获取Internet中木马、恶意程序的最新信息，先推送到服务端进行自动分析和处理，再把病毒和木马的解决方案分发到每个客户端。

简单理解就是通过Internet达到"反病毒厂商的计算机群"与"用户终端"的互动。云安全不是某款产品，也不是解决方案，它是基于云计算技术演变而来的一种Internet安全防御理念。

2）安全技术在云计算平台的应用

云计算安全是利用安全技术，解决云计算环境的安全问题，提升云体系自身的安全性，保障云计算服务的可用性、数据机密性、完整性和隐私保护等，保证云计算健康可持续地发展，是对信息安全和云服务本身的安全提出的新要求的解决方案和技术，主要集中在安全体系结构、虚拟化、隐私、审计、法律等方面，包括数据加密、密钥管理、应用安全、网络安全、管理安全、传输安全、虚拟化安全等。

云计算安全的关键技术主要分为数据安全、应用安全、虚拟化安全。数据安全的研究主要包括数据传输安全、数据隔离、数据残留等方面；应用安全包括终端用户安全、服务安全、基础设施安全等；虚拟化安全主要包括虚拟化软件的安全和虚拟化技术的安全。

云计算安全研究目前还处于初步阶段，主要研究者和推动者包括云安全联盟（Cloud Security Alliance，CSA），主要推广云安全实践，提供安全指引；云服务提供商（如Amazon、Microsoft、IBM），主要通过身份认证、安全审查、数据加密、系统冗余等技术和管理手段提高业务平台的健壮性、服务连续性和数据安全性。

云安全的核心技术或研究方向包括大规模分布式并行计算技术、海量数据存储技术、海量数据自动分析和挖掘技术、海量恶意网页自动检测、海量白名单采集及自动更新、高性能并发查询引擎、未知恶意软件的自动分析识别技术、未知恶意软件的行为监控和审计技术等。

### 3. 其他

在游戏、教育、通信和娱乐、交通、医疗等领域，云计算同样被广泛应用。

1）交通云

交通云能将车辆监控、路况监视、驾驶员行为习惯等错综复杂的信息，集中到云计算平台进行处理和分析，并能推送到云终端，以此建立一套信息化、智能化、社会化的交通信息服务系统，使国家交通设施发挥最大效能。利用交通云可以为每位驾驶员和每辆机动车建立档案，收集车辆位置、车况、车内空气、车辆保养、车辆维修、司机驾驶行为等信息。经过云计算处理后，一方面把结果，如交通路况、驾驶提醒、保养提醒等，反馈给司机和相关人员；另一方面利用大数据分析，预测车辆故障和交通事故的发生，提前做好预防措施，这将大大减少交通事故和人员伤亡。同时交警、汽车厂商、保险公司、售后维修、汽车俱乐部等都能通过交通云获取相应的信息。

2）医疗云

医疗云的核心是以全民电子健康档案为基础，建立覆盖医疗卫生体系的信息共享平台，打破各个医疗机构的信息孤岛现象，同时围绕居民的健康关怀提供统一的健康业务部署，建立远程医疗系统，尤其适用于很多缺医少药的农村。通过部署医疗云，可以在人口密集居住区增设各种自助终端体检，甚至可以使自助终端进入家庭。

3）购物云

一次完整的购物消费过程，包括 8 个阶段，即产生需求、形成心理价位、选择商品、付钱购买、接收商品、使用商品、售后服务、用完回收。每个阶段都是一个选择、分享和评价的过程。购物员必须完全覆盖这 8 个阶段，在每个阶段灵活引入相应的关怀和分享机制，如购物员咨询其他云，科学预测用户的需求，并在合理的时间点提醒用户需要购买什么产品；咨询其他云，从而合理地计算用户购物的心理价位区间；选择商品时，用户只需要采用自然语言说出需求信息，购物云就会返回满足需求的商品列表，并且通过 VR 技术给用户建模，让其进入云中体验商品，如试穿衣服、触摸家具等。现实中的人们和我可以观看云中的"我"试用商品的情景，也可以观看云中的其他人试用商品的情景，并且可以分享各自的观点，这比实体店购物体验更好；购物界面上始终呈现一个虚拟的顾问，其就是一个无所不知的购物机器人，用户可以向"他"咨询任何问题；付钱购买直接在购物云中完成，无须登录网上银行；开辟高档商品俱乐部，线上线下形成圈子，大家分享各自的商品使用体验；对每个注册的购物用户都安排一名虚拟的咨询顾问，对于购买的任何商品，虚拟的咨询顾问都会给用户无微不至的关怀，如提醒其保养等，用户也可以随时向其咨询。总之，与传统网店相比，购物云更智能，能提供比线下购物更佳的用户体验。

4）高性能计算云

高性能计算云，即把云端成千上万台的服务器联合起来，组成高性能计算集群，承载中型、大型、特大型计算任务。例如，科学计算能解决科学研究和工程技术中所遇到的大规模数学计算问题，可广泛应用于数学、物理、天文、气象、化学、材料、生物、流体、力学等学科；建模与仿真包括自然界的生物建模和仿真、社会群体建模和仿真、进化建模和仿真等；工程模拟包括核爆炸模拟、风洞模拟、碰撞模拟等；图形渲染的可视化设计应用领域有 3D 游戏、电影电视特效、动画制作、建筑设计、室内装潢等。

## 11.4  云计算与其他集群计算比较

### 11.4.1  云计算与网格计算

网格计算（Grid Computing）是 20 世纪 90 年代中期发展起来的所谓下一代 Internet 的核心技术。网格技术的开创者 Ian Foster 将之定义为"在动态、多机构参与的虚拟组织中协同共享资源和求解问题"。网格在网络基础之上，基于 SOA（Service Oriented Architecture，面向服务的体系结构），使用互操作、按需集成等技术手段，将分散在不同地理位置的资源虚拟成一个有机整体，以实现计算、存储、数据、软件和设备等资源的共享，从而大幅提高资源的利用率，使用户获得前所未有的计算和信息能力。

有关方面致力于网格中间件、网络平台和网格应用建设。国外著名的网格中间件有 Globus Toolkit、UNICORE、Condor、gLite 等，其中 Globus Toolkit 得到了广泛采纳。国际知名的网格平台有 TeraGrid、EGEE、CoreGRID、D-Grid、ApGrid、Grid3、GIG 等。TeraGrid 是由美国国家基金会计划资助构建的大规模开放的科学研究环境，其中集成了高性能计算机、数据资源、工具和高端实验设施。目前 TeraGrid 已经集成了超过每秒 750 万亿次计算能力、30PB 数据、用于超过

100 个面向多个领域的网格应用环境。EGEE（Enabling Grids for E-sciencE）是由欧盟委员会资助的超大型、面向多个领域的网格计算基础设施，其汇集了世界范围内的 120 个研究机构，以及 48 个国家的 250 个网格站点，其中包含超过 68000 个 CPU，可供用户每天 24 小时、每周 7 天使用，除了拥有 20PB 的存储容量，还支持平均每天为 8000 个用户处理 30000 个并行作业。中国也有类似研究，如中国国家网格（CNGrid）和空间信息网格（SIG）、教育部支持的中国教育科研网格（ChinaGrid）等。网格应用系统的应用领域包括大气科学、天文学、林学、海洋科学、环境科学、生物信息学、医学、物理学、天体物理、地理科学、工程学、社会行为学等。

网格计算可分为 3 种类型：计算网格、信息网格和知识网格。计算网格的目标是提供集成各种计算资源的虚拟化的计算基础设施。信息网格的目标是提供一体化的智能信息处理平台，集成各种信息系统和信息资源、消除信息孤岛，使用户能按需获取集成后的精确信息。知识网格是研究一体化的智能知识处理和理解平台，使用户能方便地发布、处理和获取知识。

云计算和网格计算的一个重要区别在于资源调度模式。云计算采用集群来存储和管理数据资源，运行的任务以数据为中心，调度计算任务到数据存储节点运行；网格计算以计算为中心。网格计算先将数据和计算资源虚拟化；云计算进一步将硬件资源虚拟化，使用虚拟机技术对失败的任务重新调度执行，不必重启任务。网格计算能够解决集群计算不支持的异构设备、资源无法动态伸缩的问题；云计算能够有效弥补网格计算无法同时支持异构多任务体系、无法实现资源动态流转的不足。可以说，云计算弥补了网格计算的不足，是网格计算的高级阶段。网格计算以科学研究为主，重视标准规范，也非常复杂，实现起来难度大，缺乏成功的商业模式。在网格计算基础上，应用云计算对于许多高端科学或军事应用而言仍然无法满足要求，有些任务仍然需要网格计算来解决。

### 11.4.2 云计算与分布式计算

分布式计算（Distributed Computation）是指在一个松散或严格约束条件下使用硬件和软件系统处理任务，系统包含多个处理器单元或存储单元、多个并发过程、多个程序。一个程序先被分成多个部分，再通过网络连接起来在计算机上运行。分布式计算类似于并行计算，但并行计算通常指一个程序的多个部分同时运行于某台计算机上的多个处理器上。因此，分布式计算通常需要处理异构环境、多样化的网络连接、不可预知的网络或计算机错误。云计算属于分布式计算的范畴，是以提供对外服务为导向的分布式计算形式。云计算把应用和系统建立在大规模的廉价 x86 服务器集群上，通过基础设施与上层应用程序的协同构建，以达到最大效率利用硬件资源的目的。云计算能通过软件的方法容忍多个节点的错误，达到分布式计算系统可扩展性和可靠性两个方面的目标。

### 11.4.3 云计算与并行计算

并行计算（Parallel Computing）是指同时使用多种计算资源解决计算问题的过程，是提高计算机系统计算速度和处理能力的一种有效手段。它的基本思想是用多个处理器来协同求解同一问题，即将被求解的问题分解成若干个部分，各部分均由一个独立的处理机来并行计算。并行计算系统既可以是专门设计的、含有多个处理器的超级计算机，也可以是以某种方式互连的若干台独立计算机构成的集群。先通过并行计算集群完成数据的处理，再将处理的结果返回给用户。任何的高性能计算和超级计算都离不开并行技术。近年来，随着硬件技术和新型应用的不断发展，并行计算也有了若干发展。云计算是并行计算的一种形式，也属于高性能计算、超级计算的形式之一。云计算作为并行计算的最新发展计算模式之一，对于服务器端的并行计算要求增强，因为数以万计的用户应用都是通过 Internet 在云端来实现的，其在带来用户工作方式和商业模式的根本性改变的同时，对大规模并行计算的技术提出了新的要求。

### 11.4.4　云计算与效用计算

效用计算（Utility Computing）是一种提供服务的模型，在这个模型里服务提供商能提供客户需要的计算资源和基础设施管理，并根据应用所占用的资源情况进行计费，而不仅按照速率进行收费。简单地说，效用计算就是通过 Internet 资源来实现对企业用户的数据处理、存储和应用等问题，企业不必再组建自己的数据中心。在效用计算中，计算资源视为一种计量服务，就像水、电、煤气等一样。传统企业数据中心的资源利用率普遍在 20%左右，效用计算允许用户只为他们所需要用到并且已经用到的那部分资源付费。效用计算理念发展的进一步延伸就是云计算技术，该技术正在逐步成为技术发展的主流。云计算以服务的形式提供计算、存储、应用资源的思想与效用计算非常类似。两者的区别不在于思想背后的目标，而在于组合到一起，使这些思想成为现实的技术。云计算以虚拟化技术为基础，能提供最大限度的灵活性和可伸缩性。云计算服务商可以轻松地扩展虚拟环境，通过提供者的虚拟基础设施提供更大的带宽或计算资源。效用计算通常类似于云计算的基础设施支持，但并不是一定的。同样，在云计算基础上可采用效用计算，也可以不采用效用计算。

## 11.5　大数据简介

### 11.5.1　大数据的定义

大数据在现代社会实践中发挥着巨大的优势，其利用价值也超出了我们的想象。例如，通过大数据分析可以了解和定位客户，这是大数据目前较广为人知的应用领域。很多企业收集的社交媒体数据、浏览器日志、文本挖掘等各类数据集，通过大数据技术创建预测模型，从而更全面地了解客户及他们的行为、喜好。电信公司可以更好地预测客户流失；沃尔玛可以更准确地预测产品的销售情况；汽车保险公司能更真实地了解客户的实际驾驶情况。除此之外，政府竞选活动也引入了大数据分析技术。一些人认为，奥巴马能在 2012 年总统大选中获胜，归功于他们团队的大数据分析能力。

分析大数据可以了解和优化业务流程，如供应链或配送路径优化。通过定位和识别系统来跟踪货物或运输车辆，并根据实时交通路况数据优化运输路线。人力资源业务流程也在使用大数据进行优化。Sociometric Solutions 公司通过在员工工牌里植入传感器，检测其工作场所及社交活动，员工在哪些工作场所走动，与谁交谈，甚至交流时的语气如何。美国银行通过大数据分析发现呼叫中心表现最好的员工，他们制定了小组轮流休息制度，平均业绩提高了 23%。

运用大数据技术还可以提高体育运动技能。如今大多数顶尖的体育赛事都采用了大数据分析技术。用于网球比赛的 IBM SlamTracker 工具，能通过视频分析及跟踪球的落点或者棒球比赛中每个球员的表现。许多优秀的运动队也在训练之外跟踪运动员的营养和睡眠情况。美国职业橄榄球大联盟 NFL 开发了专门的应用平台，用于帮助所有球队根据球场上的草地状况、天气状况及学习期间球员的个人表现做出最佳决策，以减少球员不必要的受伤。

究竟该如何定义"大数据"呢？"大数据（Big Data）"是指大量数据的集合，可以使用数据量来区分和判断。维基百科对"大数据"的定义为巨量资料或大数据，是指所涉及的资料量规模巨大。由于数量太大，想要通过目前的主流软件，在合理的时间把这些数据采集、管理、处理、整理成帮助企业经营决策的资讯是无法做到的。百度百科对"大数据"的定义是，大数据是指无法在可承受的时间范围内，用常规软件工具进行捕捉、管理和处理的数据集合。"大数据"并没有明确的界限，它的标准是可变的。在今天，不同行业中"大数据"的范围可以从太字节到拍字节，但在 20 年前，1GB 的数据已然是大数据。可见，随着计算机软硬件技术的发展，符合大数据标准的数据集容量也会增长，其数据集规模已经超过了传统数据库软件获取、存储、分析和管理的能力。

## 11.5.2 大数据的数据结构类型

大数据的数据结构类型包括以下 4 种。

（1）结构化数据。结构化数据包括预定义的数据类型、格式和结构的数据。例如，关系型数据库中的数据。

（2）半结构化数据。半结构化数据是具有可识别模式并可解析的文本数据文件。例如，自描述和具有定义模式的可扩展标记语言数据文件。

（3）准结构化数据。准结构化数据是具有不规则数据格式的文本数据，使用工具可进行格式化。例如，包含不一致的数据值和格式化的网站点击数据。

（4）非结构化数据。非结构化数据是没有固定结构的数据，通常保存为不同类型的文件。例如，文本文档、图片、音频和视频。

## 11.5.3 大数据的特征

大数据的特征包括数据量大、类型繁多、价值密度低、速度快。

### 1．数据量大

目前，各类机构存储数据的数量正在急速增长。存储数据包括环境数据、财务数据、医疗数据、监控数据、商务数据等。数据量从太字节级别、拍字节级别升级到泽它字节级别。特别是非结构化数据的超大规模和增长，达到了总数据量的 80%～90%，比结构化数据增长快 10～50 倍，是传统数据仓库的 10～50 倍。随着数据量的不断增加，可处理、理解和分析的数据比例在不断下降。

### 2．类型繁多

随着传感器、智能设备及社交协作技术的激增，数据也变得更加复杂。数据的来源有很多，包括网页、Internet 日志文件、音频、视频、图片、电子邮件、文档、地理位置信息、主动和被动的传感器数据等。数据不仅包括传统的关系型数据，还包括半结构化数据和非结构化数据。大数据的这种异构和多样性，使一些数据呈现无模式或模式不明显的特征，其不连贯的语法或句义加大了数据分析的难度。这些多类型的数据对数据的处理能力提出了更高要求。

### 3．价值密度低

价值密度的高低与数据总量的大小成反比。以视频为例，1部1小时的视频，在连续不断的监控中，可发现的有用数据仅有1~2s。可见，在获取的常规数据中存在大量的不相关信息，如何通过强大的机器算法更迅速地完成对数据的价值"提纯"，成为目前大数据背景下亟待解决的难题。对获取的商业数据实现有效的价值提纯有助于实现对未来趋势与模式的可预测分析。

### 4．速度快

速度快、时效高是大数据处理技术区别于传统海量数据处理技术的最显著特征之一。在海量的、价值密度低的数据面前，要求数据处理的效率大幅提升。

### 11.5.4 大数据处理技术

按照"大数据"处理的实时性，大数据处理可分为实时大数据处理和离线大数据处理两种。实时大数据处理一般用于金融、移动和Internet B2C产品等，往往要求在数秒内返回上亿行数据的分析，从而达到不影响用户体验的目的。要满足这样的需求，可以采用传统关系型数据库组成并行处理集群，或采用内存计算平台、HDD架构，这些无疑都需要比较高的软硬件成本。对于大多数反馈时间要求不是那么严苛的应用，如离线统计分析、机器学习、搜索引擎的反向索引计算、推荐引擎的计算等，应采用离线分析的方式，通过数据采集工具将日志数据导入专用的分析平台。

大数据处理的一般过程为大数据采集、大数据预处理、大数据存储与管理、大数据分析与挖掘、大数据展现与应用。大数据处理的关键技术是在处理大数据的各个阶段使用相关技术。大数据处理各阶段的对应技术如图11.4所示。

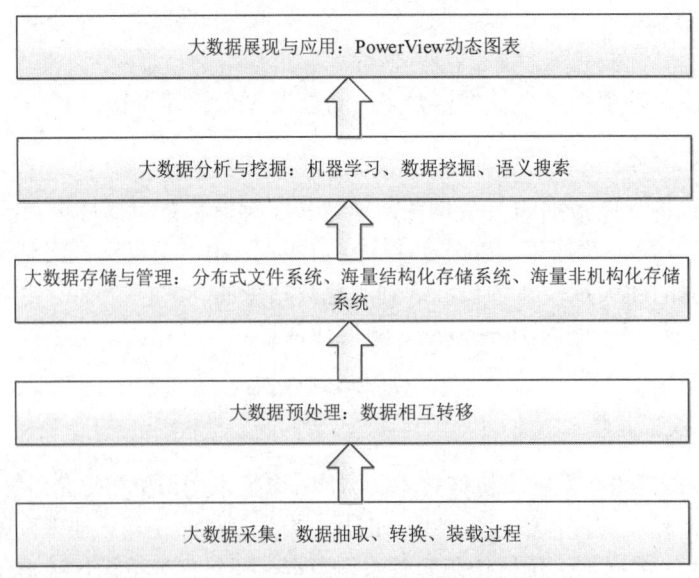

图11.4 大数据处理各阶段的对应技术

1. 大数据采集技术

"大数据采集系统"一般分为大数据智能感知层和基础支撑层。大数据智能感知层相关技术，是指对海量数据进行智能化识别、定位、跟踪、接入、传输、信号转换、监控、初步处理和管理的技术。智能感知层主要包括 RFID 数据采集体系、社交网络交互数据采集体系、移动 Internet 数据采集体系、数据传感体系、网络通信体系、传感适配体系、智能识别体系，以及这些体系的软硬件资源接入系统。Apache Flume 是 Apache 旗下的一款开源数据采集系统，Flume 最初是由 Cloudera 的工程师设计用于合并日志数据的系统，后来逐渐用于处理流数据事件。Fluentd 是另一个开源的数据收集框架，支持各种不同种类和格式的数据源和数据输出。

2. 大数据预处理技术

"大数据预处理技术"主要完成对已接收数据的抽取、清洗等操作。

（1）抽取：获取的数据可能具有多种结构和类型，数据抽取可以将这些复杂的数据转化为单一的或便于处理的结构和类型，以达到快速分析和处理的目的。

（2）清洗：大数据并不全是有价值的，有些数据并不是人们所关心的内容，或是完全错误的干扰项，因此要对数据进行过滤、去噪，以提取有效的数据。该步骤对后续的数据分析非常重要，它能够提高数据分析的准确性。

例如，RFID 在库存检查和目标跟踪等方面有广泛应用。然而原始的 RFID 数据质量较低并包含许多由于物理设备的限制和不同类型环境噪声导致的异常信息。通过数据清洗可以消除数据中的错误和副本，使后续数据挖掘技术能够更高效地运行。

3. 大数据存储与管理技术

"大数据存储与管理技术"是解决大数据的存储、表示、处理、可靠性及有效传输等关键问题的技术，包括如下技术。

（1）数据库技术。数据库分为关系型数据库、非关系型数据库及数据库缓存系统。关系型数据库包含传统关系数据库系统和 NewSQL 数据库。非关系型数据库主要是指 NoSQL 数据库，分为键值数据库、列存数据库、图存数据库及文档数据库等。

（2）大数据安全技术。大数据安全技术包括数据销毁、透明加解密、分布式访问控制、数据审计、隐私保护和推理控制、数据真伪识别和取证、数据持有完整性验证等技术。

4. 大数据分析与挖掘技术

"数据挖掘"是从大量的、不完全的、有噪声的、模糊的、随机的实际应用数据中，提取隐含在其中的、人们事先不知道的、但又有潜在价值的信息和知识的过程。数据挖掘算法能以很高的速度处理大量数据，通过分割、集群、孤立点分析，以及其他各种方法精炼数据、挖掘价值。数据挖掘涉及的技术方法有很多，包括很多分类。

（1）根据挖掘任务可分为分类或预测模型发现、数据总结、聚类、关联规则发现、序列模式发现、依赖关系或依赖模型发现、异常和趋势发现等。

（2）根据挖掘对象可分为关系数据库、面向对象数据库、空间数据库、时态数据库、文本数据库、多媒体数据库、异质数据库、遗产数据库及 Internet Web 数据库。

（3）根据挖掘方法可分为机器学习算法、统计算法、神经网络算法和数据库算法。机器学习算法可细分为归纳学习法（决策树法、规则归纳法）、基于范例学习法、遗传算法等；统计算法可细分为回归分析（如多元回归分析、自回归分析）、判别分析（如贝叶斯判别分析、费歇尔判别分析、非参数判别分析）、聚类分析（如系统聚类分析、动态聚类分析）、探索性分析（主元分析、相关分析）等算法。

（4）根据数据挖掘目的可分为可视化分析技术、预测性分析技术、语义引擎技术、数据质量和数据管理技术。数据可视化无论对于普通用户还是数据分析专家，都是较基本的功能，数据图像化可以让数据"说话"，让用户直观地感受到结果；预测性分析技术可以让分析师根据图像化分析和数据挖掘的结果做出一些前瞻性判断；语义引擎技术需要采用人工智能从数据中主动地提取信息，语言处理技术包括机器翻译、情感分析、舆情分析、智能输入、问答系统等；数据质量和数据管理技术是管理的最佳实践，通过标准化流程和机器对数据进行处理可以确保获得一个预设质量的分析结果。

大数据分析与挖掘技术还包括改进已有数据挖掘和机器学习技术，开发数据网络挖掘、特异群组挖掘、图挖掘等新型数据挖掘技术，突破基于对象的数据连接、相似性连接等大数据融合技术及用户兴趣分析、网络兴趣分析、网络行为分析、情感语义分析等面向领域的大数据挖掘技术。

### 5. 大数据展现与应用技术

大数据技术将隐藏于海量数据中的信息和知识挖掘出来，为社会经济活动提供了依据，并提高了各个领域的运行效率及整个社会经济的集约化程度。在中国，大数据技术重点应用于商业智能、政府决策、公共服务三大领域，如应用于商业智能技术、政府决策技术、电信数据信息处理与挖掘技术、电网数据信息处理与挖掘技术、气象信息分析技术、环境监测技术、警务云应用技术（用于道路监控、视频监控、网络监控、智能交通、反电信诈骗、指挥调度等公安系统）、大规模基因序列分析比对技术、Web 信息挖掘技术、多媒体数据并行化处理技术、影视制作渲染技术及其他行业的云计算和海量数据处理应用技术等。

## 11.6 云计算与大数据系统

### 11.6.1 大数据处理系统的功能

大数据处理系统是一套软硬件结合的系统，把大数据汇聚起来，加以分析和处理，将其中有价值的信息分析出来，使用户可以把握事物的全局、预测未来的变化趋势等，大数据处理系统可以帮助人们有效地掌握、收集、分析和利用数据。系统具有如下功能。

#### 1. 海量数据存储

大数据处理系统能够存储随时间变化不断变大的数据，多种数据类型的数据，结构化、半结构化和非结构化的数据，可以存储极大的数据个体，也可以存储很小的数据个体。

#### 2. 高速处理

系统能满足用户对响应速度的要求。在数据规模不断增大、数据量短时间内快速增大时，系统的处理速度不受影响。

#### 3．并行服务快速开发

系统必须提供并行服务的开发框架，让开发人员能够依据此框架迅速开发出面向大数据的程序代码，并可在动态分布集群上实现并行运算。

#### 4．可在廉价机器搭建的集群上运行

实现廉价是大数据处理系统需要达到的重要目标之一，系统能安装并运行在廉价的机器上，还具有将规模庞大的廉价机器组成集群并协调工作的功能。

### 11.6.2 大数据处理系统的特性

根据大数据处理系统的功能，要求其具备以下特性。

#### 1．实用性

系统必须具有实用性，既可以满足几个节点构成的小规模集群，又可以满足拥有上万节点的大规模集群。系统在一个节点上安装完成后，可以同构地快速复制到多个节点上。系统可以在单节点上模拟独立运行和伪分布运行，以便程序的开发和调试，还可以在开源通信系统上建立开源操作系统，其必须支持多种协议格式，允许基于这些协议与系统进行交互。

#### 2．可靠性

为了减少单点故障及其对整个系统的影响，当核心节点出现故障时，系统能够迅速切换到备份节点上，当计算节点出现故障时，控制节点可将任务分发到邻近节点上。

#### 3．安全性

数据是系统中最重要的核心资产之一，不允许因节点故障而造成丢失，同时要确保数据的完整性。

#### 4．可扩展性

系统应允许集群内节点的增加和减少，主控节点应该可以感知节点数量的变化；当原节点因老化而被替换时，需提供方法将节点的数据迁移到新节点上且不破坏数据的完整性；用户可以根据内容类型的不同，采用不同的编码方式来新增数据类型。

#### 5．完整性

完整性指系统功能的完整性。大数据处理系统必须具有大数据采集、存储、开发、分析、控制、呈现等涉及大数据处理全生命周期的子系统或功能模块，能够让用户基于大数据处理系统完成其应用。

### 11.6.3 云计算与大数据处理系统

大数据处理系统属于云计算的 PaaS。PaaS 能为用户提供计算平台系统、编程语言的运行环境、数据库、Web 服务器等，把开发环境作为一种服务来提供。用户可以使用中间商的设备开发和运行自己的程序，并通过 Internet 及其服务器传输到其他用户手中。PaaS 公司在网上提供了各种开发和分发应用的解决方案，如虚拟服务器和操作系统，开发的应用调用了 PaaS

平台的 API，运行时使用了 PaaS 平台的硬件资源，以及数据资源，节省了用户在硬件上的开销，也使处于分散工作场地的用户之间的合作变得更加容易。如果用户使用阿里云进行大数据服务，则可以在其提供的平台上使用 API，也可以使用 Java 编程环境编写商务数据统计软件，在进行数据统计分析时，由阿里云的大数据处理系统进行数据处理。

当然，用户也可以构建自己私有的大数据处理系统，搭建一个服务器集群，安装大数据处理软件，如 Hadoop，使用命令行方式、调用 Hadoop 的 API 对静态大数据文件进行处理，或者安装 Spark 软件，对前台的动态数据流进行实时处理。

## 11.7 大数据处理系统实例

### 11.7.1 Google 大数据处理系统

Google 拥有全球较强大的搜索引擎，能为全球用户提供基于海量数据的实时搜索服务。Google 为了解决海量数据的存储和快速处理问题，设计了一种简单而又高效的大数据处理系统，能让多达百万台计算机协同工作，共同完成对海量数据的存储和快速处理。Google 大数据处理系统的核心技术包括 GFS、MapReduce 和 BigTable。GFS 能提供大数据的存储访问服务，MapReduce 能实现并行计算，BigTable 能管理和组织结构化大数据。

#### 1. GFS

GFS 是一个可扩展的分布式文件系统，用于大型的、分布式的、对大量数据进行访问的应用。它与 MapReduce 及 BigTable 结合得非常紧密，是基础的底层系统，可以运行于价格较低的普通硬件上，提供容错功能。GFS 将整个系统的节点分为 Client（客户端）、Master（主服务器）和 ChunkServer（数据块服务器）三类。

Client 是 GFS 提供给应用程序的访问接口，是一组专用接口，不遵守 POSIX 规范，以库文件的形式提供。应用程序能直接调用这些库函数，并与该库链接在一起。

Master 是 GFS 的管理节点，在逻辑上只有一个，其能保存系统的元数据，负责整个文件系统的管理，是 GFS 的调度中心。

ChunkServer 负责存储。数据以文件的形式存储在 ChunkServer 上，ChunkServer 可以有多个，其数目直接决定了 GFS 的规模。GFS 将文件按照固定大小进行分块，默认分块大小是 64MB，每块称为一个 Chunk（数据块），每个 Chunk 都有一个对应的索引（Index）号。

客户端在访问 GFS 时，首先访问 Master，获取将要与之进行交互的 ChunkSever 信息，然后直接访问 ChunkServer 来完成数据存取。GFS 实现了控制流和数据流的分离。Client 与 Master 之间只有控制流，而无数据流，这降低了 Master 的负载。Client 与 ChunkServer 之间直接传输数据流，同时由于文件被分成多个 Chunk 进行分布式存储，因此 Client 可以同时访问多个 ChunkServer，使 GFS 的 I/O 高度并行，系统整体性能得到提高。GFS 的这种设计模式，在实现大数据存储与处理的目标的同时，做到了在一定规模下使成本降到最低，且保证了系统的可靠性及其他性能。

#### 2. MapReduce

MapReduce 是处理大数据的并行编程模式，用于大数据（大于 1TB）的并行计算，Map

（映射）、Reduce（化简）是从函数式编程语言和矢量编程语言中借鉴来的，这种编程模式适用于非结构化和结构化的海量数据的搜索、挖掘、分析和智能机器学习。

与传统的分布式程序相比，MapReduce 封装了并行处理、容错处理、本地化计算、负载均衡等细节。在 x86 计算机构成的巨大集群中，使用 MapReduce 提供的接口，能把计算处理代码自动分发到集群中的其他计算节点进行并行处理，可以获得极高的运算性能。

MapReduce 的运行模型由多个 Map 函数操作和 Reduce 函数操作构成，将需要处理的数据分组，一个 Map 函数操作一组数据。由于每个 Map 函数操作都针对不同的原始数据，因此 Map 函数与 Map 函数之间是互相独立的，这使它们可以充分并行化。一个 Reduce 函数操作就是对 Map 函数所产生的一部分中间结果进行合并操作，每个 Reduce 函数所处理的 Map 函数的中间结果互不交叉，所有 Reduce 函数产生的最终结果经过简单连接就形成了完整的结果集，因此 Reduce 函数也可以在并行环境下执行。

例如，用 MapReduce 计算一个大型文本文件中各个单词出现的次数，Map 的输入参数指明了需要处理哪部分数据，用"[在文本中的起始位置,需要处理的数据长度]"表示，经过 Map 的处理，形成了一批中间结果"[单词,出现次数]"。而 Reduce 函数则是对中间结果进行处理，将相同单词出现的次数进行累加，得到每个单词总的出现次数。

Map 是把原始数据的键值 "s<k,v>" 变成 "S<k1,v1>" 的另一个键值对，这种转换关系与 Map 函数的处理有关。假设 Map 函数处理的原始键值对是"<序号,语句>"，而输出的键值对是"<单词,单词在语句中出现的次数>"，这就说明 Map 函数的算法能对语句按单词进行拆分，并给出单词在语句中的出现次数。

在操作 Reduce 前，系统会先将 Map 函数的中间结果进行同类项的合并处理。也就是说，Reduce 函数处理原始键值对 "<k,[v1,v2,v3…]>"，而输出的键值对就要看 Reduce 函数的算法对这些 v 值进行怎样的处理。例如，如果对某个单词在文章中出现的次数进行计算，那么就要将这个单词在所有语句中出现的次数相加，最终输出的是"<单词，在文章中出现的次数>"。

### 3. BigTable

BigTable 是一个为管理大规模结构化数据而设计的分布式存储系统，可以扩展到拍字节级数据和上千台服务器。Google 的很多数据，包括 Web 索引、卫星图像数据等在内的海量结构化和半结构化数据都存储在 BigTable 中。

BigTable 是通过一个行关键字、一个列关键字和一个时间戳进行索引的。BigTable 对存储在其中的数据不做任何解析，一律将其看成字符串，具体的数据结构实现由用户自行处理。

行：可以是任意的字符串，但是大小不能超过 64KB。BigTable 通过行关键字的字典顺序组织数据，表中的每个行都可以动态分区，每个分区称为一个 Tablet，Tablet 是数据分布和负载均衡调整的最小单位。

列：列关键字组成的集合称为"列族"。列族是访问控制的基本单位。列族在使用之前必须先创建，然后才能在列族中任何的列关键字下存放数据。列族创建后，其中的任何一个列关键字下都可以存放数据。列关键字的命名语法为"列族：限定词"。列族的名称必须是可打印的字符串，而限定词的名称可以是任意的字符串。

时间戳：在 BigTable 中，表的每个数据项都可以包含同一份数据的不同版本。不同版本的数据通过时间戳来索引。BigTable 时间戳的类型是 64 位整型，在数据项中，不同版本的数据按照时间戳倒序排序，即最新的数据排在最前面。

BigTable 由客户端、主服务器和子表服务器三部分构成。锁打开以后，客户端就可以和子表服务器进行通信。主服务器主要进行一些元数据的操作，以及解决子表服务器之间的负载调度问题，实际数据是存储在子表服务器上的。

主服务器的作用包括新子表分配、子表服务器的状态监控和子表服务器之间的负载均衡。子表服务器上的操作主要涉及子表的定位、分配及子表数据的最终存储。

### 11.7.2 Hadoop

2003—2006 年，Google 发表了 4 篇关于分布式文件系统、并行计算、数据管理和分布式资源管理的文章，奠定了大数据处理系统发展的基础。基于这些文章，开源组织 Hadoop 逐步复制 Google 的大数据处理系统，从此 Hadoop 云计算平台开始流行。

Hadoop 是一个开源分布式计算平台。用户可以利用 Hadoop 轻松地组织计算机资源，从而搭建自己的分布式计算平台，并且可以充分利用集群的计算和存储能力，完成海量数据的处理，Hadoop 已广泛被企业用于搭建大数据处理系统。据不完全统计，全球已经有数以万计的 Hadoop 被安装和使用，中国移动、百度、阿里巴巴都在大规模地使用 Hadoop。随着 Internet 的不断发展，新的业务模式还将不断涌现，Hadoop 的应用也会从 Internet 领域向电信、电子商务、银行、生物制药等领域拓展。

目前，Hadoop 已经成为 Apache 组织大力推进的项目，项目包括基础部分、配套部分及众多子项目。子项目是有特定功能的软件，要使用某个功能就必须先安装这个软件。Hadoop 软件安装后，基础部分的所有内容都已安装，HDFS 和 MapReduce 功能已经具备，如果要使用配套部分的功能，如 Hbase，则还需要另外安装特定的软件包。

对应于大数据处理的各个阶段，Hadoop 也有相应的组件进行处理。Hadoop 的各个组件分为基础部分和配套部分。

**1. 基础部分**

HadoopCommon：是支撑 Hadoop 的公共部分，包括文件系统、远程过程调用（RPC）和序列化函数库等。

HDFS：可以提供高吞吐量的可靠分布式文件系统，是 GFS 的开源实现。

MapReduce：大型分布式数据处理模型，是 Google MapReduce 的开源实现。

**2. 配套部分**

HBase：支持结构化数据存储的分布式数据库，是 Google BigTable 的开源实现。

Hive：提供数据摘要和查询功能的数据仓库。

Pig：在 MapReduce 上构建的一种脚本式开发方式，大大简化了 MapReduce 的开发工作。

Cassandra：由 Facebook 支持的开源、可扩展分布式数据库，是 Amazon 库层架构 Dynamo 的全分布和 Google BigTable 的列式数据存储模型的有机结合。

Chukwa：用来管理大型分布式系统的数据采集系统。

Zookeeper：用于解决分布式系统中的一致性问题，是 Google Chubby 的开源实现。

## 11.8 大数据应用

"大数据"本质的应用在于预测，即从海量数据中分析一定的特征，进而预测未来可能会发生什么，包括体育赛事预测、股票市场预测、市场物价预测、用户行为预测、人体健康预测、疾病疫情预测、灾害灾难预测、环境变迁预测、交通行为预测、能源消耗预测等。"大数据"有数据量大、数据多样性等特征，实际是将各个维度的数据进行综合分析进而进行一定的预测。简单地讲，就是先通过大量数据找规律，找到规律再根据规律和当下的数据推测将要发生的事情。当大量数据被整合到大型数据库中后，预测的广度和精度都会大规模提高。例如，当一个数据库从不同的数据来源获得用户使用手机的时间和地点，信用卡购物，银行卡电子收费系统，使用 QQ 等聊天工具的对象，QQ 好友关系图，在新浪微博、腾讯微博的收听及被收听关系图谱，缴纳的水、电、燃气费等各方面的数据后，数据分析师就能通过匹配获得用户生活的不同侧面，通过大数据与数据分析可以发现其中的关联。在数据足够"大"的情况下，生活中几乎所有的需求都可能被预测出来。大数据应用已经开始并将继续影响人们的生活。下面是几个典型的大数据应用实例。

### 11.8.1 精准广告投放

如果用户曾使用浏览器在淘宝、京东等购物网站购买一本关于孕产的书籍，那么可以发现在之后十个月的时间里，浏览器两侧的广告栏里将不断出现与孕产相关的产品，如营养食品、孕妇用药、胎心监测仪等，登录原来的购物网站，也会在其首页向用户推荐这类产品。十个月之后，广告有可能就变成了婴儿用品广告。

以前，用户可能会厌烦广告推送，但现在对于这类广告，大部分用户却欣然接受，因为其推荐的产品正是用户所需要的。这实际上就是大数据应用的一个简单案例。用户浏览的商品已经被浏览器和电商记录，通过对这些浏览记录进行大数据分析，就可以推测用户的需求，并为不同需求的用户推送其需要的广告产品。

精准广告投放仅是大数据应用的最初级阶段，因为其所涉及的数据范围并不广泛，分析原理也相对简单。

### 11.8.2 精密医疗卫生体系

通过分析大量用户的搜索记录，如"咳嗽""发烧"等特定词条，Google 能准确预测美国冬季流感的传播趋势。与官方机构相比，Google 可以提前一到两周预测流感暴发，预测结果与官方数据的相关性高达 97%。2009 年，在甲型 H1N1 流感暴发的前几周，Google 的工程师公开发表了一篇论文，不仅预测流感即将暴发，其预测还精确到美国的特定地区，这让人们感到十分震惊。准确预测流感，说起来并不复杂，Google 一直致力于对用户检索数据的分析。用户求医问药等搜索数据可谓海量，把这些数据拿来与美国疾控中心往年记录的实际流感病例信息相比对，就可做出相对准确的预测。

"大数据"还可以提供个性化的医疗服务。过去看病，医生只能对人们当下的身体情况做出判断，而在"大数据"的帮助下，将来的诊疗可以对一个患者的累计历史数据进行分析，并结合遗传变异、对特定疾病的易感性和对特殊药物的反应等关系，实现个性化医疗，还可以在患者发生疾病症状前，提供早期的检测和诊断。

### 11.8.3　个性化教育

在传统的教育模式下，分数就是一切，同一个班的学生会使用同样的教材，听同一位老师讲课，课后完成同样的作业。然而，每个学生个体是有差异的，在这个模式下，不可能真正做到"因材施教"。举例来说，一个学生考试成绩为 88 分，这个数字能代表什么呢？88 分背后是这个学生的家庭背景、努力程度、学习态度、智力水平等，把这些信息与 88 分联系在一起，就形成了"数据"关联。"大数据"因其数据来源的广度，有能力去关注每一个个体学生的微观表现，如他们在什么时候开始看书、在什么样的讲课方式下兴趣更高、在什么时候学习什么科目效果更好、在回答不同类型的题目上停留的时间分别有多长等。这些数据对其他个体都没有意义，是高度个性化表现特征的体现。同时，这些数据的产生完全是过程性的，且是在学生不自知的情况下被观察、收集的，只需要一定的观测技术与设备的辅助，不会影响学生任何的日常学习与生活，因此它的采集也是自然、真实的。

在"大数据"的支持下，教育将有可能呈现另外的特征：弹性学制、个性化辅导、社区和家庭学习等。大数据支撑下的教育，就是要发现每一个个体的特点，挖掘每一个个体的学习能力和天分。

### 11.8.4　交通行为预测

基于用户和车辆的定位数据，分析人、车出行的个体和群体特征，进行交通行为的预测。交通部门可预测不同时间、不同道路的车流量，从而进行车辆智能调度，或应用潮汐车道。用户则可以根据预测结果选择拥堵概率更低的道路。

百度地图应用的基于位置的服务（Location Based Services，LBS）预测涵盖范围更广。春运期间可预测人们的"迁徙"趋势，指导火车线路和航线的设置；节假日可预测景点的人流量，指导人们的景区选择；平时还可通过百度热力图得知城市商圈、动物园等地点的人流情况，指导用户出行和商家的选点选址。

Google 的无人驾驶汽车团队利用机器学习算法创造路上行人的模型，使无人驾驶汽车行驶的每一英里路程的情况都会被记录下来，汽车计算机记录这些数据，并分析各种不同的对象在不同的环境中如何表现，有些司机的行为可能会被设置为固定变量（如"绿灯亮，汽车行"），但是汽车计算机不会生搬硬套这种逻辑，而会从实际的司机行为中进行学习。

Google 已经建立了 70 万英里的行驶数据，这将有助于 Google 汽车根据自己的学习经验来调整行为。

### 11.8.5　数据安全

"大数据"包含包罗万象的数据，其中不少数据涉及个人的职位、年龄、身体状况、消费水平、旅行习惯等隐私。那么，在大数据时代，个人隐私能够得到保护吗？这需要国家相关部门实时推进隐私保护，企业主动落实隐私保护责任，使大数据产业在飞速发展的同时，不会对大众的隐私保护构成威胁。

在"大数据"产业中，有两个基本的做法：一是符号化，指识别用户时，识别的仅是一个

"符号",这个符号与真实信息并不相关。例如,系统通过一定的算法能够知道多次登录的是同一个用户,但并没有办法反推这个人是谁,因此,电话、住址等信息都无法与本人关联起来。二是用户特征,用户特征意味着在大数据时代企业感兴趣的往往是这个用户的特征,而不是家庭地址、电话号码等真正敏感的信息。例如,系统需要了解本科以上学历、月收入10000元以上、已婚等这样一个群体,只需要找出符合这些特征的人的特性,并不关心这个人是谁,这样或许不会对人们的隐私构成威胁。

当然,"大数据"的隐私保护问题有赖于政府推动、企业自律与个人安全意识的提高。

## 本章小结

云计算可以看成是一种信息技术资源交付和使用模式,用户通过网络,以按需、易扩展的方式获得所需的资源。云中的资源在使用者看来是可以无限扩展的,可以随时获取、按需使用、按需付费。云计算可以提供的服务包括 IaaS、PaaS、SaaS。云计算的部署方式包括公有云、私有云、混合云和社区云。云计算具有超大规模、虚拟化、高可靠性、高可扩展、通用性、按需部署、高性价比、动态资源池、支持海量信息处理及可计量服务等。云计算的关键技术涉及体系结构、弹性计算、海量分布式存储、并行编程、数据管理、分布式资源管理及平台管理等,其有别于网格计算、分布式计算、并行计算及效用计算等。

大数据在现代社会实践中发挥着巨大优势,其利用价值也超出了我们的想象。大数据是指大量数据的集合,可以使用数据量来区分和判断。大数据的数据结构类型可分为结构化数据、半结构化数据、准结构化数据及非结构化数据。大数据的特征包括数据量大、类型繁多、价值密度低及速度快等。大数据处理的一般过程及关键技术包括大数据采集、大数据预处理、大数据存储与管理、大数据分析与挖掘、大数据展现与应用。大数据处理系统可看作是云计算的 PaaS,可使用云平台服务商提供的数据处理服务,也可以自己构建私有的大数据处理系统。

## 习题

1. 什么是云计算?简单描述其原理。
2. 简述云计算的服务类型及特点。
3. 分布式计算、并行计算、网格计算和云计算有什么异同?
4. 云存储、云安全和云游戏属于哪种服务模式?
5. 什么是大数据?大数据的结构类型和特征有哪些?
6. 大数据处理有哪些步骤?每个步骤对应哪些基本技术?
7. 大数据应用的原理是什么?请举出大数据应用的几个例子。

### 扩展阅读:智能化信息技术运维案例介绍

人工智能与大数据分析技术可以为各个行业提供广泛的应用支撑,包括智能制造领域的工业预测与健康管理、机器视觉识别、生产预测、物流优化、仓储优化、路线优化;智慧医疗领域的脑退化诊疗、癌症预测、基因测序、AR/VR远程诊疗；智慧城市领域的公安多警种调度指挥、交通实时在线仿真、危险品识别与检测、农业产销量预测；新零售领域的门店选址、顾客识别、营销信息推送、智能客服，企业信息技术领域的智能运维等。

例如，联想集团自主研发的智能化运维解决方案AIOps（Artificial Intelligence for Operations）如图11.5所示，其保障了公司从产品研发、市场营销、供应链到售后服务，端到端的全球业务在几千个信息技术系统上高效、平稳地运行，并为全球各地员工提供智能、便捷的办公体验。

图11.5 联想集团自主研发的智能化运维解决方案AIOps

该方案的整体架构可划分为应用层、分析引擎、运维数据湖和监控层4个层级。

应用层主要职责是对分析引擎提供的分析结果进行服务化封装，并提供可视化界面，为不同的终端用户群体提供多样化的智能运维服务。

分析引擎主要职责是提供各类数据分析所需要的资源和能力，包括计算资源管理、模型管理、数据处理和大数据分析等，帮助运维团队完成特征工程、数据建模、模型训练、算法调优和结果输出等相关工作。

运维数据湖主要职责是提供运维数据的基础管理能力，包括数据获取、数据治理、数据消费等，并保证数据分析引擎使用安全、规整和有效的数据。

监控层的主要职责是通过各种监控工具，对应用系统、基础设施、用户访问等各个层面进行全方位监控，另外作为运维数据捕获工具收集相关数据并提供给数据平台。同时监控层在主动运维过程中，承担着监测并发现问题，触发智能修复的作用。

在此框架下，多种智能应用、算法组件可以灵活组合、互连互通，为不同的应用场景提供智能解决方案。例如，将用户画像技术、智能推荐技术与知识库系统及信息技术服务门户相结合，为不同用户群体提供千人千面的使用体验与智能服务。智能化用户服务场景如图11.6所示。

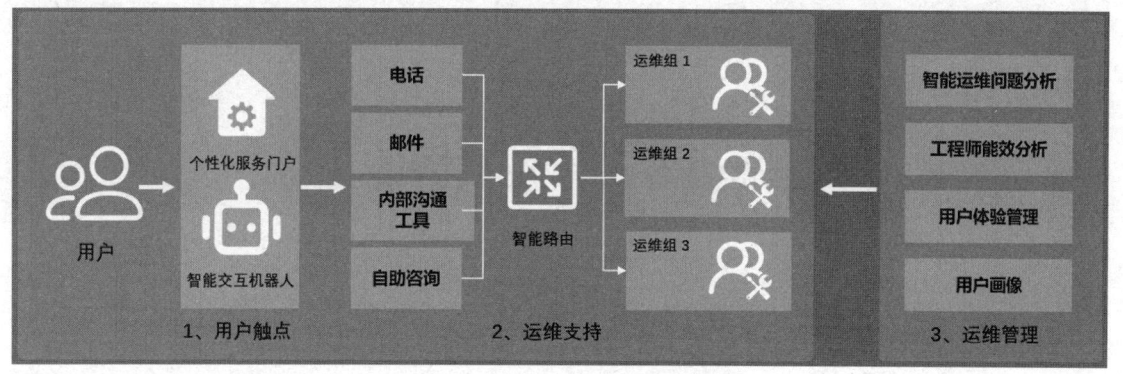

图 11.6 智能化用户服务场景

当企业员工需要信息技术服务时（如我要申请系统权限，为什么订单结算失败），智能运维的用户触点方案会将服务门户及智能机器人嵌入到用户需要支持的场景内，员工可以非常方便地进入服务门户网站，这时后台的用户画像技术就会根据员工的角色、常问问题领域等为他提供适合他角色的服务界面与相关系统知识。如果进入智能交互机器人，员工可通过文字、语音等自然语言方式与机器人进行对话，并自助解决遇到的问题。通过引入智能客服，使超过 50%的用户问题能得到解决，极大地提升了服务效率。

当用户问题需要信息技术专家人工支持时，智能路由模块会基于机器学习技术，将员工所提问题根据分类及内容自动分派给相关专业的工程师进行处理。工程师在解决问题时，智能根因分析及解决方案推荐等技术可以帮助工程师快速定位并解决问题。

此外，智能化运维管理能充分利用机器学习技术与大数据技术，识别并发现其中的重大问题及常见问题，为信息技术系统的改进优化提供深度洞察和决策支撑。用户体验管理方案能关注用户对运维的满意度及用户的学习成长。通过情感分析和主题提取等技术对用户的反馈和建议进行识别、分类和分析，结合用户画像识别关键用户或用户群体，对其进行精准的用户关怀和培训知识投放。工程师能效管理方案通过深度学习能进行人员效能管理及动态人员资源预测等，可以精准地进行人员绩效管理，辅助晋升决策，并动态地对人员进行补充和释放。

# 第 12 章　人工智能

**本章学习目标**
- 了解人工智能的起源与发展
- 理解人工智能的定义
- 了解人工智能的应用领域

本章介绍人工智能的起源与发展过程。大部分篇幅介绍人工智能在社会生活中各个领域的应用场景,以帮助我们理解和学习人工智能技术。

人工智能(Artificial Intelligence,AI)研究如何用计算机去模拟、延伸和扩展人的智能,如何使计算机变得更聪敏、更能干,如何设计和制造具有更高智能水平的计算机的理论、方法、技术及应用系统,是一门新兴的科学技术。它是涉及认知科学、神经生物学、心理学、计算机科学、数学、信息与控制科学等诸多学科的交叉性、前沿性学科。由于其近年的迅速发展和在诸多领域中的广泛应用,被誉为 20 世纪 70 年代以来世界三大尖端技术(空间技术、能源技术、人工智能)之一,也被称为 21 世纪的三大尖端技术(基因工程、纳米科学、人工智能)之一。

## 12.1　人工智能的起源与发展

### 12.1.1　萌芽期

自古以来,人们就不断地探索、制造和使用各种机器来代替人的部分脑力劳动,以提高人们在自然环境中的生存能力。《列子·汤问》中记载了有关西周时期的巧匠偃师制造的能歌舞的机器人的传说故事。公元 850 年,古希腊传说中有关于利用制造的机器人帮助人们劳动的故事记载。在近代史中,关于制造具有智能行为机器人的记载更是层出不穷。这说明,在人类历史的发展过程中,人们从未间断对人工智能的探索和研究。

古希腊哲学家亚里士多德(Aristotle)是逻辑学的创始人,他所提出的三段论(大前提、小前提和结论)奠定了演绎推理的基础。

17 世纪世界上第一台会演算的机械——加法器,由法国物理学家、数学家帕斯卡(B. Pascal)研制成功。在此基础上,德国数学家、哲学家莱布尼兹(G.W. Leibniz)研制了能进行四则运算的计算器,并提出了"万能符号"和"推理计算"的思想,成为现代"思考"机器的设计思想萌芽。

进入 20 世纪后,人工智能领域相继出现了若干个开创性的工作成果。其中,英国数学家、计算机逻辑的奠基者艾伦·麦席森·图灵对人工智能的发展做出了杰出贡献。

1936 年，年仅 24 岁的艾伦·麦席森·图灵发表了著名的《论数字计算在决断难题中的应用》一文，提出了著名的图灵机的设想。图灵机是一种抽象计算模型，用来精确定义可计算函数。艾伦·麦席森·图灵在设计了该模型后提出："凡可计算的函数都可用这样的机器来实现"，这就是著名的图灵论题。半个多世纪以来，数学家提出的各种各样的计算模型都被证明是和图灵机等价的。现在图灵论题已被当成公理一样在使用。

1950 年，艾伦·麦席森·图灵发表了《计算机能思考吗？》的论文，这篇划时代之作为他赢得了"人工智能之父"的美誉。为了证明机器是否真的能思考，他又提出了"图灵测试"。

所谓图灵测试，是一种测试机器是不是具备智能的方法。被测试者中有一个人和一个声称具有智能的机器。测试时，测试人与被测试者分开，测试人通过一些装置（如键盘）向被测试者提问。经过一段时间的提问后，如果测试人无法分辨回答问题的是人还是机器，则该机器就通过了图灵测试，可认为该机器具有智能。图灵测试至今仍被沿用。可惜到目前为止，还没有一台机器能够通过图灵测试。不过有些软件可以通过图灵测试的子测试。

1946 年，第一台通用计算机 ENIAC 由美国数学家莫克利（JW. Mauchly）和艾克特（J.P. Eckert）合作研制成功。

1947 年，美国数学家维纳（N. Wiener）创立了控制论，揭示了机器中的通信和控制机能与人的神经、感觉机能的共同规律，为现代科学技术研究提供了崭新的科学方法。

1948 年，美国贝尔实验室的数学家香农（C.E. Shannon）创立了信息论，信息论是运用概率论与数理统计方法研究信息、信息熵、通信系统、数据传输、密码学、数据压缩等问题的应用数学学科。

1952 年，美籍奥地利生物学家贝塔朗菲（L.V. Bertalanffy）创立了系统论。系统论是研究系统的一般模式、结构和规律的学问，它能研究各种系统的共同特征，用数学方法定量地描述其功能，寻求并确立适用于一切系统的原理、原则和数学模型，是具有逻辑和数学性质的一门新兴科学。

人类在这一时期的主要成就是创立了数理逻辑、自动机理论、控制论、信息论和系统论，并发明了通用电子数字计算机。这些成就为人工智能的诞生和迅速发展提供了充足的思想、理论和实验工具等物质技术条件。

## 12.1.2  形成期

1956 年，达特茅斯会议的召开标志着人工智能学科的正式诞生。该会议由麦卡锡（John McCarthy，1971 年的图灵奖获得者）、明斯基（Marvin Minsky，1969 年图灵奖获得者）、香农（C.E.Shannon）、罗切斯特（Nathaniel Rochester）4 个年轻人发起，普林斯顿大学的莫尔（Trenchard more）、IBM 的塞缪尔（Arthur Samuel）、麻省理工的索罗蒙夫（Ray Solomonoff）和塞尔夫里奇（Oliver Selfridge）、卡内基梅隆大学的纽厄尔（A. Newel，1975 年图灵奖获得者）和西蒙（Simon，1975 年图灵奖获得者）共 10 人参加，探讨了用机器模拟智能的各种相关问题，并正式提出了人工智能这一术语。

东道主麦卡锡有一个宏伟的目标：组织十来个人，用两个月的时间共同努力设计一台具有真正智能的机器。虽然他们没有实现这个目标，但是他们却创立了一个崭新的学科——人工智能。麦卡锡也被誉为"人工智能之父"。

麦卡锡的主要研究方向是计算机下棋，其发明了著名的 α-β 搜索算法。在该算法中，麦卡锡巧妙地将节点的产生与求评价函数值结合起来，从而使某些子树节点根本不必产生和搜索。该算法至今仍是人工智能领域中一种高效、常用的求解方法。

卡内基梅隆大学的纽厄尔和西蒙在会议上展示了启发式程序"逻辑理论家"，它可以证明数学名著《数学原理》一书第 2 章 52 个定理中的 38 个定理。该程序模拟了人类用数理逻辑证明定理时的思维特点，把认知理论、人机交互等结合起来，建立了一个"智能问题解决和学习"模型，只要事先在机器中存储一组公理和推理规则，该程序就可以自己去探索解决方案。这是利用机器对人的高级思维活动实现模拟的第一个重大成果。另外，在开发"逻辑理论家"的过程中，他们首次提出并成功应用了"链表"（List）作为基本的数据结构，设计和实现了表处理语言 IPL。IPL 是最早的表处理语言，也是最早使用递归子程序的语言。

明斯基在会议上展示了名为 Snarc 的学习机的雏形。Snarc 是世界上第一个神经网络模拟器，主要用于学习如何穿过迷宫。其组成包括 40 个智能体（Agent）和 1 个对成功给予奖励的系统。在 Snarc 的基础上，明斯基解决了如何让机器利用过去的知识实现对当前行为结果的预测这一问题。

塞缪尔在 1952 年运用博弈理论和状态空间搜索技术研制了世界上第一个跳棋程序，经过不断完善，1959 年该程序击败了它的设计者塞缪尔，1962 年该程序击败了美国的一个州冠军。该程序具有自学习、自组织和自适应能力，可以像一个真正的棋手那样学习棋谱和积累下棋经验。这是模拟人类学习过程的一次有效尝试。

1956 年，乔姆斯基（N. Chomsky）发表了用形式语言方法研究自然语言的第一篇论文，创立了形式语言。形式语言与自动机结合，用来描述和研究思维过程。这样的组合在自然语言的理解和翻译、计算机语言的描述和编译、社会和自然现象的模拟、语法制导的模式识别等方面有广泛的应用。

1959 年，麦卡锡开发了著名的表处理语言 LISP，LISP 是一种函数式的符号处理语言，其程序由一些函数子程序组成。LISP 还具有自编译能力。该语言成为人工智能界第一个广泛流行的语言。

1960 年，西蒙夫妇通过一个有趣的心理学实验表明，人类解决问题的过程是一个搜索的过程，其效率取决于启发式函数。在这个实验基础上，西蒙、纽厄尔和肖（J·Shaw）等人成功地开发了"通用问题求解系统"（General Problem Solver，GPS）。GPS 是根据人在解题中的共同思维规律编制而成的，可以求解 11 种不同类型的问题，从而使启发式程序有了更普遍的意义。

人类在这一时期的主要成就是人工智能学科的正式诞生，人工智能学科在定理证明、问题求解、博弈、LISP 及模式识别等许多领域取得了众多突破成果，其作为一门新兴学科迅速受到人们的关注。

### 12.1.3 发展期

20 世纪 60 年代以来，人工智能的研究活动越来越受到国内外专家学者的重视。其不仅在问题求解、博弈、定理证明、程序设计、机器视觉、自然语言理解等领域的研究取得了深入进展，而且开始走向实用化的应用研究。人工智能的理论和成果广泛地被应用于化学、医疗、气象、地质、军事、教学等诸多领域。

1972年，法国马赛大学的科麦瑞尔（A. Comerauer）提出并实现了逻辑程序设计语言PROLOG。同年，斯坦福大学的肖特利夫（E.H. Shortliffe）等人开始研制MYCIN专家系统。该专家系统是用于诊断和治疗细菌感染性疾病的系统，该系统能够识别51种病菌，处理23种抗菌素，能够为患者提供最佳处方。

1991年8月在悉尼召开的第12届国际人工智能联合会议上，澳大利亚国际象棋冠军约翰森（D. Johansen）与IBM研制的"深蓝"（Deep Thought）计算机进行了一场人机大战，最终以1∶1平局结束。1996年2月，IBM邀请国际象棋棋王卡斯帕罗夫（Kasparov）与"深蓝"计算机进行人机大战，不过最终棋王卡斯帕罗夫以4∶2赢得了比赛。但1997年5月，"深蓝"计算机再次挑战卡斯帕罗夫，并以3.5∶2.5的总分击败了卡斯帕罗夫。人机对弈如图12.1所示。

图12.1　人机对弈

2016年3月，AlphaGo以4∶1的战绩战胜了韩国棋手李世石。2017年5月，它以3∶0的战绩击败了围棋排名世界第一的柯杰。

在中国，类人形机器人的研究受到机械和自动控制工作者的重视。中国科学技术大学一直从事两足步行机器人、类人形机器人的研究，于1990年成功研制出中国第一台两足步行机器人。同时，经过10年的辛苦钻研，于2000年11月，又成功研制出中国第一台类人形机器人，并使其具备了一定的语言能力。它的行走频率从过去的6s/步，加快到2步/s；从只能平静地静态步行，到能快速自如地动态步行；从只能在已知的环境中步行，到能在小偏差、不确定环境中行走，取得了机器人神经网络系统、生理视觉系统、双手协调系统、手指控制系统等多项重大研究成果。

目前，人工智能技术发展十分迅速，在人脸识别、语音识别、图像理解、步态识别、自动控制等领域得到了成功应用。2017年8月中央电视台综合频道播出了一档科技挑战类节目——《机智过人》，该节目是由中央电视台和中国科学院共同主办、中央电视台综合频道和北京长江文化股份有限公司联合制作的人工智能现象级节目，该节目向大众展示了中国科技人员在人工智能领域所取得的部分科技成果，既具有良好的趣味性，又具有很好的科普性。在2017中国综艺峰会匠心盛典中，《机智过人》获得"年度匠心视效节目"奖。

## 12.2　人工智能的定义与研究意义

### 12.2.1　人工智能的定义

在对人工智能下定义之前，我们先列举以下7条对人工智能领域的常见误解。

误解1：人工智能等于机器人。

事实：人工智能是包含大量子领域的全部术语，涉及广泛的应用范围。

误解2：人工智能对标的是O2O，电商和消费升级这样的具体赛道。

事实：人工智能提供的是为全产业升级的技术工具。

误解3：人工智能产品离普通人很遥远。

事实：在现实生活中，我们已经在使用人工智能技术，而且其无处不在。例如，邮件过滤、个性化推荐、微信语音转文字、AppleSiri、Google搜索引擎、机器翻译、自动驾驶等。

误解4：人工智能是一项技术。

事实：人工智能包含许多技术。在具体的语境中，如果一个系统拥有语音识别、图像识别、检索、自然语言处理、机器翻译、机器学习中的一个或几个能力，那么我们就认为它拥有一定的人工智能。

误解5：通用型人工智能将在短期内到来。

事实：短期内，通用型人工智能不是产业界主流的研究方向。我们更有可能看到深度学习技术在各个领域深耕。

误解6：人工智能可以独立、自主地产生意识。

事实：目前的人工智能离通用型人工智能还有一段距离。工具型人工智能无法产生意识。

误解7：人工智能会在短期内取代人类的工作。

事实：人工智能在不同领域的应用成熟度差别很大，虽然现在人工智能已经能在围棋领域战胜世界上较优秀的职业棋手，但可能还需要50年才能自主创作出畅销作品。工具型人工智能和人类的能力在许多情境下是互补的，短期内更可能出现的是人机协作的状态。

人工智能再度兴起并非偶然。本轮人工智能之所以能蓬勃发展，源于我们有足够海量的数据、强大的计算资源及更先进的算法。新一代的变化出现了重要的特征：基于大数据的深度学习。2006年深度学习（深度神经网络）基本理论框架得到了验证，从而使人工智能开启了新一轮的繁荣。2010年其率先在语音、自然语言处理领域取得突破。自2011年深度学习在图像识别领域的准确率超过人类后，这类算法便在各个领域大放异彩。产业界在谈论人工智能对各行各业的改变时，也无不围绕着深度学习及其相关的一系列数据处理技术。

那么到底什么是人工智能？人工智能就在我们身边，但并非所有人都能留意它的存在，许多人只是将它视作寻常科技的一种。这牵涉一个如何定义人工智能的问题。在有些人眼里，只有长相和人一模一样，智慧水平不输于18岁男女青年的机器才叫作人工智能；可在另一些人看来，计算机能做许多人类做不到的事，如一秒钟完成数百亿次运算，人类再聪明也无法在计算速度上与机器相比，为什么就不能将远超人类的计算机称为人工智能呢？这两种看法几乎是两个极端。谁的看法更正确一些呢？为什么我们说之前谈到的智能搜索引擎、智能助理、机器翻译、机器写作、机器视觉、自动驾驶、机器人等技术属于人工智能，而诸如手机操作系统、浏览器、媒体播放器等通常不被归入人工智能的范畴呢？人工智能究竟有没有一个容易把握和界定的科学定义呢？

历史上，人工智能的定义历经了多次转变。一些肤浅的、未能揭示内在规律的定义很早就被研究者抛弃。但直到今天，被广泛接受的定义仍有很多种。具体使用哪一种定义，通常取决于我们讨论问题的语境和关注的焦点。简要列举几种历史上有影响的，或目前仍然流行的人工智能的定义。

定义1：人工智能是让人觉得不可思议的计算机程序。

定义2：人工智能是与人类思考方式相似的计算机程序。

定义3：人工智能是与人类行为相似的计算机程序。

定义 4：人工智能是会学习的计算机程序。

定义 5：人工智能是根据对环境的感知，做出合理的行动，并获得最大收益的计算机程序。

以上，我们列举了 5 种常见的人工智能的定义。其中，定义 2（与人类思考方式相似）特别不可取。人们对大脑工作机理的认识尚浅，而计算机走得几乎是完全不同的技术路线。

维基百科的人工智能词条采用的是斯图尔特·罗素（Stuart J. Russell）与彼得诺维格（Peter Norvig）在《人工智能：一种现代的方法》一书中的定义，他们认为人工智能是有关"智能主体（Intelligent Agent）的研究与设计"的学问，而"智能主体是指一个可以观察周遭环境并做出行动以达到目标的系统"。

基本上，这个定义将前面几个实用主义的定义都涵盖了进去，既强调人工智能可以根据环境感知做出主动反应，又强调人工智能所做出的反应必须达到目标，同时不再强调人工智能对人类思维方式或人类总结的思维法则（逻辑学规律）的模仿。

人工智能不是"模仿人类"，而通常是"远超人类"。几年后，你能和这样的计算机竞争吗？每天自我对弈 100 万盘棋，并从中学习的 AlphaGo？每天从 100 万辆车实际行驶中吸收所有经验的 Tesla？一秒内对比全世界所有机场摄像头视频和所有通缉犯人脸的计算机？

国家战略（2017 年政府工作报告）要全面实施战略性新兴产业发展规划，加快人工智能等技术的研发和转化，做大做强产业集群，把发展智能制造作为主攻方向，以推进国家智能制造示范区、制造业创新中心建设。人工智能必将成为计算机专业的重要研究方向。

由此，我们给出了人工智能的概念。人工智能是研究、开发用于模拟、延伸和扩展人的智能的理论、方法、技术及应用系统的一门新的技术科学。它企图了解智能的实质，并生产一种新的能以人类智能相似的方式做出反应的智能机器。图 12.2 所示为人工智能的形象解释。该领域的研究包括机器人、语音识别、图像识别、自然语言处理和专家系统等。人工智能是对人的意识、思维的信息过程的模拟。人工智能不是人的智能，但能像人那样思考，也可能超过人的智能。

图 12.2　人工智能的形象解释

那么，人工智能有哪些类型呢？

弱人工智能，包含基础的、特定场景下的角色型的任务，如 Siri 等聊天机器人和 AlphaGo 等下棋机器人。

通用人工智能，包含人类水平的任务，涉及机器的持续学习。

强人工智能，指比人类更聪明的机器。

## 12.2.2　研究人工智能的意义

我们知道，计算机是迄今为止最有效的信息处理工具之一，以至于人们称它为"电脑"。但现在的普通计算机系统的智能还相当低下，譬如缺乏自适应、自学习、自优化等能力，也缺乏社会常识或专业知识等，只能被动地按照人们为它事先安排好的工作步骤进行工作。因而它的功能和作用受到很大的限制，难以满足越来越复杂和越来越广泛的社会需求。既然计算机和人脑一样都可以进行信息处理,那么是否能让计算机同人脑一样也具有智能呢?这正是人们研究人工智能的初衷。

事实上,如果计算机自身也具有一定的智能,那么它的功效将会发生质的飞跃,成为名副其实的电"脑"。这样的计算机将使人脑更为有效地扩大和延伸,也是人类智能的扩大和延伸,其作用是不可估量的。例如,用这样的计算机武装起来的机器人就是智能机器人。智能机器人的出现,标志着人类社会进入了一个新的时代。

研究人工智能也是当前信息化社会的迫切要求。信息化的进一步发展,必须有智能技术的支持。例如,当前迅速发展的互联网(Internet)、万维网(WWW)和网格(Grid)计算就越来越多地需要智能技术的支持。事实上,人工智能技术在 Internet、WWW 和 Grid 上已经发挥了和正在发挥着重要作用。

另外,智能化也是自动化发展的必然趋势。自动化发展到一定水平,再向前发展必然是智能化。事实上,智能化是继机械化、自动化之后,人类生产和生活中的又一个技术特征。

此外,研究人工智能对探索人类自身智能的奥秘也能提供有益的帮助。我们可以通过计算机对人脑进行模拟,从而揭示人脑的工作原理,发现自然智能的渊源。事实上,现在有一门称为"计算神经科学"的学科正迅速崛起,它从整体水平、细胞水平和分子水平对人脑进行模拟研究,以揭示其智能活动的机理和规律。

人工智能作为一门学科,其研究目标就是制造智能机器和智能系统,实现智能化社会。具体来讲,人工智能就是使计算机不仅具有脑智能和群智能,而且具有看、听、说、写等感知和交流能力。简言之,就是使计算机具有自主发现规律、解决问题和发明创造的能力,从而大大扩展和延伸人的智能,实现人类社会的全面智能化。

但由于理论和技术的原因,这一宏伟目标一时还难以完全实现。因此,人工智能学科的研究策略是先部分地或某种程度地实现机器的智能,并运用智能技术解决各种实际问题,特别是工程问题,从而使现有的计算机更灵活、更好用和更有用,成为人类的智能化信息处理工具,从而逐步扩展和不断延伸人的智能,实现智能化。

需要指出的是,人工智能的长远目标虽然现在还不能全部实现,但在某些方面,当前的机器智能已表现出相当高的水平。例如,在机器博弈、自动推理、定理证明、模式识别、机器学习、知识发现及规划、调度、控制等方面,当前的机器智能的确已达到或接近能同人类抗衡和媲美的水平。

## 12.3 人工智能的研究与应用领域

目前,随着人工智能技术的迅猛发展,几乎各个技术领域的发展都涉及人工智能技术,可以说人工智能已经广泛应用到许多实际领域。其典型的应用包括专家知识系统、机器学习、模式识别、自动定理证明、自然语言理解、智能决策支持系统、人工神经网络及博弈等。下面介绍人工智能的研究热点与应用领域。

### 12.3.1 专家系统

通常,专家系统(Expert Systems)是指一个智能程序,它能够对某些需要专家知识才能解决的应用问题给出具有专家水平的解答。

20世纪60年代，专家系统逐渐发展起来，它是人工智能研究中开展较早、较活跃、成效较多的领域。1977年，费根鲍姆提出"知识工程"，把实用的人工智能称为知识工程，标志着人工智能研究进入了实际应用阶段。之后，雨后春笋般地出现了一大批应用于各领域的专家系统，涉及医学、化学、法律、农业、商业、生物、工程、教育、军事等领域，产生了很好的社会与经济效益。

专家系统是依靠人类专家已有的知识建立起来的知识系统，是一种具有特定领域内大量知识与经验的程序系统。

与传统的计算机程序相比，专家系统以知识为中心，注重知识本身而不是确定的算法，根据专家的理论知识和实际经验，对人们还没有进行精确描述和严格分析的问题，在不确定或不精确的信息基础上做出判断。标准的计算机程序能精确地区分每个任务应该如何完成，而专家系统则是告诉计算机做什么。它能应用人工智能技术，模拟人类专家解决问题时的思维过程，求解特定领域中的各种问题，以达到或接近专家的水平。

专家系统能突出知识的价值，大大减少了知识传授和应用的代价，使专家的知识迅速变成社会财富。另外，专家系统采用的是人工智能的原理和技术，如符号表示、符号推理、启发式搜索等，与一般的数据处理系统不同。

随着人工智能的不断发展和提高，各种新型的高级专家系统正在积极地开发和应用中。所谓高级专家系统是指为了克服传统专家系统的缺陷，不仅采用基于规则的方法，而且采用基于框架的技术和基于模型的原理的新型专家系统。它包括分布式专家系统、协同式专家系统、模糊专家系统、神经网络专家系统和基于Web的专家系统等。

### 12.3.2 机器学习

人类具有智能的一个重要标志就是人类拥有学习能力。同样，机器的智能性也可通过机器学习来体现。作为人工智能的一个重要研究领域，机器学习（Machine Learning）能研究如何使计算机模拟或实现人类的学习行为，以获得新的知识或技能，从而实现自身的不断完善。

机器学习的研究与认知科学、神经心理学、逻辑学等学科都有密切的联系，并对人工智能的其他分支，如专家系统、自然语言理解、自动推理、智能机器人、计算机视觉、计算机听觉等起到了重要的推动作用。

机器学习能根据生理学、认知科学等对人的学习机理的理解，建立人类学习过程的计算模型，发展各种学习理论和学习方法，开发通用的学习算法，建立面向任务的具有一定应用性的学习系统。

机器学习经过多年的发展，已经形成了许多学习方法，如监督学习、非监督学习、传授学习、机械学习、发现学习、类比学习、事例学习、连接学习、遗传学习等。而目前，人工智能领域最热门的科目之一是深度学习。深度学习已在笔迹识别、面部识别、语音识别、自动驾驶、自然语言处理、生物信息数据分析等方面取得了成功应用。AlphaGo中也应用了深度学习。AlphaGo的优势之一就是能够自我学习，也就是说，AlphaGo能够和不同版本的"自己"下棋，从而每次都可以获得一点小的进步，由此，AlphaGo获得了"思维"能力。具体来说，AlphaGo具有一套针对围棋而设计的深度学习系统，将增强学习、深度神经网络、策略网络、快速走子、估值网络和蒙特卡洛树搜索进行整合，同时利用Google强大的硬件支撑和云计算资源，依靠 CPU+GPU 运算，通过增强学习和自我博弈学习不断提高自身水平。因此，AlphaGo 也可作为机器学习的一个成功案例。

### 12.3.3　模式识别

模式识别（Pattern Recognition）是根据研究对象的特征或属性，利用以计算机为中心的机器系统运用一定的分析算法认定它的类别，系统应使分类识别的结果尽可能地符合真实。模式识别是一门综合性、交叉性学科，在理论上涉及代数、矩阵论、概率论、图论、模糊数学、最优化理论等众多学科知识，在应用上与其他许多领域的工程技术密切相关，其内涵可以概括为信息处理、分析与决策，它既是人工智能研究领域的重要分支，又是实现机器智能必不可少的技术手段。

目前，模式识别理论和技术已成功应用于工业、农业、国防、科研、公安、生物医学、气象、天文学等许多领域，如信件自动分拣、指纹识别、生物医学的细胞或组织分析、遥感图片的机器判读、系统的故障诊断及文字与语言的识别等。

虽然现在机器识别的水平还远不如人脑，但随着模式识别理论及其他相关学科的发展，可以预言，它的功能将会越来越强，应用也会越来越广泛。

### 12.3.4　自动定理证明

自动定理证明（Automatic Theorem Proving）是最典型的逻辑推理问题之一，它对人工智能的发展曾经产生过重要影响。在数学领域中对已测得定理寻求一个证明或反证，是一项艰巨的智能任务。在定理证明过程中，不仅要根据假设进行演绎，还需要某些直觉和技巧。例如，为了证明一个定理，首先数学家要设想需要证明哪些引理，并运用他的判断力推测已证明的哪些结论会在这个定理的证明中起作用，把主要问题分解成若干个子问题，然后对各个子问题进行求解。

自动定理证明是让计算机自动地进行推理和证明数学定理，自动模拟人类证明非数值符号的演算过程。很多非数值领域的任务，如医疗诊断、信息检索、规划制度和难题求解等都可以转化成一个定理证明问题，因此自动定理证明的研究在人工智能领域具有普遍意义。

### 12.3.5　自然语言理解

自然语言是人们相互之间进行信息交流的主要媒介，人们之所以能够轻松自如地进行交流，是因为人类有很强的自然语言理解能力。自然语言充满歧义，结构复杂多样，语义表达千变万化，结构和语义之间有千丝万缕、错综复杂的联系，这使计算机系统与人类的交互只能限制在各种非自然语言上。

对自然语言理解（Natural Language Understanding）的研究是用计算机模拟人的语言交际过程，使计算机能理解和运用人类社会的自然语言，如汉语、英语等，实现人机之间的自然语言通信，以代替人的部分脑力劳动，包括查询资料、解答问题、摘录文献、汇编资料及一切有关自然语言信息的加工处理。这在当前新技术革命的浪潮中占有十分重要的地位。研制第 5 代计算机的主要目标之一，就是使计算机具有理解和运用自然语言的功能。与自然语言理解密切相关的另一个领域是机器翻译，即用计算机把一种语言翻译成另一种语言。近年来，在自然语言理解的研究方面有了长足的进展。ChatGPT（全名：Chat Generative Pre-trained Transformer），美国 OpenAI 研发的聊天机器人程序，于 2022 年 11 月 30 日发布。ChatGPT 是人工智能技术驱动的自然语言处理工具，它能够通过理解和学习人类的语言来进行对话，还能根据聊天的上下文进行互动，真正像人类一样来聊天交流，甚至能完成撰写邮件、视频脚本、文案、翻译等任务。

翻译软件在近年来也得到了快速发展，特别是在中国，随着互联网的爆炸式发展，翻译技术的使用越来越广泛。越来越多的翻译从业人员开始重视翻译技术的使用和翻译引擎的应用，使机器翻译在翻译行业中的身影越来越多。这种技术进步使翻译从业者可以将更多的重复劳动交给机器来完成，从而提高了翻译服务的效率和质量。

### 12.3.6　人工神经网络

人工神经网络（Artificial Neural Network）是指用大量的简单计算单元（神经元）构成的非线性系统，在一定程度和层次上模仿人脑神经系统的信息处理、存储及检索功能，因而具有学习、记忆和计算等智能处理功能。

人工神经网络的研究内容相当广泛，反映了多学科交叉技术领域的特点。目前，主要的研究工作集中在以下几个方面。

（1）生物原型研究。从生理学、心理学、解剖学、脑科学、病理学等生物科学方面研究神经细胞、神经网络、神经系统的生物原型结构及其功能机理。

（2）建立理论模型。根据生物原型的研究，建立神经元、神经网络的理论模型，其中包括概念模型、知识模型、物理化学模型、数学模型等。

（3）神经网络模型与算法研究。在理论模型研究的基础上构建具体的神经网络模型，以实现计算机模拟或硬件化实现。这方面的研究也包括对网络动力学特性分析、学习算法构建等内容的研究。近年来，忆阻器件的出现对神经网络的硬件化实现开辟了新的研究方向。

（4）人工神经网络应用系统。在神经网络模型与算法研究的基础上，利用人工神经网络组成实际的应用系统。例如，完成某种信号处理或模式识别的功能、实现系统推理决策或作为自动化系统的控制器等。特别是最近几年，卷积神经网络在模式识别等领域中的应用取得了令人瞩目的效果。

### 12.3.7　智能决策支持系统

决策系统是管理科学的一个分支，把人工智能中的专家系统和决策系统有机地结合就形成了智能决策支持系统（Intelligent Decision Support System）。它是近年来新兴的一个研究领域。

智能决策支持系统是在 20 世纪 80 年代初提出来的，它是决策支持系统与人工智能，特别是专家系统相结合的产物。它既充分发挥了传统决策支持系统中数值分析的优势，又充分发挥了专家系统中知识及知识处理的特长，既可以进行定量分析，又可以进行定性分析，能有效地解决半结构化和非结构化的问题，从而扩大决策支持系统的范围，提高决策支持系统的能力。

智能决策支持系统是在传统决策支持系统的基础上发展起来的，由传统决策支持系统加上相应的智能部件就构成了智能决策支持系统。智能部件可以有多种模式，如专家系统模式、知识库系统模式等。专家系统模式把专家系统作为智能部件，这是比较流行的一种模式，该模式适合以知识处理为主的问题，但它与决策支持系统的接口比较困难。知识库系统模式以知识库作为智能部件，在这种情况下，决策支持系统就由模型库、方法库、数据库、知识库组成四库系统，这种模式接口比较容易实现，其整体性能也较好。

一般来说，智能部件中包含如下一些知识。

（1）建立决策模型和评价模型的知识。

（2）如何形成候选方案的知识。
（3）建立评价标准的知识。
（4）如何修正候选方案，从而得到更好候选方案的知识。
（5）完善数据库，改进对它的操作及维护的知识。

### 12.3.8 博弈

博弈（Game Playing）是在多决策主体之间的行为具有相互作用时，各主体根据所掌握的信息及对自身能力的认知，做出有利于自己的决策的一种行为。

博弈论是二人或多人在平等的对局中各自根据对方的策略变换自己的对抗策略，达到取胜目标的理论，是研究互动决策的理论。由于博弈可以分析自己与对手的利弊关系，从而确立自己在博弈中的优势，因此有不少博弈理论，可以帮助对弈者分析局势，从而采取相应策略最终达到取胜的目的。

博弈的类型分为合作博弈、非合作博弈、完全信息博弈、非完全信息博弈、静态博弈、动态博弈等。

在机器博弈方面，1956 年，人工智能的先驱程序能够从棋谱中学习，并能从实战中总结经验。当时较轰动的一条新闻是塞缪尔的跳棋程序赢了美国一个州的跳棋冠军。

1997 年，IBM 的"深蓝"计算机以 2 胜 3 平 1 负的战绩击败了蝉联 12 年之久的世界国际象棋冠军。2001 年，德国的"更弗里茨"国际象棋软件击败了当时世界排名前十棋手中的 9 位。2004 年，中国首届国际象棋"人机大战"中，当时笔记本电脑最高水平的"紫光之星"险些战胜棋后。这些事实说明机器在博弈方面已具有相当高的智能性。

与象棋不同，围棋的棋盘空间更大，变化也更加复杂，因此在 AlphaGo 出现以前，一直没有与围棋高手相抗衡的计算机软件。AlphaGo 的开发团队是 Deep Mind，Deep Mind 是由人工智能程序师兼神经科学家戴密斯·哈萨比斯等人于 2010 年 9 月在英国创立的人工智能企业，它将深度学习和系统神经科学的先进技术结合起来，建立了强大的通用学习算法。2014 年，Google 以将近 4 亿美元的价格收购了该公司，在不到 6 年的时间里，Deep Mind 开发了能够战胜人类专业围棋选手的 AlphaGo，展示了人工智能不可阻挡的发展趋势。

### 12.3.9 智能仿真

智能仿真是指将人工智能技术引入仿真领域，建立智能仿真系统。我们知道，仿真是对动态模型的实验，即行为产生器在规定的实验条件下驱动模型，从而产生模型行为。具体来说，仿真是在 3 种类型的知识，即描述性知识、目的性知识及处理知识的基础上产生的另一种形式的知识——结论性知识。因此可以将仿真视为一个特殊的知识变换器，从这个意义上讲，人工智能与仿真有密切关系。

利用人工智能技术对整个仿真过程（包括建模、实验运行及结果分析）进行指导，以改善仿真模型的描述能力。在仿真模型中引进知识，一方面表示将为研究面向目标的建模语言打下基础，提高仿真工具面向用户、面向问题的能力；另一方面仿真与人工智能相结合可使仿真更有效地用于决策，更好地用于分析、设计及评价知识库系统，从而推动人工智能技术的发展。正是基于这两方面，将人工智能特别是专家系统与仿真相结合，就成为仿真领域一个十分重要的研究方向。

## 12.3.10　智能设计与制造

计算机辅助设计（Computer Aided Design，CAD）指利用计算机及其图形设备帮助设计人员进行设计工作。智能 CAD（简称 ICAD）就是把人工智能技术引入 CAD 领域，建立 ICAD 系统。事实上，人工智能几乎可以应用到 CAD 技术的各个方面。

从发展趋势来看，至少有以下 4 个方面。
（1）设计自动化。
（2）智能交互。
（3）智能图形学。
（4）自动数据采集。

从具体技术来看，ICAD 技术大致可分为如下几种实现方法。
（1）规则生成法。
（2）约束满足法。
（3）搜索法。
（4）知识工程法。
（5）形象思维法。

智能制造是在数控技术、柔性制造技术和计算机集成制造技术的基础上，引入智能技术。智能制造系统由智能加工中心及材料传送检测和实验装置等智能设备组成。它具有一定的自组织、自学习和自适应能力，能在不可预测的环境下，基于不确定、不精确、不完全的信息，完成拟人的制造任务，并进行高度自动化生产。

## 12.3.11　智能计算机辅助教学

计算机辅助教学（Computer Aided Instruction，CAI）是在计算机辅助下进行的各种教学活动，以对话方式与学生讨论教学内容、安排教学进程、进行教学训练的方法与技术。智能 CAI 就是把人工智能技术引入 CAI 领域，建立智能 CAI 系统，即 ICAI。ICAI 的特点是能对学生因材施教，它具备下列智能特征。
（1）具有自然语言的生成和理解能力。
（2）对教学内容有解释咨询能力。
（3）能诊断学生错误，分析原因并采取纠正措施。
（4）能评价学生的学习行为。
（5）能在教学中不断改善教学策略。

ICAI 可以自动生成各种问题与练习，根据学生的水平和学习情况自动选择与调整教学内容与进度，在理解教学内容的基础上自动解决问题，生成解答。

为了实现上述 ICAI 系统，一般把整个系统分成专业知识、教导策略和学生模型 3 个基本模块和 1 个自然语言的智能接口。

随着网络化的到来，ICAI 已是人工智能的一个重要应用领域和研究方向，引起了人工智能界和教育界的极大关注和共同兴趣。

## 12.3.12 智能机器人

智能机器人（Intelligent Robot）是指具有人类所特有的某种智能行为的机器，它是在电子学、人工智能、控制理论、系统工程、机械工程、仿生学及心理学等各个学科基础上发展起来的综合性学科。由于它是直接面向应用的，社会效益强，所以发展非常迅速，显示出其强大的生命力。

智能机器人按照智能化程度的高低，可以分为外部受控机器人、半自主机器人和全自主机器人。从行业应用的角度来讲，智能机器人可分为智能工业机器人和智能娱乐机器人，如图12.3和图12.4所示。智能工业机器人，包括工作在电焊、弧焊、喷漆、搬运、码垛等工业现场中的机器人。在不同的应用场合又有水下机器人、空间机器人和农业、林业、牧业、医用机器人等。按移动机器人的运动方式，智能机器人又可分为轮式移动机器人、步行移动机器人、履带式机器人、爬行式机器人和空气推进机器人、水下推进机器人等。

图12.3 智能工业机器人

图12.4 智能娱乐机器人

目前，尽管智能机器人的研究取得了显著成绩，但控制论专家认为它可以具备的智能水平的极限并未达到。问题不只在于计算机的运算速度不够和感知传感器种类少，还在于其他方面，如缺乏编制机器人理智行为程序的设计思想等。

## 12.3.13 数据挖掘与知识发现

随着数据库技术的成熟和数据应用的普及，人类积累的数据量正在以指数级速度迅速增长,但是浩瀚无垠的信息海洋,数据洪水正向人们滚滚涌来。当数据量极度增长时,如果没有有效的方法提取有用的信息和知识,人们处理问题时就会像大海捞针一样。相对于"数据过剩"和"信息爆炸",人们反而会感到信息贫乏。于是数据挖掘与知识发现应运而生,其能帮助人们在数据汪洋中去粗存精、去伪存真。

数据挖掘是从大量的、不完全的、有噪声的、模糊的、随机的数据中,提取隐含在其中的、人们事先不知道的但又潜在有用的信息和知识的过程。数据挖掘提取的知识可以表示为概念、规律、模式、约束、可视化等。数据挖掘算法的好坏会直接影响所发现的知识的质量。

知识发现是所谓数据挖掘的一种更广义的说法,即可从各种媒体表示的信息中,根据不同的需求获得知识。知识发现的目的是向使用者屏蔽原始数据的烦琐细节,从原始数据中提炼有意义的、简洁的知识,直接向使用者报告。

知识发现过程由以下 3 个阶段组成。
(1)数据准备。
(2)数据挖掘。
(3)结果表达和解释。

目前,数据挖掘和知识发现(Data Mining and Knowledge Discovering)的应用十分广泛。政府管理、商业经营、工业企业决策支持、市场销售预测、金融投资、社会保险、医学、天文、地质及科学研究等各个领域都会用到数据挖掘和知识发现技术。

### 12.3.14　计算机辅助创新

计算机辅助创新是以"发明问题解决理论(TRIZ)"为基础,结合本体论(Ontology)、现代设计方法学、计算机技术而形成的一种用于技术创新的新技术手段。近年来,计算机辅助创新在欧美国家迅速发展,成为新产品开发中的一项关键基础技术。计算机辅助创新可以视为机器发明创造的初级形式。

TRIZ 是由俄语拼写的单词首字母组成的,用英语可缩写为 TIPS(Theory of Inventive Problem Solving)。TRIZ 是由 Genrich Altshuller 等人在分析了全世界近 250 万件高水平的发明专利,并综合多学科领域的原理和法则后建立起来的一种发明创造理论和方法。TRIZ 是由解决技术问题和实现创新开发的各种方法、算法组成的综合理论体系。TRIZ 的基本原理如下:企业和科学技术领域中的问题和解决方案是重复出现的;企业和科学技术领域的发展变化也是重复出现的;高水平的创新活动经常应用到专业领域以外的科学知识。因此,技术系统的进化遵循客观的法则群,人们可以应用这些进化法则预测产品的未来发展趋势,把握新产品的开发方向。在解决技术问题时,如果不明确应该使用哪些科学原理法则,则很难找到问题的解决对策。TRIZ 就是提供解决问题的科学原理并指明解决问题的探索方向的有效工具。同时,产品创新需要和自然科学与工程技术领域的基本原理及人类已有的科研成果建立千丝万缕的联系,而各学科领域知识之间又具有相互关联的特性。显然,对这些关联特性的有效利用会大大加快创新进程。

基于 TRIZ,人们开发出不少计算机辅助创新软件,如以下几种。

发明机器(Invention Machine)公司开发的 Tech Optimizer 就是一个计算机辅助创新软件。Tech Optimizer 是基于知识的创新工具,它以 TRIZ 为基础,结合现代设计方法学、计算机辅助技术及多学科领域知识,以分析解决产品及其制造过程中遇到的矛盾为出发点,从而解决新产品开发过程中遇到的技术难题而实现创新,并为工程技术领域新产品、新技术的创新提供科学的理论指导,指明探索方向。

亿维讯公司的计算机辅助创新设计平台基于 TRIZ,将发明创造方法学、现代设计方法学与计算机软件技术融为一体。它能够帮助设计者在概念设计阶段有效地利用多学科领域的知识,打破思维定式,拓宽思路,准确发现现有技术中存在的问题,找到创新性的解决方案,保证产品开发设计方向正确同时实现创新。它已成为全球研究机构、知名大学、企业解决工程技术难题、实现创新的有效工具。这种基于知识的创新工具能帮助技术人员在不同工程领域产品的方案设计阶段,根据市场需求,正确发现并迅速解决产品开发中的关键问题,高质量、高效率地提出可行的创新设计方案,并将设计引向正确方向,为广大企业提高自主创新能力、实现系统化创新提供行之有效的方法和方便实用的创新工具。

基于知识发现的计算机辅助创新智能系统——CAIISKD,是国内学者研制的一个以创新工程与价值工程为理论基础,以知识发现为技术手段,以专家求解问题的认知过程为主线,以人机交互为贯穿的多层梯阶、综合集成的计算机辅助创新智能系统。

### 12.3.15 计算机文艺创作

在文艺创作方面,人们也尝试开发和运用人工智能技术。事实上,使用计算机创作诗词、小说、乐曲、绘画时有报道。例如,下面两首"古诗"就是由计算机创作的。

云松<br>
蛮仙玉骨寒,<br>
松虬雪友繁。<br>
大千收眼底,<br>
斯调不同凡。

无题<br>
白沙平舟夜涛声,<br>
春日晓露路相逢。<br>
朱楼寒雨离歌泪,<br>
不堪肠断雨乘风。

下面的这篇小说也是由计算机创作的。

Betrayal

Dave Striver loved the university. He loved its ivy-covered clock towers, its ancient and sturdy brick and its sun-splashed verdant greens and eager youth. He also loved the fact that the university is free of the stark unforgiving trials of the business world—only this isn't a fact: Academia has its own tests, and some are as merciless as any in the marketplace. a prime example is the dissertation defense: To earn the PhD, to become a doctor, one must pass an oral examination on one's dissertation. This was a test Professor Edward Hart enjoyed giving.

Dave wanted desperately to be a doctor but he needed the signatures of three people on the first page of his dissertation, the priceless inscriptions that, together, would certify that he had passed his defense. One of the signatures had to come from Professor Hart, and hart had often said to others and to himself-- that he was honored to help Dave secure his well-earned dream.

Well before the defense, Striver gave hart a penultimate copy of his thesis. Hart read it and told Dave that it was absolutely first rate, and that he would gladly sign it at the defense. They even shook hands in Hart's book-lined office. Dave noticed that Hart's eyes were bright and trustful, and his bearing paternal.

At the defense, Dave thought that he eloquently summarized chapter 3 of his dissertation. There were two questions, one from Professor Rodman and one from Dr. Teer; Dave answered both, apparently to everyone's satisfaction. There were no further objections.

Professor Rodman signed. He slid the tome to Teer, she too signed and then slid it in front of Hart. Hart didn't move.

"Ed?" Rodman said.

Hart still sat motionless. Dave felt slightly dizzy.

"Edward, are you going to sign?"

Later, Hart sat alone in his office in his big leather chair, saddened by dave's failure. He tried to think of ways he could help Dave achieve his dream.

它的译文如下。

背叛

戴夫·斯特赖维尔喜爱这所大学。他喜爱校园里爬满常青藤的钟楼，那古色古香而又坚固的砖块，还有那洒满阳光的碧绿草坪和热情的年轻人。使他感到欣慰的还有这样一件事，即大学里完全没有商场上那些冷酷无情的考验——但事实并非如此：做学问也要通过考试，而且有的考试与商场上的考验一样不留情面。最好的例子就是论文答辩：为了取得博士学位，为了成为博士，博士生必须通过论文的口试，爱德华·哈特就喜欢主持这样的答辩考试。

戴夫迫切希望成为一名博士，但他需要让 3 个人在他论文的第一页上签上他们的名字，这 3 个千金难买的签名能够证明他通过了答辩。其中一个签名是哈特教授的。哈特教授常对戴夫本人和其他人说，对于帮助戴夫实现他应该有的梦想，他感到很荣幸。

答辩之前，戴夫早早给哈特送去了他论文的倒数第 2 稿。哈特阅读后告诉戴夫，论文水平绝对一流，答辩时他会很高兴在论文上签名。在哈特那四壁摆满书橱的办公室里，两人甚至还握了手。戴夫注意到，哈特两眼放光，充满了信任，神情宛如慈父一般。

在答辩时，戴夫觉得自己流利地概括了论文的第 3 章。评审者提了两个问题，一个是罗德曼教授提的；另一个是蒂尔博士提的。戴夫分别做了回答，显然让每个人都心悦诚服，再没有人提出异议。罗德曼教授签了名。他把论文推给蒂尔博士，她也签上了名字，接着便把论文推到了哈特面前。哈特没有动。

"爱德华？"罗德曼教授问道。

哈特仍然坐在那儿，毫无表情。

戴夫感到有点眩晕。"爱德华，你打算签名吗？"

过后，哈特一个人待在办公室里，坐在那张宽大的皮椅里，他为戴夫未能通过答辩感到难过。他试图想出帮助戴夫实现他梦想的办法。

### 12.3.16　自动驾驶

自从 Google 正式对外宣布自动驾驶汽车项目以来，自动驾驶行业呈现整体布局、多元配置、多角度切入的格局，几年后也许会具备千亿美元甚至万亿美元规模的庞大产业生态。我们也许还无法准确预测，全功能最高等级的自动驾驶汽车会在什么样的时间节点，真正走入普通人的生活，但毫无疑问的是，在这一人工智能热潮中，自动驾驶一定是最大的应用场景之一。

图 12.5　自动驾驶——未来生活

自动驾驶带给我们有关未来生活的想象空间，如图 12.5 所示，几乎是无穷的。这绝对不是未来的汽车都不需要司机，我们可以躺在车里睡觉、听音乐这么简单的一件事。

例如，当汽车不再需要司机的时候，我们为什么还要像今天这样，在家里保有一辆到两辆私家车呢？滴滴、优步等共享汽车已经为我们揭示了一些未来生活的样子。大多数汽车可以用共享经济的模式，随叫随到。因为不需要司机，这些车辆可以保证 24 小时待命，可以在任何时间、任何地点提供高质量的租用服务。这样一来，整个城市的交通情况就会发生翻天覆地的变化。因为智能调度算法的帮助，共享汽车的使用率会接近 100%，城市里需要的汽车总量则会大幅减少。需要停放的共享汽车数量不多，只需要占用城市有限的几个公共停车场就足够了。停车难、大堵车等现象会因为自动驾驶、共享汽车的出现而得到真正解决。那个时候，私家车只用于满足个人追求驾驶乐趣的需要，就像今天人们会到郊区骑自行车锻炼身体一样。

更重要的是，汽车本身的形态也会发生根本性的变化。一辆不需要方向盘、不需要司机的汽车，可以被设计成前所未有的样子。例如，因为大部分出行都是一两个人，共享自动驾驶汽车完全可以设计成比现在的汽车小很多，仅供一两个人乘坐的舒适"座舱"，这可以节省大量道路空间。在道路上，汽车和汽车之间可以通过"车联网"连接起来，以完成许多有人驾驶不可能完成的工作。例如，许多辆自动驾驶汽车可以在道路上排列成间距极小的密集编队，同时保持高速行进，统一对路面环境进行侦测和处理，而不用担心追尾的风险。再如，一辆汽车在路面上可以通过自己的传感器发现另一辆汽车的故障，并及时通知另一辆汽车停车检修。未来的道路也会按照自动驾驶汽车的要求重新设计，专用于自动驾驶的车道可以变得更窄，交通信号可以更容易被自动驾驶汽车识别。

在自动驾驶时代里，人们可以把以前驾驶汽车的时间用来工作、思考问题、开会、娱乐。一部分共享汽车可以设计成会议室的样子，人们既可以围坐在汽车里讨论问题，又可以在乘车时通过视频会议与办公室里的同事沟通。目前驾驶汽车时，只能听广播或音乐。未来，在乘坐自动驾驶汽车时，完全可以享受汽车座椅内置的全身按摩服务，或者接入虚拟现实（VR）设备来一次穿越奇幻世界的冒险。在自动驾驶时代，人们的生活将更有品质，人们也将更加快乐。自动驾驶——惬意生活如图 12.6 所示。

图 12.6　自动驾驶——惬意生活

自动驾驶的普及对产业结构、经济格局的影响极其深远。想象一下，在过去的 100 多年，汽车工业是如何彻底改变了全球、全人类的生活方式，如何创造了一大批市值百亿美元、千亿美元的大型跨国公司，如何带动了从设计、生产到零件、外包、服务、咨询、培训、交通、物流等数百个相关的生态产业，如何在短短数十年里让美国成为"车轮上的国家"，又如何在短短十几年时间里在中国小康家庭中普及了汽车出行的现代生活方式。如此庞大的汽车工业，正面临着以人工智能为依托的自动驾驶技术的改造。生态中的每个子产业都可能在未来 10 年发生翻天覆地的变化。即便不提整车制造，单是自动驾驶技术需要的廉价、可靠的传感器（如激光雷达），就可能成为一个千亿美元规模的大产业。或者，针对未来的自动驾驶技术，对现有道路进行改造升级，又将涉及庞大的固定资产投资和相关产业的升级。无论如何乐观地预测自动驾驶对全球社会、经济发展的贡献都不为过。

麦肯锡公司预测，到 2030 年，自动驾驶技术的普及将为现有的汽车工业带来约 30% 的新增产值。这部分销售额包括受益于自动驾驶技术而获得更大发展空间的共享汽车经济。例如，在目前的交通拥堵和人口稠密地区、远郊区域等，利用自动驾驶技术可大幅提高共享经济的发展空间；因自动驾驶技术的普及而发展起来的车上数据服务，如应用程序、导航服务、娱乐服务、远程服务、软件升级等。目前，全球汽车工业的整车销售总额大约是 27 万亿美元，售后服务销售额大约是 7200 亿美元，共享经济等新兴业务的销售额只有约 300 亿美元。而到了 2030 年，前两项业务的销售额将稳步增长，而由自动驾驶技术驱动的新兴业务的销售额将大幅增长到 15 万亿美元，成为刺激汽车工业增长的最大因素之一。

## 12.3.17　智能医疗

近年来，智能医疗在国内外的发展热度不断提升。有人提出，"尽管安防和智能投顾较火热，但人工智能在医疗领域可能会率先落地"。CB Insights 2017 年 8 月发布的《人工智能全局报告》显示，医疗健康是人工智能最热的投资领域之一，从 2012 年至今已经有 270 起交易。一方面，图像识别、深度学习、神经网络等关键技术的突破带动了人工智能技术新一轮的发展，大大推动了以数据密集、知识密集、脑力劳动密集为特征的医疗产业与人工智能的深度融合；另一方面，随着社会进步和人们健康意识的觉醒，人口老龄化问题的不断加剧，使人们对于提升医疗技术、延长人类寿命、增强健康的需求也更加迫切。而实践中却存在医疗资源分配不均，药物研制周期长、费用高，以及医务人员培养成本过高等问题。对于医疗进步的现实需求极大地刺激了以人工智能技术推动的医疗产业变革升级浪潮的兴起。

从全球创业公司实践的情况来看,智能医疗的具体应用包括洞察与风险管理、医学研究、医学影像与诊断、生活方式管理与监督、精神健康、护理、急救室与医院管理、药物挖掘、虚拟助理、可穿戴设备及其他。总结来看,目前人工智能技术在医疗领域的应用主要集中在以下5个领域。

1. 医疗机器人

机器人技术在医疗领域的应用并不少见,如智能假肢、外骨骼和辅助设备等技术修复人类受损身体,医疗保健机器人辅助医护人员的工作等。目前实践中的医疗机器人主要有两种:一种是能够读取人体神经信号的可穿戴型机器人,也称"智能外骨骼";另一种是能够承担手术或医疗保健功能的机器人,以 Intuitive Surgical 开发的达·芬奇手术系统为典型代表。

2. 智能药物研发

智能药物研发是指将人工智能中的深度学习技术应用于药物研究,通过大数据分析等技术手段,快速、准确地挖掘和筛选合适的化合物或生物,以达到缩短新药研发周期、降低新药研发成本、提高新药研发成功率的目的。人工智能通过计算机模拟,可以对药物活性、安全性和副作用进行预测。借助深度学习,人工智能已在心血管药、抗肿瘤药和常见传染病治疗药等多领域取得了新突破;在抗击埃博拉病毒中智能药物研发也发挥了重要作用。

3. 智能诊疗

智能诊疗是指将人工智能技术用于辅助诊疗中,让计算机"学习"专家医生的医疗知识,模拟医生的思维和诊断推理,从而给出可靠诊断和治疗方案。智能诊疗场景是人工智能在医疗领域最重要、也是最核心的应用场景之一。人工智能能够更快地处理海量数据,通过深度学习从大数据中总结、发现规律,并归纳、总结带有规律性的差异,从而进行疾病的诊断。

4. 智能医学影像

智能医学影像是指将人工智能技术应用在医学影像的诊断上。人工智能在医学影像上的应用主要分为两部分:一是图像识别,应用于感知环节,其主要目的是将影像进行分析,获取一些有意义的信息;二是深度学习,应用于学习和分析环节,通过大量的影像数据和诊断数据,不断对神经元网络进行深度学习训练,促使其掌握诊断能力。

5. 智能健康管理

智能健康管理是指将人工智能技术应用到健康管理的具体场景中。目前主要集中在以下几个方面,分别是风险识别、虚拟护士、精神健康、移动医疗、健康干预及基于精准医学的健康管理。

(1)风险识别:通过获取信息并运用人工智能技术进行分析,识别疾病发生的风险及提供降低风险的措施。

(2)虚拟护士:收集病人的饮食习惯、锻炼周期、服药习惯等个人生活习惯信息,运用人工智能技术进行数据分析并评估病人的整体状态,协助其规划日常生活。

(3)精神健康:运用人工智能技术从语言、表情、声音等数据进行情感识别。

(4)移动医疗:结合人工智能技术提供远程医疗服务。

（5）健康干预：运用人工智能对用户体征数据进行分析，定制健康管理计划。

综上所述，人工智能已广泛深入人们的日常生活，并成为计算机科学领域的新兴热点。

放眼技术社会变迁，人工智能技术正在缓缓揭开时代变迁的新篇章。与 Internet 相似，中国将成为人工智能应用的最大市场之一，将拥有丰富的应用场景、全球较多的用户和活跃的数据生产主体。我们需要进一步加大基础学科建设和人才培养力度，以便让中国的人工智能产业更快、更好地发展。国家实力的提升来源于科技企业创新，一大批中国初创企业正在蓄势待发，凭借自身优势，积极布局人工智能领域。

全球的重要信息技术企业无一例外都投入了越来越多的资源来抢占人工智能市场，甚至将企业整体转型为人工智能驱动型企业。国内 Internet 领军者也将人工智能作为重点战略。由于算力和数据处理在近十年来获得了重大突破，使人工智能产业出现了九大发展热点领域，分别是芯片、自然语言处理、语音识别、机器学习应用、计算机视觉与图像、技术平台、智能无人机、智能机器人、自动驾驶。在中国人工智能创业公司中排名前三的领域为计算机视觉与图像、智能机器人和自然语言处理。人工智能群雄逐鹿，机遇和挑战同在。让我们保持冷静的头脑，见证这个伟大的时代吧！

## 本章小结

新一代的人工智能技术是革命性的，过去的工业革命主要是机械化，但操作机器的还是人。如果人工智能能更高程度地代替人类机械、重复的体力劳动和脑力劳动，对生产力的解放是空前的。

人工智能的普及是长期的，未来的突破是革命性的。中国已经做好战略规划，对未来有了长期布局。作为计算机专业的你，准备好了吗？

## 习题

1. 弱人工智能与强人工智能的区别是什么？
2. 人工智能的应用场景有哪些？
3. 人与人工智能的关系是怎么样的？
4. 在人工智能领域，你希望有哪些作为？
5. 去图书馆或通过网络，了解人工智能的其他方面。

**扩展阅读：智能工厂应用案例**

人工智能视觉在金融行业也有激动人心的应用场景。来自保险、银行、汽车、金融等机构的"资料包"的审核（质检）长期以来消耗大量的人工，而且存在审核时效慢、审核精度低等业务问题，如果使用人工智能技术辅助或者替代传统人工资料审核的工作，那么将会极大地解放人力、大幅度地提高业务精确度及响应效率。下面以思图场景金融质检智能工厂应用为例，介绍人工智能视觉在"资料包"审核中的应用。

传统质检业务的审件模式为"纯人工方式"。金融场景下的"资料包"通常包含C端客户的身份证图像、B端业务员的身份证和执业证图像、双方业务单据表单、一段有关业务介绍和问答交互的视频。在传统方式下，金融机构要组织大量人力对每个"资料包"进行逐一审核，做出诸如"身份证是本人吗？""视频中是否播报了特定的条款""视频中客户购买意愿问答是否自愿且回答清晰""上传单据上是否有签字"等多达几十项质检点。这都需要审核员经过严格培训，且对每个材料从头到尾仔细阅读、查看、对比，通常审核一个"资料包"平均耗时达30～50min，如有资料入件激增情况，还会造成"资料包"大量堆积，业务端迟迟拿不到审核结果的情况。

人工智能早期开始介入的审件模式为"人机协作方式"。借助传统的信息化技术能力及视觉人工智能技术能力，先进的企业开始构建资料审核的流水线工厂，并在流水线上分配人力和人工智能机器人对资料切片进行审核，在这个过程中不断提高人工智能机器人的审核能力，使其进一步代替更多的人力，形成人机协作的工作方式。在这种情况下，文件审核效率、精确度开始随着人工智能的占比提升逐步提升，但是还保留了一定数量的人工负责结果录入、结果复核等工作。人机协作审件模式如图12.7所示。

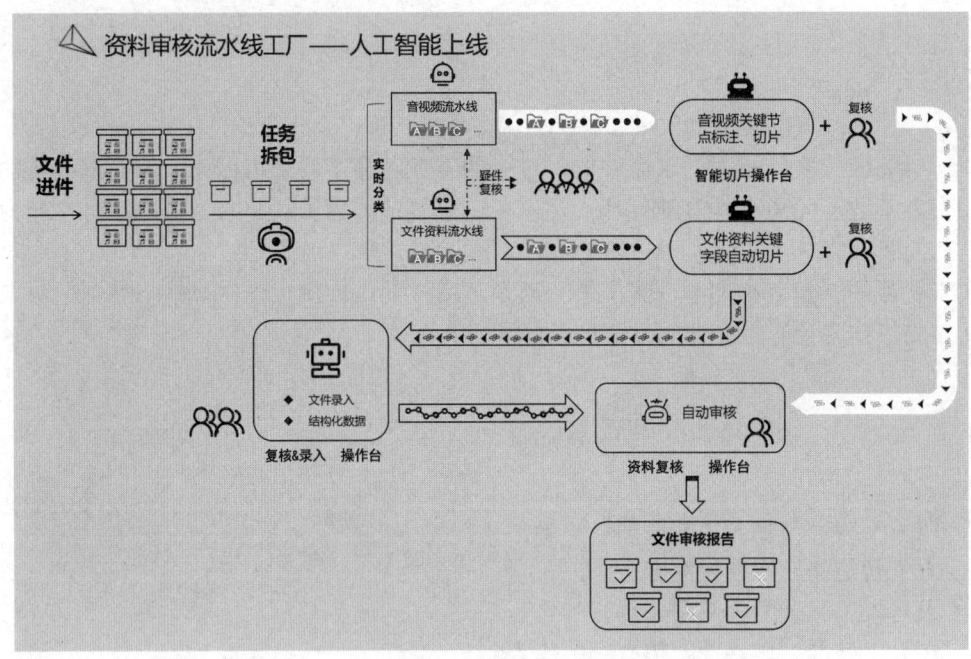

图12.7 人机协作审件模式

人工智能成熟阶段的审件模式为"人工辅助方式"。经过一段时间的循环加强过程，智能审核工厂的审核机器人种类越来越丰富，覆盖的审核任务占比越来越高，最终形成了"以人工智能为主体、以人工为辅助"的作业方式，作业效率相比传统人工方式有几十倍的提升。也就是说，买车等待贷款审批的时间可能从"一顿饭的工夫"缩短到两三分钟，大大提升了业务效率和客户满意度。在这个阶段，人工只负责诸如"手写体签字审核"这类人工智能尚不能代替人工进行的质检点。人工辅助审件模式如图12.8所示。不过，这种情况应该也不会存续太多年——随着人工操作的不断累积，实际上形成了大量的"经过人工标注"的数据，这些都成为下一个人工智能机器人诞生的重要"原料"，越来越智能的审核工厂前景可期。

在上述过程中会使用多达几十种人工智能技术和识别引擎,如证件类型识别、证件文字识别、证件头像人脸识别、申请表类型识别、申请表信息块识别、申请表签字存在识别、申请表公章截取、视频中人脸识别、说话人检测、答复检测、TTS 语音合成播报、双人出镜检测、出示文件清晰度检测、签字动作检测等(见图12.9)。

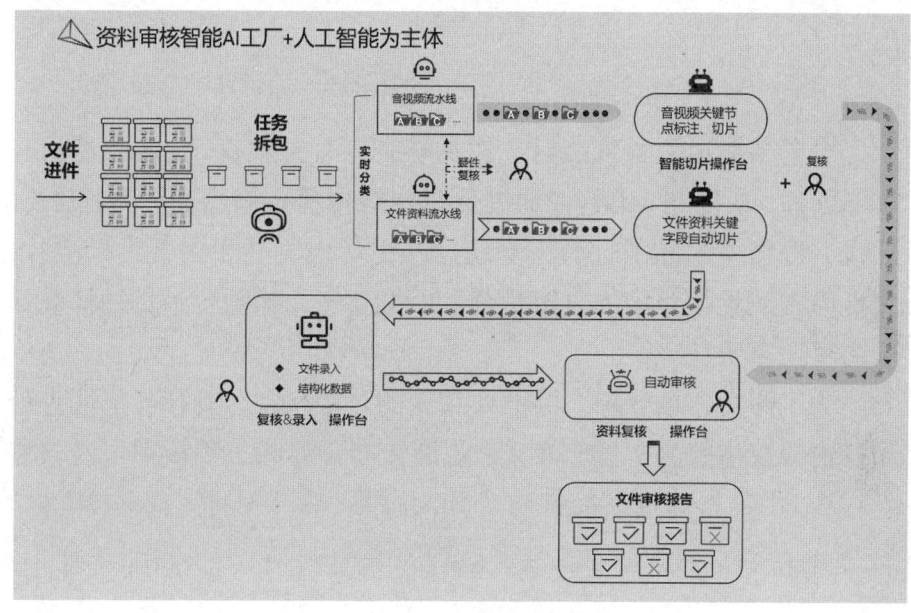

图 12.8　人工辅助审件模式

| 质检范围 | 质检环节 | 质检内容示例 | 机器人编号 |
| --- | --- | --- | --- |
| 文件类 | 文件分类 | 各类证件、合同、申请表等 | F-1 |
| | 文件切片 | 文件关键内容切片 | F-2 |
| | 存在性检测 | 关键位置是否签字、盖章、勾选 | F-3 |
| | OCR图像文字识别 | 数字、英文、楷体汉字 | F-4 |
| 视频类 | 验活验身验真 | 活体检测、身份验证 | V-1 |
| | 动作识别 | 识别签署合同、举起合同的动作 | V-2 |
| | 表情识别 | 识别愤怒、恐惧、高兴等7种表情 | V-3 |
| | 视频分析文件 | 直接识别视频中证件、文件 | V-4 |
| 音频类 | 语音播报 | 系统自动播报语音 | A-1 |
| | 语音转文字 | 语音转换为文字 | A-2 |

图 12.9　智能审件模式

从本案例所描述的应用场景的逐步发展过程来看,可以感受到智能审核工厂围绕着"节省成本、提高效率"的主旨,从纯人工进化到信息技术流水线,从信息技术流水线到人工智能唱主角的智能工厂。未来,随着这类工厂的不断自我进化,还会实现同类场景下的纵向发展及横向拓展。

# 反侵权盗版声明

电子工业出版社依法对本作品享有专有出版权。任何未经权利人书面许可，复制、销售或通过信息网络传播本作品的行为；歪曲、篡改、剽窃本作品的行为，均违反《中华人民共和国著作权法》，其行为人应承担相应的民事责任和行政责任，构成犯罪的，将被依法追究刑事责任。

为了维护市场秩序，保护权利人的合法权益，我社将依法查处和打击侵权盗版的单位和个人。欢迎社会各界人士积极举报侵权盗版行为，本社将奖励举报有功人员，并保证举报人的信息不被泄露。

举报电话：（010）88254396；（010）88258888
传　　真：（010）88254397
E-mail：dbqq@phei.com.cn
通信地址：北京市万寿路173信箱
　　　　　电子工业出版社总编办公室
邮　　编：100036